学术引领系列

国家科学思想库

中国学科发展战略

"后摩尔时代"
微纳电子学

国家自然科学基金委员会
中国科学院

科学出版社
北京

图书在版编目（CIP）数据

"后摩尔时代"微纳电子学／国家自然科学基金委员会，中国科学院编. —北京：科学出版社，2019.9

（中国学科发展战略丛书）

ISBN 978-7-03-059001-5

Ⅰ. ①后… Ⅱ. ①中…②国… Ⅲ. ①微电子技术-学科发展-发展战略-中国 Ⅳ. ①TN4-12

中国版本图书馆 CIP 数据核字（2018）第 225499 号

丛书策划：侯俊琳　牛　玲

责任编辑：侯俊琳　牛　玲　樊　飞　程　凤／责任校对：邹慧卿
责任印制：徐晓晨／封面设计：黄华斌　陈　敬

编辑部电话：010-64035853

E-mail：houjunlin@mail.sciencep.com

科 学 出 版 社 出版

北京东黄城根北街 16 号
邮政编码：100717

http://www.sciencep.com

北京虎彩文化传播有限公司 印刷

科学出版社发行　各地新华书店经销

*

2019 年 9 月第 一 版　开本：720×1000 B5
2020 年 1 月第二次印刷　印张：29 1/4
字数：470 000

定价：**198.00** 元

（如有印装质量问题，我社负责调换）

中国学科发展战略

联合领导小组

组　　长：丁仲礼　李静海

副 组 长：秦大河　韩　宇

成　　员：王恩哥　朱道本　陈宜瑜　傅伯杰　李树深

　　　　　杨　卫　汪克强　李　婷　苏荣辉　王长锐

　　　　　邹立尧　于　晟　董国轩　陈拥军　冯雪莲

　　　　　王岐东　黎　明　张兆田　高自友　徐岩英

联合工作组

组　　长：苏荣辉　于　晟

成　　员：龚　旭　孙　粒　高阵雨　李鹏飞　钱莹洁

　　　　　薛　淮　冯　霞　马新勇

中国学科发展战略·
"后摩尔时代"微纳电子学

专 家 组

组　　长：王阳元

成　　员：李衍达　　王启明　　吴德馨　　杨芙清　　周炳琨

　　　　　周兴铭　　侯朝焕　　王占国　　雷啸霖　　李启虎

　　　　　李　未　　沈绪榜　　王　圩　　姚建铨　　陈星弼

　　　　　郑耀宗　　秦国刚　　夏建白　　郭光灿　　郑有炓

　　　　　包为民　　褚君浩　　吴培亨　　吴一戎　　王　曦

　　　　　许宁生　　李树深　　梅　宏　　龚旗煌　　郝　跃

　　　　　许居衍　　马俊如　　黄　如　　张　兴　　魏少军

　　　　　叶甜春　　郑敏政　　严晓浪　　王芹生　　王永文

　　　　　余志平　　程玉华　　刘爱群　　王新安

工作组

组　　长：黄　如　张　兴

成　　员：黄　如　黎　明　钱　鹤　王文武　陈涌海

　　　　　傅云义　郝　跃　刘新宇　张　荣　张　苗

　　　　　郑婉华　吴汉明　万里兮　康晋锋　张　卫

　　　　　卜伟海　魏少军　刘伟平　刘志宏　程玉华

　　　　　余志平　刘晓彦　王跃林　李志宏　夏善红

　　　　　王喆垚　刘爱群　郑敏政　王永文　钱佩信

　　　　　莫大康　王阳元

总　序

白春礼　杨　卫

17 世纪的科学革命使科学从普适的自然哲学走向分科深入，如今已发展成为一幅由众多彼此独立又相互关联的学科汇就的壮丽画卷。在人类不断深化对自然认识的过程中，学科不仅仅是现代社会中科学知识的组成单元，同时也逐渐成为人类认知活动的组织分工，决定了知识生产的社会形态特征，推动和促进了科学技术和各种学术形态的蓬勃发展。从历史上看，学科的发展体现了知识生产及其传播、传承的过程，学科之间的相互交叉、融合与分化成为科学发展的重要特征。只有了解各学科演变的基本规律，完善学科布局，促进学科协调发展，才能推进科学的整体发展，形成促进前沿科学突破的科研布局和创新环境。

我国引入近代科学后几经曲折，及至 20 世纪初开始逐步同西方科学接轨，建立了以学科教育与学科科研互为支撑的学科体系。新中国建立后，逐步形成完整的学科体系，为国家科学技术进步和经济社会发展提供了大量优秀人才，部分学科已进入世界前列，有的学科取得了令世界瞩目的突出成就。当前，我国正处在从科学大国向科学强国转变的关键时期，经济发展新常态下要求科学技术为国家经济增长提供更强劲的动力，创新成为引领我国经济发展的新引擎。与此同时，改革开放 30 多年来，特别是 21 世纪以来，我国迅猛发展的科学事业蓄积了巨大的内能，不仅重大创新成果源源不断产生，而且一些学科正在孕育新的生长点，有可能引领世界学科发展的新方向。因此，开展学科发展战略研究是提高我国自主创新能力、实现我国科学由"跟跑者"向"并行者"和"领跑者"转变的一项基础工程,对于更好把握世界科技创新发展趋势,发挥科技创新在全面创新中的引领作用,具有重要的现实意义。

学科发展战略研究的核心是结合科学技术和经济社会的发展需求,在分析科学前沿发展趋势的基础上,寻找新的学科生长点和方向。在这个过程中,战略科学家的前瞻引领作用十分重要。科学史上这样的例子比比皆是。在1900年8月巴黎国际数学家代表大会上,德国数学家戴维·希尔伯特发表了题为"数学问题"的著名讲演,他根据过去特别是19世纪数学研究的成果和发展趋势,提出了23个最重要的数学问题,即"希尔伯特问题"。这些"问题"后来成为许多数学家力图攻克的难关,对现代数学的研究和发展产生了深刻的影响。1959年12月,美国物理学家、诺贝尔奖得主理查德·费曼在加利福尼亚理工学院举行的美国物理学会年会上发表了题为"物质底层大有空间———张进入物理新领域的请柬"的经典讲话,对后来出现的纳米技术作出了天才的预见。

学科生长点并不完全等同于科学前沿,其产生和形成不仅取决于科学前沿的成果,还决定于社会生产和科学发展的需要。1841年,佩利戈特用钾还原四氯化铀,成功地获得了金属铀,可在很长一段时间并未能发展成为学科生长点。直到1939年,哈恩和斯特拉斯曼发现了铀的核裂变现象后,人们认识到它有可能成为巨大的能源,这才形成了以铀为主要对象的核燃料科学的学科生长点。而基本粒子物理学作为一门理论性很强的学科,它的新生长点之所以能不断形成,不仅在于它有揭示物质的深层结构秘密的作用,而且在于其成果有助于认识宇宙的起源和演化。上述事实说明,科学在从理论到应用又从应用到理论的转化过程中,会有新的学科生长点不断地产生和形成。

不同学科交叉集成,特别是理论研究与实验科学相结合,往往也是新的学科生长点的重要来源。新的实验方法和实验手段的发明,大科学装置的建立,如离子加速器、中子反应堆、核磁共振仪等技术方法,都促进了相对独立的新学科的形成。自20世纪80年代以来,具有费曼1959年所预见的性能、微观表征和操纵技术的仪器——扫描隧道显微镜和原子力显微镜终于相继问世，为纳米结构的测量和操纵提供了"眼睛"和"手指"，使得人类能更进一步认识纳米世界，极大地推动了纳米技术的发展。

作为国家科学思想库，中国科学院（以下简称中科院）学部的基本职责和优势是为国家科学选择和优化布局重大科学技术发展方向提供科学依据、发挥学术引领作用，国家自然科学基金委员会（以下简称基金委）则承担着协调学科发展、夯实学科基础、促进学科交叉、加强学科建设的重大责任。继基金委和中科院于 2012 年成功地联合发布"未来 10 年中国学科发展战略研究"报告之后，双方签署了共同开展学科发展战略研究的长期合作协议，通过联合开展学科发展战略研究的长效机制，共建共享国家科学思想库的研究咨询能力，切实担当起服务国家科学领域决策咨询的核心作用。

基金委和中科院共同组织的学科发展战略研究既分析相关学科领域的发展趋势与应用前景，又提出与学科发展相关的人才队伍布局、环境条件建设、资助机制创新等方面的政策建议，还针对某一类学科发展所面临的共性政策问题，开展专题学科战略与政策研究。自 2012 年开始，平均每年部署 10 项左右学科发展战略研究项目，其中既有传统学科中的新生长点或交叉学科，如物理学中的软凝聚态物理、化学中的能源化学、生物学中生命组学等，也有面向具有重大应用背景的新兴战略研究领域，如再生医学、冰冻圈科学、高功率、高光束质量半导体激光发展战略研究等，还有以具体学科为例开展的关于依托重大科学设施与平台发展的学科政策研究。

学科发展战略研究工作沿袭了由中科院院士牵头的方式，并凝聚相关领域专家学者共同开展研究。他们秉承"知行合一"的理念，将深刻的洞察力和严谨的工作作风结合起来，潜心研究，求真唯实，"知之真切笃实处即是行，行之明觉精察处即是知"。他们精益求精，"止于至善""皆当至于至善之地而不迁"，力求尽善尽美，以获取最大的集体智慧。他们在中国基础研究从与发达国家"总量并行"到"贡献并行"再到"源头并行"的升级发展过程中，脚踏实地，拾级而上，纵观全局，极目迥望。他们站在巨人肩上，立于科学前沿，为中国乃至世界的学科发展指出可能的生长点和新方向。

各学科发展战略研究组从学科的科学意义与战略价值、发展规律和研究特点、发展现状与发展态势、未来 5～10 年学科发展的关键科学问题、发展思路、发展目标和重要研究方向、学科发展的有效资助机制与政策建议等方面进行分析阐述。既强调学科生长点的科学意义，也考虑其重要的社会价值；既着眼于学科生长点的前沿性，也兼顾其可能利用的资源和条件；既立足于国内的现状，又注重基础研究的国际化趋势；既肯定已取得的成绩，又不回避发展中面临的困难和问题。主要研究成果以"国家自然科学基金委员会－中国科学院学科发展战略"丛书的形式，纳入"国家科学思想库—学术引领系列"陆续出版。

基金委和中科院在学科发展战略研究方面的合作是一项长期的任务。在报告付梓之际，我们衷心地感谢为学科发展战略研究付出心血的院士、专家，还要感谢在咨询、审读和支撑方面做出贡献的同志，也要感谢科学出版社在编辑出版工作中付出的辛苦劳动，更要感谢基金委和中科院学科发展战略研究联合工作组各位成员的辛勤工作。我们诚挚希望更多的院士、专家能够加入到学科发展战略研究的行列中来，搭建我国科技规划和科技政策咨询平台，为推动促进我国学科均衡、协调、可持续发展发挥更大的积极作用。

摘 要

　　微纳电子学是信息技术学的基础，是信息时代产业发展的基石。本书是在 2012 年完成的中国科学院学部部署的"摩尔时代微纳电子学科发展战略研究"的基础上，在中国科学院学部和国家自然科学基金委员会联合支持下开展的反映新的发展阶段——"后摩尔时代"的微纳电子学科发展战略研究的成果。依据微纳电子学科的生态系统，本书将该学科细化为"后摩尔时代新型器件基础研究""基于新材料的器件与集成技术基础研究""新工艺基础研究""设计方法学基础研究""集成微系统技术基础研究"五个领域进行具体阐述。以期通过对微纳电子学发展历程的研究，提炼出摩尔时代微纳电子学研究的一般性规律和方法；通过对微纳电子学当前研究前沿热点的跟踪，预测出"后摩尔时代"微纳电子学的发展趋势；结合我国目前该学科的发展状况，提出相关的政策和建议。

　　"后摩尔时代新型器件基础研究"分析了"后摩尔时代"大规模集成电路的核心器件技术，以及未来可替代的新器件技术的国内外研究现状和发展趋势，对器件研究中存在的科学问题和关键挑战进行了阐述，并对不同器件技术的应用前景进行评估，最终给出了"后摩尔时代"器件基础的技术路线预测图。传统的硅（Si）基器件在多栅、超薄沟道结构及三维集成技术的支持下仍然将保持强大的生命力，随着功耗和性能瓶颈的逼近，高迁移率沟道等新材料和量子隧穿等新工作机制的引入将为传统器件提供新的发展空间，而随着对半导体材料的光、电、磁等特性的充分研究，非金属氧化物半导体（MOS）器件也将在某些领域为集成电路技术发展提供新的解决思路。

　　"基于新材料的器件与集成技术研究"主要包括基于新材料的

硅基器件、化合物半导体器件与集成技术、基于新材料的硅基集成技术和基于互补型金属氧化物半导体（CMOS）工艺的硅基混合光电集成技术四个方向。本书分析了该领域国内外研究现状和发展趋势，归纳了当前所面临的机遇与挑战，论述了其中的若干关键问题：①采用 Ge、GeSn、InGaAs、InP 等高迁移率沟道材料，是提升 CMOS 的性能、促进其进一步发展的新动力；②挖掘以 SiC、GaN 为代表的新材料的优势，可作为信息器件频率、功率、效率的发展方向；③开展 InP、GaN 等新材料与硅基材料的技术融合，是支撑功能集成的新思路；④开展微纳结构下新型光电子器件与硅基电子器件的集成技术，是支撑光电融合的新方向。

集成电路工艺技术的发展对推进摩尔定律起了重要作用。一种较为普遍的说法是 22/20nm、16/14nm 两个技术节点是集成电路从"摩尔时代"走向"后摩尔时代"的分水岭。以非平面鳍式栅场效应晶体管（FinFET）和超薄绝缘体硅（silicon-on-insulator，SOI）技术为先驱，16nm 节点有可能以三维新型器件为主流技术。本书讨论了集成电路新工艺的国内外研究现状与发展趋势，梳理了产业界过去 5~10 年采用的新工艺技术，总结了新工艺从提出到产业化应用的内在影响因素及规律，提出了集成电路新工艺的发展趋势，给出未来 5~10 年可能应用于大规模生产的新技术发展路线图，并提出集成电路工艺的发展建议。

电子设计自动化（EDA）技术成为集成电路设计方法学的支撑载体。以系统集成芯片（system on chip，SoC）设计工具为代表的核心 EDA 技术包括软硬件划分、软硬件协同设计、软硬件协同验证和知识产权核（Intellectual property core，IP 核）生成复用等。集成电路设计方法向上采用系统级设计，向下与工艺结合更紧密。设计方法学将沿着高层基于系统行为级的电子系统级（electronic system level，ESL）方向发展。挑战主要源于工艺技术的不断变革，低功耗乃至超低功耗设计方法和技术成为集成电路设计方法发展的一个重要方向。随着工艺技术的进步，基于硬件可重构计算技术的集成电路设计方法也将成为未来集成电路设计的重要发展方向。

　　微机电系统（MEMS）经过近 30 年的发展，逐渐从器件走向系统，正在向集成微系统发展。本书介绍了集成微系统技术的概念，指出集成微系统技术是利用微电子技术将热、光、磁、化学、生物等结构和集成电路制造在单芯片上的复杂微型系统；总结了集成微系统技术重要的标志性成果和发展规律。在此基础上，对集成微系统技术的发展趋势进行了总结：集成微系统技术正朝着微型化、集成化、多功能化、智能化与网络化的方向发展。本书还梳理了集成微系统技术面临的机遇与挑战。集成微系统技术的机遇主要来自为超越摩尔定律提供技术支撑，以及从需求出发设计制造含传感器、执行器和处理电路的集成微系统。主要挑战是高效批量地制造出各种特殊的微机械结构并与电路集成在一起构成集成微系统。

Abstract

The micro/nano-electronics is not only the basis of nowadays information science and technology, but also the bedrock of the development of industries at the age of information. The report is an extension of the former research on the development strategy of micro/nano-electronics in Moore-era finished at 2012, reflecting the new trends in post-Moore-era under the support of ministry of information technology and the national natural science foundation of China. According to the framework of micro/nano-electronics ecosystem, it is classified into five parts to elaborate in this report, which includes "Fundamentals of new device for post-Moore-era", "Fundamentals of device and integration technology based on new material systems", "Fundamentals of new process technology", "Fundamentals of design methodology", and "Fundamentals of integrated micro-system technology". With all the work done in the report, we are attempting to refine the general rule and method in the investigation of micro/nano-electronics in Moore-era by looking insight into the history of the development of micro/nano-electronics, forecast the development trends in the post-Moore-era by tracking the hot research area and propose both policies and suggestions in accordance with the current status of the development of micro/nano-electronics in China.

As the bedrock of VLSI technology, key device technologies and novel replacement candidates in post-Moore era would be investigated in the first part, which focus on the remaining scientific problems and key challenges after in depth analysis of the current research status and the development tendency in the corresponding area in both China and overseas. Finally，a preliminary prediction for the roadmap of post-Moore device technology is given by evaluating the application prospects of different device technologies. It is pointed out that conventional silicon devices will continue to extend with high speed，benefiting from multi-gate and ultra-thin body channel structures as well as the three-dimensional integration technology. New material systems with high channel mobility and the incorporation of new operation principles，such as quantum tunneling would provide more room for the further advancing of conventional devices when they are approaching the limit of power consumption and the performance. On the other hand，non-CMOS devices will also provide new solutions in certain areas of future VLSI technologies if the optical，electrical and magnetic properties of semiconductor materials are well understood.

Device and integration technology based on new materials mainly include four areas：silicon-based devices with new material，compound semiconductor device and the integration technology，silicon-based integrated technology on new material platform and hybrid optoelectronic integration technology based on CMOS process. The report first summarizes the opportunities，challenges and several key problems that people are encountering after analyzing the state of the art and future trends in this area. It is proposed that improving the performance of CMOS by adopting high mobility channel materials，such as Ge，GeSn，InGaAs and InP，etc would be the new driving force for further development. SiC and GaN related new semiconductors are alternative material platform for information devices toward high frequency，high power and high efficiency due to the unique material properties. The integration of materials and device technologies，such as InP and GaN with silicon is a promising solution for multi-functional integration. For comparison，optoelectronic integration could be further extended by integrating silicon-based electronic device with novel optoelectronic device in with micro-and nano-structure.

The development of the IC（Integrated Circuit）process technology plays an important role in sustaining the Moore's Law. It is commonly recognized that 22/20 nm and 16/14 nm technology node is the watersheds of "Moore-era" and "post-Moore-era". With non-planer FinFET and ultra-thin SOI technology as the precursor, novel 3D devices might be the mainstream technology employed at the 16nm node. Report discussed the current research status and development tendency of IC process technology from both domestic and abroad and also reviewed the new process techniques utilized in industry in the past five to ten years. Report also predicts the development trends of process technology in IC based on the analyzing of the internal factors and regulations that influencing the progress of a new process technique from figuring out to the final manufacturing. The technology roadmap for a new device process technology which may come into massive production in the next five to ten years is proposed along with the suggestions.

EDA technology has become the supporting carrier of IC design methodology. The core technology of EDA includes "Hardware-software Partition", "Hardware-software Co-design", "Hardware-software Co-verification" and "reuse technology of IP core". Integrated circuit design method adopts system-level design technology in the top level and is closely related to the IC process in the low level. The design methodology would develop from the top in the direction of ESL （electronic system level）based on system behavior level. The continuous evolution in IC process technology will be the main challenge. Thus, the design method and technique for low and even ultra-low power consumption would come to be an important area in the development of IC design. Moreover, IC design method based on reconfigurable hardware computing technology will be an important direction of future IC design with the continuous development of process technology.

After nearly 30 years of development，MEMS has experienced from a single device to system and is moving toward integrated micro-system. The report introduces the concept of integrated micro-system technology，which is a kind of complicated miniature system integrating thematic，optical，magnetic，chemistry or biology structures with integrated circuit on a single chip using micro-electronic technique. Report summarized the development tread and pointed out that the integrated micro-system technology is now developing toward miniaturization，integration，multifunction，intelligence and networking. Finally，the opportunities and challenges in integrated micro-system technology are figured out. Opportunities mainly come from the requirement of integrated micro-systems with senor，actuator and processing circuit，which is also supposed to be one of the More than Moore technologies. The challenge is how to integrate various types of specially designed micro-mechanical structures with integrated circuit to form an integrated micro-system and push them into massive production with high yield.

目　录

第一章
绪　论

第一节　微纳电子学科的科学意义与战略价值

一、科学发展的历史轨迹

人类在几千年的生产和生活实践中积累了丰富的知识。这些知识经过沉淀与发展形成了自然科学和社会科学两大知识系统。科学萌芽于探索人与物内在之规律，结果于促进人与物发展之智慧。

科学发现和技术发明是构筑这两大知识系统的两个重要环节，而社会环境与人才培养是支撑这两个环节持续发展的基础（图 1-1）。

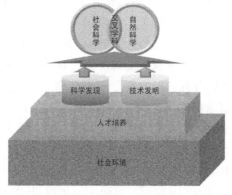

图 1-1　自然科学和社会科学两大知识系统

科学发现是人们对未知事物的探索，是对事物发展规律的系统揭示；技术发明则能够激发人们的创造性思维，促使更多的创新事物出现。

自然科学与社会科学既相互促进，又相互制约。17 世纪，在神学的统治下，布鲁诺为捍卫新的宇宙学说，成为宗教权威的牺牲品；公元 607～1905 年，虽然世界技术发明处于如火如荼的发展时期，但由于科举制度的僵化，中国与自然科学渐行渐远。反之，自然科学不断创造的物质财富推动了历史车轮的前进，促进了经济学、政治学、法学等社会科学的不断进步。没有资本的原始积累和商业资本的兴起，就不会有亚当·斯密的《国富论》（全名《国民财富的性质和原因的研究》，*An Inquiry into the Nature and Causes of the Wealth of Nations*）、凯恩斯的《就业、利息和货币通论》（*The General Theory of Employment, Interest and Money*）和马克思的《资本论》（*Das Kapital*）等经济学巨著的诞生。

（一）中国农业社会的科学进步

龚自珍言："欲知大道，必先为史。"

18 世纪以前，中国处于农耕文明时期。当时中国的农耕文化，仍然居于世界领先地位。

生产力包含三个要素：劳动者、劳动工具和劳动对象。农业社会的劳动对象主要是土地（还包括铜、铁等少数矿产资源），劳动工具主要是手工工具或基本以人力为动力的简单机械。在农业社会中，自然科学的主要任务是对与农业密切相关的科学（如农学、数学、天文学）的探索，以及对劳动工具、交通工具和生活用具的改造，如火药、指南针、造纸术、活字印刷术、石碾、水排、风车、簸扬机、活塞风箱、缫丝机、纺织机、弓弩、河渠闸门、帆船、船尾的方向舵、独轮车、铁索吊桥、陶瓷等。在农业社会，劳动工具基本上没有摆脱以人力（少数为畜力、风力和水力）为基本动力的范畴，整体经济的基础是可再生自然资源（人、植物、动物）的循环往复，这就造成了小农经济"重占有，轻发展"的沉疴痼疾（农民起义形成的改朝换代并没有使社会财富总量增加，只是改变了财富占有者的角色）。因此，作为衡量经济发展状况指标的人均国内生产总值（GDP）也一直在低水平徘徊（图 1-2，见公元元年～1820 年阶段），仅仅随着人口的自然增长略有增加。

值得一提的是中国的宋朝。从图 1-3 可以看出，宋朝以前，中国的人均 GDP 一直为 450 元（1990 国际元，直译为吉尔瑞-开米斯元，是多边购买力平价比较中将不同国家货币换成统一货币或国际元的方法。最初由爱尔兰经济统计学家 R. G. Gerry 创立，随后由 S. H. Khamis 发展[1]，下同)，到宋末元初，中国的人均 GDP 提升了 1.3 倍，达到 600 元[1]（直至清中期跌落)，这使得宋朝成为中国历史"古"与"近"的分水岭和转折点。

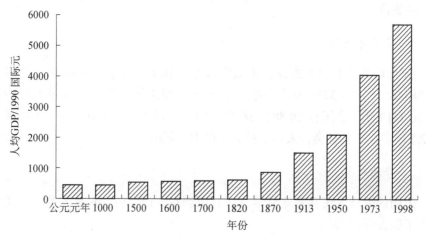

图 1-2　公元元年至 1998 年世界人均 GDP[1]

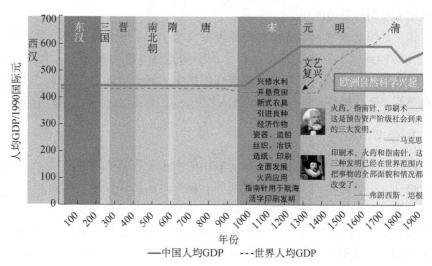

图 1-3　宋朝中国人均 GDP 增长示意图[1]

　　陈寅恪先生对宋朝的评价是："华夏民族之文化，历数千载之演进，造极于赵宋之世。"[2]

　　宋朝经济和文化的发达之所以有别于其他朝代，在于儒家复兴、尊师重道和比较开明廉洁的政治环境，终宋一代没有严重的宦官乱政、后宫干政和地方割据。在这样的社会环境下，社会科学与自然科学取得了相对快速的发展。

在社会科学方面，宋朝推行了青苗法、农田水利法、募役法、市易法、方田均税法等促进生产和贸易发展的有利举措。基于这些举措，宋代的生产力大幅提高。

1. 劳动者数量

据《太平寰宇记》所载，宋太宗太平兴国五年（公元 980 年）全国有 6 499 145 户，约 3250 万人。据《宋史・地理志》记载，宋徽宗大观四年（公元 1110 年）全国有 20 882 258 户，约 1.1275 亿人。130 年间，人口增长了 2.5 倍。在农业社会，人口是社会生产力发展的重要因素。

2. 劳动对象

宋朝的劳动人民在农业科学方面有所创新，使得劳动对象的数量与质量发生了很大变化。

其一是许多新型田地在宋朝出现，如梯田、淤田、沙田、架田等，这大幅增加了宋朝的耕地面积。

其二是粮食作物和经济作物的品种大大增加。一些北方农作物粟、麦、黍、豆移种到南方；棉花种植盛行于闽、粤地区；茶叶种植遍及苏、浙、皖、闽、赣、鄂、湘、川等地；养蚕和种植桑、麻的地区也在增加；甘蔗种植遍布苏、浙、闽、粤等省，糖已为人们所广泛食用。

3. 劳动工具

各种新的农具在宋朝出现，如灌溉用的水车、代替牛耕的踏犁、用于插秧的秧马、提高运输效率的运河船闸等。新工具的出现促使农作物产量大幅增加。同时，冶铁、丝织、造纸、印刷、造船等行业也得到长足发展。宋朝首次发行了纸质货币"交子"，有力地促进了金融和贸易的繁荣。这些成就在沈括的《梦溪笔谈》和司马光的《资治通鉴》中均有详细记载，在张择端的《清明上河图》中也有生动的表现。

李约瑟在《中国科学技术史》的导论中提到："每当人们在中国的文献中查找一种具体的科技史料时，往往会发现它的焦点在宋代，不管在应用科学方面或纯粹科学方面都是如此。"[3]

就四大发明而论，大都滥觞于前朝而鼎盛于两宋（指南针、造纸术发明于汉及宋，指南针应用于航海；火药发明于唐末宋初，宋广泛应用于军事；

活字印刷发明于宋，15 世纪传至欧洲）。1620 年，英国哲学家弗朗西斯·培根在他的代表作《新工具》（*New Organon*）第 1 卷第 129 节中，首先对"三大发明"的活字印刷、火药和指南针给予了极高的评价："Again, it is well to observe the force and virtue and consequences of discoveries; and these are to be seen nowhere more conspicuously than in those three which were unknown to the ancients, and of which the origin, though recent, is obscure and inglorious; namely, printing, gunpowder, and the magnet. For these three have changed the whole face and state of things throughout the world; the first in literature, the second in warfare, the third in navigation; whence have followed innumerable changes; insomuch that no empire, no sect, no star seems to have exerted greater power and influence in human affairs than those mechanical discoveries."[①]中国数学家许宝騄先生的译文是："复次，我们还该注意到发现的力量、效能和后果。这几点是再明显不过地表现在古代所不知、较近才发现、而起源还暧昧不彰的三种发明上，那就是印刷、火药和磁石。这三种发明已经在世界范围内把事物的全部面貌和情况都改变了：第一种是在学术方面，第二种是在战事方面，第三种是在航行方面，并由此又引起难以计数的变化，竟至任何帝国、任何教派、任何星辰对人类事务的力量和影响都仿佛无过于这些机械性的发现了。"[4]

马克思在《经济学手稿》中指出："火药、指南针、印刷术——这是预告资产阶级社会到来的三大发明。火药把骑士阶层炸得粉碎，指南针打开了世界市场并建立了殖民地，而印刷术则变成了新教的工具，总的来说变成了科学复兴的手段，变成对精神发展创造必要前提的最强大的杠杆。"[5]

宋朝是中国漫长农业社会中社会财富增值的亮点，是中国人均 GDP 产生转折的重要历史时期。宋朝的经济发展证明了科学创造财富，知识就是力量。

（二）近代的科学发现与理论探索

13 世纪末，文艺复兴在意大利兴起，后来扩展到西欧各国。16 世纪，在欧洲盛行的一场思想文化运动，带来了一段科学与艺术的革命时期，哲学、艺术、科学都在比较宽松的气氛中逐渐发展。

1638 年，意大利科学家伽利略的《关于两门新科学的对话与数学证明的

---

① 转引自：http://blog.sina.com.cn/s/blog_51fdc06201019i0g.html.

对话集》（这两门新学科指材料力学和动力学）出版，他通过多次实验发现了自由落体、抛物体和振摆三大定律。伽利略首先提出了惯性和加速度的全新概念，为牛顿力学理论体系的建立奠定了基础。伽利略还第一次提出了惯性参照系的概念，成为狭义相对论的先导。1643年，伽利略的学生托里拆利经过实验证明了空气压力，发明了水银柱气压计。1644年，法国科学家笛卡儿的《哲学原理》出版，第一次对光的折射定律提出了理论上的推证。他还第一次明确地提出了动量守恒定律。在哲学的思考中，笛卡儿提出了著名的哲学命题——"我思故我在"（Cogito ergo sum）。1654年，法国科学家帕斯卡写成了《液体平衡及空气重量的论文集》，提出液体和气体中压力的传播规律。1687年，英国科学家牛顿的《自然哲学的数学原理》出版，奠定了经典力学的基础。1803年，英国化学家道尔顿创立的原子学说，开创了近代化学学科的新时代。1820年，丹麦物理学家奥斯特发现了电流的磁效应。1831年，英国物理学家法拉第发现了电磁感应现象。1842年，德国医生迈尔发表了论文《论无机界的力》，提出了物理化学过程中能量守恒的思想。1848年，爱尔兰科学家开尔文创立了热力学温标（绝对温标），并于1851年提出热力学第二定律。1859年，英国生物学家达尔文的《物种起源》出版。1869年，俄国化学家门捷列夫发表了"元素周期律"。1873年，英国物理学家麦克斯韦的《电磁理论》出版，建立了完整的电磁理论体系。1888年，德国物理学家赫兹用实验证实了电磁波的存在，为无线通信奠定了基础。1900年，德国物理学家普朗克提出了物质辐射能量不连续假说，创立了量子理论。1905年，美籍德裔科学家爱因斯坦提出了狭义相对论，推动了整个物理学理论的革命。

近代的科学发现与科学理论为人类社会从农耕文明转向工业文明乃至信息文明奠定了坚实的基础，基础科学的研究与创建成为最初打开工业时代大门的钥匙。从图1-3中可以看出，正是由于欧洲自然科学的兴起，从明朝末年始，欧洲的人均GDP超过了中国并快速增长。

（三）近代的技术发明

技术发明或是在总结生产活动经验基础上的再创造，或是在科学发现和科学理论指导下的科学实践。每一项发明，都会使很大一部分人受益，都是人类向前迈进的一块基石。但是，技术发明是否能够推动生产力的发展或引起生产力的变革，与当时的社会环境密切相关。

中国古代自然科学的发展早于欧洲，《齐民要术》《农政全书》《九章算术》《天工开物》《梦溪笔谈》等著述，对中国在农业、数学、天文、冶炼、陶瓷、建筑、机械等方面的成就均有详细记载。李约瑟在《中国科学技术史》中写道："中国在公元 3 世纪到 13 世纪之间保持一个西方所望尘莫及的科学知识水平"[3]，并列举了中国传入西方的 26 项技术。美国学者坦普尔在《中国发明与发现的国度》一书中详细描述了"中国领先于世界""西方受惠于中国"的 100 项技术发明。

但是，由于封建帝制和小农经济思想的桎梏，中国并未成为工业革命的发源地，上述重要的技术发明也未成为推动历史前进的动力。

1793 年，英王乔治三世以补祝乾隆皇帝八十大寿（公元 1970 年）的名义派特使马嘎尔尼率团访问清朝，试图与清朝建立外交关系，并带来 600 箱礼物以展示西方科技的魅力，其中包括经线仪、望远镜、太阳仪、化学制品和金属制品[1]。清乾隆皇帝答曰："尔国所贡之物天朝原亦有之。天朝物产丰盈，无所不有，原不借外夷货物以通有无。"封建统治者的故步自封与妄自尊大酿成了中国在科学发展之路上不堪回首的悲剧，同时也断送了中国几千年来持续领先于世界的前程，为后来的百年积弱埋下了伏笔。

然而，就在乾隆以"天朝上国"自居的执政期间，1765 年，瓦特改良了蒸汽机，揭开了以能源为基础的第一次工业革命的序幕。其后，各种技术发明不断为工业革命之火添薪加柴：1774 年，英国人斯密顿发明了水泥；1826 年，法国人尼埃普斯利用沥青感光材料拍摄了世界上第一张照片《窗外风景》；1828 年，德国化学家维勒发表了人工合成尿素的方法，开创了合成有机物的时代；1837 年，美国人莫尔斯发明了莫尔斯电码，这是电报发明史上的重大突破，翻开了通信历史崭新的一页；1839 年，法国人达盖尔制成了第一台实用的银版照相机，为信息存储开辟了新路；1856 年，德国人贝赛麦发明了转炉炼钢法，使得钢材得以大量生产；1866 年，德国人西门子发明了发电机，大大推进了第二次工业革命的进程，使人类社会迅速进入电气时代；1876 年，英裔美国人贝尔发明了电话，使一直使用文字（书信和电报）传播信息的方式改变为声音的直接传递；1879 年，美国发明家爱迪生点亮了世界第一盏电灯，结束了燃油照明的历史；1883 年，德国人戴姆勒发明了汽油内燃机，使人类的交通工具大大提速，也使得石油逐渐成为重要的一次性能源；1859 年，意大利工程师马可尼使无线电报通信实用化，开了移动传输信息的先河；1906 年，美国物理学家费辛登成功设计制造了人类历史上第一个无线电广播电台，使得信息传输开始进入家庭。

从 1765 年瓦特改良蒸汽机到 1906 年实现无线广播，这 141 年是自然科学和技术发明蓬勃发展的年代，是人类社会从农业社会跨入机器社会并进一步跨入电气社会的时代，也是中国清朝从强盛逐渐走向衰微的时代。在这 141 年中，中国在自然科学方面的进步与技术发明乏善可陈，《论语》《孟子》《中庸》《大学》《诗经》《尚书》《礼记》《周易》《春秋》仍被视为"御人之术"的经典，被奉为至高无上的圭臬，而对增加社会财富、改进生产效率、改善民众生活的种种"格物之学"却不屑一顾。在这 141 年中，当准备赴京赶考的举人们还在秉烛夜读的时候，西方的电力已经为人们的生活点亮了电灯；当兵丁乡勇们还在为坐在绿呢大轿中的顶戴花翎鸣锣开道的时候，欧洲的汽车和飞机已经成为交通工具的"新宠"；当绫罗绸缎还是我国富人炫耀的资本的时候，人造纤维、人造染料已经登上了历史舞台；当塞外军情还在通过一骑绝尘的"八百里加急"传递的时候，横跨大西洋的电报已经宣告通信成功[6]。1840 年，中国封闭的大门被英国的坚船利炮强行打开；在 1860 年 9 月 18 日惨烈的八里桥之战中，英法联军的 4000 余人打败了僧格林沁的 3 万铁骑，工业文明的热兵器毫不留情地战胜了"弓马定天下"的农耕文明。

（四）近代的大学教育

社会环境和人才培养是科学发展的两大支柱。

1088 年，博洛尼亚大学成立，它是世界上最早的大学。1988 年 9 月 18 日，博洛尼亚大学建校 900 年之际，欧洲 430 位大学校长在博洛尼亚的大广场共同签署了《欧洲大学宪章》，正式宣布博洛尼亚大学为欧洲"大学之母"（拉丁文：*Alma Mater Studiorum*），即欧洲所有大学的母校。文艺复兴三杰中的但丁、彼得拉克，科学家伽利略、天文学家哥白尼都曾就读于博洛尼亚大学。

英国是第一次工业革命的发源地，就得益于其人才济济。

1167 年，牛津大学成立。该校拥有 59 位（其中毕业生 25 位）诺贝尔奖获得者①。知名校友有英国前首相撒切尔夫人、托尼·布莱尔、戴维·卡梅伦，印度前总理英迪拉·甘地，美国前总统比尔·克林顿，经济学家亚当·斯密，诗人雪莱，中国作家钱钟书等。

1209 年，剑桥大学成立。该校拥有 89 位诺贝尔奖获得者（其中毕业生

---

① "拥有"定义为至 2013 年 7 月，曾在该大学学习或工作的毕业生、教师、研究员和访问学者，下同。

61 位）。知名校友有科学巨匠牛顿、达尔文、培根、麦克斯韦、卢瑟福，经济学家凯恩斯，艺术家拜伦，印度前总理甘地，新加坡前总理李光耀，哲学家罗素，科学家霍金等。

其后，欧洲和美国的多所大学相继成立。

1257 年，巴黎大学成立。该校拥有 34 位诺贝尔奖获得者（其中毕业生 7 位）。知名校友有物理学家居里、居里夫人、李普曼和德布罗意。

1368 年，海德堡大学成立。该校拥有 29 位诺贝尔奖获得者（其中毕业生 7 位）。

1472 年，慕尼黑大学成立。该校拥有 34 位诺贝尔奖获得者（其中毕业生 25 位）。包括著名物理大师伦琴、维恩、泡利、普朗克、赫兹、海森伯，化学家拜耳、德拜等。知名校友有物理学家欧姆等。

1636 年，哈佛大学成立。该校拥有 130 位诺贝尔奖获得者和 30 位"普利策新闻奖"得主（其中毕业生 60 位）。哈佛大学的毕业生中共有 8 位曾当选为美国总统，包括罗斯福（连任四届）、肯尼迪和奥巴马（法学专业）。曾任美国国务卿的基辛格也毕业于哈佛大学。知名校友有微软公司总裁比尔·盖茨、中国近代地理学的奠基人竺可桢、中国管理科学先驱杨杏佛、中国现代语言和现代音乐学先驱赵元任、历史和语言学家陈寅恪、文学家林语堂、翻译家梁实秋、建筑学家梁思成等。

1701 年，耶鲁大学成立。该校拥有 49 位诺贝尔奖获得者（其中毕业生 18 位）。其中物理学家欧内斯特·劳伦斯发明了第一台高能粒子回旋加速器。耶鲁大学的毕业生中有 5 位曾当选美国总统，包括第 38 任总统福特、第 41 任总统乔治·布什（老布什）、第 42 任总统克林顿及第 43 任总统乔治·布什（小布什）。耶鲁大学曾培养出一大批杰出的中国留学生，包括中国近代史上首位留学美国的学生容闳、铁路工程专家詹天佑、北京大学校长马寅初等。

1724 年，圣彼得堡大学成立。该校拥有 8 位诺贝尔奖获得者。知名校友有化学家门捷列夫，无线电发明人波波夫，生物学家巴甫洛夫，文学家果戈理、屠格涅夫和车尔尼雪夫斯基，革命领袖列宁和俄罗斯现任总统普京。

1734 年，哥廷根大学成立。该校拥有 45 位诺贝尔奖获得者（其中毕业生 14 位）。知名校友有法国皇帝拿破仑，德国首相俾斯麦，童话作家格林兄弟，数学家高斯和黎曼，物理学家奥本海默，金融家摩根，物理大师赫兹、维恩、劳厄、海森伯、费米。泡利曾任该校的助教，狄拉克曾是该校的访问学者。该校著名的中国留学生有朱德、季羡林、王淦昌等。

1740年，宾夕法尼亚大学成立。该校拥有27位诺贝尔奖获得者（其中毕业生7位）。学校的创始人是美国历史上享有国际声誉的科学家和发明家本杰明·富兰克林。知名校友有"股神"巴菲特、企业家杜邦、经济学家郎咸平、建筑学家林徽因、半导体材料专家林兰英等。

1746年，普林斯顿大学成立。该校拥有36位诺贝尔奖获得者（其中毕业生13位）。知名校友有美国第4任总统麦迪逊和第28任总统威尔逊，美国国务卿杜勒斯，英国数学家图灵（普林斯顿大学博士），加利福尼亚大学伯克利分校校长田长霖，谷歌公司前CEO施密特等。华罗庚、陈省身、杨振宁、李政道曾任该校研究员。

1754年，哥伦比亚大学成立。该校拥有96位诺贝尔奖获得者（其中毕业生38位）。知名校友有"欧元之父"罗伯特·蒙代尔，美国前总统罗斯福、艾森豪威尔和奥巴马（政治学和国际关系专业），著名记者埃德加·斯诺，物理学家李政道和吴健雄，诗人徐志摩，学者闻一多，教育家陶行知，哲学家冯友兰，北京大学前校长蒋梦麟、胡适，化学家侯德榜、唐敖庆等。

1755年，莫斯科大学成立。该校拥有13位诺贝尔奖获得者和6位菲尔兹奖得主。知名校友有苏联前领导人戈尔巴乔夫，诗人莱蒙托夫，作家赫尔岑、契诃夫，文学批评家别林斯基，"俄罗斯航空之父"茹科夫斯基等。

1794年，巴黎综合理工学院成立。该校拥有3位诺贝尔奖获得者（其中毕业生1位）。知名校友有数学家泊松，物理学家安培，物理学家菲涅尔，法国总统德斯坦，企业家斯伦贝谢和雪铁龙等。

1810年，柏林洪堡大学成立。该校拥有29位诺贝尔奖获得者。知名校友有物理大师李普曼、劳恩、维恩、劳厄、普朗克、爱因斯坦、海森伯、薛定谔、玻恩（黄昆的老师），数学大师冯·诺依曼，化学家拜耳，哲学家黑格尔、叔本华、费尔巴哈，诗人海涅。马克思和恩格斯曾在洪堡大学就读。洪堡大学的中国留学生有周恩来总理、书画家溥心畬、物理学家王淦昌、地球物理学家赵九章、历史学家傅斯年等。

1826年，伦敦大学学院成立。该校拥有21位诺贝尔奖获奖者和3位菲尔兹（数学）奖得主（其中毕业生6位）。知名校友有诗人泰戈尔、圣雄甘地、博物学家赫胥黎、电话发明人贝尔、真空管发明人弗莱明、光纤发明人高锟、物理化学家卢嘉锡、考古学家夏鼐等。

1831 年，纽约大学成立。该校拥有 33 位诺贝尔奖获得者（其中毕业生 9 位），16 名普利策新闻奖获得者和 19 名奥斯卡金像奖获得者。知名校友有导演李安、作曲家伯恩斯坦、刑事鉴识专家李昌钰等。

1855 年，苏黎世联邦理工学院成立。该校拥有 31 位诺贝尔奖获得者（其中毕业生 12 位）。知名校友有毕业生伦琴、爱因斯坦，教授泡利、德拜等。北京大学前校长周培源曾就读于苏黎世联邦理工学院。

1861 年，麻省理工学院成立。该校拥有 78 位诺贝尔奖获得者（其中毕业生 26 位）。知名校友有物理学家丁肇中、联合国前秘书长安南、科学家钱学森、建筑学家贝聿铭、半导体物理学家谢希德、集成电路代工模式创始人张忠谋、电子学家葛守仁等。

1868 年，加利福尼亚大学伯克利分校成立。该校拥有 71 位诺贝尔奖获得者（其中毕业生 26 位），15 位图灵奖获得者和 7 位菲尔兹奖获得者。知名校友有历史学家翦伯赞、外交家唐明照、物理学家袁家骝和朱棣文、"摩尔定律"创始人戈登·摩尔、数学大师陈省身等。

1877 年，东京大学成立。该校拥有 10 位诺贝尔奖获得者（其中毕业生 7 位），物理奖获得者是江崎玲於奈和小柴昌俊。知名校友有首相岸信介、佐藤荣作、福田赳夫、中曾根康弘、宫泽喜一，文学家川端康成、夏目漱石、芥川龙之介、大江健三郎等。

1881 年，东京工业大学成立。该校拥有诺贝尔化学奖获得者白川英树。知名校友有首相菅直人、经团联主席土光敏夫等。

1891 年，斯坦福大学成立。该校拥有 52 位诺贝尔奖获得者（其中毕业生 8 位）。知名校友有美国总统胡佛、英特尔（Intel）公司前 CEO 贝瑞特、惠普公司创始人休利特和戴维·帕卡德等。

1892 年，京都大学成立。该校拥有汤川秀树等 5 位诺贝尔奖获得者、2 位菲尔兹奖获得者。

中国古代的人才培养方式主要是"官学"和"私学"（如"书院"和"私塾"）。最早的"国立大学"是西周的"辟雍"，为教育贵族子弟设立的大学，主要教学内容是礼仪、音乐、舞蹈、诵诗、写作、射箭、骑马、驾车等。汉武帝元朔五年（公元前 124 年）在长安设"太学"。太学专门讲授儒家经典《易经》《诗经》《尚书》《礼记》《公羊传》《谷梁传》《左传》《周官》《尔雅》等。隋朝以后的大学是"国子监"，为中国古代教育体系中的最高学府，教学内容依旧基本是儒家经典，也有少量医学、史学、文学、玄学、书学、算学、律学、画学、武学等内容。

私学的启蒙读物主要是《三字经》《百家姓》《千字文》，科举考试必读的是《四书》和《五经》。也就是说，至清朝末年，中国的教育内容基本属于极为僵化的"文史哲"范畴，而"数理化"在秀才、举人和进士、翰林的头脑中几乎是一片空白。

1895年，由光绪皇帝御批，由盛宣怀出任学堂首任督办的中国第一所大学——"北洋大学"（天津大学前身）成立，它结束了中国延续数千年的封建教育的历史，开启了中国近代教育的航程。

1896年，"南洋公学"（上海交通大学前身）成立，盛宣怀为首任督办。

1897年，浙江大学成立；1898年，中国第一所国立综合性大学北京大学成立；1905年，复旦大学成立；1907年，同济大学成立；1911年，由庚款兴学创立了清华大学；1912年1月1日，孙中山在南京就任临时大总统，临时政府9天后成立了教育部，蔡元培被任命为中华民国第一任教育总长。

从欧洲"大学之母"博洛尼亚大学到中国第一所大学北洋大学，其间相隔了8个世纪；从瓦特改良蒸汽机的1765年到废除科举制度的1905年，中国在"科学"与"科举"一字之差的道路上荒芜了整整141年。在闭关锁国和"士农工商"思想的藩篱中，封建统治者既轻视自然科学和社会科学的发展，又仅仅培养只会用"馆阁体"书写"八股文"的人才，科学落后导致经济衰微，经济衰微导致军事屡弱，任人欺侮、任人宰割的命运也就在所难免了。

（五）科学发展的双刃剑

世界上的任何事物都具有两面性。科学的发展使人类从农业时代跨入了工业时代和信息时代，一系列的发明创造使人类的生活变得更加快捷、更加舒适，但是，人类也为此付出了牺牲环境的代价。

发电厂和采暖锅炉排放的烟尘及汽车尾气成为空气的主要污染源，装修涂料和家具中的甲醛、苯，石材中的氡，复印机产生的环芳烃和臭氧，冰箱和空调所使用的氟利昂对空气的污染也不容忽视。大气污染造成的后果是：直接侵袭人的呼吸器官，植物产量下降、品质变坏，到达地面的太阳辐射减少，酸雨形成，产生"热岛效应"和"温室效应"等。

未经处理排放的工业废水（造纸、制革、化工、制药等），未经处理排放的生活污水（粪便，含洗衣粉、洗涤剂的废水），大量使用化肥、农药、除草剂的农田污水，过度开采产生的矿山污水是水污染的主要来源。水污染直接危害着人的健康，如因汞中毒而引发的水俣病，因镉伤害而引发的骨痛病等。水污染还使人体遗传物质产生突变，从而诱发肿瘤生长和造成胎儿畸形；富营养水会影响水生植物的光合作用，造成鱼类大量死亡。

其他污染有工业废渣、电子垃圾、不可降解塑料，以及由虚假、污秽、老化、冗余等垃圾信息形成的信息污染等。为了还人类以碧水蓝天，一方面要不断淘汰旧的生产方式，保护生存环境不再受污染的侵蚀；另一方面要用新的科学技术来对已经产生的污染进行治理，同时不再产生新的污染。

二、信息的市场需求与技术推动

（一）人类的信息感知

生物是感知信息的主体。一种信息是外部世界向主体输入的信息，如山高野阔、日升月落、酷暑严寒、风霜雨雪等自然信息，这些信息的存在不以主体的存在为前提，即使根本不存在主体，信息也依然存在；另一种信息是主体向外部世界输出、能够让其他主体感知的信息，如气味、声音、动作、表情等。

不同生物对各种信息的感知程度不同，植物可以感受光照和温度，动物能够感知声音和图像。一般人的眼睛可以感知电磁波的波长为 400（紫）~700（红）nm。在这一可见光的范围之内，不同的眼睛结构和病变能够获取的信息内容又有所不同。例如，近视、老花导致视距的不同，色盲、色弱导致辨色的差异。人耳可以感知声音的频率范围为 20Hz 至 20kHz（即声波范围），但是不同的频率会造成听觉上响度的差别，人耳敏感的频率范围为 1~4000Hz，但是 200Hz、30dB 的声音和 1000Hz、10dB 的声音在人耳听起来具有相同的响度。一些动物在某些方面相比人类有超强的感知能力，如狗的听觉是人的 16 倍，对酸性物质的嗅觉灵敏度是人的几万倍[①]；蝙蝠可以感知超声波，鸽子可以感受磁场，蛇可以感受红外光，昆虫可以感知振动等。

人类主要通过视觉和听觉获取外部信息，约占获取信息总量的 94%，其次是嗅觉占 3.5%、触觉占 1.5%、味觉占 1%，不同感官获取信息的比例[7]

---

① 参见：http://jingyan.baidu.com/article/066074d6910470c3c21cb0da.html.

不同。

通过仿生学的研究，借助于各种科学手段，人类可以间接感知自然界数量更多、范围更广的信息。

信息感知是生物生存与繁衍的前提：植物通过感知温度和湿度来控制萌芽和落叶；候鸟通过感知气候来改变生存环境；动物通过感知气味和形象来确定敌我；人类通过获取的信息来决定自己的行为。

但是，信息感知不是最终目的，只是确定行为是否发生的条件。生物感知信息后只有对信息进一步加工，才能控制本身的所有行为。

信息感知、信息存储、信息处理和信息输出的综合作用决定了信息利用的能力。

（二）声音信息

声音是动物之间信息交流的重要方式，可以表达维系社群、求偶、警告、恐吓对手、通知同类食物的所在等多种信息。为了传递更多、更精确的信息，人类社会在60万年前形成了语言。语言成为人类传递信息的第一载体。

文字是最初也是使用最悠久的记录语言的工具，而且至今依然是记录语言的工具之一，成为人类传递信息的第二载体。文字可以准确地记录语言的内容，但是文字不能准确地记录语言的原始状态（语气、语调、语速、情绪、方言、声音、音色等方面的差异）。要对文字记录的语言进行"复原"，需要读者或表演者依靠想象来进行二次创作。记录文字的主要载体是纸张。

美国民族学家摩尔根在其著作《古代社会》中写道："文字的使用是文明伊始的一个最准确的标志，刻在石头上的象形文字也具有同等意义。认真来说，没有文字，就没有历史，也没有文明。"[8]公元前3000年左右，中国商代出现了甲骨文，美索不达尼亚平原的苏美尔文化中出现了楔形文字。文字的出现加快了信息传播的广度和速度。直至今日，在造纸术和印刷术的支持下，文字依然是不可或缺的、重要的信息记录方式。

1877年，美国发明家爱迪生发明了留声机，第一次将真实的声音记录到滚动的锡箔上，通过触针和滚筒的反向运动，声音得以较为真实的还原，并直接传输到人耳。

1887年，德国发明家爱米尔·贝利纳设计出一种供留声机使用的薄形录音圆盘，取代了爱迪生在 10 年前发明的管状录音圆筒而风行于世，从此诞生了唱片。由于 78 转、45 转、33 转的三种唱片可以大量复制，人们可以在家里就能欣赏到优美的音乐，而不是必须去现场，许多珍贵的历史声音也借助于唱片保存至今。1908 年，法国百代公司（Pathé）在上海成立"东方百代唱片公司"，标志着中国唱片业的正式诞生，谭鑫培的《坐宫》（京剧《四郎探母》中的一折，杨延辉唱段）是中国演员录制的第一张唱片。

1888 年，美国杂志 *The Electrical World* 上刊登了史密斯（Oberlin Smith）的论文，他在论文中指出，根据电磁感应作用，可以把声音信号记录在磁带上，也可以从这种磁性体上把声音信号取出来。

1898 年，丹麦科学家波尔森发明了钢丝录音机，录放音质有了较大改善。留住声音的方式由机械运动产生的载体形变转为电磁转换。但是，最初的磁性录音机要用质量很高的钢丝和钢带，且非常笨重，使用起来很不方便。

1936 年，德国人弗劳伊玛发明了将铁粉涂覆于纸带或塑料带上的磁带录音机。因其声音清晰、使用方便和价格低廉，该种磁带录音机很快成为了市场的新宠。

20 世纪 50 年代，由于晶体管尚未普及，开盘式磁带、用电子管进行音频信号放大的录音机成为市场的主打产品。1958 年，上海录音器材厂生产的"钟声 810"录音机就是电子管录音机。

1963 年，荷兰飞利浦公司发明了盒式磁带录音机，开创了便携式录音机的时代。在 20 世纪 70 年代末的中国，拥有一台俗称"砖头"的盒式磁带录音机成了时尚的标志。

1980 年，索尼公司和飞利浦公司共同开发了 CD（compact disc）技术规范，存储声音的介质由"磁畴"转为载体（塑料）的物理形变（凹陷），存取声音信息由电磁转换变为光电转换，所记录的不再是模拟声音，而是转换成数码的音频。

1995 年，德国弗劳恩霍夫研究所的 Karlheinz Brandenburg 开发了 mp3 格式，以 Flash 为存储器的数码音乐录放逐渐成为便携式录音机的主流，机械驱动声音载体（唱片、磁带、光盘）的方式转变为音频数码在半导体器件中的电荷移动（图 1-4）。

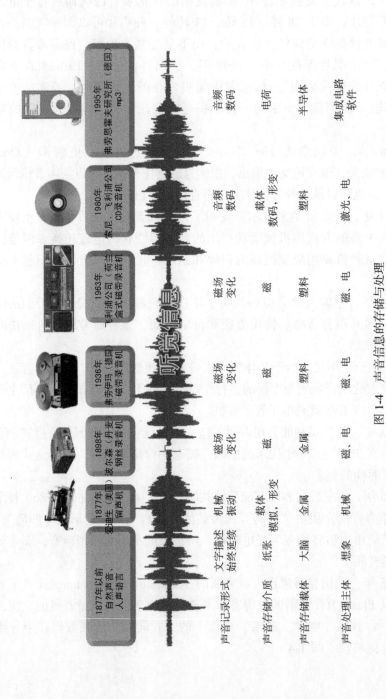

图 1-4 声音信息的存储与处理

（三）图像信息

最初，人类向外部世界输出的信息与一般动物相同，表现为肢体动作、声音、表情和气味。信息的获取、存储、处理都在人体的内部进行。当人类发明和学会使用工具后，信息开始存储于外部世界。人眼感知的图像信息是人类获取信息的最主要来源，因此人类最早记录的信息也是图像信息。广义的图像信息包括文字、绘画、器物、服饰、雕塑、建筑等。

人类创造的最早的器物是约 260 万年前的石器和骨雕（鱼叉、骨针）；公元前 7000～前 3500 年，在河姆渡遗址出现了木结构建筑；公元前 6000～前 5000 年，出现了代表仰韶文化的陶器。其后，公元前 2700～前 2500 年的埃及金字塔、公元前 7 世纪始建的万里长城、商朝的后母戊鼎、秦朝的兵马俑、明朝的故宫都是人类历史遗产中珍贵的图像信息。

人类最早的绘画信息是岩画。荒古人类遗留在岩石上的画面，最早的已有 4 万年的历史。14～16 世纪的文艺复兴时期，达·芬奇的《蒙娜丽莎》、拉斐尔的《西斯廷圣母》和米开朗基罗的《末日审判》等是为人类留下的宝贵的画作，隋初展子虔的《游春图》、五代南唐顾闳中的《韩熙载夜宴图》、宋朝张择端的《清明上河图》、元朝黄公望的《富春山居图》等均成为绘画信息的代表作。在照相术未发明之前，所有的人物形象均存在于"画影图形"之中。

今天，图像信息仍然是信息记录的方式之一，某些图像信息成为浓缩的企业形象（LOGO），某些图像信息甚至可以跨越国界成为人类共同的标识，如红绿灯、卫生间符号等。

图像信息的另一种表达方式是文字，最初的文字是图像的简约形态（象形文字）。在没有图像佐证的情况下，人们会根据文字的记载逐一还原人类在不同时代生活的原貌。《金瓶梅》和《红楼梦》就是用文字记录明中期市井生活和清中期贵族生活的百科全书。用文字记录的信息需要经过人脑的处理才能还原出确定或不确定的形象，确定的图像，如尺寸大小："候风地动仪圆径八尺"；不确定的图像，如人物描写："There are a thousand Hamlets in a thousand people's eyes."

1826 年，法国人尼埃普斯第一次把光线留在了物体（铅锡合金涂覆于沥青）之上，成为世界上第一幅永久性照片《窗外风景》的拍摄者。"化学反应"第一次加入信息处理方式之中。

1861 年，根据物理学家麦克斯韦提出的"三原色"原理，摄影师托马斯·萨顿拍摄了世界上第一幅彩色照片。

1895 年，法国人卢米埃尔兄弟发明了电影机，在每秒 24 帧的机械运动中，第一次将静止图像变成活动影像（作品《工厂大门》）映入人们的眼帘。记录影像的介质和载体变为银盐和胶片，信息处理方式仍然是化学反应。

1960 年，美国安培公司研制成功第一台摄像机，记录影像的介质为磁场的变化，载体为塑料，所记录的信息是模拟的活动声像，信息处理方式由化学反应变为电磁转换，大大缩短了信息处理的时间，使得所拍摄的声像能够做到"即时回放"。

1975 年，美国柯达公司发明了数码相机，使得所记录的模拟静止图像转为数码形式。由于当时半导体存储器的容量仅有 4K，所以最初的图像记录载体仍然是磁带。

1993 年，中国人姜万勐、孙燕生生产出世界上第一台 VCD（video compact disc），光盘成为记录活动声像的载体。光盘和 VCD 播放机的体积和重量大大优于录像机。但是 VCD 的图像分辨率较低，只有 352×240 像素（NTSC 制式）或 352×288 像素（PAL 制式），视频性能远远不足以满足使用者的需求。VCD 的记录载体是光盘，其记录的信息表现为载体形变（凹陷），信息需要通过光电转换还原为声音和图像。

1995 年，索尼、东芝两大公司分别推出不同格式的 DVD（digital versatile disc）产品，DVD 的图像分辨率达到 720×480 像素（NTSC 制式）或 720×576 像素（PAL 制式）。由于 DVD 的视频和音频性能远高于 VCD，所以 DVD 相关产品很快占领了市场。

进入 21 世纪，集成电路产业飞速发展，半导体存储器的容量急剧扩大，处理器的工作速度飞速提高，这使得实时拍摄和回放照片或包括音频在内的视频成为可能。例如，普通数码相机，若采用中等分辨率，16G 的存储卡可以拍摄能够立即看到影像结果的照片约 10 000 张（胶卷照相机一次最多仅可拍 36 张，而且还要经过冲洗胶卷、转印照片的方式才能看到所摄图像）；苹果手机每分钟拍摄的视频约占 80MB 存储容量，若有 16G 的存储空间，则可拍摄 100 分钟的内容。这些图像或视频可以通过网络立即传送给接收者。由于集成电路处理器速度的加快，即时的视频通话、电视转播均已成为可能（图 1-5）。

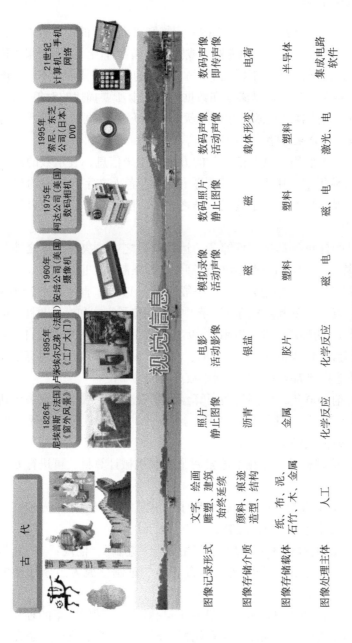

图 1-5　视觉信息的存储与处理

（四）数据信息

数据是信息的抽象表达形式，是按一定规则排列组合的物理符号，它可以表现为数字，也可以用文字（如表格）或图像（如直方图、饼图）来描述。在将抽象的数据信息转换为人们能够感知的具象信息时，需要各种不同的度量衡工具或测量仪器来显现；或是必须在数据后面缀上所要描述的对象（如 1 个人、1 朵花）。在计算机技术发达的今天，几乎任何数据信息都可以用"0""1"组成的数据集合来存储、处理和传输。

远古时代，人们用"结绳记事"的方法来记录信息，表示数的概念。唐李鼎祚在《周易集解》中引《九家易》说："古者无文字，其有约誓之事，事大，大结其绳；事小，小结其绳。结之多少，随物众寡，各执以相考，亦足以相治也。"

中国最早的计算工具是"算筹"。"运筹帷幄之中，决胜千里之外"中的"筹"即指"算筹"。中国古代使用的算筹多用竹条制成，也用木头、兽骨充当材料（计算硬件）。据古书记载，算筹一般长 13～14cm，直径为 0.2～0.3cm，约 270 枚为一束，放在布袋里随身携带。古人创造了纵式和横式两种不同的摆法（计算软件），两种摆法都可以用 1～9 九个数字来计算任意大的自然数（十进制）。中国南北朝时期的数学家祖冲之（公元 429～500 年），将算筹作为计算工具，成功地将圆周率 π 值计算到小数点后的第 7 位。

约在公元前 600 年，中国发明了算盘。东汉末年，数学家徐岳在其著作《数术纪遗》中记载："珠算控带四时，经纬三才。"算盘约在宋元时期开始流行，并在明朝彻底淘汰了算筹。

1623 年，德国科学家契克卡德发明了木制机械计算机，可进行 6 位数的四则运算。

1625 年，英国数学家奥特雷德发明了计算尺，可以进行平方根、指数、对数和三角函数等复杂的模拟运算。

1703 年，德国数学家莱布尼茨发明了"二进制"，他说："二进制乃是具有世界普遍性的、最完美的逻辑语言。""二进制"成为当今计算机运算的基础。

1725 年，法国纺织机械师布乔发明了穿孔纸带，编织图案的程序储存在穿孔纸带的小孔之中。直到磁介质存储器（磁芯、磁带、磁鼓、磁盘）发明之前，穿孔纸带或穿孔卡片一直是早期计算机程序和数据存储的载体。

1854 年，英国数学家乔治·布尔出版了著作《思维规律》（*The Laws of*

Thought)，进行逻辑运算的布尔代数问世。

1873 年，美国人鲍德温发明了齿轮传动的手摇计算机。

1945 年，美籍匈牙利裔科学家冯·诺依曼提出了存储程序原理，把程序本身当作数据来对待，程序和该程序处理的数据用同样的方式存储，并确定了存储程序计算机的五大组成部分（运算器、控制器、存储器、输入设备和输出设备）和基本工作方法，形成了延续至今的计算机冯·诺依曼体系结构。

1946 年，美国宾夕法尼亚大学研发团队（冯·诺依曼是团队成员之一）研发了世界上第一台电子管计算机 ENIAC（electronic numerical integrator and computer）。ENIAC 长 30.48m，宽 1m，占地面积约 170m^2，重达 30t，耗电量 150kW，造价 48 万美元（约相当于现在的 1000 万美元）（图 1-6）。它包含 17 468 个真空管、70 000 个电阻器、10 000 个电容器、1500 个继电器、6000 多个开关，每秒可执行 5000 次加法或 400 次乘法，是继电器计算机的 1000 倍、手工计算的 20 万倍，60 秒钟射程的弹道计算时间由原来的 20min 缩短到 30s。ENIAC 采用穿孔卡片进行数据的输入和输出。

图 1-6　世界第一台电子管计算机 ENIAC

1948 年，美籍华人王安发明了用铁氧体材料制成的磁芯存储器。20 世纪 70 年代中期，国产 DJS-130 计算机采用的就是磁芯存储器，1kB 容量的存储器面积约为一张座椅椅面大小，一台计算机的磁芯存储器总容量约为 4kB。

1950 年，IBM 公司采用盘式磁带作为计算机数据存储器［直到 20 世纪 80 年代中期，有些刚刚上市的个人计算机（PC）还在采用盒式磁带作为程序和数据的存储装置］。同年，日本东京大学的中松义郎发明了"软式磁盘"。1967 年，IBM 公司推出世界上第一张软盘，直径 32in①。4 年后又推出一种直径 8in 的表面涂有金属氧化物的塑料质磁盘，发明者是艾伦·舒加特［后离开 IBM 公司创办了希捷（Seagate）公司］。

1953 年，第一台磁鼓应用于 IBM701。IBM 650 计算机上的磁鼓长 40cm，有 40 个磁道，容量为 10kB，每分钟 12 500 转（图 1-7）。

图 1-7　长 40cm、容量为 10kB 的磁鼓

1954 年，美国贝尔实验室研制成功名为"TRADIC"（transistorized airborne digital computer）的第一台晶体管计算机。该计算机装有 800 只晶体管。1955 年，美国在阿塔拉斯洲际导弹上装备了以晶体管为主要元件的小型计算机。10 年以后，在美国生产的同一种型号的导弹中，由于改用集成电路，计算机的重量只有原来的 1/100，体积与功耗减少到原来的 1/300。

1956 年，IBM 公司生产的 305 RAMAC 计算机第一次采用磁盘作为外存，该硬盘由 50 个 24in 圆盘构成，总容量为 4.4MB，重量达到 1t 以上。而

---

① 1in=2.54cm。

现在容量为 8GB 的闪存 U 盘重量仅为 1.5g。如果按每克磁盘容纳的字节计算，后者是前者的 10 亿倍（图 1-8）。

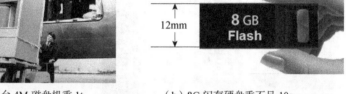

（a）第一台 4M 磁盘机重 1t　　　　（b）8G 闪存硬盘重不足 10g

图 1-8　早期磁盘机与现在闪存的比较

1958 年和 1959 年，基尔比和诺伊斯先后发明了集成电路，为电子计算机的革命开创了新纪元。作为冯·诺依曼体系结构中的运算器、控制器和存储器开始全部由集成电路胜任。

1970 年，Intel 公司生产的 1K MOS DRAM（1103 型）使得半导体存储器迅速取代了磁芯存储器；1971 年，Intel 公司的 Hoff 发明了 CPU（4004）。集成电路作为最重要的角色登上了数据存储和信息处理的历史舞台。

1976 年，乔布斯用摩托罗拉（Motorola）公司生产的 CPU6502 组装了第一台个人电脑（PC）并与两个朋友共同成立了"苹果公司"。

1981 年，IBM 公司用 Intel 公司生产的 CPU8088 正式生产了 PC。从此，包括文字、声音、图像、数据在内的各种信息的存储与处理真正跨入了电子计算机时代（图 1-9）。

（五）信息传输

信息交流活动既是人类文明的组成部分，又是人类文明得以维持并不断进步的重要因素。

信息在共享和交换中产生价值：共享信息，如法律、政令、标准；交换信息，如专利、知识、技术。同一种信息对于需要的人而言其价值为正，反之价值为零；所有虚假、污秽、谣言等信息其价值均为负。要达到信息共享

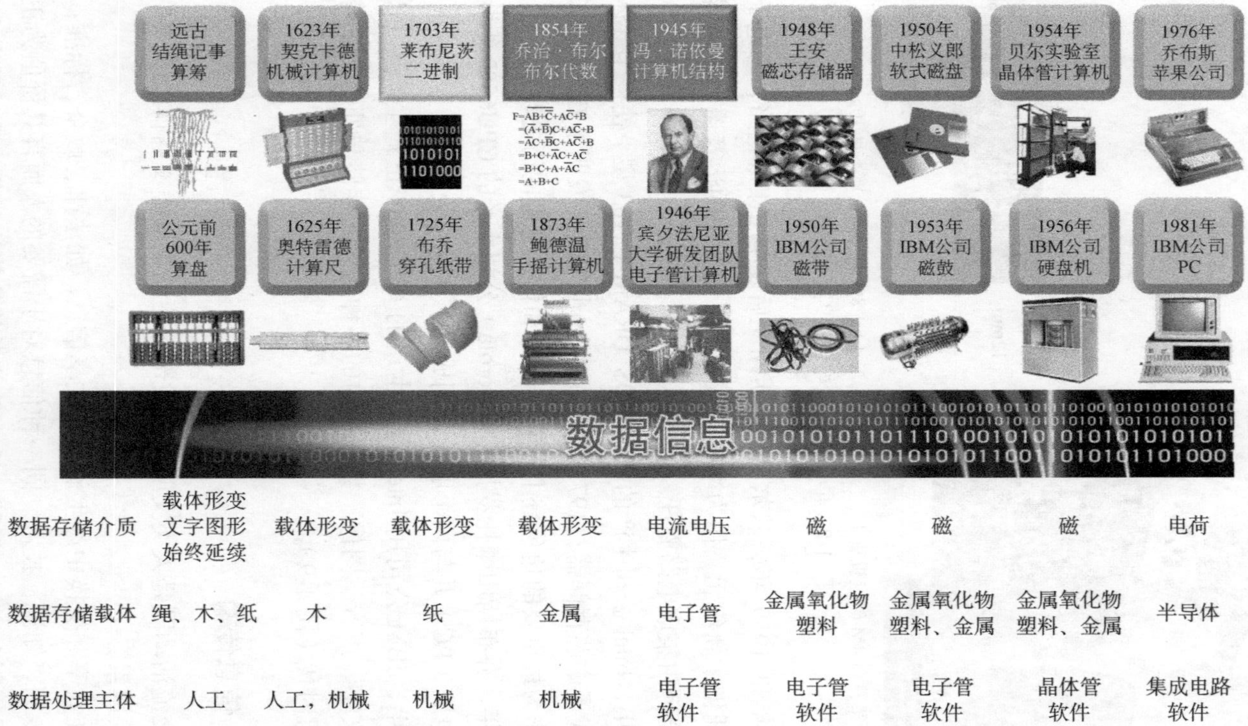

图 1-9　数据信息的存储与处理 [6]

数据存储介质	载体形变	载体形变	载体形变	载体形变	载体形变	载体形变	电流电压	磁	磁	磁	电荷
	文字图形										
	始终延续										
数据存储载体	木	纸	纸	金属	电子管	金属氧化物 塑料	金属氧化物 塑料、金属	金属氧化物 塑料、金属	金属氧化物 金属	半导体	
数据处理主体	人工	机械	机械	机械	电子管 软件	电子管 软件	电子管 软件	晶体管 软件	集成电路 软件	

或交换的目的，信息就必须进行有效的传递。

语言是最初始、最直接也是能够表达最丰富内容的信息传递方式，这种信息传递方式一直延续至今，如宗教传经布道，教师授业解惑，医生询问病情，军官发布口令，以及说评书、讲故事、演话剧、叫卖声等。但是，这种直接依靠口耳相传的信息传递方式，传播距离近、传播范围小。即使是利用某些器物，如"晨钟暮鼓""击梆打更""鸣金收兵"等，其声波的传递范围也极其有限。

就图像信息而言，不可移动的图像（岩画、建筑、雕塑）和可移动的图像（绘画、服饰、器物）只能通过人的位移或手工传送来传递信息，在交通工具不发达的时代，其传递范围也极其有限。

由于文字可以比较精确地表述事件的地点、时间、人物、数量、性质、意志、情感等具象或抽象的内容，用文字所传递的信息量大大增加。但是，即使借助于信使等专职人员和驿站等专属设施，信息的传递速度依然较慢，如果是驿差长途跋涉，日行仅约 20km；靠骑马传递公文也不过日行 150km，加急公文也不会超过日行 300km。借助于信鸽、鸿雁等动物或漂流瓶等器物，能够将文字信息传递到更为遥远的地方，但是传递速度几乎不能确定。

1635 年，英国皇家邮政开始运作，普通人也可以利用书信传递信息。随着汽车、轮船、飞机的出现，信件可以在几天或十几天或数十天到达世界上任何一个角落。这种通过人和交通工具的组合来传递信息的方式一直沿用至今，但信息的内容大多为实物，由于网络的发达，快递文字的数量已经微乎其微。

迄今，人们知道世界上传播速度最快的物质是光。

1676 年，丹麦天文学家罗迈第一次提出了利用木星卫星的成蚀现象来测量光速的方法，荷兰物理学家惠更斯根据罗迈提出的数据和地球的半径，第一次计算出了光的传播速度约为 200 000km/s。

1882 年，美国物理学家迈克耳逊测得光速为 299 853±6km/s，这个结果被公认为国际标准，沿用了 40 年。1907 年，迈克耳逊获得诺贝尔物理学奖。1975 年，第 15 届国际计量大会把真空中的光速值定为 299 792 485±0.001 km/s。

烽火即最早利用光传播信息的方法，其传递速度、距离和范围远远超过语言，但传递的内容极其简单，基本只能表达"有"或"无"。迄今一直沿用的"灯语"和"旗语"也是利用光传播信息的方式，均为利用大气来传播可见光，由人眼来接收灯光或旗帜传来的信号。但这些传播方式一是受大气透明度的影响，二是受人们视距的限制，三是还要通过专业人士的翻译才能复原这些特殊语言所要表达的具体内容。

1966年，英籍华人高锟首次利用无线电波导通信的原理，提出了低损耗光导纤维（optical fiber，简称光纤）的概念。1970年，美国康宁公司首次研制成功损耗为20dB/km的石英光纤。用光纤传输信号摆脱了外界环境的影响和传输距离的限制。

1861年，英国物理学家麦克斯韦在论文《论物理力线》（*On Physical Lines of Force*）中第一次得出了真空中电磁波的传播速度等于光速的结论[9]。从此电磁波成为信息传输最主要的媒介。

将声音和图像变成电信号是完成信息传递的第一步，也就是说，要由"物"来感知"人"所能感知的信息。

1837年，美国人莫尔斯发明了由点、划组成的莫尔斯电码，通过文字与电码之间的互译，解决了文字即时传输的问题，但翻译电报和发送电报的过程依旧要由人来完成，虽然解决了传输问题，但感知问题依旧存在。

1876年，德籍发明家埃米尔·贝林纳发明了炭精电极送话器（麦克风），电话发明人贝尔用5万美元（相当于现在的110万美元）从贝林纳手里买下了这项专利，将炭精电极麦克风用在他的电话原型上，并于1876年3月申请了电话的专利权。电话的发明解决了语言和声音的即时（有线）传递问题。

1904年，英国发明家弗莱明发明了真空二极管，用于无线电技术中的检波和整流。

1906年圣诞节前，美国物理学家费森登成功地用第一个无线电广播电台实现了声音的无线传播（用炭精电极送话器将声音转为电信号，耳机接听）。

1907年，美国人福雷斯特发明了真空三极管，其集"放大""检波"和"振荡"三大功能于一身，为收音机的制造奠定了基础。无线广播和收音机解决了声音的无线即时传递的问题。

1923年，美籍俄裔物理学家兹沃雷金发明了光电摄像管。第一次将图像转换成电信号，为图像传输揭开了崭新的一页。

1931年，兹沃雷金制造出了电视显像管并进行了完整的电视传送图像试验，完成了电视摄像与显像完全电子化的过程。

1936年，英国广播公司进行了歌舞节目的现场直播。1939年，英国约有 2 万个家庭拥有了电视机。1946 年，美国第一次播出了黑白电视节目。1954 年，彩色电视试播成功。彼时，无论是将图像转为电信号还是将电信号还原为图像，均由真空管完成。

1969 年，美国科学家威拉德·博伊尔和乔治·史密斯在贝尔试验室研制成功电荷耦合器件（charged coupled device，CCD），替代了光电摄像管，成为沿用至今的固体图像传感器。两位发明家与光纤发明人高锟因此同获 2009 年诺贝尔物理学奖。

进入 21 世纪，由于微纳电子技术的进步，液晶和等离子平板显示器逐渐取代了笨重、耗电的阴极射线管（cathode ray tube，CRT），图像感知、传输和显示均在"固体"中进行，这使得移动设备传输信息成为可能（图 1-10）。

（六）特殊信息的传感

声音和图像的电子传输解决了 94% 的听觉和视觉信息空间距离的"可及"问题。但是剩余 6% 的触觉、味觉和嗅觉的电子感知问题依然存在。

随着微纳电子技术的进步，人们利用"物"感知和传输信息的范围进一步扩大，这种"物"就是传感器。传感器的作用一是使人们"不可及"的信息能够变得"可及"；二是能够不间断地实时获取并传送信息；三是使得感觉到的信息能够精确地量化。

例如，触觉所感受到的主要信息是温度和压力。一般人的触觉能够承受的温度范围为 50℃～-25℃，超过这一范围会造成烫伤和冻伤。而钢水的温度超过 1300℃，显然不能直接用触觉去感知，要通过热电偶或辐射温度计进行测量；即使是可以通过触觉感知的体温，也很难判断 38.5℃ 和 39℃ 的差别，只能笼统地称之为"发热"，但体温的差别是判断病理的重要参数，模糊的数据会延误病情。而利用温度传感器生产的电子体温计，传感器的分辨率可以达到 ±0.01℃，利用电子体温计获得的数据还可以通过传输直接作为远程医疗判断病情的参考。

1971 年，美国人山姆·赫斯特发明了触摸传感器，彻底改变了键盘式手机的面貌，成为时尚的标志（智能手机）。

如今，汽车中电子产品的价值已超过总价的 30%，无论是引擎、底盘、车身还是通信、照明，各系统均有各种传感器存在，以保证汽车的安全行驶

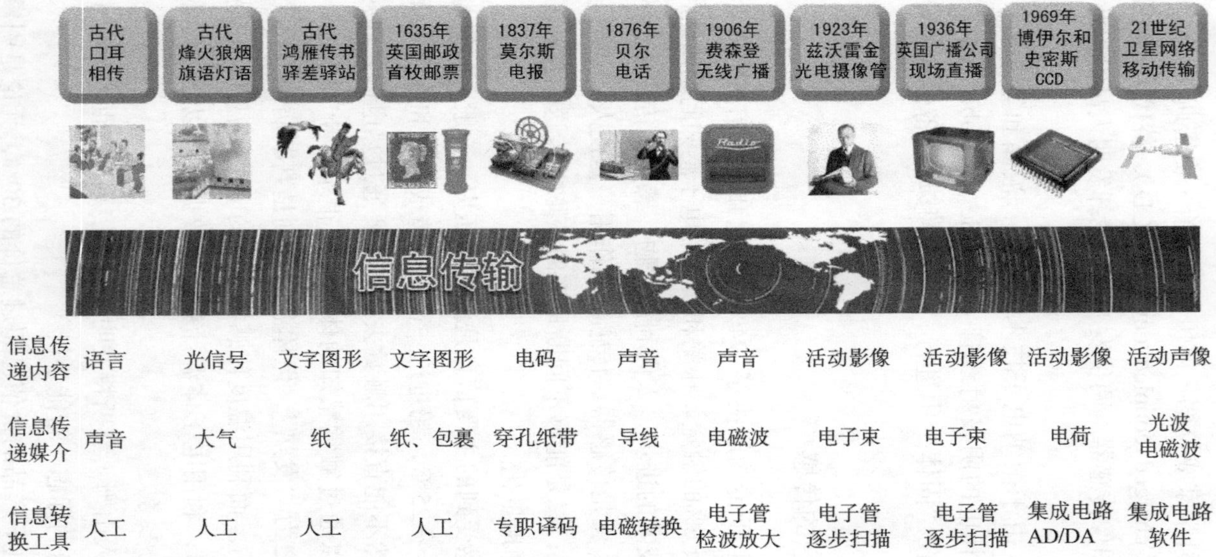
古代 口耳 相传
古代 烽火狼烟 旗语灯语
古代 鸿雁传书 驿差驿站
1635年 英国邮政 首枚邮票
1837年 莫尔斯 电报
1876年 贝尔 电话
1906年 费森登 无线广播
1923年 兹沃雷金 光电摄像管
1936年 英国广播公司 现场直播
1969年 博伊尔和 史密斯 CCD
21世纪 卫星网络 移动传输
Radio
信息传输
信息传递内容
语言
光信号
文字图形
文字图形
电码
声音
声音
活动影像
活动影像
活动影像
活动声像
信息传递媒介
声音
大气
纸
纸、包裹
穿孔纸带
导线
电磁波
电子束
电子束
电荷
光波 电磁波
信息转换工具
人工
人工
人工
人工
专职译码
电磁转换
电子管 检波放大
电子管 逐步扫描
电子管 逐步扫描
集成电路 AD/DA
集成电路 软件

图 1-10 信息传输技术的进步[6]

和拥有良好的内部环境，如水温传感器、进气压力传感器、轮速传感器、风速传感器、雨量传感器、光照传感器、液面传感器等。这些传感器获取了大量的人类感官无法直接获取的信息。

此外，在某些特殊环境领域，如超高温（飞船返回大气层）、超低温（超导实验）、超高压（深海探测）、超高真空（航天）、超强磁场（回旋加速器）、超远距离（宇宙探索）、超低照度（夜视）、超高速度（火箭发射）等极端场合，也必须采用传感器来获取信息。在嗅觉和味觉领域，人们也发明了相应的"电子鼻"和"电子舌"。

1964 年，Wilkens 和 Hatman 利用气体在电极上的氧化-还原反应对嗅觉过程进行了电子模拟，这是关于电子鼻的最早报道。电子鼻是利用气体传感器阵列的响应图案来识别气味的电子系统，它可以在几小时、几天甚至数月的时间内连续、实时地监测特定位置的气味状况。电子鼻的应用场合包括环境监测、产品质量检测（如食品、烟草、发酵产品、香精香料等）、医学诊断、爆炸物检测等。

电子舌是一种低选择性、非特异性的交互敏感传感器阵列，可以对酒、饮料、茶、咖啡等味觉特征进行定性和定量的分析，可以区分不同酸味、鲜味、苦味的物质。

声音和图像不仅可以利用电子方式进行采集和传输，而且可以利用终端设备进行较为真实的声像还原；但是，利用传感器只可以采集和传输数据，尚不能利用这些数据将采集到的气味、鲜味和触感数据进行还原。例如，在花丛中用手机拍摄的照片可以传送给异地的朋友或保存在计算机中，但却不能像身临其境者那样闻到鲜花的淡雅或馥郁。同样，美食的"色"可以分享，但"香""味"却无法传递。

（七）小结

综上所述，我们可以清晰地看出人类社会中信息感知、信息存储、信息处理和信息传输的演变过程，无论是哪一种信息，都能够从模拟信息转换成数码信息以便于存储、处理和传输；无论是哪一种信息，其存储、处理和传输的主体都变成了由集成电路担纲。信息获取和传播能力的提高，是社会发展的催化剂，从这个意义上说，微纳电子科学技术为人类创造了全新的信息世界，在人类社会发展的进程中创立了不可磨灭的历史功绩（表 1-1）。

表 1-1 信息技术的进步

项目	远古至今	17~18世纪	19世纪	20世纪	21世纪
信息记录形式	文字、绘画、雕塑、建筑	模拟信息	模拟信息	模拟信息、数码信息	数码信息
信息记录介质	颜料、痕迹、造型、结构	载体形变:算盘、计算尺、穿孔纸带、机械计算机	载体形变:手摇留声机 磁场变化:钢丝、磁带录音机 化学变化:照片、电影	载体形变:光盘 磁场变化:录音、录像、磁芯、磁带、磁盘、磁鼓 电荷变化:半导体存储器、录音、录像、文字图像处理	电荷:实时获取信息、实时存储信息、实时处理信息、实时传输信息
信息记录载体	纸、布、泥、石、竹、木、金属等	纸、木、金属	金属、塑料	金属、塑料、半导体	半导体
信息传输媒介	语言、文字	文字、实物	导线、电码	电磁波	电磁波
信息传输方式	口耳、人递	驿站、邮政	电话、电报	广播、电视	网络、卫星
信息处理主体	人工	人工、机械	机械、化学	电子管、晶体管、集成电路、软件	集成电路、软件

欲望(desire)是人类产生、发展和活动的一切动力。它是人类本能的一种释放形式,构成了人类行为最内在与最基本的要素。人类最低层次的欲望是基本生活需要和安全需要,当人类尚无能力去满足某种需要时,需要的表现形式为幻想、神话和传说;当人类有能力满足这种需要,则需要上升为需求,并逐步演进为技术推动与市场需求的关系。对体能的欲望,人们希冀"力拔山兮气盖世",工业社会中以能源、钢铁为基础的机械扩展了人类的肢体功能;对信息的欲望,人们创造了"千里眼"和"顺风耳"的神话,信息社会中以集成电路和软件为基础的电视机、数码相机、计算机、移动电话和网络扩展了人类的感官和智慧功能。

迄今,人类还有很多梦想。人们希望物质生活更加舒适、快捷,希望有更加优良的气候环境和健康的身体,希望有更加丰富的精神生活来陶冶情操,希望知道更多地球和宇宙的奥秘。这一切,就像历史上科学进步的轨迹一样,还需要人们脚踏实地地发挥自己的聪明才智,坚持不懈地努力才能实现。

1831年,法拉第发现了电磁感应现象。曾有一个政治家问法拉第的发明有什么用处,他回答道:"我现在还不知道,但有一天你将从它们的身上去抽税。"35 年后的 1866 年，西门子发明了发电机；1875 年，巴黎建立了第一座火力发电厂；1913 年，世界发电量为 500 亿 kW·h，2010 年为 213 251.15 亿 kW·h，若按我国民用电价和 1∶6 美元汇率估算，其市场规模约为 2 万亿美元，这就是科学的价值。但如果那位政治家要求法拉第第二年就要产生价值，或许今天我们还要生活在烛光之中。科学不能急功近利，"路漫漫其修远兮，吾将上下而求索"。

三、微纳电子学科的战略价值

从 1946 年晶体管发明至 2017 年，微纳电子学科的发展已经走过了 71 年的路程；从 1958 年集成电路发明至 2017 年，微纳电子学科也已经度过了 59 个春秋。在这逾半个世纪的过程中，微纳电子学科获得了长足的发展，以微纳电子学科为基础的微纳电子产业在人类历史的长河中谱写了光辉的篇章，创造了全新的信息产业，为推进人类社会的进步做出了巨大的贡献。微纳电子技术的创新使人类社会由工业时代迅速跨入了信息时代。

20 世纪末，计算机、网络和移动通信的普及标志着全球已开始进入信息社会。自 2004 年起，以微纳电子产品和软件为支撑的全球信息产业市场规模已超过其他产业，成为世界第一大产业。微纳电子科学技术与产业不仅成为加速经济持续增长、改变人类生产和生活方式的推动力，而且成为关系现代战争胜负的重要因素。微纳电子产业的规模、科学技术水平和创新能力正在成为衡量一个国家综合国力的重要标志。当前，世界 GDP 的 10% 与微纳电子产业直接相关。

（一）国家安全的保障

战争是政治的继续，武器是战争胜负的重要决定因素之一，是国防安全的基本保障。在现代武器系统中，以微纳电子产品为基础的信息设备费用占整个武器系统费用的 50%～90%，如隐形飞机为 60%，现代火炮和主战坦克为 70%，军事指挥和控制系统则高达 88%[6]。

武器中信息设备的含量在决定战争的控制权及兵源的伤亡中起到越来越重大的作用。1950～1953 年的朝鲜战争中，战争控制权基本是制陆权（攻守阵地），战争期间以美国为首的联合国军共计伤亡 109 万人[①]；1955～1975 年的越南战争中，制空权成为战争主要控制权，越南战争中美空军共出动飞机 50 余万架次，投弹 750 万 t，美军和南越部队为主的地面部队的伤亡人数共计 35 万人（为朝鲜战争的 1/3）；在 1990 年 8 月 2 日至 1991 年 2 月 28 日的海湾战争中，当时世界微纳电子产业已进入蓬勃发展时期，精确制导武器和全球定位系统在战争中发挥了巨大作用，制天权、制电磁权、制信息权成为主要的战争控制权，大大减少了地面部队的伤亡，42 天的战争中，以美国为首的多国部队伤亡约 1400 人（为越南战争的 1/250）。

信息安全直接关系到国家的政治安全和经济安全。当今爆发的国际冲突表明，通过在芯片中设置人为缺陷或植入"木马"程序等手段，不仅可以先期掌控或摧毁敌方的指挥系统，而且可以直接使敌方的侦测系统、武器系统失常乃至瘫痪。美国一方面通过"棱镜计划"对网络信息进行全面监控，另一方面则限制我国华为公司的产品进入美国市场，皆表明了信息安全已成为国际政治、军事和经济斗争的焦点。因此，如果在国防建设中不能够立足于独立自主的微纳电子产业，则始终存在着被他人胁迫乃至致命的安全隐患。在网络中，以芯片和操作系统为核心的路由器是构建网络的关键设备。中国电信"163"和中国联通"169"是中国最重要的两个骨干网络，承担着中国互联网 80%以上的流量。但是，163 网 70%以上、169 网 80%以上的路由器由美国思科（CISCO）公司提供，思科公司的产品还广泛用于我国政府、金融、铁路、民航、医疗、军警等要害部门，涉及绝大多数超级核心节点、国际交换节点、国际会聚节点和互联互通节点。据统计，仅在 2012 年，我国就有 1420 万台计算机主机被境外控制，我们必须迅速扭转这种信息安全控制权基本掌握在他人手中的局面。

（二）建设绿色经济和生态文明的重要手段

瓦特蒸汽机的发明导致了第一次工业革命，法拉第发现的电磁感应现象拉开了第二次工业革命的帷幕。工业社会的进步将以人的体力劳动逐步向机械运作延伸，但是人们也为此付出了巨大的能源代价，千百万年深藏于地下的煤炭、石油和天然气维持着工业经济的高速运转。图 1-11 清楚地表明了世界能源消耗与 GDP 增长的正相关关系。

---

① 参见：1953 年 7 月 27 日，中朝联合司令部发布的战绩公报。

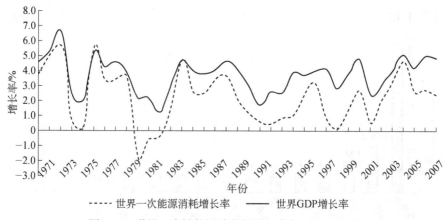

图 1-11 世界一次性能源消费量增长率与 GDP 增长率

在享受着工业产品带来的方便、快捷、舒适和愉悦的同时，人们也开始饱尝着工业污染带来的苦果（详见前文）。为了不再呼吸饱含雾霾的空气，不再饮用浑浊污秽的河水，不再面对风沙侵蚀的良田，不再对消失的雨林发出叹息，人类开始了拯救地球的自我救赎，将环境保护和绿色经济提到了各国政府的议事日程上来。

在节约能源和生态文明的建设中，微纳电子技术正在发挥着巨大作用。仅以 LED 灯为例，普通 60W 的白炽灯 17 小时耗电 1kW·h，普通 10W 节能灯 100 小时耗 1kW·h，而同等照度的 LED 灯 1000 小时耗 1kW·h。也就是说 LED 灯的能耗仅有白炽灯的 1/60。2012 年 10 月 17 日，国家发展和改革委员会（简称国家发改委）、商务部、海关总署、国家工商行政管理总局、国家质量监督检验检疫总局、国家机关事务管理局，在中国工程院举行"告别白炽灯·点亮绿色生活"政府在行动主题宣传活动，宣布正式实施《中国逐步淘汰白炽灯路线图》。国家发改委副主任解振华介绍说，全球照明用电占到总用电量的 19%，我国照明用电占全社会用电量的 13%左右。如果把我国在用的 14 亿只白炽灯全部替换为节能灯，每年可节电 480 亿 kW·h（约为 2012 年三峡电站发电总量的 1/2），相当于每年减少二氧化碳排放 4800 万 t。

据美国能源经济委员会统计，2006 年，美国微纳电子技术的应用节约了 7750 亿 kW·h 的能源（约为三峡水电站 2006 年发电量的 13.5 倍）；预计到 2030 年，美国经济增长量将超过 70%，在微纳电子技术的推动下，耗电量将比 2008 年减少 11%[10]。

此外，监测与治理大气污染、水体污染和土壤污染等改善环境方面，也是微纳电子技术大有作为的广阔天地。

相对于传统产业而言，微纳电子产业本身也是一项能耗与水耗较低的产业（图 1-12）。

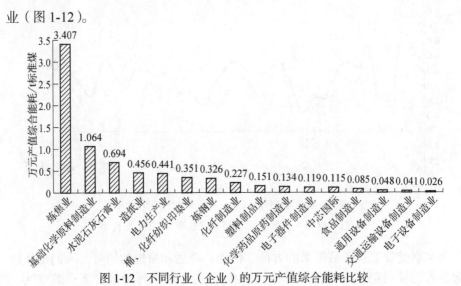

图 1-12　不同行业（企业）的万元产值综合能耗比较

注：微纳电子制造业数据以国内该领域的领军企业中芯国际的数据替代

从图 1-12 可以看出，能耗最高的产业是炼焦业，每万元产值能耗达 3.407t 标准煤。作为微纳电子制造业的代表，中芯国际的每万元产值能耗仅为 0.115t 标准煤；如果生产用水不使用中水，则微纳电子制造业水耗较高，但使用中水后，水耗大大降低，中芯国际每万元产值水耗的实际值为 0.387m³（中芯国际 90% 的用水为可循环中水，实耗 10%），仅为棉、化纤纺织印染业的 3%（图 1-13）。

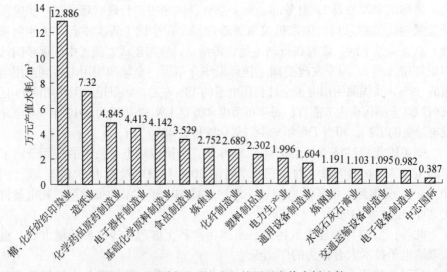

图 1-13　不同产业（企业）的万元产值水耗比较

（三）价值流向知识聚集的地方

微纳电子学科的发展将人类带进了信息社会。2012 年，世界半导体市场规模为 2916 亿美元（WSTS 数据），电子整机系统市场为 18 000 亿美元（工业和信息化部软件与集成电路促进中心 CSIP 数据），电子信息产业市场（含电子信息服务）为 28 000 亿美元（日本电子信息产业协会数据）。

中国是电子信息产品制造大国，2011 年，中国彩电、手机、计算机的产量占全球出货量的比重分别达到 48.8%、70.6% 和 90.6%，均名列世界第一。

但是，产量第一并不意味着劳动价值第一。国际经济竞争表明，没有先进的微纳电子技术就不可能有先进的电子产品制造业，不掌握微纳电子技术的核心产品就只能在国际分工中处于产业链的末端，在国际市场的利益分配中充当"打工者"的角色。2011 年，中国电子信息产品占出口总额的34.8%，而其中来料加工占了 75.5%。

目前，大量不掌握微纳电子核心技术的整机公司，由于依赖进口集成电路和相关技术，所以产品利润率非常低，其净利率仅为 1% 左右；一部售价600 美元的苹果手机，苹果公司的利润为 360 美元，占 60%，而富士康公司的组装收入仅为 6.54 美元，仅占 1.1%；一个售价 40 美元的鼠标，罗技公司的利润占其中的 22.5%，而组装公司的利润仅占 7.5%。

表 1-2 为三个公司的净利率比较，可以看出，华为公司因有自主知识产权的集成电路产品（海思公司设计）为后盾，其净利率较高，而以纯组装代工为主要生产模式的公司，其净利率仅为华为的 1/10 左右。

表 1-2　三个公司的净利率比较（2010 年）

项目	联想	海尔	华为
营业额/亿元	1262	1357	1852
净利润/亿元	15.9	62	238
毛利率/%	12	24	42
净利率/%	1.3	4.6	12.8

以上利润分配均表明："The value goes to where the knowledge is."[11]（价值总是流向知识聚集的地方）。

2012 年，我国集成电路的需求额为 8558.6 亿元（约 1355.8 亿美元）占全球集成电路市场总产值 2382 亿美元的 56.9%。但是，国产集成电路的销售额仅占国内市场需求额的 20%，其余 80% 的集成电路产品依赖进口。近年来，我国集成电路进口额已经多次超过石油进口额，成为位列第一的进口产品。因此，这种"空芯化"的状态急需改变，只有大力发展微纳电子学科及产业，立足电子产品制造业的最上游，才能真正实现建设世界强国、实现中华民族伟大复兴的梦想。

第二节　微纳电子学科的发展规律和特点

一、微纳电子学科的发展

（一）微纳电子学科的先导——理论准备

如同牛顿的经典力学成为工业社会的先导一样，微纳电子学科的萌芽也需要用理论和实践培育的土壤。

1799 年，意大利物理学家伏特成功地制成了世界上第一块电池——"伏特电堆"，从此，人类社会有了人工制造的可控的"电源"。1820 年，丹麦物理学家奥斯特发现了电流的磁效应。1826 年，德国物理学家欧姆发表了著名的欧姆定律。1827 年，法国物理学家安培发表了《电动力学现象的数学理论》，并发明了电流计。1831 年，英国物理学家法拉第发现了电磁感应现象，使人类掌握了电磁运动相互转变，以及机械能和电能相互转变的方法。1845 年，德国物理学家基尔霍夫发表了基尔霍夫定律。1864 年，英国物理学家麦克斯韦发表了论文《电磁场的动力学理论》；于 1865 年预言了电磁波的存在，并证明了真空中电磁波的速度等于光速，成为现代无线电技术的基础。1869 年，俄罗斯化学家门捷列夫发表了元素周期律，为半导体固体物理的开拓和发展打下了基础。1888 年，德国物理学家赫兹用实验证实了麦克斯韦所预言的电磁波的存在。1897 年，英国物理学家汤姆逊在实验中发现了电子存在的直接证据，电子的发现揭示了电的本质。1900 年，德国物理学家普朗克提出了物质辐射的能量是不连续的假说，引入了能量子的概念，创立了量子理论。1913 年，丹麦物理学家玻尔提出了新的量子化原子模型。1926 年，奥地利物理学家薛定谔系统地阐明了波动力学理论，提出了薛定谔方程。1928 年，量子理论创始人普朗克提出了固体能带理论的基本思想能带论。该理论阐述了在外电场作用下，半导体靠满带中的"空穴"和导带中的电子这两种载流子进行导电，"空穴"参与的导电过程称为 P 型导电，电子参与的导电过程称为 N 型导电（双极与 MOS 集成电路的基本工作原理）。能带论第一次科学地阐明了固体可按导电能力的强弱，分为绝缘体、导体和半导体。1930 年，英国物理学家狄拉克著书《量子力学原理》，提出了著名的狄拉克方程，并且从理论上预言了正电子、磁单极子的存在。1931 年，英国物理学家威尔逊在能带理论的基础上提出了半导体的物理模型，阐述了"杂质导电"和"本征导电"的机制，半导体所有变化的性能和广泛的应用价值，都由杂质导电机理决定。威尔逊模型奠定了半导体学科的理论基础。1939 年，肖特基、莫特和达维多夫应用金属与半导体接触的"势垒"（potential energy barrier）概念，建立了解释金属–半导体接触整流作用的"扩散理论"。这样，能带论、半导体导电机理和扩散理论这三个相互关联、逐步发展起来的半导体理论模型构成了确立晶体管这一技术发明的理论基础。

至此，科学家们为晶体管的发明已经做好了理论和实践上的准备。

（二）微纳电子学科的起步——晶体管的发明

微纳电子学科的起步源于上述科学技术的进步与迫切的市场需求。

最初，电子设备的核心部件是电子管。

1904 年，英国发明家弗莱明在研究"爱迪生效应"的基础上，在只有灯丝的"灯泡"里加了一块金属板（阳极），发明了真空二极管并取得专利。此后，真空二极管在无线电技术中被用于检波和整流。

1907 年，美国发明家德·福雷斯特·李在二极管中加入了一个格栅，制造出第一支真空电子三极管，三极管的功能集"放大""检波"和"振荡"于一身，这使得它成为无线电发射和接收机的核心部件。

在第一次世界大战期间，西部电力公司（Western Electric）为美军生产了 50 万只电子管。在 1918 年，美国一年内就制造了 100 多万只电子管，是第二次世界大战前的 50 多倍。

电子管的主要缺点是加热灯丝需消耗时间，延长了工作的启动过程，同时灯丝发出的热量必须时时排出，且灯丝寿命较短。

以 ENIAC 为例，几乎每 15 分钟就可能烧掉一只电子管，导致整台计算机停止运转，而且至少还要花费 15 分钟以上的时间才能在 18 000 只电子管中寻找出损毁的那一只，因此 ENIAC 的平均无故障工作时长仅有 7 分钟。

为此，人们迫切希望有一种不需要预热灯丝、耗能低、能控制电子在固体中运动的器件来替代电子管。

1946 年，美国贝尔实验室成立了由肖克利、巴丁和布拉顿组成的固体物理学研究小组（图 1-14）。1947 年 12 月 23 日，布拉顿和巴丁实验成功点接触锗（Ge）三极管（图 1-15），初步测试的结果显示，该器件的电压增益为 100，上限频率可达 10 000Hz。布拉顿想到它的电阻变换特性，即它是靠一种从"低电阻输入"到"高电阻输出"的转移电流来工作的，于是取名为 trans-resister（转换电阻），后来缩写为 transistor。

图 1-14　晶体管发明人 　　　　　　图 1-15　世界上第一只晶体管
（左起：巴丁、肖克利、布拉顿）

1948 年，肖克利提出了 PN 结型晶体管的理论，并于 1950 年与斯帕克斯和戈登·K. 蒂尔一起研制成功锗 NPN 三极管。晶体管的发明开了微纳电子学科的先河。

与电子管相比，晶体管的优点是寿命长、耗电少、体积小、不需预热、耐冲击、耐振动，因此很快得到市场的青睐。

1953 年，助听器作为第一个采用晶体管的商业化设备投入市场。

1954 年 10 月 18 日，第一台晶体管收音机 Regency TR1 投入市场，仅包含 4 只锗晶体管。1959 年，在售出的 1000 万部收音机中，已有一半使用了晶体管。

1954 年 5 月 24 日，贝尔实验室使用 800 只晶体管组装了世界上第一台功率仅为 100W 的晶体管计算机 TRADIC（图 1-16）。

图 1-16　世界第一台晶体管计算机

1957 年，IBM 公司开始销售使用了 3000 只锗晶体管组装的 608 计算机，这是世界上第一种投入商用的计算机。与使用电子管的计算机相比，IBM 608 计算机的功耗要低 90%，它的时钟频率是 100kHz，支持 9 条指令，两个 9 位 BCD 数的平均乘法运算时间仅 11ms，重量约为 1t。

（三）微纳电子学科的拓展——集成电路的发明

历史前进的脚步没有停止。

如果我们依然生活在晶体管时代，就不会有今天的移动电话，不会有能够随身携带的笔记本计算机，不会有能实时沟通信息的网络生活。

与电子管相比，晶体管尽管具有诸多的优点，但组成电子系统仍然不足以“飞入寻常百姓家”。20 世纪 60 年代初期，一台能够进行四则运算的计算器，其体积和 21 寸 CRT 电视机相当；很难想象 IBM 608 这样重 1t 的计算机能够装备于步兵部队，更谈不上用于飞机的操控。

因此，众多部门，如美国国家标准局（NBS），以及美国空军和海军都在支持电子装备小型化的研究与开发工作。美国在进行电子装备小型化的发展过程中，主要做了三个方面工作：一是陆军支持信号公司（Signal Crops）从事微型模块（micromodule）的工作，在已有陶瓷基片上做元器件的小型化和集成；二是海军重点支持薄膜技术；三是空军支持称为“分子电子学”的集成工作。

1952 年，英国科学家达默在英国皇家信号和雷达机构（Royal Signal & Radar Establishment）电子元器件会议上，首先提出并描述了集成电路的概念。他说："随着晶体管的出现和对半导体的全面研究，现在似乎可以想象，未来电子设备是一种没有连接线的固体组件。"虽然达默的设想并未付诸实施，但是他为人们的深入研究指明了方向。

1958 年，在 TI 公司负责电子装备的小型化工作的基尔比提出了集成电路的设想："由于电容、电阻、晶体管等所有部件都可以用一种材料制造，我想可以先在一块硅材料上将它们做出来，然后进行互连而形成一个完整的电路。"（基尔比于 2001 年访问北京大学时与王阳元的对话）。1958 年 9 月 12 日和 19 日，基尔比分别完成了相移振荡器和触发器的制造和演示，标志着集成电路的诞生。1959 年 2 月 6 日，TI 公司为此申请了小型化的电子电路（miniaturized electronic circuit）专利（专利号为 No.3138743，批准日期为 1964 年 6 月 26 日，图 1-17）。1959 年 3 月 6 日，TI 公司在纽约举行的无线电工程师学会（Institute of Radio Engineers，IRE，IEEE 的前身）展览会的记者招待会上公布了"固体电路"（solidstate circuit，即集成电路 integrated circuit）的发明。

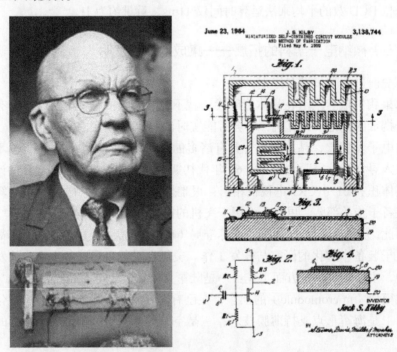

图 1-17 基尔比和第一块集成电路专利原稿

在 TI 公司申请了集成电路发明专利的约 5 个月以后，即 1959 年 7 月 30 日，仙童半导体公司（Fairchild Semiconductor Co.）的诺伊斯申请了基于硅平面工艺的集成电路专利（专利号为 No. 2981877，批准日期为 1961 年 4 月 26 日，图 1-18）。诺伊斯的发明更适合于集成电路的大批量生产。当我们看到第一枚集成电路的样品时，我们可能会对它的简陋与粗糙感到讶异，但其中蕴含的博大与精深的智慧却永远值得我们深思。

图 1-18　诺伊斯和平面集成电路的专利原稿

（四）微纳电子学科的规律——摩尔定律

规律，一种是对历史的总结，另一种是对未来的预测。摩尔定律是在微纳电子学科的发展中对未来走向最成功的预测。

1965 年 4 月 19 日，任职仙童半导体公司的戈登·摩尔在《电子学》杂志上发表了《向集成电路填充更多的元件》一文[12]，摩尔提出，集成电路在最低元件成本下的复杂度大约每年增加一倍（图 1-19）。

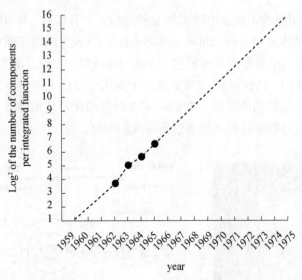

图 1-19 摩尔定律的最初表述[12]

1975 年，摩尔在 IEEE 国际电子器件大会（IEEE International Election Devices Meeting，IEDM）上发表了题为 "*Progress in Digital Integrated Electronics*" 的论文，将上述每年增长一倍的推断进行了修正，改为每两年增长一倍："The new slope might approximate a doubling every two years，rather than every year，by the end of the decade."（图 1-20）[13]

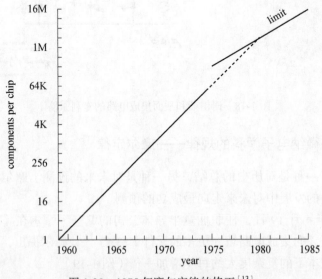

图 1-20 1975 年摩尔定律的修正[13]

迄今，Intel 公司微处理器上的晶体管数一直遵从着两年增长一倍的规律发展；作为统计规律，DRAM 集成度的增长要略快，即每 18 个月集成度翻一番（图 1-21）（但这种表述不是摩尔定律）。

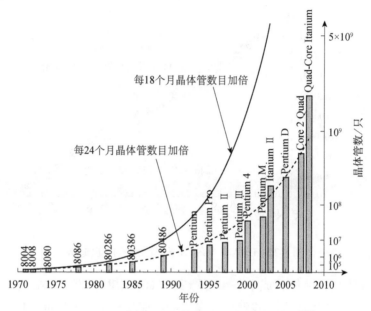

图 1-21　微处理器上的晶体管数每两年增加一倍[14]

集成电路集成度的提高导致集成电路上每只晶体管的成本大幅下降。2006 年，Intel 公司出版了一批宣传画，其中一幅对集成电路上晶体管的价格进行了如下描述："Some people estimate that the price of a transistor is now about the same as that of one printed newspaper character."（有人估计现在一只晶体管的价格大约与报纸上一个印刷字母的价格相当）。换句话说，人们只要买得起报纸，就消费得起集成电路。

1963 年，国内一只锗晶体管的价格为 8 元，按当年美元兑人民币的汇率 1∶2.4618 折算，每只晶体管的价格为 3.25 美元。2013 年 3 月，4GB 的 DDR3 内存条的价格为 256 元（按当月的汇率 1∶6.22 折算为 41.2 美元），上面集成了 40 亿×8 只晶体管，平均每只晶体管的价格约为 1.3×10^{-9} 美元。两者相比，2013 年每只晶体管的价格仅为 1963 年单价的 25 亿分之一。图 1-22 为 DRAM 上每只晶体管价格的下降趋势（1968 年以前，生产集成电路的企业多为系统厂商，所生产的集成电路多为内部配套使用。1968 年和 1969 年 Intel 公司和 AMD 公司相继成立，开创了向市场供应通用电路的新生产模式），可以看出，1968 年每只晶体管的价格为 1 美元，2013 年为 1.3×10^{-9} 美元，其降低的数量级为 10 亿。从图 1-22 还可以看出，DRAM 芯片上每只晶体管的价格年平均下降率为 36.5%（即本年价格为上年的 63.5%，或者说，每 5 年降低一个数量级）。

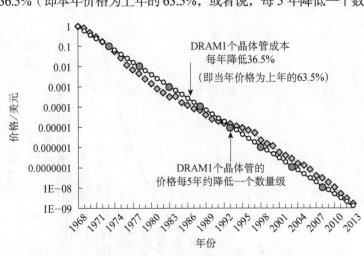

图 1-22　DRAM 上每只晶体管价格的下降趋势

巧合的是，晶体管成本每年下降 36.5% 的规律与摩尔 1965 年在《电子学》杂志上预测的数据高度吻合，摩尔的论述是："At present, it is reached when 50 components are used per circuit. But the minimum is rising rapidly while the entire cost curve is falling（see graph below）. If we look ahead five years, a plot of costs suggests that the minimum cost per component might be expected in circuits with about 1,000 components per circuit（providing such circuit functions can be produced in moderate quantities）. In 1970, the manufacturing cost per component can be expected to be only a tenth of the present cost."[12] 也就是说，摩尔认为，1970 年芯片上晶体管的成本为 1965 年的 1/10，依此推算，5 年间芯片上晶体管成本的年平均降低率为 37%。从图 1-22 也可以看出，确实是每隔 5 年，芯片上晶体管的价格就会基本下降到上一个节点的 1/10。

晶体管价格的下降意味着有更多的人能够通过购买各种电子设备来消费由晶体管组成的集成电路。

1969 年，第一代 CPU4004 的售价是 200 美元，1974 年 CPU8080 的售价是 395 美元，因为价格昂贵，最初的集成电路消费者以军方（政府）为主（图 1-23）。20 世纪 70 年代中期，企业法人和社团法人开始成为集成电路的市场主力；直至 21 世纪初，每只晶体管的价格降至 $1 \times 10^{-6} \sim 1 \times 10^{-7}$ 美元，此时，手机、计算机、数码相机、mp3 开始逐渐普及。2000 年，世界移动电话普及率为 120.8 部/千人，2005 年达到 339.7 部/千人，2010 年增加到 771.1 部/千人；2010 年，国际互联网用户数已达到 328 户/千人[14]。国际电信联盟发布的报告《2013 年信息社会分析》中显示，有 27 亿网民使用固网或移动方式接入互联网。

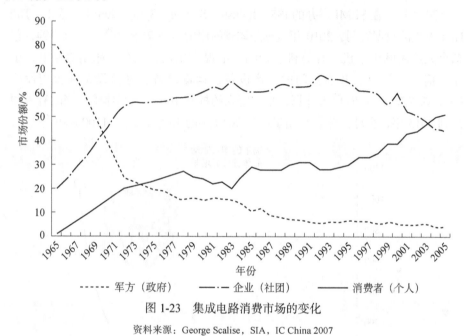

图 1-23 集成电路消费市场的变化

资料来源：George Scalise，SIA，IC China 2007

1963 年，我国大学毕业生的工资统一为 46 元，大约可以买 1.5 台便携式半导体收音机（28 元/台）。

收音机是当时人们所追求的所谓"三转一响"四大件（自行车、缝纫机、手表、收音机）之一。50 年后，据北京市政府 2013 年 6 月 16 日发布的《2013 高校应届毕业生就业形势报告》，北京市 2013 届高校毕业生的初始平均月薪为 4746 元①，该工资可以买一台笔记本电脑。2013 年 3 月上市的 DELL 14in 笔记本电脑售价为 4400 元左右，该电脑所采用的 CPU 为 Intel 4 核酷睿 i5，集成了近 10 亿只晶体管（32nm 工艺，芯片面积 296mm²），其内存为 4GB DDR3，硬盘容量为 500GB，预装 Windows8（64 位）操作系统，130 万像素的摄像头，总重量仅为 2.3kg，功耗为 17W。这样配置的电脑几乎可以获取、

_____

① 参见：http://www.bj.chinanews.com/news/2013/0617/31281.html.

存储、处理、传输和显示任何文字、表格、声音和图像信息，利用笔记本电脑和无线网络，可以在任何时间、任何地点和需要传递信息的对象进行实时的信息交流。如果不考虑屏幕的大小和键盘操作的适用性，现在的任何一款较为高档的手机也可以利用微博、微信等方式完成上述任务，当然，手机的重量更轻、功耗更低、携带更加方便。

2012 年，在 SEMI 举办的 ISS（Industry Strategy Symposium）会议上，Bill Holt 发表的数据表明，2010 年全球晶体管的用量达到 75×10^{18} 只（图 1-24，包括个人或家庭用手机、计算机、音响、电视、相机、汽车、冰箱等家电，企业、商场、学校、政府部门的生产设备、运输设备、办公设备和公用设施等），按全球人口 70 亿人计算，平均每人约拥有 100 亿只晶体管。当时有人预计到 2015 年，全球晶体管总用量约是 2010 年的 15 倍，达到 1100×10^{18} 只。

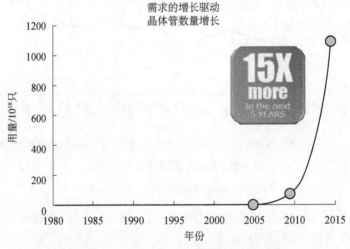

图 1-24　2012 年对全球晶体管用量的预测

微纳电子市场的急遽扩大清楚地表明了微纳电子科学技术给予人们最实惠、最广泛也最现实的价值；微纳电子市场的急遽扩大有力地提供了微纳电子科学技术改变人类生产和生活方式的最直接、最客观也最有效的证据。

二、微纳电子技术产业链的发展

（一）微纳电子技术的产业链

微纳电子学科是工程与技术科学的分支。故微纳电子学科的研究对象、研究特征、研究方法、学科的派生来源、研究目的均与微纳电子产业的发展密切相关。微纳电子产业链（因主要材料为半导体又称半导体产业链）的构成如图 1-25 所示。

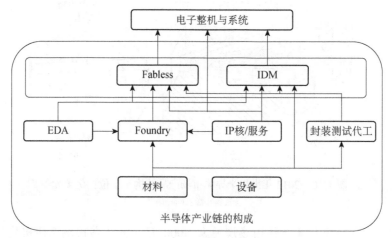

图 1-25　微纳电子产业链构成

注：Foundry 指半导体芯片生产加工厂商；Fabless 指没有生产线的 IC 设计公司。

　　直接面对市场的企业主要是无生产线设计企业（Fabless）、集成器件制造商（integrated device manufacturer，IDM）和 IP 核厂商。EDA 厂商主要提供设计工具，Foundry 提供芯片制造代工服务，企业本身没有自己的产品。IP 核是一种经过工艺验证的、可嵌入芯片中的、设计成熟的模块，分为软核、固核和硬核三类。IP 核的来源包括芯片设计公司、Foundry、EDA 厂商（如 Synopsys）、专业 IP 核厂商（如 ARM）和设计服务公司。封装测试代工公司主要为 Fabless 和 IDM 服务，企业本身亦无自己的产品。材料和专用设备公司主要为芯片制造企业提供所需要的材料和设备。

　　利用微纳电子技术生产的主要产品是集成电路（约占半导体市场总额的82%～87%）和半导体分立器件。集成电路的主要产品包括通用标准电路（application specific standard parts，ASSP）、微处理器（micro processor unit，MPU）、存储器（memory）、专用电路（application specific integrated circuit，ASIC）、模拟电路（analog circuit）和通用逻辑电路（logical circuit）。半导体分立器件的主要产品包括二极管（diode）、三极管（transistor）、功率器件（power device）、高压器件（high-voltage device）、微波器件（microwave device）、光电器件（optoelectronics）和传感器件（sensor）。2012 年世界半导体市场的产品结构如图 1-26 所示。

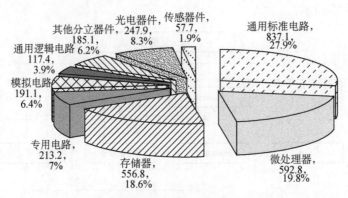

图 1-26　2012 年世界半导体市场产品结构（单位：亿美元）

资料来源：Gartner

2012 年，世界半导体市场规模为 3000 亿美元（各市场调研机构的数据略有不同，见表 1-3），是 1975 年集成电路市场 49 亿美元的 61 倍，37 年的年平均增长率为 11.8%。

表 1-3　2012 年世界半导体市场

市场调研机构	2011 年销售规模/亿美元	2012 年销售规模/亿美元	2012 年/2011 年增长率/%
WSTS	2995	2916	−2.6
IC Insight	3128	3034	−3.0
IHSiSuppli	3102	3030	−2.3
Gartner	3078	2999	−2.6
Digitimes	3030	2933	−3.2

资料来源：中国半导体行业协会，《中国半导体产业发展报告》，2013

微纳电子技术的进步源于集成电路产业链每一个环节的进步，每一个产业环节所创造的价值，构成了集成电路产业对社会的整体贡献。作为人才培养和基础研究的基地，大学和研究所进行的基础性、原理性研究也是构成集成电路产业链的重要环节，其技术创新的思想往往会对技术进步产生革命性的影响，如鳍式栅场效应晶体管（FinFET）的发明。

（二）设计、制造与封装的技术进步

1. 集成电路设计技术的进步

设计、制造与封装是半导体器件生产的主要环节。本节仅针对占市场主流的集成电路设计、制造和封装技术的进步进行简单阐述，暂不涉及分立器件、光电器件和传感器。

最初，集成电路的复杂度不高，一般小规模集成电路仅有几只（如门电路、触发器）或几十只晶体管（如寄存器、计数器、运算器），因此，当时的设计方式是手工设计，即手工绘图、刻红膜、人工检查，照相制版，缩小成接触（或接近）式掩模，最后交付生产线光刻工序使用。1976 年苹果计算机、1981 年 IBM 个人计算机相继问世，计算机辅助设计（computer aided design，CAD）开始替代手工设计。从这个角度说，集成电路性能的提高（处理速度、存储容量）带来了计算机性能的提高，使得设计规模更大、性能更高的电路成为可能，从而形成了一种正反馈。也就是说，没有高性能计算机，就不可能完成在一个芯片上集成数亿只晶体管的工作；反之，没有高性能、高容量的集成电路，也不可能构建高性能的计算机。

随着计算机性能的提高，集成电路设计也由最初简单的、物理上的布局布线（layout 或 placement and routing）逐步上升到 RTL（register-transfer level）逻辑综合（synthesis）和用高级语言（very-high-speed integrated circuit hardware description language，VHDL 或 Verilog HDL）进行硬件描述的层次。有了硬件描述语言（行为级或称功能级）、逻辑综合（逻辑级）和布局布线（物理级）三个层次的设计工具，设计人员就可以采取"自顶向下"（top to down）的思路，将复杂的功能模块划分为低层次的模块并可充分复用以往的模块设计成果。自顶向下的设计方式有利于系统级别层次划分和管理，提高了效率，降低了成本。

在集成电路设计过程中，不可或缺的工具是仿真验证。仿真验证将传统的生产后验证提前为生产前的仿真，不仅大大加快了设计速度，而且大大降低了生产的风险。设计中的每一级均有相对的仿真验证工具，包括功能验证（function simulation，或行为验证 behavioral simulation）、门级验证（gate-level netlist verification）和版图仿真（layout simulation）。

进入 21 世纪后，集成电路设计朝可制造设计（design for manufactory，DFM）的方向发展。其主要技术方向有软硬件协同设计[15]（图 1-27）、IP库、低功耗设计、可靠性设计，以及系统集成芯片（system on chip，SoC）和

系统封装（system in package，SiP）。SoC 设计是集成电路革命性的进步，设计思路由以往的"集成电路装入系统"，变为"系统装入集成电路"。系统集成的有效措施是成果复用，其具体表现是：软件构件化（标准、拼装、裁剪）、IP 核的导入、设计库的建立和嵌入式设计方法的发展。为了克服 SoC 设计中所遇到的一些困难，集成电路设计业界引入了 SiP 的概念，即把多个不同的芯片二次集成在一个基底（substrate）上。SiP 很可能会变成和 SoC 相互补充的另一主流设计技术。

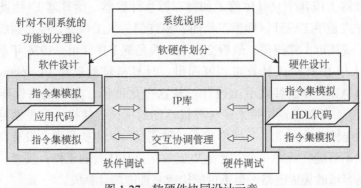

图 1-27　软硬件协同设计示意

2. 集成电路制造技术的进步

摩尔定律的基本描述是等比例缩小（scaling down），通过缩小最小加工尺寸达到在同样芯片面积上集成更多元器件的目的。

集成电路制造是在特定薄膜上制造特定图形的过程。其中的氧化、外延、掺杂（扩散、离子注入）、沉积（物理气相沉积、化学气相沉积）等工艺为薄膜制造工艺，光刻（曝光和刻蚀）工艺为图形制作工艺。

曝光和刻蚀是集成电路完成图形制作的最核心工艺，缩小加工尺寸需要减小曝光光源的波长。

20 世纪 70 年代中期以前，曝光光源为汞灯。汞灯是一种多波长的光源，其波长范围为 400～700nm。早期的典型产品是 Intel 公司用 12μm 工艺生产的 1K MOS DRAM 和 NEC 公司生产的 4K DRAM。作为小规模集成电路的产品代表是 74/54 系列（双极工艺）和 4000 系列（MOS 工艺）电路。1971 年，Intel 公司推出全球第一个微处理器 4004（10μm 工艺，2300 只晶体管），开了商用 CPU 的先河。

20 世纪 70 年代中期到 90 年代中期，曝光光源为紫外光（ultraviolet，

UV）g 线（436nm）和 i 线（365nm），典型产品是 CPU8086（1978 年，3μm 工艺，2.9 万只晶体管）、80286（1982 年，3μm 工艺，13.4 万只晶体管）、80386（1985 年，1.5μm 工艺，27.5 万只晶体管）和 80486（1989 年，1μm 工艺，125 万只晶体管），存储器 DRAM 的容量达到 4M。

其后，曝光光源波长进入深紫外光领域（DUV），主要是准分子激光 KrF（248nm）和 ArF（193nm），ArF 为曝光工艺的主流光源。CPU 的代表产品由奔腾系列（Pentium～Pentium D，1993～2005 年，0.6～65μm，310 万～3.76 亿只晶体管）转为多核的酷睿系列（Core，2006 年，45～22nm 工艺，7.3 亿～26 亿只晶体管）。存储器的容量达到了 16G（芯片组）。

曝光技术中的一个重要发明是浸没式光刻（immersion lithography）。浸没式光刻技术是将纯净水充满投影物镜最后一个透镜的下表面与硅片之间，使得曝光光源的有效波长缩短（$\lambda=\lambda_0/n$，λ_0 为空气介质时的波长，n 为液体折射率），可以将 193nm 光刻延伸到 32nm 节点。

此外，浸没式光刻技术的光刻间距极限还可以通过两次曝光间距的分解技术进一步拓展，利用双曝光/成像（double exposure/double patterning）技术，193nm 浸没式光刻技术可以扩展到 16/14nm 节点。

经过一定图形曝光后的薄膜，还必须去除不需要的部分才能得到所希望的图形，这就是刻蚀工艺。最初的刻蚀技术是湿法刻蚀，利用的是液态化学试剂腐蚀材料，但由于是各向同性腐蚀，所以对图形尺寸控制性差。1980 年后，刻蚀技术转为干法刻蚀，其中物理性刻蚀又称为溅射刻蚀，溅射刻蚀方向性很强，可以做到各向异性刻蚀，但不能进行选择性刻蚀；等离子刻蚀是利用等离子体中的化学活性原子团与被刻蚀材料发生化学反应，从而达到刻蚀目的，等离子刻蚀具有较好的选择性，但各向异性较差；反应离子刻蚀（reactive ion etching，RIE）是目前主流的刻蚀技术，同时兼具各向异性和选择性好的优点。

当所有的晶体管通过薄膜技术和光刻技术在硅片上制作完成时，还必须采用互连技术将上百万乃至数十亿只晶体管按照所设计的规则连接起来才能形成真正的电路。最初的互连材料是铝，其电导率为 37.8×10^6 S/m。随着集成电路复杂度的提高，连接晶体管的导线也越来越长，导线电阻随之增加。互连延迟 $\tau = RC$（R 为导线电阻，C 为介电层电容）。RC 的增加导致互连延迟大大增加，而互连延迟的增加阻碍了集成电路工作速度的加快。研究表明，在 0.25μm 工艺（铝导线，SiO_2 介质）的情况下，由互连产生的延迟已经超过门电路的延迟。为此采用高电导率的金属材料和低介电常数的介质材料已成为必然。1997 年，IBM 公司宣布推出了采用铜（电导率 59.6×10^6 S/m）互连技术的芯片。铜互连技术基于铝互连技术的逆向思维，铝互连是将整片的铝膜刻去不需要的部分形成连线，再覆盖介电层；由于铜的干法刻蚀速率控制困难，所以采用了先在介电层上刻蚀连接导线的图形，然后再填充铜，再用化学机械抛光（chemical mechanical planarization，CMP）工艺磨去多余的铜，这就是著名的"大马士革镶嵌"（Damascus damascene）工艺。铜互连工艺的优点如下。

（1）减小了互连电阻，从而降低了互连延迟。

（2）铜的熔点为1083℃，比铝（熔点660.4℃）更不容易发生电子迁移，因此可以在同样的互连层厚度上通过更高的电流密度，从而降低了能耗。

1998年9月1日，IBM公司宣布推出世界上第一个采用铜材料的微处理器，将同一芯片 PowerPC® 750 的工作速度提高了33%。

3. 集成电路封装技术的进步

整机或系统是集成电路与最终消费者之间的界面，集成电路只有通过在整机或系统中的应用才能体现其价值；封装是集成电路芯片与整机或系统的界面，只有经过封装后的芯片才能装入系统，并在系统中发挥应有的效用。

封装的作用一是实现芯片引出脚与外界的连接，二是保护裸露芯片的功能与性能不受或减轻环境影响，使得芯片能够稳定和可靠地工作。

最初的集成电路封装沿用了晶体管的 TO（transistor outline）封装形式。20世纪60年代中期，中规模集成电路的 I/O 引脚增至数十个，TO 型封装外壳已不敷使用，双列直插式引脚封装（double in-line package，DIP）成为集成电路封装的主流。20世纪80年代，表面安装技术（surface mount technology，SMT）得到长足发展，出现了多种封装形式，如无引脚陶瓷片式载体（leadless ceramic chip carrier，LCCC）、塑料有引脚式载体（plastic leaded chip carrier，PLCC）、四边引脚扁平封装（quad flat package，QFP）等，其中塑料四边引脚扁平封装（plastic quad flat package，PQFP）成为集成电路封装的主要形式，I/O 引脚可达到 208~240 条。

20世纪80~90年代，集成电路 I/O 引脚数达到数百个甚至1000个左右，集成电路封装引脚开始由周边型向面阵型发展，如针栅阵列（pin grid array，PGA）封装。自20世纪90年代的焊球阵列（ball grid array，BGA）封装开始，封装的"插装"概念被"贴装"颠覆，"管脚"被"焊球"替代，芯片与系统之间的连接距离大大缩短。20世纪末，芯片尺寸封装（chip size package，CSP）解决了芯片面积小而封装面积大的矛盾，引发了封装技术的革命。集成电路封装技术的演变如图 1-28[16] 所示。

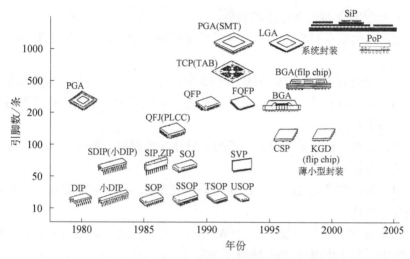

图 1-28　集成电路封装技术的演变

今后集成电路封装将朝 SiP（system in package，系统封装）的方向发展，关于 SiP 的问题将在第四节中详细阐述。

4. 集成电路材料的不断拓展

从本质上说，世界上任何一件物品都不过是各种不同材料按照一定规则形成的集合，集成电路概莫能外。

集成电路材料大致分为四类。

（1）功能材料，主要是芯片衬底材料和外延材料，包括单晶锗、单晶硅、化合物半导体（砷化镓、氮化镓、磷化铟、硫化镉、铝镓砷等）、SOI 和应变硅等。

（2）微细加工材料，包括光刻胶、高纯气体、高纯试剂、掩模版等。

（3）结构材料，包括塑封材料、金属引线框架材料、焊接材料等。

（4）工艺辅助材料，包括化学试剂、磨抛材料、超净厂房建筑材料等。

这里着重讨论功能材料。

最早的集成电路功能材料是锗，第一只晶体管和第一块集成电路均在锗材料上制备而成。但是，锗材料存在如下缺点。

（1）锗的禁带宽度较窄（0.69 eV）、热传导率较低［64W/（m·℃）］，用锗制造的器件只能工作在 90℃ 以下的环境工作，高于 90℃ 时，锗器件的漏电流明显增大。

（2）锗氧化物的介电性能和稳定性差且溶于水，不适合作为栅氧化层材料用于 MOSFET 器件和电路的制造。

（3）锗的熔点只有 937℃，难以承受诸如掺杂、激活、退火等高温工艺过程。

（4）锗的击穿电场相对较低（约 10^7 V/m），因而锗器件的可靠性较差。

（5）锗的机械性能较差，锗单晶的直径不宜很大，锗晶片的加工与运输也存在一定的安全问题。

当前，硅（Si）是应用最广泛的半导体功能材料，相对于其他半导体材料，硅具有如下优势[17]。

（1）硅的禁带宽度较大（1.106 eV），硅基器件可以获得低漏电流和高击穿电压等特性。

（2）硅的热传导率较高［145W/（m·℃）］，允许通过的电流和承载的功率就大，其工作温度可达 250℃左右。

（3）硅氧化物（如 SiO_2）是性能最好的介电绝缘材料，很容易在硅上制备出性能优异的硅氧化物以制备 MOSFET 器件，这是硅材料与其他半导体材料相比最大的优点和特点。

（4）硅材料制作工艺成熟，可以生长大直径、无位错、少缺陷的高质量晶体。

（5）硅材料生产成本低，就同样芯片面积而言，砷化镓的生产成本是硅的 5 倍。

（6）硅材料对环境友好，没有毒性。

（7）硅是地球上最丰富的元素之一，约占地壳质量的 26%，仅次于氧元素。

基于上述优势，硅材料将会在长时期内是半导体功能材料的主流。目前，在集成电路制造材料中，硅占制造材料总成本的 40%左右。

除了体硅材料，利用外延等技术可以将锗、硅分别生长在不同的基底材料上形成新的半导体功能材料，如应变硅、SOI 等。

应变硅由在 SiGe 的薄膜上外延生长 Si 而成，该硅有应力，因而这种材料又称为"应变硅"。硅原子间距的扩张减小了电子通行所受到的阻碍，也就相当于减小了电阻，因此发热量和能耗都会降低，运行速度则得以提升。

在实验室环境下，测试结果显示电子在应变硅材料中的流动速度要比其在非应变硅中快，制成芯片后其运行速度也要较非应变硅制成的芯片快 35%。

绝缘层上硅的出现主要是解决芯片的功耗问题。该技术利用一层 SiO_2 绝缘薄膜，将各个晶体管与最底下的硅圆片分开，而在常规的 CMOS 芯片中，晶体管直接与硅圆片接触（图 1-29）。SOI 的二氧化硅薄膜层能有效地使电子从一个晶体管门电路流到另一个晶体管门电路，不会让多余的电子渗漏到圆片上，由于不会因电子渗漏而浪费电能，所以功耗更小（图 1-30）。有关化合物半导体材料和石墨烯材料的内容见本章第三节。图 1-31 为不同年代在微纳电子产品生产中所使用的材料。

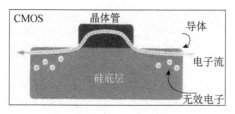

图 1-29　CMOS 示意图　　　　　　图 1-30　绝缘硅示意图

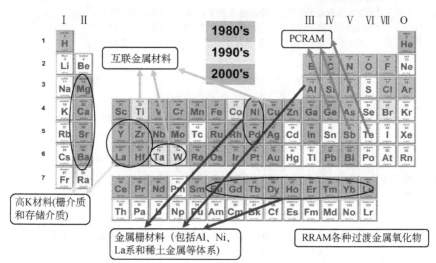

图 1-31　微纳电子产品使用的材料变迁

资料来源：Kristin De M，Colinge J P. 2008 IEDM；Kang J F，IMEPKU

5. 集成电路专用设备的更新

集成电路设备的最大变迁是 20 世纪 80 年代"设备固化了工艺技术"，使买到的设备能迅速地投入应用，大大缩短了器件的制造周期。

根据工艺过程的需要，微纳电子产品的生产设备有单晶制造设备、电路设计设备、掩模制造设备、芯片制造设备、测试封装设备、工厂建筑及运转的其他设备（表 1-4）[6]。

表 1-4 生产集成电路的主要设备

设备类别	设备名称
单晶制造设备	单晶炉(直拉单晶炉、水平区熔单晶炉、高压单晶炉等) 晶锭整形设备(圆柱形整形加工研磨装置、晶片定向、切片机、倒角机、晶片研磨机、抛光机、多种单晶及晶片检测装置等)
电路设计设备	计算机系统(主机、终端、工作站) 各种输入输出设备(数字化仪、版图识别系统、绘图机、彩色拷贝机、宽行打印机、显示终端) 各种软件(设计软件、布图/布线软件、检查软件、管理软件、图形数据库) EDA 工具
掩模制造设备	图形发生器、接触式打印机、抗腐剂处理设备、腐蚀设备、清洗设备和各种检验设备等
芯片制造设备	曝光系统设备(曝光机,涂胶、显影设备等),刻蚀系统设备(清洗/腐蚀、干法、刻蚀设备、ICP 等) 表面准备设备(干清洗、湿法清洗/腐蚀设备、擦片机、甩干机等) 掺杂设备(离子注入设备、扩散炉、快速退火设备等) 薄膜生长设备(热氧化设备、CVD、PVD、PECVD、AL 等)
	平坦化设备(SOG、CMP 等) 测试检验设备(探针台、膜厚仪、扩展电阻仪、台阶仪、C-V 仪、傅里叶红外仪、激光扫描表面检查仪、台式扫描电镜、PCM 系统等)
测试封装设备	组装设备(划片设备、键合设备、装片设备、减薄设备、塑封压机、老化设备等测试系统;数字电路测试仪、模拟电路测试仪、数/模混合电路测试仪等) 试验设备(数据处理设备、气候环境试验设备、力学环境试验设备、可靠性试验设备等)
工厂建筑及运转的其他设备	净化设备(净化室、净化台、风淋室、SMIF 箱等) 自动搬运设备(圆片盒搬送机器人等) 环境控制设备(超净水制造、废气处理、各种精制设备、分析设备、探测器等)

集成电路技术的进步与设备的更新密切相关,新工艺能够在生产上得以应用,依靠的是相关设备。可以说,设备是工艺的物化,一代设备,一代工艺。21 世纪初期,设备投资一般占半导体公司总投资的 70% 左右,当前,设备投资占生产线总投资的比例已经上升到 85%。以一条硅片直径 12 in(ϕ300mm)、32nm 工艺、月产能 35 000 片晶圆的生产线投资为例(45 次光刻,不含设计、封装和成品测试设备),生产线总投资约为 35 亿美元,800 台套工艺加工设备的投资额为 30 亿美元。在设备投资中,光刻设备约占 50%,一台 193nm 浸没式曝光机的售价为 5000 万美元,与一架波音 737-700 飞机的售价相当。

1970~2010 年,集成电路工厂的建厂成本大幅度增加(图 1-32)。

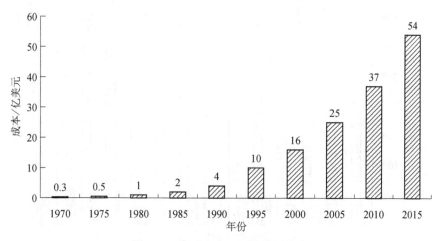

图 1-32　集成电路工厂的建厂成本

资料来源：IC Insights

从图 1-33 可以看出，Intel 公司近年来固定资产（主要是设备）的投资（含折旧）平均为 50 亿美元/年。

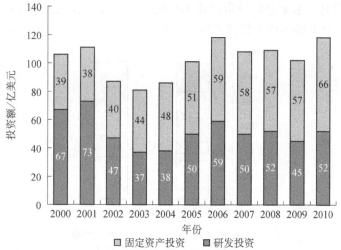

图 1-33　Intel 公司固定资产投资（含折旧）与研发投资

资料来源：Anuual Report of Intel（2000～2010）

6. 集成电路技术进步和科技创新与持续高强度资金投入的关系

图 1-34 为世界半导体产业投资总额与市场规模的变化。2000～2013 年，世界半导体投资总额约为市场总额的 21%（平均值）。

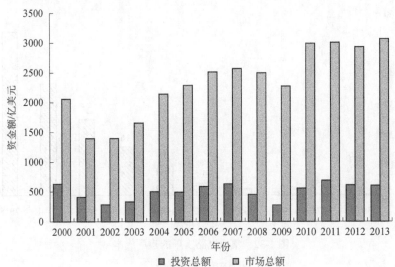

图 1-34 世界半导体产业资本支出总额的变化

资料来源：IC Insights

从图 1-35 可以看出半导体产业投资的密集程度，2013～2014 年，Intel、三星、台积电三家企业的投资均在 100 亿美元左右，这三家企业投资之和超过了世界整个半导体产业投资总额的 50%。

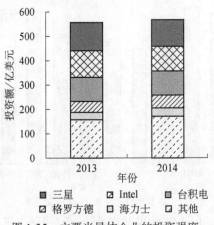

图 1-35 主要半导体企业的投资强度

资料来源：Semico Research Corp

保持较高的毛利率，是这些企业能够进行持续高强度投资的主要原因。图 1-36 表明，Intel 公司 2001～2013 年第三季度的最低毛利率为 46%，最高为 67%，平均值在 57% 左右。另据 IC Insights 公司估计，台积电公司客户群的平均毛利率亦为 57%。

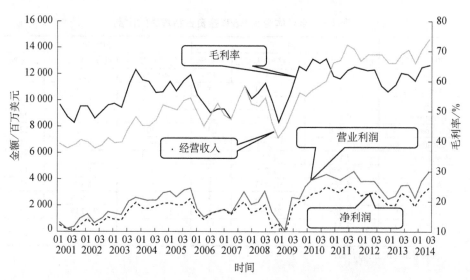

图 1-36　Intel 公司 2001～2014 年第三季度财报数据

注：01 表示第一季度；03 表示第三季度

资料来源：http://www.pcpop.com/doc/1/1045/1045806.shtml

图 1-37 为各类器件的投资成本增长率示意图。

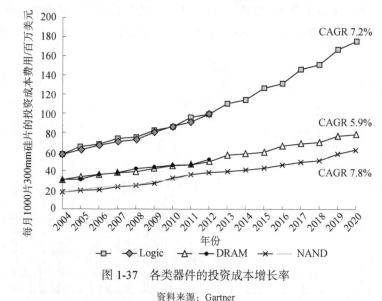

图 1-37　各类器件的投资成本增长率

资料来源：Gartner

表 1-5 为 2010 年和 2011 年世界位于前 10 名的半导体企业 R&D 投入占销售额的比例，平均值为 15%～16%。

表 1-5　半导体企业 R&D 投资占销售额的比例

企业 （2010 年排位）	2011 年			2010 年		
	销售额/百万美元	投资额/百万美元	比例/%	销售额/百万美元	投资额/百万美元	比例/%
Intel（1）	49 697	8 350	17	40 154	6 576	16
Samsung（2）	33 483	2 810	8	32.455	2 635	8
STMicro（3）	9 631	2 352	24	10 287	2 350	23
Renesas（4）	10 653	2 131	20	11 650	2 310	20
Qualcomm（7）	9 828	2 025	21	7 204	1 620	22
Toshiba（5）	12 745	1 986	16	13 028	1 965	15
Broadcom（6）	7 160	1 983	28	6 589	1 763	27
TI（8）	12 900	1 716	13	13 037	1 572	12
AMD（9）	6 568	1 453	22	6 494	1 405	22
TSMC（10）	14 600	1 156	8	13 307	943	7
Top 10 total	167 265	25 962	16	154 205	23 139	15
Marvell（11）	3 445	1 030	30	3 592	913	25
Nvidia（12）	3 939	1 003	25	3 575	849	24

资料来源：IC Insight. 2012

（三）微纳电子产业的规律

纵观微纳电子学科 50 余年来的发展，微纳电子技术、产业和市场的进步表现出如下规律。

（1）在微纳电子设计、制造、封装、材料和设备技术不断进步的推动下，微纳电子产业规模迅速扩大，半导体产品市场销售额呈指数上升趋势（图 1-38）。

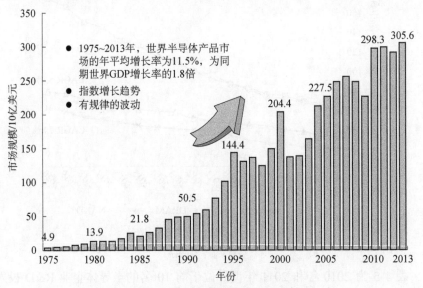

图 1-38　世界半导体产品市场的变化

资料来源：WSTS，IMF

（2）半导体产品市场的另一个特点是有规律的波动，即约每 10 年呈现一次 M 形的变化（图 1-39）。半导体产品市场增长率波动原因很复杂，但主要原因是市场牵引和投资带动的技术驱动。图 1-40 表明了世界 GDP 增长率的变化与半导体产品市场增长率变化的关系。

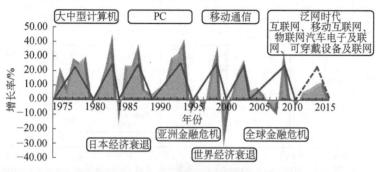

图 1-39　世界半导体产品市场的波动

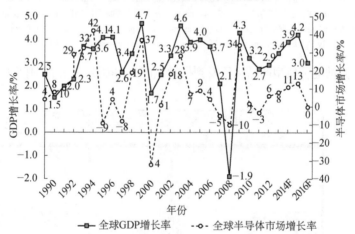

图 1-40　世界半导体产品市场增长率波动与 GDP 波动关系

资料来源：IC Insights

（3）半导体产品的生产技术约 10 年跨上一个新的台阶（表 1-6）。

表 1-6　集成电路 10 年一代的技术进步

技术工艺	第一代	第二代	第三代	第四代	第五代	第六代
	1965~1975 年	1975~1985 年	1985~1995 年	1995~2005 年	2005~2015 年	2015~2025 年
主流光刻技术光源	汞灯	g 线	i 线	KrF	ArF	EUV、EPL
光源波长/nm	多波长	436	365	248	193 Immersion DPT	13.5

续表

技术工艺	第一代	第二代	第三代	第四代	第五代	第六代
	1965~1975 年	1975~1985 年	1985~1995 年	1995~2005 年	2005~2015 年	2015~2025 年
特征尺寸/μm	12~3	3~1	1~0.35	0.35~0.065	0.065~0.022	0.022~0.007
存储器/bit	≤1~16K	16K~1M	1~64M	64M~1G	1~16G（芯片组）	16G~≥1T（芯片组）
CPU 产品（Intel）	4004~8080	8086~286	386~486	Pentium（奔腾）	Core（酷睿）	—
CPU 字长/位	4~8	8~16	16~32	32~64	64	—
CPU 晶体管数/只	10^3	10^4~10^5	10^5~10^6	10^6~10^7	10^8~10^9 多核架构	多核架构
CPU 时钟频率/MHz	10^{-1}~10^0	10^0~10^1	10^1~10^2	10^2~10^3	非主频标准	非主频标准
Wafer 直径/in	2~4	4~6	6~8	8~12	8~12	8~16
主流设计工具	手工	LE~P&R	P&R~Synthesis	Synthesis~PFM	SoC、IP	SoC、IP、SiP
主要封装形式	TO~DIP	DIP	DIP~QFP	DIP、QFP、BGA	多种封装、SiP	SiP、3D

注：KrF：氟化氪准分子激光，ArF：氟化氩准分子激光，Immersion：浸没，DPT（double patterning technology）：双重图形技术，EUV（extreme ultraviolet）：极紫外光，EPL（electron beam projection lithography）：电子束投影光刻，LE（logic editor）：逻辑编辑，P&R（placement and routing）：布局布线，Synthesis：综合，DFM（design for manufacturability）：可制造设计，SoC（system on chip）：系统集成芯片，IP（intellectual property）：知识产权，TO（transistor outline）：晶体管外壳封装，DIP（dual in-line package）：双列直插封装，QFP（quad flat package）：四面管脚扁平封装，BGA（ball grid array）：球型阵列封装，SiP（system in package）：系统封装

（4）微纳电子典型产品从研发到批量生产大约需要 10 年的时间（图 1-41，图 1-42）。

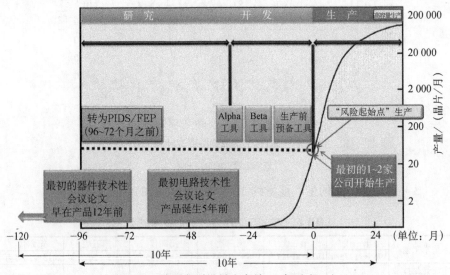

图 1-41　从研发到批量生产约 10 年（之一）

注：PIDS（process integration device and sturcture）——工艺集成器件和结构，

FEP（front-end process）——前沿工艺

资料来源：ITRS，2012

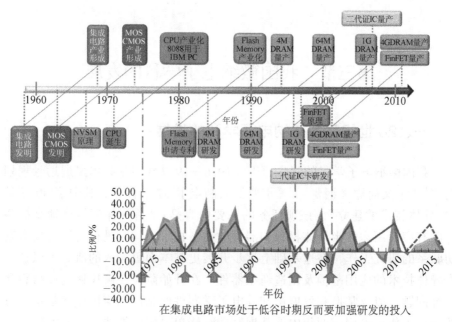

图 1-42 从研发到批量生产约 10 年（之二）

（5）驱动市场的引擎 10 年左右产生一次新的变化（图 1-43）。

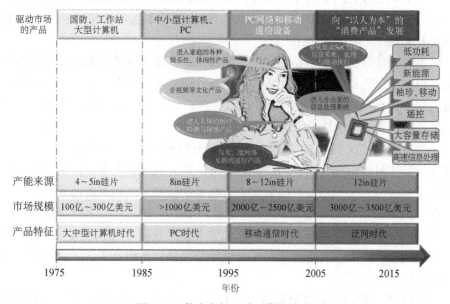

图 1-43 信息市场驱动引擎的变化

（6）集成电路上的晶体管价格每过 10 年降低至原来的 1%左右。

第三节　我国微纳电子学科的发展

一、20世纪我国微纳电子学科的发展

我国微纳电子学科的起步源于《1956—1967年科学技术发展远景规划纲要》(下文简称《纲要》)。《纲要》共制定了57项任务，其中第40项是"半导体技术的建立"。该项任务的主要内容是："首先保证尽速地掌握各种已有广泛用途的半导体材料和器件的制备技术，同时进行与制备技术密切联系的研究工作，在这基础上逐步开展更基本而更深入的研究，以扩大半导体技术的应用范围及创造新型器件。在开始阶段，解决锗的原材料和提纯问题，以及掌握和发展锗和硅电子学器件的制造和应用技术是本任务的首要工作。希望一两年内能掌握制造纯锗单晶体的方法，以及实验室内制造几种放大器的工艺过程。两三年后开始大量生产各种类型的锗的器件。""计划在十二年内不仅可以制备和改进各种半导体器材，创造新型器件，并扩大它们的应用范围；而且在半导体的基本性质与新材料的研究上都展开系统的和广泛的工作。"

当时，计算技术、半导体、自动化技术、无线电电子学在国际上发展很快，但在中国还是空白，因此，这四项任务是纲要的重中之重，要摆在其他重点任务的前面来抓，称为"四项紧急措施"。四项紧急措施的落实大大推动了我国半导体科学技术的快速起步和发展。

为贯彻落实《纲要》，国家采取了两项战略措施：一是培养人才；二是建立半导体科研机构。当时的高等教育部决定，将北京大学、复旦大学、南京大学、厦门大学和东北人民大学(吉林大学前身)物理系的部分教师，以及四年级本科生和研究生，从1956年暑假起集中到北京大学物理系，创办中国第一个五校联合(包括部分南开大学本科生及清华大学进修生)的半导体专门化教研室。由北京大学黄昆教授担任半导体教研室主任，复旦大学谢希德教授任副主任。

1955年，北京大学物理系设立了半导体教研室，成为北京大学微纳电子学科的前身。

1956年建立的科研机构有中国科学院系统的物理研究所半导体研究室

（王守武为主任）和产业系统的第二机械工业部第十一研究所第四研究室（武尔祯为主任）。

1957 年，清华大学无线电电子学系创办了半导体教研组，成为清华大学微电子研究所的前身。

1968 年前后，在封闭的条件下，中国依靠自己的力量迈出了微电子产业建设的第一步，形成了由芯片、材料、封装、测试、设备等环节构成的产业链雏形。当时的中小规模集成电路产品以仿制和逆向设计为主。

1986 年 11 月 9 日，电子工业部在厦门召开了"七五"集成电路发展战略专家研讨会。会议决定推行"531 发展战略"，即首先推广和完善 5μm 技术，尽快开发 3μm 技术，进入 3μm 的批量生产阶段，及时组织 1μm 技术的攻关。当时的主要产品为中小规模逻辑电路、模拟电路，以及以电视、音响产品为主的消费类电路；而在世界市场占相当份额的存储器和微处理器产品中，我们几乎乏善可陈。1986 年，国外 256K DRAM（1.9μm 工艺）已批量生产，1M DRAM 已研发出来，而国内仅有 3μm 工艺的 64K DRAM 的样品。

20 世纪 80～90 年代，我国微电子学科的发展以科技攻关成果为代表。

"六五"科技攻关计划自 1982 年开始至 1985 年结束，"七五"科技攻关计划自 1986 年开始至 1990 年结束，"八五"科技攻关计划自 1991 年开始至 1995 年结束。

在"七五"科技攻关计划中，微电子学科研究的主要成果如下[18]。

（1）自主开发了 ICCAD "熊猫"系统。该系统是中国第一个采用软件工程方法自行开发集成的、功能齐全的大型 ICCAD 系统。其核心部分由 28 个设计工具组成，共计 180 万条语句，具有集成电路设计所需的行为功能级描述、版图编辑、逻辑和电路模拟、测试码生成、自动布局布线及版图验证等功能，在 UNIX 操作系统和 WINDOWS 系统的支持下，可以在 SUN、HP 等工作站上运行。该系统可以支持 MOS 与双极工艺的全定制 VLSI 设计的全部流程。

（2）初步建成了国内第一条 1μm 级的 CMOS VLSI 芯片工艺研制线，自主开发了 1.5μm 设计规则的 CMOS VLSI 成套工艺技术；研制成功了 1MB 汉字 ROM 电路，2 片 ROM 可容纳 7830 个汉字和常用字符。这对打破西方在微电子领域对我国的禁运具有重要意义。

（3）研制了半自动接触接近式光刻机、激光修正仪、自动快速热处理设备、全自动金丝球焊机、分子束外延设备、扩散炉、中束流离子注入机、分步投影曝光机、磁控溅射台、PECVD、可变矩形电子曝光机等运用于 4in 硅片加工的 30 台工艺设备和 16 台检测专用设备。

（4）进行了多方面的基础研究，如利用正负电子对撞机发出的同步辐射光（软 X 射线）进行了 0.3μm 线条的曝光实验；垂直刻槽技术取得了突破性进展，制作了宽 2～3μm、深 7μm、垂直度为 90°的硅槽；在多晶硅氧化方面提出了新的应力增强氧化模型；利用 MBE 方法制备了高质量的 GaAs/Si 异质外延材料；利用固相外延生长（SPE）法，获得了二氧化硅上横向生长 20μm 的 SOI 单晶；采用 SiMOX 技术在体硅中获得了 0.3μm 的二氧化硅层，经退火可得到良好的 SOI 单晶；1987 年首次在中国回地卫星上生长了掺 Te 的 GaAs 单晶，1989年又在微重力条件下生长了掺 Si 的 GaAs 和半绝缘 GaAs 单晶。

（5）采用 TEM、SEM、SIMS、XPS 和 XRD 等多种方法开展了微电子材料分析、材料结构组分与性能关系等技术研究，建立了在原子线度水平上的结构与缺陷的微分析手段，微区形貌结构分析精度已从毫米级提高到 100μm级，二次离子质谱与离子散射结合进行无标样法定量分析取得了重大进展。

在"八五"科技攻关计划中，微电子学科研究的主要成果如下[18]。

1. 工艺技术

（1）0.5μm 基础工艺研究 [电子束曝光技术、X 射线光刻技术（最细线宽 73nm）、磁增强反应离子刻蚀技术等]。

（2）亚微米多晶硅发射极双极工艺技术（硅深槽刻蚀和隔离、E-B 侧墙氧化物自对准、钴硅化物自对准接触及引线技术、芯片背面溅射金属化技术）。

（3）短沟道全耗尽 CMOS/SOI Salicide 工艺。

（4）硅化钴/硅异质结构固相外延技术。

（5）高选择和自终止多孔氧化硅 SOI 技术（硅膜厚度 100nm 至几 μm，硅膜宽度大于 150μm，硅岛间击穿电压大于 300V）。

（6）0.8μm CMOS 集成电路芯片工艺技术（单层多晶硅双层铝 CMOS 集成电路工艺、15nm 薄氧化膜制备、0.2μm 浅结及欧姆接触、自对准钛硅化合物工艺、BPSG 回流技术等）。

（7）1μm 双层金属双阱高速 CMOS 标准制造技术。

（8）1.5μm E^2PROM 成套工艺技术。

（9）2μm 双层金属 N 阱 CMOS 标准工艺。

（10）2μm BiCMOS 标准工艺（双埋层、2.5μm 本征外延层、双阱、多晶硅发射区、深集电区、双层金属布线）。

2. 理论研究

（1）建立了多晶硅发射极晶体管新的解析模型。

（2）弛豫谱技术的研究和应用：采用比例差值分析法，从弛豫谱图上直接获得新生陷阱的种类、数量及动态参数，并将这些参数用于器件的可靠性评估和使用寿命预测，应用弛豫谱技术发现了新生界面陷阱和氧化层体陷阱均具有孪生现象。

（3）提出了 Si-GaAs 多能级补偿的新模型，从理论上解释了材料在热处理或工艺过程中高阻变中阻和转型问题，指出了制备热稳定性好的未掺杂 Si-GaAs 单晶所必须具备的条件。

（4）提出了用增强光电流（EPC）快速判断材料电学补偿度（即热稳定性）的方法。

（5）提出了杂质、缺陷的空间不均匀分布导致的空间电荷区散射是影响 Si-GaAs 材料电子迁移率的主要原因，指出并通过实验验证了通过优化热处理工艺可以改善材料的微区均匀性。

（6）建立了 AlGaAs 和 InGaAs 体成分的定量俄歇分析方法，采用 Co/Si/GaAs 结构在 GaAs 衬底上成功地生长成 $CoSi_2$ 膜，比传统使用的 WSi 自对准栅材料电阻率下降一个数量级，而且有较好的热稳定性和与衬底的黏附性，这一研究结果对开拓硅化物在Ⅲ-Ⅴ族化合物领域中的应用有重要的意义。

3. ICCAD

"熊猫" ICCAD 系统全定制、半定制实用化完成。建成了 7 个经过工艺验证的实用化的单元库，并用这些库成功地设计了 67 个电路。在时延驱动双层金属布线 CMOS 门阵布图系统中引入了互连线延迟模型和时延分析技术；在双层布线门阵系统中可设定不等宽通道，可利用单元中的非障碍区布线；在万门标准单元设计系统中采用了兼容宏单元、应用多目标组合函数优化迭代和通道损益分析等先进算法。在集成电路设计验证和测试软件中包含了分级式几何设计规则检查、电路及参数提取、拓扑结构检查、版图电路图一致性比较、数字电路逻辑提取、逻辑图自动生成等工具，研究的关键技术有快速 DRC 算法、功能识别逻辑提取算法、信号流分析及逻辑图自动布局算法、能消除串并联伪错的带权 LVS 算法、快速边界节点处理算法、寄生参数提取边界元算法、快速面积估计算法等。开发了一套完整的 FPGA 设计工具，扩充了"熊猫"系统的功能，并着重研究了 VHDL 图形化输入与模拟调试技术、适应 FPGA 特别应用场合的电路划分技术、优化的工艺映射技术和 FPGA 布图技术。

4. ICCAT

（1）建立了含有 1156 个规范化、标准化测试程序的集成电路测试程序库。其中采用了复杂功能测试图形的计算机辅助生成技术、利用软件校准方法建立超线性标准的精密自动测量技术、特殊模拟信号和参数测试技术等。库的管理系统具有较强的存储功能和良好的查询功能，可与 CAD 工具、测试开发系统相连接，提高了集成电路测试分析能力。

（2）研制了开发集成电路测试程序的大型软件平台 TeDS。它是一个集测试生成、交互移植、脱机开发和测试服务于一体的具有完整支持能力的集成化工程软件系统，具有从集成电路设计（CAD）系统到集成电路测试系统（ATE）测试程序自动生成和各个 ATE 之间的测试程序的交互移植功能。

（3）开发了大型复杂数字电路的测试产生系统，能处理 5000 门左右的数字电路，故障覆盖率达 90% 以上，研制了临界路径跟踪测试产生和平行码临界路径跟踪故障模拟的实验系统，其故障覆盖率达 98%。

（4）研制了 20MHz/128pin（或 40MHz/64pin）的大型通用数字测试系统。采用了每脚定时事件驱动体系结构，事件最小间隔 5.0ns，事件分辨力 ±20ps，每个测试周期事件序列最大长度为 510。

5. 洁净技术

$0.1\mu m$ 无隔板 ULPA 过滤器在额定风量为 $800m^3/h$ 的情况下，过滤效率达到 99.9995%（0.1 微米粒径）；$0.1\mu m$ 激光粒子计数器可测最小粒径为 $0.1\mu m$，取样量为 $0.1ft^3/min$，信噪比为 4：1；$0.1\mu m$ 10 级超净室的洁净度达到 $0.1\mu m$ 颗粒 ≤10 个/ft^3，温度范围为（21～25）±0.1℃，相对湿度为（40%～50%）±2%。$0.3\mu m$ 洁净设备已用于秦山核电站和西昌卫星发射基地。

6. 微细加工设备

（1）反应离子刻蚀（RIE）设备。刻蚀线条宽度小于 1μm，刻蚀速率为 5000Å/min。

（2）0.8～1μm 分步重复光刻机。工作分辨率为 0.8～1μm，缩小倍率 5 倍，像场尺寸 15mm×15mm，套刻精度|X|+3σ≤0.28μm，硅片尺寸 100mm、125mm、150mm，掩模尺寸 127mm×127mm，生产率 40 片/时（100mm 硅片），可靠性 MTBF>200 小时，MTTR<12 小时。

（3）强流氧离子注入机，主要用于生产 SIMOX 材料。注入能量 200keV，束流 10mA，晶片尺寸 75mm、100mm、125mm，晶片装载容量 8 片/盘，注入剂量均匀性 $1\sigma\leqslant\pm5\%$，注入剂量重复性 $1\sigma\leqslant\pm5\%$，注入时晶片温度为 500～700℃（连续可调，温度波动＜±50℃），X 辐射≤0.25mR/h。

（4）单片两室 PECVD 设备。晶片尺寸 125～150mm，薄膜种类 TEOS $SiO_2SiO_xN_y$，沉积均匀性片内＜±3%、片间＜±3%。

（5）立式热壁型 LPCVD 设备。晶片尺寸 5～6in，装片量 50～100 片，沉积薄膜 Si_3N_4，膜厚 100～2000Å，膜厚均匀性±3%，温度使用范围及精度（500～1000）±1℃，

（6）扩散炉系统设备。硅片尺寸 5in，工作温度范围为 400～1300℃，恒温区长度 27～30in，控温区温度（600～1250）±0.5℃。

（7）电子束蒸发设备。极限压力≤9×10^{-5}Pa（通液氮），硅片 4in、36 片，夹具公转速度（4×15）r/min、自转速度 20～70r/min，电子枪功率 10kW、加速电压-6～10kV。

7. 封装技术

研制了 PGA、LCC、CQFP 多种陶瓷外壳；开发了 96%Al_2O_3 电子陶瓷粉料，ε（1 MHz）≤6 的低介电常数（低 K）陶瓷材料，68 脚和 84 脚的 LCC、PLCC 插座，SOP、PLCC、PQFP 塑封引线框架；研究了相应的芯片焊接技术和塑封工艺技术。

8. 砷化镓集成电路

（1）研制了栅长 1.0μm、单门延迟时间 150～170 ps/门、单门功耗＜2mW/门的 1000 门 GaAs 超高速门阵列集成电路，最高分频工作频率为 5GHz 的 GaAs 超高速分频器，GaAs 单片高速取样保持电路和 GaAs 专用处理器。进行了自对准难熔金属氮化物（ZrN、WN、TiW/ZrN、Mo/ZrN）栅等技术研究。

（2）研制了 Ku 波段 GaAs 单片接收机（本振频率 10GHz，射频 10.7～11.6GHz，噪声系数 3.6～4.6 dB，增益大于 33 dB），8GHz 单片接收机，8GHz 单片功率放大器（VPE GaAs 材料，输入级栅宽 2400μm，输出级栅宽 4800μm，栅长 0.8μm，带宽 Δf>300MHz，输出功率 P_o>1W，增益≥10dB），以及用于移动电话（工作频率 800～900MHz）的 GaAs 单片低噪声放大器（噪声系数≤1.5dB）和 GaAs 单片功率放大器（输出功率 1.5W）。

9. HBT、HEMT 基础技术

（1）开展了 GaAs（InGaAs）HEMT 器件及其混合集成的研究，在测试频率 18GHz（中频 1.5GHz）附近，混频增益-0.5～+0.5dB，单边带噪声系数的典型值在 5.6～6.2dB。

（2）使用国内生长的单片 MBE 材料，以 PHEMT 为有源器件，采用全单片集成技术研制成功了 Ku 波段 HEMT 单片低噪声放大器（LNA），其性能指标为：单级单片放大器在 10.5～11.6GHz 频带内 $NF \leqslant 1.82$dB，$G \geqslant 7.72$dB，双级单片放大器的最低噪声为 1.63dB，最高增益为 16.07dB。

（3）提出了一种双应变富 In 沟道 InP PHEMT 器件新结构，使迁移率及二维电子气密度均可达最佳值，与国际同类结构相比，迁移率可提高 20%～30%，用该结构制作的 InP PHEMT 器件，其截止频率 $f_T=36$GHz。

（4）独创了一种带支撑金属侧壁的 X 射线掩模图形制作技术，图形最细线宽为 71nm，并得到了具有高的高宽比的纳米线宽图形（线宽 93nm，图形高 2200nm，高宽比大于 23）。

（5）采用 MOCVD 异质结外延材料，研制出 AlGaAs/GaAs 三元系和 AlGaInP/GaAs 四元系 HBT 十七级环形振荡器和 2GHz 静态除二分频器。

（6）使用 MBE 和 MOCVD 异质结薄层外延材料研制出在 1GHz 取样速率下，分辨率优于 30mV、失调电压小于 5mV、滞后电压小于 2mV 的 HBT 高速电压比较器。

10. 微电子材料与元器件微分析技术

主要研究成果和关键技术有玻璃陪片和"劈"形 TEM 定位制样，无标样 SIMS 定量分析和阳极电阻编码 SIMS 三维分析，多功能高灵敏低温 Hall-PL 联合测试，全激光束多波长椭偏测量，石墨炉、火焰原子吸收和离子色谱痕量化学分析，器件纵向精细小角度研磨及染色，ROM 的码点染色，BSIM-3 的建模、参数提取和高精度测量等。

二、21 世纪我国微纳电子学科的发展

进入 21 世纪后，在改革开放的大环境下，我国的微纳电子学科与产业均获得了长足进展。

在国家科技重大专项"核心电子器件、高端通用芯片及基础软件产品"

（简称"01 专项"）的支持下，CPU 的设计与制造具备了一定基础，"众核高性能 CPU"具有中国自主知识产权指令集，共集成了 260 个 CPU 核，集成度为 25 亿只晶体管，采用 40nm 工艺制造，主频为 1.2GHz，能效比为 6GFlops/W（Flops——Floating-point operations per second，即每瓦的每秒浮点运算次数为 60 亿次），居国际领先水平，并已装备 3.5 万万亿（10^{16}）次计算机系统；在嵌入式 CPU 领域已开发出功耗低于 0.5mW/MHz 的 32 位嵌入式 CPU，工作频率达 800MHz；在移动通信核心芯片领域，以展讯通信为代表的国内企业掌握了 2G/3G 核心技术，并开发出系列产品，开始打入国际市场，有力地支撑了我国拥有自主知识产权的 TD-SCDMA 和 TD-LTE 产业的发展。在半导体存储器领域，以山东华芯半导体、北京兆易创新等为代表的设计企业，积极探索无制造存储器发展之道，在大容量、低功耗 DDR2 存储器、SPI 闪烁存储器领域异军突起，形成了年销售上千万颗的产业能力。在智能卡领域，以华大电子、大唐微电子、同方微电子和华虹集成电路为代表的一批设计企业掌握了核心关键技术，成功地开发了移动通信身份识别卡（SIM）、社保卡、加油卡和第二代居民身份证等各种智能 IC 卡。2012 年，我国集成电路设计全行业销售额达到 874.48 亿元，占全球集成电路设计市场总额的 16.73%，位列世界第三。

华大九天软件设计公司在国家专项的支持下，为模拟/数模混合设计开发了设计平台 Aether，包含设计数据库管理（design manager）、工艺管理（technology manager）、原理图编辑器（schematic editor）、混合信号设计仿真环境（MDE）、版图编辑器（layout editor）、原理图驱动版图（SDL）和混合信号布线器（MSR）等模块，无缝集成了华大九天 SPICE 仿真工具 Aeolus-AS、数模混合信号仿真工具 Aeolus-MS、混合信号波形查看工具 iWave、物理验证工具 Argus 和寄生参数提取工具 RCExplorer，同时可以集成其他主流的第三方工具，使整个设计流程更加平滑、高效；为数字 SoC 设计开发了高效的时钟解决方案 ClockExplorer、准确高效的 MCMM 时序 ECO 解决方案 Timing Explorer、集版图显示、查看和编辑为一体的高效处理平台 Skipper 等设计工具。

在"极大规模集成电路制造装备与成套工艺专项"（简称"02 专项"）的支持下，45～22nm 刻蚀机等多种 12in 高端制造装备和封测装备通过了生产线验证考核，进入市场拓展与产业化阶段，其中 3 种装备成功打入海外市场。

中芯国际的 55nm 和 45nm 工艺已进入批量生产阶段，目前正致力于

32/28nm 节点的工艺开发，关键工艺，如 STI 隔离、牺牲栅刻蚀、高介电常数（高 K）介质金属栅、SiGe 源漏区外延、后端超低 K 介质等取得了重要进展。中国科学院微电子研究所多年来也致力于传统 CMOS 的等比例缩小研究，在实验室制备出栅长小于 30nm 的采用金属栅工艺的 CMOS 器件。

在封装测试的产学研用结合探索中进行了有益的尝试，江苏长电科技公司已跻身全球封装测试企业 10 强。

在国家重点基础研究发展计划（"973"计划）、国家高技术研究发展计划（"863"计划）的支持下，在基础研究方面，一些低功耗、高性能的纳米结构新器件研究成果已处于世界先进水平。例如，北京大学研究的全新准 SOI 器件结构，其抗总剂量辐照能力优于 SOI，抗单粒子能力优于体硅，该器件结构已转到中芯国际进入生产开发阶段；北京大学微电子研究所提出的 GAA（gate all around，围栅）器件结构是一种比 FinFET 性能更优的高能效比器件，被国际半导体技术发展路线图（International Technology Roadmap for Semiconductors，ITRS）引为是 10nm 以下节点的优选结构；另一种硅基 TSB-TFET（silicon-based T-gate schottky barrier tunneling field effect transistor，T 型栅肖特基隧穿场效应管）突破了原有晶体管的工作机理，该器件结构在极低功耗集成电路应用中拥有巨大潜力。

第四节　微纳电子学科发展的障碍
与"后摩尔时代"的来临

一、微纳电子学科发展的障碍

从 1946 年晶体管问世算起，微纳电子学科已踏入古稀之年。微纳电子学科的发展究竟是"廉颇老矣"还是"雄风犹在"，是放缓脚步还是仍然沿着戈登·摩尔预测的规律阔步前行，一直是人们密切关注和不断探索的话题。

时至今日，22nm 的加工已经实现了大批量生产，16/14nm 的产品也已小批量生产，而 10nm 以后的技术路线尚不十分清晰。一般来说，人们将 16nm 非经典 CMOS 作为基础器件以后的时代称为"后摩尔时代"。

随着加工尺寸的不断缩小，"微电子学科"转向"纳电子学科""摩尔时代"转向"后摩尔时代"时，将面临三个障碍。

（一）物理障碍

根据 2012 年版 ITRS 的预测，DRAM 的最小加工线宽（1/2 pitch，半节距）在 2026 年有可能达到 6.3nm，进入介观（mesoscopic）物理的范畴。介观尺度的材料一方面含有一定量粒子，无法仅仅用薛定谔方程求解；另一方面，其粒子数又没有多到可以忽略统计涨落（statistical fluctuation）的程度。根据传统测量方法得到的硅原子半径为 110pm[19]，通过计算方法得到的硅原子半径为 111pm[20]，即 6.3nm 仅相当于硅原子直径的 29 倍，这就使得集成电路技术的进一步发展遇到很多物理障碍，如费米钉扎、库伦阻塞、量子隧穿、杂质涨落、自旋输运等，需用介观物理和基于量子化的处理方法来解决。

（二）功耗障碍

图 1-44 表明，普通电炉的功率密度（power density）约为 $10W/cm^2$，而"奔腾"系列 CPU 的热设计功耗（TDP）为 70～135W（型号不同），其芯片面积为 0.8～$3cm^2$（表 1-7），平均功率密度约为 $50W/cm^2$（例如，主频 3.2GHz 的 Pentium（奔腾）4 芯片面积为 $1.314cm^2$，TDP 为 76W，功率密度为 $57.8W/cm^2$）已超过了电炉的功率密度，因此仅靠散热片已不能保证 CPU 正常工作，必须安装风扇进行强制冷却。

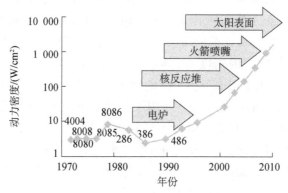

图 1-44　Pentium 系列 CPU 的功耗障碍

资料来源：F. Pollack，Intel 1999，ITRS 2005

表 1-7 Intel CPU 芯片面积

尺寸	Pentium（P5）	Pentium（P54C）	Pentium（P54Cs）	Pentium Pro（P6）	Pentium Pro（P6）	Pentium II
最小加工线宽/μm	0.8	0.6	0.35	0.6	0.35	0.35
芯片面积/mm²	294	163	90	306	196	203
尺寸	Pentium II	Pentium III	Pentium III	Pentium III	Pentium4	Pentium4
最小加工线宽/μm	0.25	0.25	0.18	0.13	0.18	0.13
芯片面积/mm²	130	128	100	80.4	217	131.4

如果继续仅仅考虑提升 CPU 的时钟频率，在每三年处理器的功率密度翻一番的情况下，CPU 的功率密度将朝核反应堆、火箭喷嘴乃至太阳表面功率密度的方向发展。

图 1-45 表明了提高器件性能（以时钟频率为代表参数）和降低能耗的矛盾。采用 90nm 工艺的器件，其时钟频率约为 3GHz，功率密度为可以接受的 25W/cm²。65nm 的器件若功率密度仍保持在 25W/cm²，则时钟频率仅有小幅度提升，小于 3GHz；若时钟频率超过 4GHz，则功率密度将上升至 50W/cm²。采用 22nm 工艺的器件，其时钟频率可提升至近 8GHz，但功率密度也随之增长到 110W/cm²，这已经达到了核反应堆的温度；若使时钟频率提高到 10GHz 以上，则器件的功率密度将达到 750W/cm²，接近火箭喷嘴的温度，显然，器件无法在这样的温度下正常工作，除非采用水冷方式进行冷却。对于固定设备而言，庞大的水冷设备已经使器件尺寸的缩小失去了实际意义；对于移动设备而言，采用水冷方式则近乎于天方夜谭。问题的另一面是，如果始终保持功率密度为 25W/cm²，则最高时钟频率又不会超过 4GHz，甚至采用 11nm 工艺的器件，其时钟频率反而有所下降。

从电子设备应用的角度看，微纳电子器件的功耗也不容忽视。根据 Gartner 的数据，由于以服务器为主的网络设备及其相关空调设备需要 24 小时运转（2010 年，谷歌公司共计使用了大约 22.6 亿 kW·h 的电能以运行其业务，产生的碳排放量为 146 万 t 二氧化碳），因此每点击鼠标进行一次 Google 查询所消耗的电能就可以烧开半壶水；据工业和信息化部政策法规司综合处的粗略统计，2011 年，全国计算机用电量达 934 亿 kW·h，超过了同年三峡水电站的发电量（847 亿 kW·h）[1]。

---

[1] 参见：http://business.sohu.com/20120703/n347103296.shtml.

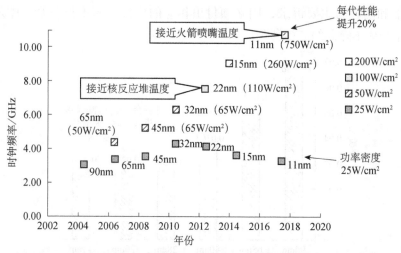

图 1-45　提高器件性能和降低功耗的矛盾（按最高性能优化每个内核）

资料来源：D. Frank，IBM，2010

　　另据市场研究机构 Digital Power 发布的最新调查报告，在考虑启用无线连接、使用数据业务和电池充电后，一部苹果手机每年平均耗电 361kW·h，超过了中等尺寸冰箱每年约 322kW·h 的耗电量。报告指出，尽管每次给平板电脑、智能手机充电并不需要多少电力，但在远端运行的、用于支持数据连接的网络设备却是真正的耗电大户。目前全球信息和通信技术生态系统每年消耗的电量达到 15 000 亿 kW·h，接近德国、日本两个国家的发电量总和[①]，约为 2012 年全球发电量 225 043.33 亿 kW·h 的 7%。

（三）成本障碍

　　前文描述了集成电路上每只晶体管成本下降的规律，约每 5 年降低一个数量级。但是，随着加工尺寸的缩小，也要求制造工艺更加复杂，因此，晶体管密度越高，芯片的成本就越高。研究表明，90nm 工艺的每百万门成本为 0.0636 美元，其后，65nm、40nm 至 28nm 的成本一直呈下降趋势，但是，在进入 20nm 工艺后，每百万门的成本不再按摩尔定律下降，反而有所上升（图 1-46），这也标志着微纳电子学科及其产业进入了"后摩尔时代"。

　　也就是说，今后在更高速度、更低功耗和更低成本这三者中，如果以成本作为主要指标，则性能与功耗再难有大的改善；反之，芯片厂商和用户若

以性能和功耗为主要诉求,则必须付出相应的代价,而不再享受"摩尔定律"带来成本降低的"福利"。

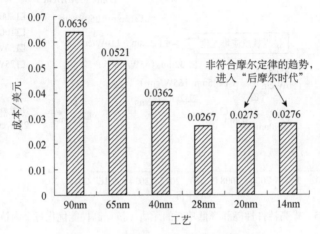

图 1-46　不同工艺的每百万门成本

资料来源:EETimes-Taiwan(2012 年 3 月 23 日数据)

二、微纳电子学科的发展方向

在"后摩尔时代",微纳电子学科将朝四个方向发展,其一是"More Moore",即经典 CMOS 将走向非经典 CMOS,半节距继续按比例缩小,并采用薄栅、多栅和围栅等非经典器件结构;其二是"More than Moore",即将不同工艺、不同用途的元器件(如数字电路、模拟器件、射频器件、无源元件、高压器件、功率器件、传感器件、M/NEMS 乃至生物芯片等)采用封装工艺集成,与非经典 CMOS 器件结合形成新的微纳系统 SoC 或 SiP;其三是"Beyond Moore",即组成集成电路的基本单元是采用自组装(bottom up)方式构成的量子器件、自旋器件、磁通量器件、碳纳米管器件;其四是随着微纳电子学科、物理、数学、化学、生物学、计算机等学科和技术的高度交叉、融合,从而产生新的发现,形成新的科学技术突破,有可能建立全新形态的信息技术学科及其产业(图 1-47)。

(一)"后摩尔时代"电路系统的主要标识是性能/功耗比

微纳电子学科沿着摩尔预测的规律发展了约 50 年,当今必须要解决提高性能和降低功耗的矛盾。

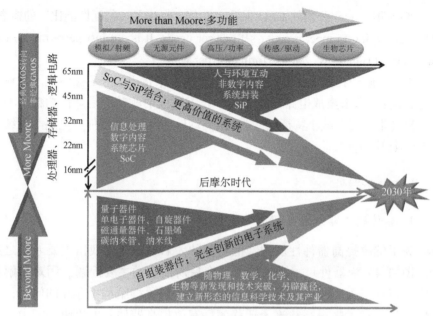

图 1-47　微纳电子学科发展前瞻

2006 年，TI 公司首席科学家 Gene Frantz 在 TI 开发商大会（TI Developer Conference）上接受《电子工程专辑》记者采访时说："许多 DSP 专家都同意每秒可完成百万乘法累加操作（MMAC/s）是个简单、公平的测试指标，我仔细研究了 DSP 的 MMAC/s 的功耗问题，即每 18 个月 MMAC/s 的功耗会减半"[1]（图 1-48），或可表述为 "DSP 功耗/性能比每隔 5 年将缩减至原来的 1/10"，这就是著名的 "Gene's Law"（译为"方进定律"或"金帆定律"）。

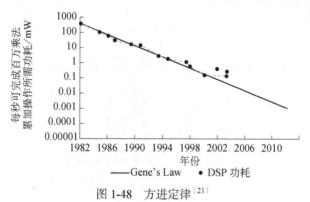

图 1-48　方进定律[21]

---

①　参见：http://www.eeworld.com.cn/DSP/2012/0828/article_3420.html.

2005 年，Intel 公司的 CEO 保罗·欧德宁提出了"每瓦性能比"的概念："They are trying to meet broader set of user needs. It is not just performance that matters most right now，but performance per watt."

王阳元院士在其著作《绿色微纳电子学》中指出了今后微纳电子学科的努力方向："未来集成电路产业和科学技术发展的驱动力是降低功耗，不再仅以提高集成度即减小特征尺寸为技术节点，而以提高器件、电路与系统的性能/功耗比为标尺。"

（二）新器件

1. 非传统（非经典）CMOS 器件

为了解决提高器件性能和降低功耗的矛盾，首先要找出主要矛盾之所在。图 1-49 为器件尺寸进入纳米尺度后所面临的主要问题、困难和解决方案，包括引入高 K 栅介质、金属栅电极来解决栅结构中存在的问题；采用应变沟道技术来提高载流子迁移率，有效提高器件的电流驱动能力；采用硅化物源漏、肖特基源漏，以及无栅覆盖源漏结构来减小源漏寄生串联电阻或覆盖电容，以提高器件性能，采用双栅/多栅结构来增强栅的控制能力等。

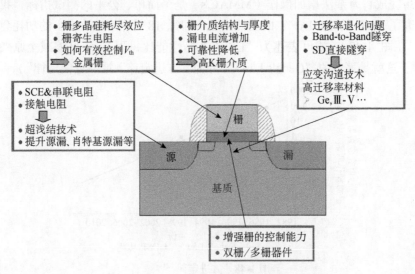

图 1-49　纳米尺度器件面临的问题及解决方案

目前提出的新器件结构有超薄体（ultra thin body，UTB）SOI MOS 器件、平面双栅、鳍式场效应晶体管（fin field-effect transistor，FinFET）、垂直双栅、三栅、Ω 栅，以及围栅器件等，这里仅对 FD-SOI、FinFET，以及围栅纳米线器件做一简单介绍。

1959 年，诺伊斯发明的集成电路硅平面工艺一直延续至今。但是，晶体管最小加工尺寸缩小到 20nm 以下时，引起严重的短沟道效应（short channel effect），造成源（source）漏（drain）间漏电流的增加，使晶体管进入不当的关闭状态，增加电子装置的待机耗电量。为解决这一问题，加利福尼亚大学伯克利分校的胡正明（Chenming Hu）教授系统研究了 3D 架构的 FinFET（图 1-50）。

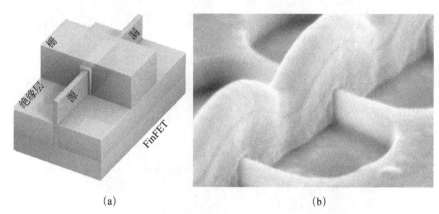

(a)　　　　　　　　　　　　　　　　(b)

图 1-50　FinFET 结构示意图（a）及电子显微镜照片（b）

鳍式结构的设计不仅可以有效地抑制关态漏电流（leakage）、大幅缩短晶体管的最小栅长，同时还可以增强开态下的驱动电流（drive current）。该结构在提高晶体管性能、减少晶体管能耗和缩小晶体管尺寸三个方面均发挥了巨大作用。2011 年年初，Intel 公司推出了商业化的 FinFET 技术，应用于 22nm 工艺制造的 CPU。

FinFET 结构器件可以在体硅（bulk silicon）衬底上实现，也可以在 FD-SOI 衬底上实现。在 SOI 晶圆上，二氧化硅埋层隔离了分立的晶体管，而在体硅器件中，隔离作用则通过浅槽隔离（shallow trench isolation）工艺来形成（图 1-51）。

在"2013 上海 FD-SOI 论坛"上，ST 公司的技术与产品决策副总裁 Laurent Remont 对 FD-SOI 进行了讲解，他认为 FD-SOI 的主要优势之一是低漏电性能，这对功耗有严格要求的移动设备应用至为关键。他说："体硅晶体管在 20nm 节点将遇到限制条件，尽管 FinFET 和 FD-SOI 在应用领域有交叉（图 1-52），但后者在处理器、嵌入式存储器、模拟，以及高速芯片制程上的优势十分明显，35%的速度提升及 50%的功耗降低使 FD-SOI 极具竞争力。半导体工艺技术发展至 10nm 时，将不得不走向 3D 架构，对于 FD-SOI 的技术延续性而言，这就是 SOI FinFET。"在该次论坛上，IBM 公司的研究成果证实了 SOI FinFET 至少可延伸至 7nm 节点。

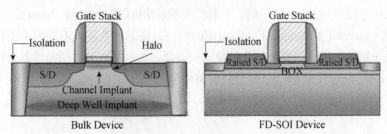

图 1-51　体硅工艺与 FD-SOI 工艺示意

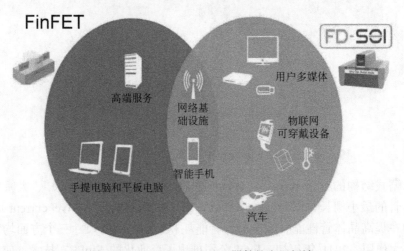

图 1-52　FinFET 和 FD-SOI 器件的应用领域

资料来源：ST confidential

　　体硅 FinFET 工艺复杂（工艺步骤数 91），器件的差异性较大；而 SOI 基片较体硅昂贵，但工艺数少于体硅（工艺步骤数 56），因此在大批量生产时，两者成本大体相当（图 1-53）。[①]

　　无论体硅 FinFET 还是 SOI FinFET 都存在一定的问题。例如，体硅上制备的 FinFET 器件在靠近鳍状结构底部存在体区穿通问题，而 SOI 衬底上制备的器件则在工作时会产生热量，很难通过二氧化硅埋层快速散失出去，导致器件

---

①　参见：http: //www.eet-china.com/ART_8800705428_480201_NT_68915224_2.HTM?jumpto=view_welcome-ad_1414663280032.

特性退化。鳍式沟道区位于二氧化硅隔离层上的 BoI FinFET 结构的提出可以很好地解决上述问题（图 1-54）。这种结构抑制了体硅 FinFET 的体穿通电流，同时通过源漏与体硅衬底的连接快速散失热量，保证了器件工作的稳定性，在一些要求高可靠的低功耗高性能电路中具有很大潜力。

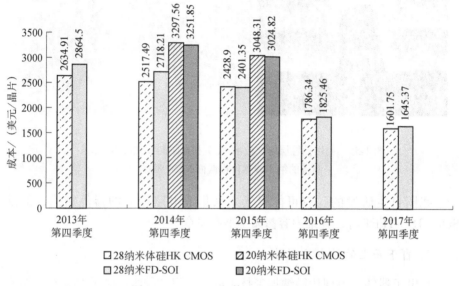

图 1-53　FD-SOI 与体硅工艺成本比较

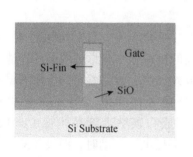
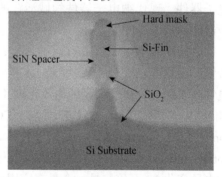

图 1-54　BoI FinFET 的结构示意图（左）和工艺制备的横断面 SEM 照片（右）

当技术节点推进到 7nm 以下，现有的鳍式沟道结构将进化为准一维的纳米线结构，而三栅控制则成为围栅控制。这样的围栅纳米线器件具有最优越的短沟道抑制能力，因此能进一步缩短最小栅长。围栅纳米线器件可以制备在体硅衬底上，通过牺牲层腐蚀或者自限制氧化技术形成（图 1-55）。后者可以在完全与体硅工艺兼容的平台上实现，具有很好的技术延展性。

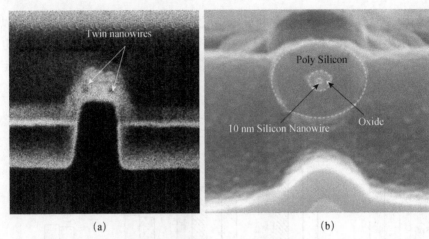

(a) (b)

图 1-55　利用牺牲层腐蚀技术（a）和自限制氧化技术（b）
制备的纳米线器件横截面 SEM 照片

我国自主研发的、有可能引领未来集成电路产品的器件结构，如准 SOI、TSB-TFET 等，详细内容参阅本书有关章节。

2. 自下而上的纳电子器件

纳电子器件是由现代微纳加工技术或分子组装技术制造的具有纳米结构的电子器件。现代纳电子器件领域活跃的研究方向有碳基纳电子器件、分子电子器件和量子器件等。

主要的碳基纳电子器件有碳纳米管，其主要优点是：具有很强的 C—C 共价键，表面晶格完整，无缺陷，具有很高的机械强度和卓越的电学性能，导电性高于铜，可承受很高的电流密度（$10^9 A/cm^2$），导热性可与金刚石或石墨相比拟。1998 年，IBM 公司与 NEC 公司合作，采用原子力显微镜（atomic force microscope，AFM）技术研制成功碳纳米管晶体管（carbon nanotube transistor，CNT），该场效应晶体管的栅电压变动时，源极与漏极之间的电导变化 10 万倍，是一个具有应用价值的电子开关[22]。

2013 年 9 月 25 日，美国斯坦福大学的研究人员在《自然》杂志上发表论文[23]，宣布研制出了世界首款完全基于碳纳米管场效应晶体管的计算机原型，但该原型只有 100 多只晶体管，要与当前 CPU 抗衡尚有很长的路要走。

此外，石墨烯（Graphene）器件也是正在研究的碳基纳电子器件之一。石墨烯是一种只有一个碳原子厚度的二维材料，其碳原子间距为 0.14nm。2004 年，英国曼彻斯特大学教授安德烈·盖姆和康斯坦丁·诺沃肖洛夫成功地在实验中从石墨中分离出石墨烯，二人共同获得 2010 年诺贝尔物理学奖。石墨烯常温下的电子迁移率为 $2 \times 10^5 cm^2/(V \cdot s)$，约是硅的 140 倍、氮化镓的 100 倍；其导热系数为 $3080 \sim 5150W/(m \cdot K)$，约是铜、碳纳米管的 10 倍、金刚石的 5 倍；其电阻率为 $10^{-6}\Omega \cdot cm$ 级，低于铝、铜两个数量级，是目前世界上电阻率最小的材料。因为它的电阻率极低，电子迁移的速度极快，所以被期待用来发展出更薄、导电速度更快的新一代电子元件或晶体管。目前已经试验成功采用石墨烯材料制成的射频场效应晶体管，其截止频率达到 100GHz，该材料最大问题是无带隙，一旦带隙打开相关优点迅速退化。

考虑到硅基器件的广泛应用及硅基器件加工技术的成熟，新型非硅材料制造的器件与电路要求与硅基工艺兼容，而碳基器件在这些方面要达到硅基器件的程度还有很长的路要走，因此在较长的时期内，碳基器件尚不会取代硅基器件的位置。

量子器件包括以二极管为主的隧穿器件、单电子隧穿器件（single electron tunnelling devices）、量子原胞自动机（quantum cellular automaton，QCA）、自旋电子器件等。1998 年，普林斯顿大学研制成功室温下工作的硅基单电子量子点晶体管（single-electron transistor，SET），器件工作原理是基于库仑阻塞效应。微纳电子器件发展路线如图 1-56 所示。

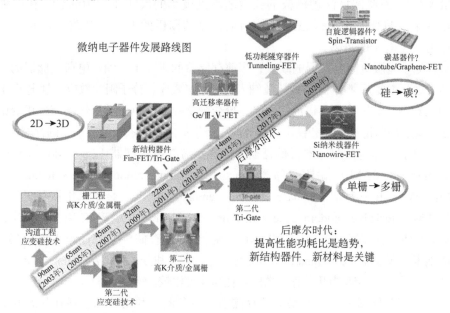

图 1-56 微纳电子器件发展路线图

资料来源：http://newsroom.intel.com/docs/DOC-2035:IEDM 2011 Short Course-VLSI

Technology Beyond 14nm Node:ITRS2012-Emerging Research Devices

3. 新型存储器

目前主流的半导体存储器以挥发性的动态随机存储器（DRAM）和静态随机存储器（SRAM），以及非挥发性的快闪存储器（Flash）为代表，这些存储器存储信息的媒介均是电荷。

DRAM 的主要问题是信息保持时间短，必须定期刷新。此外，存储器与微处理器间的速度落差呈现出越来越大的趋势，在许多系统中存储器已成为速度及功耗等系统性能的瓶颈。

SRAM 的主要问题是存储单元器件数多，所占面积的比例比较大，在极小尺寸时受到随机涨落的影响较大。2008 年 Dataquest 的统计数据显示，SRAM 在各类 SoC 系统中占用的面积已超过 80%。

浮栅型快闪存储器的主要缺点是工作电压高（5V）和擦除速度慢（10μs），并且在反复的擦写过程中热电子和电压应力对隧穿氧化层的损伤，使得闪存的耐久力有限（10^5）。

浮栅存储器的极限是单电子存储器。1994 年，日本日立中央研究所的 K. Yano 等成功制备出室温单电子存储器（single-electron memory cell，SEMC）。该器件将浮动栅极的长度缩小到极小的尺寸（如 10nm），在这种尺寸下，只要一个电子进入浮动栅极，浮动栅极的电压就会改变，并且排斥另一个电子的进入。

为了克服电荷存储器的缺点，当前存储器的研究正在朝非电荷存储器的方向发展，主要是利用 9 种效应（纳米机械记忆效应、分子阻变效应、静电/电子记忆效应、电化学金属化记忆效应、价变记忆效应、热化学记忆效应、相变记忆效应、磁阻记忆效应和铁电隧穿效应）产生的阻变现象来完成信息的存取。

目前，非电荷存储器存储器研发的热点有铁电存储器（Fe-random access memory，FeRAM）、磁阻存储器（magnetorresistive random access memory，MRAM）、相变存储器（phase change memory，PCM）、金属氧化物阻变存储器（MO_x-resistive random access memory，MO_x-RRAM）、PMC 阻变存储器、聚合物阻变存储器（polymer RRAM）、聚合物铁电存储器（polymer FeRAM）、碳纳米管存储器（carbonnano metre tube，CNT）和分子存储器（molecular）等（图 1-57）。图 1-58 为几种存储器的功耗与速度比较。

相变存储器是一种非易失性存储器，该存储器利用特殊材料在晶态和非晶态之间相互转化时所表现出来的导电性差异来存储数据。相变存储器不仅比闪存速度快得多，更容易缩小到较小尺寸，而且耐久性更好，能够实现 10^8 次以上的擦写次数。

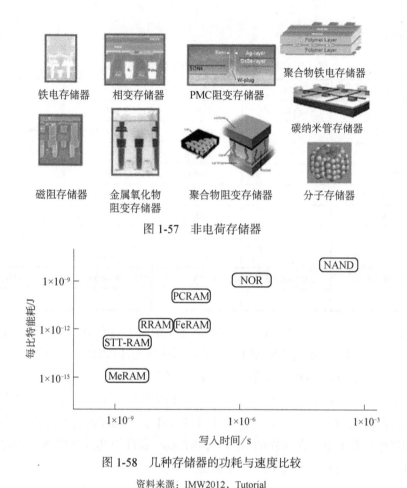

图 1-57　非电荷存储器

图 1-58　几种存储器的功耗与速度比较

资料来源：IMW2012，Tutorial

　　铁电存储器利用铁电晶体的铁电效应实现数据存储，具有更高的写入速度和更长的读写寿命（Flash 为 10^5 次，EEPROM 为 10^6 次，PCM 为 10^8 次，FeRAM 最高可达 10^9 次）。铁电效应是铁电晶体所固有的一种偏振极化特性，与电磁作用无关，所以 FRAM 存储器的内容不会受到外界条件诸如磁场因素的影响，能够同普通 ROM 存储器一样使用，具有非易失性的存储特性。

　　磁阻存储器具有抗辐射、高可靠、读取无破坏性、无须耗能刷新、写入与读取速度相同、方便嵌入逻辑电路中等优点，因无漏电产生故亦为非易失性存储器。图 1-58 中的 MeRAM 是改进型磁阻存储器，STT-RAM 是自旋转移矩磁阻存储器（spin-transfer torques RAM）。磁阻存储器与现行各种存储器的比较见表 1-8。

表 1-8　磁阻存储器与现行各种存储器的比较[24]

技术	DRAM	Flash	SRAM	MRAM
容量密度	265GB/cm^2	256GB/cm^2	180MB/cm^2	>256GB/cm^2
速度	150MHz	150MHz	913MHz	>500MHz
单元尺寸	25F^2/bit	2F^2/bit	—	2F^2/bit
读取时间	10ns	10ns	1.1ns	<2ns
写入时间	10ns	10μs	—	<10ns
擦除时间	<1ns	10μs	—	<10ns
保持时间	2.4s	10 年	—	永久
循环使用次数	无穷	100 000	无穷	无穷
工作电压	0.5～0.6V	5V	0.5～0.6V	<1V
开关电压	0.2V	5V	—	<50mV

2014 年 10 月，日本 TDK 公司展示了 MRAM 的原型芯片，其读写数据速度为 342MB/s，而一般 NOR Flash 的读写速度为 48MB/s。但是该原型芯片的容量仅有 1MB，TDK 公司预计 10 年后才能投入实用。

阻变随机存储器（RRAM）是一种基于阻值变化来记录存储数据信息的非易失性存储器（NVM）器件。由于 FeRAM 及 MRAM 在尺寸进一步缩小方面都存在着困难，在这样的情况下，RRAM 器件因其具有相当可观的微缩化前景，在近些年已引起了广泛的研发热潮。

1962 年，T. W. Hickmott 通过研究 Al/SiO/Au 等结构的电流电压特性，首次展示了这种基于金属-介质层-金属（MIM）的三明治结构在偏压变化时发生的阻变现象[25]。1971 年，美国加利福尼亚大学伯克利分校的蔡少棠（Leon Chua）提出了忆阻器（memristor）的概念。

RRAM 具有读写速度高（高低阻态的转换时间<5ns）、集成度高（10Tb/cm^2）、耐久性高（可擦写次数>10^8）、结构简单、保存信息时间长（>20 年）、功耗低（动态功耗<1W/Tb）、抗辐射等一系列优点，集 SRAM 的速度、DRAM 的密度和 Flash 的非挥发性特点于一身，加工成本低，与 CMOS 后段工艺兼容，因此成为业界研究的重点。美国 Crossbar 公司在 2014 年 IEDM 上演示了 4Mb 的 1S1R 阵列。

4. 微纳集成系统

微纳机电系统（micro/nano electro-mechanic system，M/NEMS）是指可批量制作的，集微型传感器、微型执行器、信号处理和控制电路，直至接口、通信和电源等于一体的微型器件或系统，主要由传感器、处理器和执行器三大部分组成（图 1-59），涉及物理学、化学、光学、医学、电子工程、材料工程、机械工程、信息工程及生物工程等多种学科和工程技术，是未来国民经济和军事科研领域的重要关注点。

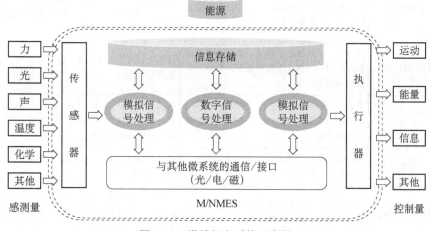

图 1-59　微纳机电系统示意图

1988 年，加利福尼亚大学伯克利分校的研究人员成功地用半导体平面加工技术研制出了硅微机械马达，其直径仅有 100μm 左右，可以在静电的驱动下高速旋转。1993 年，美国 ADI 公司采用该技术成功地将微型可动结构与大规模电路集成在单芯片内，形成集成化的微型加速度计产品，并大批量应用于汽车防撞气囊。MEMS 产品其至还可以进入以前无法进入的狭小空间执行功能，诸如深入微细管道、血管和细胞中进行复杂操作。微纳集成系统的主要产品及应用领域见表 1-9[26]。

表 1-9　微纳集成系统的主要产品及应用领域

应用领域	MEMS 产品	应用
汽车	加速度计、陀螺、压力传感器、流量传感器、温度计	气囊，车辆动态控制，TPMS，滚动传感器和控制器，燃料注入，HVAC，ABS，变速箱，空气、油量控制，湿度检测，振动检测

续表

应用领域	MEMS 产品	应用
航空航天、军事	加速度计，陀螺，气压计，偏航传感器，微致动器，压力传感器，生物、化学传感器，芯片实验室，射频 MEMS	惯性制导、红外成像、机翼空气动力控制、高度控制、引擎控制、化学武器探测、通信、智能军需用品
信息科学	加速度计、陀螺、磁盘驱动头、喷墨打印头、微显示、光学传感器	操纵杆、碟片和照相机稳定控制、数据存储与恢复、打印机、视频发射、便携系统、鼠标
生物医学	微麦克风、扬声器、超声传感器、刺激电极、药物泵、微喷嘴、智能药物传输系统、压力传感器、生化传感器	助听器、植入式耳蜗、神经刺激器、人造视网膜、胰岛素及其他药物的输运、药物注射、智能药丸、主动式修补、血液压力、体液压力、血糖监测
过程控制自动化	压力计，加速度计，角度、湿度、流量传感器，磁、气体、生物传感器，微泵，机械致动器	食品与制造业质量控制、制造自动化、管理和安全控制
通信	微镜、可调电容、电感、光源和探测器、V 形槽连接器、光开关、射频开关、谐振器、滤波器	通道开关、光学衰减器、信号通道、控制、光学通信、可调激光器、激光光纤校准、选频和频率控制
环境	加速度计、生物传感器、微全分析系统、生物芯片、离子传感器	震动/地震检测，污染控制，环境监测，水、气体质量控制
科学与仪器	物理、化学、生物传感器和致动器，生物芯片，芯片实验室，微分光计	新科学研究（如 DNA 研究，基因、细胞研究），物理科学研究，表面物理、微纳材料研究，工程研究
消费类/家庭	压力，加速度计，流体、湿度、温度传感器，平板显示器	洗衣机、位置感测、HVAC、舒适度控制、自动清洁机器人、TV、DVD

5. 与应用系统相结合的器件

目前，正在研究的与应用系统相结合的新型器件与芯片架构还有类脑计算芯片、生物医学芯片、神经传感芯片、生命物质检测芯片、能量获取芯片（例如无线充电）和大尺度柔性芯片等。

2014 年 8 月，IBM 公司利用三星（Samsung）公司的超低功耗 28nm 嵌入式微处理器工艺技术，研制出新一代计算机芯片"真北"（True North）。"真北"包含 54 亿只晶体管。根据人脑神经系统中神经元和神经突触的结构，"真北"模拟了 100 万个神经元和 2.56 亿个神经突触，具有 4096 个处理核。"真北"只在需要时运行，运行期间功率仅为 70mW，其运算能力可折合为 460 亿次/（W·s）。"真北"的架构类似人脑，具有并行、分布式、模块化、可扩展、容忍失误、灵活等特点，集运算、通信、存储功能于一体。

此外，欧盟也于 2013 年启动了"人脑工程计划"（Human Brain Project，HBP），将在未来 10 年投资 10 亿欧元。该计划包括六个子项目：①整合神经科学数据的神经信息项目；②整合临床数据的医学信息项目；③脑仿真软件工具项目；④脑仿真高性能计算项目；⑤神经形态计算项目；⑥神经机器人认知实验项目。

英国曼彻斯特大学领衔的"脉冲神经网络体系结构"项目（代称"Spinnaker"）是"人脑工程"计划的基础仿真项目。该项目基于多核 ARM 芯片构建认知超级计算机，将用 10 万块芯片模仿 1 亿神经元，实现对 1‰人脑活动的仿真。

德国海德堡大学领导了"多层次大脑"（Brain Scales）项目，计划在 2014 年年底前在 200mm 直径的晶片上构建 384 块紧密互连的神经形态芯片，建立包含 20 万个神经元和 4900 万个突触的晶片级类脑计算系统。

美国斯坦福大学的"神经栅格"项目研制用于控制人体义肢的类脑芯片阵列。2014 年 5 月，该校研制出包含 16 块芯片的"神经栅格"电路板，可以实时模拟 100 万神经元和数十亿突触，速度是执行相同任务传统计算机的 9000 倍，耗电量仅是后者的四万分之一。

美国"通过发展创新性神经技术的大脑研究"计划，由奥巴马总统于 2013 年 4 月宣布，将在未来 10 年内投资 10 亿美元，通过构建大脑功能的动态图像，加深对大脑活动和功能之间的深刻理解，加速神经医学和下一代类脑计算系统的发展。

（三）新技术

进入"后摩尔时代"，除了提出新型器件结构，还必须有能够生产这些新器件的设计方法、工艺，以及相关材料和专用设备。

1. 新设计

在新器件设计方面，主要是低功耗设计技术、系统级设计技术，以及新型通用处理器平台技术。

低功耗设计技术既包括基础的寄存器级、门级和版图级的设计，又包括系统级的动态电压管理、动态频率管理、低功耗调度、低功耗编译、软硬件协同低功耗设计和电池感知技术等。

系统级设计技术要从 SoC 向 ESL（electronics system lever）发展，如何

使用越来越多的同质/异质 IP 核和单元模块、如何有效实现集成并充分利用数量巨大的硅上器件，是集成电路设计必须面对的关键问题。另外，软件在电子系统中所扮演的角色越来越重要，如何实现真正的软硬件协同设计也是系统设计研究中重要的课题。

国际上普遍认为，在集成电路工艺进步到 16nm 后，专用集成电路（ASIC）和 SoC 将逐渐退出市场，而动态可重构、可配置、可编程处理器平台将成为为数不多产品的主流开发技术。

2. 新工艺

图 1-60 为不同年代、不同技术节点所需要的微纳电子器件制造主要工艺，以下仅对光刻工艺和封装工艺的前景做概要介绍。

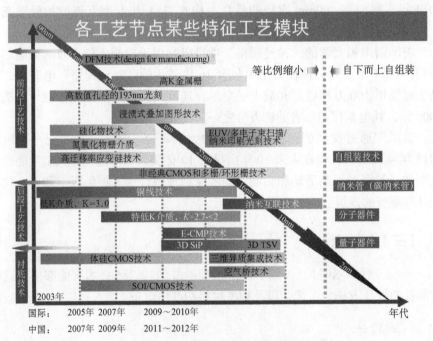

图 1-60　不同工艺节点的工艺模块

资料来源：王阳元与吴汉明私人通信

193nm 浸没式光刻现在可以生产 22nm 器件。22nm 节点后，浸没式光刻将面临很多的难题：包括采用双重（或多重）图形技术（DPT）时的图形分离，两次曝光时的精确对准，抑制交叉曝光所引起的光学邻近效应，双重曝光成品率的降低（约 40%），浸入液的相关材料配合等。Intel 公司先进光刻和制造部的

Yan Borodovsky 表示，193nm 浸没式光刻技术有可能延伸至 16nm。

正在研究的 16nm 以后的光刻技术有极紫外光刻（extreme ultraviolet lithography）技术、计算光刻（computational lithography）技术、多电子束直写（multi-e-beam direct write）技术和纳米压印光刻（nano imprint lithography, NIL）技术。

EUV 的波长为 13.4nm，比 ArF 准分子激光在水中的等效波长还小一个数量级。EUV 光刻技术面临的主要问题集中在光源功率、掩模版和成本三个方面。芯片制造商希望 EUV 光刻最终能达到每小时 100 片以上晶圆的吞吐量，而目前光源功率只达到 55W，每小时晶圆产出片数为 43 片；2016 年光源功率可达 250W、每小时产出 125 片晶圆。除功率参数外，还要求光源降低等离子气氛中的微粒、高速粒子和其他污染物。因为 EUV 光刻技术是采取反射式掩模，为了减少散射和相差，掩模表面必须保持原子尺度的平整度，所以要求掩模版在 18nm 工艺时缺陷密度要小于每平方厘米 0.01 个缺陷，而目前仅能达到每平方厘米 1 个缺陷。此外是生产成本，预计每台光刻机的售价可能高达 8000 万欧元以上，约是 193nm 光刻机 5000 万美元的两倍。

计算光刻技术的原理是将软件体系结构和高性能计算与扫描设备、光刻胶和刻蚀工艺结合起来，形成可通过校正掩模形状来弥补物理范畴的不足的系统。计算光刻运用了一系列的数值模拟技术来改善光刻掩模版的性能。这些技术包括分辨率增强技术（resolution enhancement technology, RET）、光学邻近修正技术（optical proximity correction, OPC）、照明光源与掩模图形的相互优化技术（source mask optimization, SMO）。

多电子束直写是从电子束直写技术发展而来的一种无掩模光刻技术，使用超过 10 000 个电子束来并行直写，通过计算机直接控制聚焦电子束在光刻胶表面形成图形，分辨率可高达 7nm。多电子束直写的设备成本约为 2000 万美元，相较于 193nm 浸入式光刻和 EUV 光刻要低很多，缺点是产能太低，成本仍然过高。目前，多电子束直写面临的主要问题是如何获得高能量的电子束源、数量庞大的平行电子束，怎样处理海量的直写数据等。

纳米压印技术是采用机械方式制作图形的方法。先将衬底上涂覆高分子胶或导电聚合物，然后把用电子束技术制备的纳米尺度模板用机械的方式压在涂覆层面上，实现图形转移后，通过热或紫外线光照的方法使转移的图形固化，图形尺寸可小于 10nm。其优点是具有良好的均匀性和可重复性，缺点是制备模板成本较高，目前制备 1 cm^2 图形的成本为 15 000 美元[27]。纳米压印如果用于大生产，必须解决压印产生接触颗粒影响成品率的问题，以及如何清洗压印模具的问题。

3. 新结构

新结构包括新芯片结构和新封装结构。

微纳电子器件的结构经历了由 1D（点）到 2D（面）到 3D（体）的发展过程。最初的晶体管是"点"接触晶体管，最初的集成电路工艺是"平面"工艺，今后的微纳电子器件结构将朝 3D 方向发展。

第一，并行工作方式（单核到多核）。

如果将一个处理器的核视为一个"点"，则多核的并行工作方式即成为一个由点组成的"面"。

2005 年，当 CPU 主频接近 4GHz 时，Intel 公司和 AMD 公司发现，单纯的主频提升，已经无法明显提升系统整体性能。以 Intel 公司发布的采用 NetBurst 架构的奔腾 4CPU Prescott 为例，利用冗长的运算流水线，即增加每个时钟周期同时执行的运算个数，达到了 3.8GHz 的主频。按照当时的预测，奔腾 4 在该架构下，最终可以把主频提高到 10GHz。但由于流水线过长，单位频率效能低下，加上由于缓存的增加和漏电流控制不利造成功耗大幅度增加，3.6GHz 奔腾 4 芯片在性能上反而还不如早些时推出的 3.4GHz 产品。所以，Prescott 产品系列只达到 3.8GHz 就戛然而止。此外，据测算，主频每增加 1GHz，功耗将上升 25W，而在芯片功耗超过 150W 后（功率密度约 $75W/cm^2$），现有的风冷散热系统将无法满足散热的需要。

在"纵向延伸"受阻的情况下，CPU 的工作模式改为"横向扩展"，即采用多核并行工作的方式来同时解决提高性能和降低功耗的问题。

通过划分任务，充分利用多个执行内核，即可在特定的时钟周期内执行更多任务。但是，要想让多核完全发挥效力，需要硬件业和软件业更多革命性的更新。其中，可编程性是多核处理器面临的最大问题。一旦核心多过 8 个，就需要执行程序能够并行处理。尽管在并行计算上，人类已经探索了超过 40 年，但编写、调试、优化并行处理程序的能力还非常弱。如果解决不了主流应用并行化的问题，主流 CPU 发展到 100 核就到尽头了。虽然 Intel 公司已向外界展示了 80 核处理器原型，但尴尬的是，目前还没有能够利用这一处理器的操作系统。

目前，采用 20～50nm 工艺生产的单芯片 DRAM，其存储容量一般为 4Gb，其上集成了超过 40 亿只晶体管。如果需要容量更高的存储容量，也是采用并行工作方式，即将数个存储器芯片采用并列的方式（由点到面）封装在一个内存条中，如 2GB（16Gb）内存条由 4 个 4Gb 芯片构成。为了缩小存储器在系统中的占用面积，今后存储器的结构还将朝"体"（3D）的方向发展。例如，快闪存储器在 17nm 节点将采用垂直 8 层堆叠，从传统浮栅闪存转换到硅-氧-氮化硅-氧-硅（silicon oxide nitride oxide silicon，SONOS）闪存，在 14～11nm 节点堆叠数量还可增加到 16 层。

第二，3D 封装。

封装技术的发展方向是多功能集成的系统封装 SiP，主要技术是 3D 封装，包括封装堆叠、芯片堆叠、硅通孔技术与硅基板技术、嵌入式基板、新型引线键合技术与方法、先进的倒装芯片和硅通孔（through silicon vias，TSV）互连技术、新材料的开发与应用等。图 1-61 为 3D 封装示意图，图中表明可以将电源、处理器、存储器、模拟器件、射频器件、A/D D/A 转换器件、光电器件、MEMS、传感器、化学和生物芯片全部采用 SiP 的方法集成在一个封装体内。

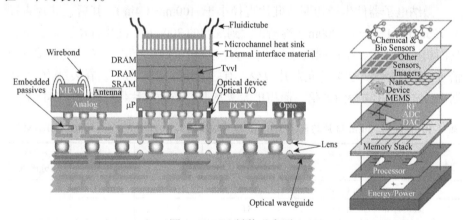

图 1-61　3D 封装示意图

SiP 的设计不仅要考虑器件的连接性，对电、热、机械、电磁干扰等方面的仿真也是不可或缺的重要方面。由于芯片工作频率越来越高、信号传输速度越来越快、I/O 端口数越来越多，简单的基板布线已不能满足芯片性能的要求，必须考虑信号线的延时、阻抗匹配等电性能；系统级封装的高功率密度导致在系统正常工作时将会释放大量的热量，需要进行合理的热设计和仿真；由热引发的机械应力也是 SiP 设计过程中需要认真考虑的一个很重要的问题；对于集成有 RF 器件的 SiP，需要进行电子兼容仿真以提高抗电磁干扰的特性。SiP 的协同设计开发工具显得尤为重要，封装设计工程师需要在进行设计时准确地建立模型、分析模型、优化设计，同时协同开发工具还要能提取相关参数进行电磁学的仿真，以避免引起振铃、反射、近端串扰、开关噪声、串扰等问题。由于 SiP 中集成了 TSV、芯片叠层、倒装芯片等新技术，对新结构的仿真将是一个需要迫切解决的问题，这也对 SiP 协同设计工具提出了更高的要求。

在芯片堆叠技术中，一般要求芯片减薄至 50～100μm 的厚度，有些甚至需要达到 25μm 的厚度，因而大大增加了圆片减薄、夹持、切割，以及芯片拾取的难度。为了确保圆片的减薄要求，超精密磨削、研磨、抛光、腐蚀作为硅晶圆背面减薄工艺获得了广泛应用。

硅通孔技术是三维系统级封装（3D-SiP）的关键技术，包括孔刻蚀、孔绝缘、阻挡层和种子层沉积、3D 光刻、孔填充、背面工艺和薄圆片操作等。

（四）新材料

1. 硅片直径增加

微纳电子器件生产初期，硅片直径小于 100mm（4in），其后，硅片直径由 125mm、150mm、200mm 逐渐扩大到现在的 300mm。硅片直径扩大 2 倍，其面积扩大 4 倍，生产同尺寸芯片，每片硅片上的芯片（die）个数将略高于 4 倍（硅片直径大，去除边角芯片数少，有效芯片数相对增加）。在表 1-10[6] 数据中，硅片直径扩大 1.5 倍，面积扩大 2.25 倍，有效芯片数目扩大了 2.4 倍。

表 1-10　直径 200mm 硅片与直径 300mm 硅片成本差异（0.11μm 工艺，256M DRAM）

项目	200mm 晶圆	300mm 晶圆	成本差异/美元	成本差异百分比/%
Processed Wafer Cost/$	1671	2547	876	52.4
Gross Die/（Die/Wafer）	541	1297	756	139.7
Die Yield/%	95.1	95.1	0	0
Net Die/（Die/Wafer）	514	1233	719	139.9
Die Cost/（$/Yield Die）	3.25	2.06	−1.19	−36.6
Wafer Sort Cost/（$/Die）	0.22	0.22	0	0
Assembly Yield/%	99.3	99.3	0	0
Package Cost/（$/Package）	0.213	0.213	0	0
Yielded Package Cost with Die/（$/part）	3.71	2.51	−1.2	−32.3
Final Test Cost/（$/part）	0.57	0.57	0	0
Part Cost/（$/part）	4.29	3.09	−1.2	−28.0
ASP/（$/part）	4.8	4.8	0	0
Revenue per Wafer	2597	6226	3629	139.7

从表 1-10 可以看出，在 2004 年，采用 0.11μm 工艺制造 256M DRAM 时，300mm 硅片的加工成本为 2547 美元/片（工艺相对复杂，设备投资增加），较 200mm 硅片的 1671 美元高出 52.4%，但由于面积增加，同样面积芯片的数量增加了 139.7%，其结果是 200mm 硅片的每芯片成本为 3.25 美元，300mm 硅片每芯片成本为 2.06 美元，每个芯片成本降低了 36.4%。硅片尺寸越大，每个相同面积芯片的成本就越低，这就是硅片尺寸为何不断在增加的第一个原因；第二个原因是，随着集成电路复杂度的提高，芯片尺寸已由平方毫米级变为平方厘米级，若硅片尺寸小，有效图形数量会相对较少；第三个原因是，大尺寸硅片还会提高能源、水等资源的利用效率，减少对环境、温室效应、水资源的影响。

图 1-62 为世界不同尺寸硅片的生产线数量变化，可以看出如下趋势。

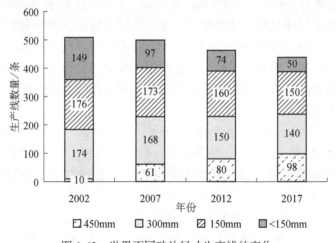

图 1-62　世界不同硅片尺寸生产线的变化

资料来源：SEMI World Fab Forecast Reports（2012）

（1）由于生产线投资巨大，生产线总数递减。

（2）硅片尺寸小于 150mm 的生产线数量锐减。

（3）目前 150mm（6in）和 200mm（8in）生产线为主流，占生产线总数的 67%。

（4）300mm 硅片生产线呈快速增长趋势。

（5）预计到 2017 年，世界可能有 3 条 450mm 生产线。

为加速 450mm（18in）硅片时代的到来，全球五大半导体企业 IBM、英特尔（Intel）、三星（Samsung）、TSMC 和 GlobalFoundries 在 2011 年共同成

立了全球 450mm 联盟（Global 450 Consortium，G450C）。

对于 450mm 硅片最大的挑战是平坦度。一个 300mm 硅片，标准厚度为 775μm、重量为 128g，而 450mm 硅片，厚度为（925±20）μm、重量为 340g。在微纳电子器件的制作过程中，有可能导致硅片的凹陷或弯曲。

2. 材料范围扩大

第一代半导体材料以锗、硅为主，辅以工艺过程中的硼、磷、铝等。

第二代半导体材料以 GaAs、InP 等三五族化合物材料为主，适用于制作高速、高频、大功率及发光电子器件，是制作高性能微波、毫米波器件及发光器件的优良材料，被广泛应用于卫星通信、移动通信、光通信、GPS 导航等领域。

第三代半导体材料主要指以碳化硅（SiC）、氮化镓（GaN）、氧化锌（ZnO）、氮化铝（AlN）等为代表的宽禁带（禁带宽度大于 2.2eV）半导体材料。第三代半导体材料具有禁带宽度宽、击穿电场高、功率密度大（氮化镓的功率密度是砷化镓的 10～30 倍）、热导率高、电子饱和速率高及抗辐射能力高等优秀品质，因而更适合于制作高温、高频、抗辐射、大功率器件和半导体激光器等。目前，较为成熟的是碳化硅和氮化镓半导体材料，其中碳化硅技术最为成熟。

随着新器件的开发，更多高 K 介质材料（Mg、Ca、Sr、Ba、La、Hf 等）、金属栅材料（Al、Ni、镧系金属、稀土金属等）、互连材料（Ti、Ta、W 等）、存储器材料（各种过渡金属氧化物，如 $BaTiO_3$、$SrTiO_3$、TiO_2、ZrO_2、NiO、MoO_3、V_2O_5、WO_3、ZnO 等）、外延和衬底材料（应变硅，FD-SOI 等）、碳基材料（碳纳米管、石墨烯等）的研究正在广泛展开。例如，FinFET 工艺采用Ⅲ-Ⅴ族材料来增加载流子的迁移率，在互连结构中采用钛、钴或钌构成连线及氮化钛作为阻挡层材料。

（五）新市场

新市场源于人们对生产和生活更高和更多的需求，希望信息的获取、记录、处理和传输要更加真实和实时（图 1-63）。

以图像为例，最初的照相技术只能获得黑白静止图像，比文字记录向表现真实图像迈出了跨越式发展的一步，但与人们实际所见仍有差距，于是有了彩色照片的发明；其后，电视的发明满足了人们对活动图像的渴望，并逐渐发展为高清彩色电视；现在，有了带眼镜的 3D 电视，人们又希望裸眼 3D 电视的诞生与普及。人类永不满足的欲望构成了新市场、新技术永恒发展的原动力。

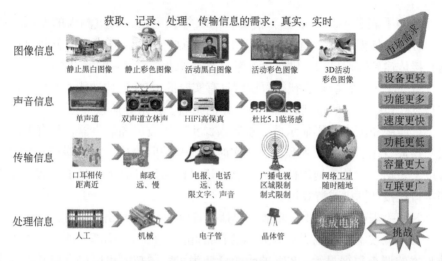

图 1-63　人们对信息产品的进一步需求

人们信息技术的进一步需求表现为：设备更轻、功能更多、速度更快、功耗更低、容量更大和互联更广。当前信息产品的热门市场如下。

1. 可穿戴设备

可穿戴设备指能直接穿在身上或是整合进用户的衣服或配件的设备。其主要应用指向健康、娱乐、定位等生活的各个方面（图 1-64）。

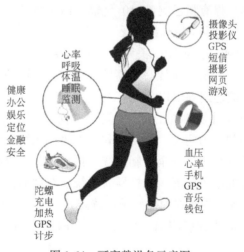

图 1-64　可穿戴设备示意图

智能手表、手环、手套、腰带、内衣等，可以实时监测人的血压、心率、呼吸、体温、热量消耗、睡眠时间等数据，并可在需要的时候将这些数据直接传输到医疗机构，供医生参考，及时提出有益健康的解决方案。

智能手表、智能鞋、智能眼镜可具有实时的 GPS 定位功能，并可提供导航信息，包括列车的达到时间、下一站的站名、换乘等信息

智能眼镜配有投影显示器、视频摄像头、麦克风和扬声器，具有上网搜索、播放音乐、观看影视和比赛、实时摄像和拍照等功能，能够获取时间、温度、短信、照片、地理位置等信息。还可以通过 HDMI、USB、蓝牙等不同接口连接计算机或游戏机。

智能手表可以具备手机功能，包括接打电话、收发邮件和短信等。

可穿戴技术已深刻影响到人类的日常起居。根据美国部分地区关于可穿戴技术的调查数据显示，87%的受访者认为可穿戴技术可以提升佩戴者的个人综合能力；71%的受访者则认为该技术有利于个人健康状况的改善；还有54%的受访者认为，可穿戴技术提升了他们的自信[①]。

2. 汽车电子

汽车电子是今后一段时间内的热门市场。据美国汽车行业权威杂志 *Wardsauto* 公布[②]：根据各国和地区政府公布的汽车注册量及历史上汽车保有量，截至 2011 年 8 月 16 日，全球处于使用状态的各种汽车，包括轿车、卡车及公共汽车等的总保有量已突破 10 亿辆。由于微纳电子技术的进步，微纳电子产品在汽车上的应用越来越广泛。1991 年，一辆汽车上电子装置的价值约为 825 美元，1995 年为 1125 美元，2004 年增长到 2132 美元，占整车价值的比重上升到了 27.5%，预计一些高档汽车中电子产品的价值含量很快将达 50%，未来有可能达到 60%以上[③]。

21 世纪汽车产品主要性能的发展趋势是：安全、节能、环保、舒适。一般把汽车电子产品归纳为两类：一类是和车上机械系统配合使用的电子控制装置，包括车身控制系统、安全控制系统、传动控制系统和行驶控制系统；另一类是独立使用的电子装置，包括导航系统、车载通信系统、上网系统，以及包括汽车音响和电视等在内的娱乐系统。

车联网目前已成为物联网的"先行军"。车联网时代的智慧汽车能够使

---

① 参见：http://news.xinhuanet.com/info/2013-08/09/c_132614722.htm.

② 参见：http://mall.cnki.net/magazine/Article/SDQE201201015.htm.

③ 参见：http://info.carec.hc360.com/2011/03/180840200663.shtml.

得车辆与车辆之间始终保持相对固定的安全距离，达到零碰撞事故的目的；通过车联网，车辆与车辆之间将随机进行组队，根据车主的目的地，通过 GPS 定位让车辆之间彼此自动沟通，借以提高交通运输效率。

3. 泛网时代

据 Intel 公司统计，全球消费者平均每人拥有 4.6 台个人设备，每周使用时间近 43.3 小时，其中使用 PC 的时间约占 49%，使用智能手机的时间约占 31%，而使用平板电脑的时间则占 20%[①]。

根据国际电信联盟（International Telecommunication Union，ITU）的报告，到 2014 年年底，全球互联网用户数将达到 30 亿，占世界人口的 40%。互联网创造了新的财富，也创造了新的文化和新的生产方式。

今后的互联网将进入泛网时代，既包括桌面互联网、移动互联网，也包括物联网的迅速扩张。

IT 产业有著名的三大定律，即摩尔定律、吉尔德（Gilder）定律和麦特卡尔夫（Metcalfe）定律。摩尔定律已经得到验证，后两者正在得到验证。

吉尔德定律的描述是：在未来 25 年，主干网的带宽每 6 个月增长一倍，其增长速度是摩尔定律预测 CPU 增长速度的 4 倍。

麦特卡尔夫定律的描述是：网络的价值同网络用户数量的平方成正比，也就是说，N 个联结可创造出 N^2 的效益。即如果一个网络对网络中每个人的价值是 1 元，那么规模为 10 倍的网络的总价值等于 100 元；规模为 100 倍的网络的总价值就等于 10 000 元。网络规模增长 10 倍，其价值就增长 100 倍。在网络经济时代，共享程度越高，拥有的用户群体越大，其价值越能得到最大程度的体现。简言之，上网的人数越多，产生的效益越多。

云计算是泛网时代的趋势之一。桌面互联和移动互联的很多功能在云里，是通过巨大的数据、信息、智能、搜索技术和个人计算机、智能手机、平板电脑结合在一起实现的。在云计算中，很重要的一点就是维持计算、存储、通信带宽和能耗之间的均衡。

在"人·人"互联网规模迅速扩大的同时，"物·物"互联成网也正在崛起。物联网（the Internet of Things）是在互联网的基础上延伸和扩展的网络，其用户端是"物"，任何物品与物品之间都可以进行信息交换，以实现

---

① 参见：http://www.szicc.net/html/201410/22154795.html.

对"物"的智能化识别、定位、跟踪、监控和管理。2010 年 6 月 22 日，在上海开幕的中国国际物联网大会指出：物联网将成为全球信息通信行业的万亿元级新兴产业。到 2020 年之前，全球接入物联网的终端将达到 500 亿个。

物联网由感知层、传输（接入）层、支撑层和应用层构成（图 1-65），主要市场是智能工业、智能物流、智能交通、智能电网、智能安防、智能医疗、智能农业、智能环保和智能家居。通过互联网和物联网的建设，人类社会将逐渐实现从"智慧家庭""智慧城市"到"智慧地球"的理想。

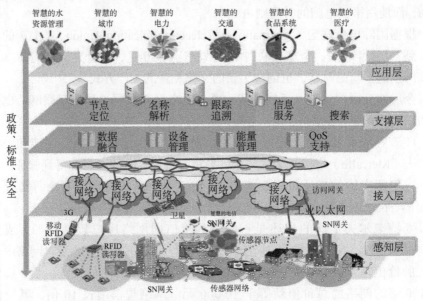

图 1-65　物联网示意图

（六）结语——创新是价值流之源泉

从 1831 年法拉第发现电磁感应现象算起，到 2019 年已过了 188 年，电的创新为人类社会带来了光明、温暖和力量。

从 1958 年集成电路诞生算起，微纳电子学科在 2019 年迎来了自己 61 岁的生日，它正在率领着信息产业的大军阔步前进。

1958 年的集成电路只有 12 个元器件；2013 年，一个芯片上的元器件可以达到 10^9 个，增长了近 10 亿倍，同时，集成电路上每只晶体管的价格降低了 10 亿倍；1946 年，ENIAC 电子管计算机的运算能力为 3.57×10^{-2} 次/（s·W），今天一部中档个人计算机的运算能力达到 10^7 次/（s·W），即消耗同等能量，计算机的信息处理能力提高了 10 亿倍，或者说，在同等信息处理能力下，计算机的功耗降低了到原来的十亿分之一；1956 年，一部 4.4MB 的硬盘重 1t，而如今一个 8GB 的 Flash U 盘仅重 1.5g，把同等重量设备的存储容量提高了 10 亿倍。

微纳电子学科的不断创新开辟了 28 000 亿美元的信息产业市场。2012 年，全球移动电话用户达到 50 亿户，据市场研究公司 Gartner 和美国普查统计局（Census Bureau）的统计数据，目前全球将近 80%的人拥有手机；2012 年，全球互联网用户达到 24 亿户，共有 6.34 亿个网站[①]。如今，微纳电子产品已经渗入国家安全、国民经济和国计民生的各个领域，为人类社会带来了更广阔的视野、更高的生产效率和更丰富的生活内容。

作为微纳电子器件的原料，砂石现价为 0.04 元/kg；作为成品，8GB U 盘、奔腾 4 处理器价格分别为 120 元和 385 元（芯片面积 120mm^2），其芯片重量约为 0.2 g，亦即集成电路为 60 万～193 万元/kg。从原料到最终产品，其增值部分就是无数微纳电子学科和产业的从业人员所积累的知识和付出的劳动。2013 年 12 月 25 日的黄金价格约为 23.5 万元/kg，每克集成电路的价格已远超过黄金价格，微纳电子产业成为了名副其实的"点石成金"的产业，这就是微纳电子学科的创新价值。

图 1-66 中记录了在微纳电子学科发展中具有里程碑意义的创新，正是这些创新成就了微纳电子学科的辉煌。

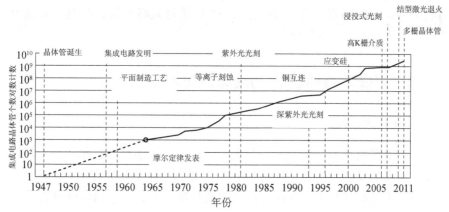

图 1-66　微纳电子学科发展中的重要创新

资料来源：The Economist

---

① 参见：http://www.csdn.net/article/2013-01-18/2813817-internet-2012-in-numbers.

我国的微纳电子学科和产业走过了约 60 年的历程，与世界微纳电子强国相比，我们仍存在一定差距。在信息社会中，微纳电子产业应是一个负责任的世界大国必须拥有的承担责任的手段和能力，一个不掌握信息中枢系统的国家不可能获得自立于世界的大国地位和影响力。在当前历史阶段，发展微纳电子产业是我国调整产业结构、转变经济增长方式、保障国家安全和建设世界强国的必由之路，而只有踏着创新的阶梯，才能实现跨越式发展。

创新精神凝聚着人类永不泯灭的灵魂，创新是推动历史前进的动力，创新的脚步永远不会停歇。

第五节　对我国"后摩尔时代"微纳电子学科发展的建议

一、基础研究工作要提前 10 年进行战略部署

学科研究是产业发展的基础。根据微纳电子产业发展的规律（参照本章第二节，图 1-38～图 1-43，表 1-6），从基础研究到实现产品大生产约需 10 年的时间，因此对今后可能引领市场潮流产品的基础研究（包括新器件、新材料、新工艺和新设备等）必须提前 10 年进行战略部署，并制订分阶段实施的计划及有效可行的战略举措。

二、以提高器件性能/功耗比为切入点

1. 设计方法学

集成电路设计方法学是一门典型的需求驱动型学科，它跟随着工艺技术及设计需要的发展而发展。建议在 2020 年前部署以下研究方向。

（1）系统级（ESL）自动化设计理论与技术研究，包括软硬件自动划分技术及相关理论基础、软硬件协同验证技术、系统行为级硬件综合理论与技术、软件综合理论与技术。

（2）DFM/DFY/DFR 相关理论与数学分析方法研究，包括可制造设计（DFM）相关物理模型及分析优化方法，ESD（electro-static discharge）机制及分析验证方法，3D 互连分析与优化、可测性设计和可靠性设计。

（3）超低功耗集成电路设计方法研究，包括超低功耗基础数字、模拟与射频电路单元设计技术，超低功耗电源管理技术研究，超低功耗基础数字与模拟电路单元设计技术研究，超低功耗自动优化技术研究，异步电路设计验证技术研究。

（4）可重构计算（reconfigurable computing，RC）架构研究，包括可重构计算的系统映射与编译技术、可重构计算系统的体系结构模型、可演化硬件研究。

2. 实现低功耗与极低功耗的新器件与新材料的突破

以提高器件的性能/功耗比为出发点，2020 年以前，重点支持多栅器件研发，包括 16/14nm 节点的 FinFET 器件和 14nm 节点以后的多栅纳米线器件技术研究，视市场情况布局 14nm 节点的 FD-SOI 器件技术；加大 Ge CMOS、Ⅲ-Ⅴ CMOS、超陡峭开关器件、RRAM、STT-RAM 等新型器件的研究力度，适当布局基于新型二维材料和新型信息载体器件研究。重点研究以 Ge、GeSn、InGaAs、InP 等高载流子为沟道材料来提升 CMOS 的性能，充分挖掘以 SiC、GaN 为代表的新材料的优势，引领信息器件频率、功率、效率的发展方向。开展 InP、GaN 等新材料与硅基材料和技术融合研究，支撑功能集成的新思路。研究 CMOS 工艺的硅基混合光电集成技术，重点开展微纳结构下新型光电子器件与硅基电子器件的集成技术，支撑光电融合的新方向。同时重视半导体器件研究与生物、医疗、传感、通信、物联网、航天军工等领域的交叉融合，促进新型微纳电子学科的发展。

2030 年以前，为了实现超越式发展，必须对分子原子自组装器件等更具前瞻性的器件技术进行研究，同时还需要注意这些器件在产业发展上的切入时间点。这个阶段上，超越 CMOS 的新概念器件应当成为重点部署对象。在学科发展层次上，除了继续部署上述 2020 年前的研究对象，还应当加强部署"帷幕"后的未知新概念器件技术，这些器件应当具有全新的信息载体、输运方式，具有重要的科学意义和实用价值。同时，在产业发展的层次上，应当在 2020 年前部署的学科发展基础上，侧重于发展新材料 FinFET、纳米线器件（Ge、Ⅲ-Ⅴ族材料）和超陡峭开关器件在产业技术方面的应用研究。

习近平总书记在中国科学院第十七次院士大会、中国工程院第十二次院士大会上的讲话中指出："不能总是用别人的昨天来装扮自己的明天。不能总是指望依赖他人的科技成果来提高自己的科技水平，更不能做其他国家的技术附庸，永远跟在别人的后面亦步亦趋。我们没有别的选择，非走自主创新道路不可。"因此，我们要对我国具有自主知识产权的科研成果，对低功耗、超低功耗高性能/功耗比的新结构器件要加以重点部署，在科研成果与大生产结合的过程中要加强研发力度，将学科先期的创新成果用于跨越式发展。

3. 加强与应用系统相结合的器件研究

以人为本的各种设备及其联网是继移动通信后的新市场驱动引擎。基于此，要进一步加强信息感知芯片、生物医学芯片、神经传感芯片、生命物质检测芯片、模拟大脑功能芯片的研究。

同时加强集传感器、处理器和执行器于一体的 M/NEMS 的系统研究，包括复杂微系统制造新方法研究，多参数协同设计新方法研究，突破制约集成微系统技术应用瓶颈的基础问题研究，超越摩尔定律的集成微系统技术研究，基于 MEMS 技术的微纳制造、效应与器件研究，新原理新器件新系统新应用研究。选择对微型化要求高的重大应用需求，牵引集成微系统技术基础研究，有针对性地研究集成微系统制造技术、多参数设计技术和测试表征技术等基础问题，在此基础上，研制出有重大应用的集成微系统，完成重要场合的应用验证。

4. 系统封装与大生产技术研究

（1）材料和工艺科学。除了 CMOS 结构中包含的各种材料，在制造工艺中的消耗材料，如硅片、光刻胶、研磨剂，以及各种功能材料等需要优先发展。相应的工艺技术，如快速退火，后段的空气桥和无籽晶电镀、无应力CMP 等。

（2）新结构的物理机制。研究新结构带来的各种可靠性机理。除了三维技术已经发展的，还需要优先支持具有原创性新结构的研发，如围栅，半浮栅器件，新型存储器的研究，3D IC 技术和垂直结构存储器等。

（3）计算模拟技术。先进工艺需要越来越多的工艺模型支持，从而降低研发成本和缩短周期，选择某些领域，如计算光刻、TCAD 工具等，企业与研究机构合作，开发出符合大生产需要的工艺模型和 EDA 工具，具有较高的投入产出效率。以计算光学为导向的计算方法和新型模型的研究；TCAD工艺及器件模拟软件，针对未来三维小尺寸器件发展蒙特卡罗模拟方法；建立及优化 DFM 模型，更好地满足产业需求。

表 1-11　微纳电子学科与大生产技术的研究方向

研究方向	2015～2020 年	2021～2030 年
学科发展的基础研究	材料和工艺科学、模型模拟科学、新结构的物理机制	非硅基器件的设计、物理机制研究和可制造性
面向产业中长期发展的战略需求	14～10nm 节点工艺技术、自主创新器件的产品设计和验证	7～5nm 节点工艺技术、自主创新器件的产业化、形成竞争优势、引领国际技术发展

三、注重软硬件协同发展

　　集成电路对生态体系依赖度增大，需要软硬件协同发展。例如，CPU 的竞争绝不仅是 CPU 芯片本身的竞争，而更多体现在生态系统的竞争上。例如，Intel 公司的 CPU 与 Microsoft 的操作系统构建了稳固的 Wintel 产业发展环境，ARM 公司也与谷歌公司在移动终端领域构建了 ARM-Android 体系。

　　信息产业最开始是硬件（集成电路）技术驱动，随着集成电路加工技术的进步，单一芯片的集成度越来越高，集成电路的工作速度越来越快，存储器容量越来越大，承载在集成电路上的软件就可以做到越来越丰富，软件的功能也就越来越强大，所处理应用软件的种类也就越来越多。Windows 操作系统所占空间、Intel CPU 主频与同期 DRAM 典型产品存储容量的正相关关系如图 1-67 所示。

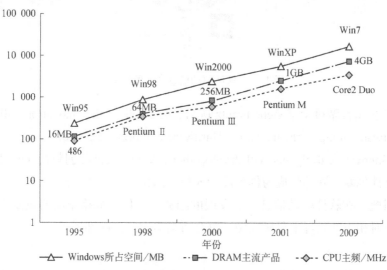

图 1-67　集成电路与软件的协同发展[28]

　　当前，集成电路的容量和速度已经能够满足几乎任何软件的需要，在这种情况下，信息产业由软件驱动的趋势开始显现，即根据不同操作系统开发适用该软件的硬件。移动通信是最好的例证。目前在市场中占主流的操作系统是安卓和 iOS，所有的硬件解决方案要依据这两个操作系统来开发，可以使用不同厂家的但可以运行上述系统的嵌入式 CPU、接收与发射芯片、人机界面芯片来制造不同用途、不同功能、不同型号的手机，即软件定义系统，系统决定集成电路的设计与生产（图 1-68）。

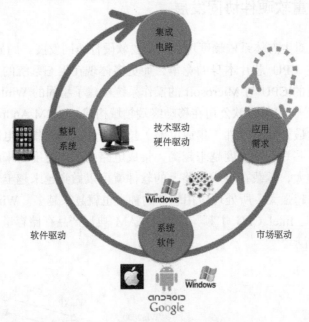

图 1-68　软件驱动信息产业的趋势

　　TI 公司首席科学家 Gene Frantz 认为：The bulk of the innovation will be in the software on top of the hardware. Hardware will become part of the platform on which innovative designers will develop their ideas.（大部分创新是在硬件基础上的软件创新。硬件将成为创新设计人员思路拓展平台的一部分。）①

　　因此，在软件驱动信息产业发展的趋势下，作为战略布局的重要组成部分，应对相应的软件学科研究做出符合市场需求的协同部署。

---

① 参见：http://www.eeworld.com.cn/DSP/2008/0822/article_706.html.

四、R&D 要保障高强度的持续投入

《国家集成电路产业发展推进纲要》中设定的目标是，2015 年集成电路产业销售收入超过 3500 亿元，2020 年达到 8710 亿元（按纲要中年均增速 20%计算）。依据图 1-36 和表 1-5 的数据（其中参考三星和台积电两家公司的数据，R&D 占销售额的比例按 10%测算），2015 年我国对半导体（主要是集成电路）产业的投资应达到 3500 亿元×21%=735 亿元，其中 R&D 投入为 3500 亿元×10%=350 亿元，2020 年的产业投资总额和 R&D 投入分别为 1830 亿元和 871 亿元。

表 1-12 为中芯国际近年来的财务报表数据，其研发投入远不如国际排名前 10 企业研发投入占销售额比例的平均值（表 1-5），随着加工工艺的提高还呈现了下降的趋势。

表 1-12　中芯国际年财报（2011～2013 年）

项目	2011 年	2012 年	2013 年
收入/千美元	1 319 466	1 701 598	2 068 964
毛利/千美元	101 941	348 763	438 436
研发投入/千美元	191 473	193 569	145 314
毛利率/%	7.7	20.5	21.2
研发投入占销售收入的比重/%	14.5	11.4	7.0

由此可见，今后几年，我国企业仅仅依靠自身的"造血"能力并不能具备与国际集成电路大企业竞争的能力，仅凭市场化运作难以实现跨越式发展，这就需要得到国家强有力的支持。但是，仅仅依靠"国家集成电路产业投资基金"的投入远不能满足全行业发展的资金需求，必须制定有关政策来带动市场资本和社会资本对我国集成电路产业的投入。

基于几十年来国家资金使用的经验和教训，"国家集成电路产业投资基金"的使用必须集中、有效地支持少数有发展潜能的企业，再不能重蹈"事权重叠化、项目碎片化、资金分散化"的覆辙。

从资金使用的绝对值而言，制造工艺的研发，包括相应设备的购置肯定占有较大的比例，但是在资金分配上，由于 SoC 集成电路设计的成本在新产品开发中所占比例越来越大（图 1-69），所以对设计企业也要保障高强度的持续研发投入。

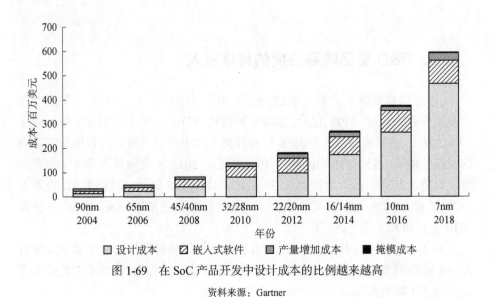

图 1-69　在 SoC 产品开发中设计成本的比例越来越高

资料来源：Gartner

五、制定并实施有利于微纳电子学科发展的政策

（1）加强政府对微纳电子产业及学科发展的领导。

（2）充分发挥"国家集成电路产业投资基金"的引领作用，带动市场和民间资金的投入。

（3）利用法律法规武器反击外企的全面围剿。

《中华人民共和国对外贸易法》相关规定如下：

第十六条　国家基于下列原因，可以限制或者禁止有关货物、技术的进口或者出口：

（一）为维护国家安全、社会公共利益或者公共道德，需要限制或者禁止进口或者出口的；

……

（七）为建立或者加快建立国内特定产业，需要限制进口的；

……

第十八条　国务院对外贸易主管部门会同国务院其他有关部门，依照本法第十六条和第十七条的规定，制定、调整并公布限制或者禁止进出口的货物、技术目录。

第十九条　国家对限制进口或者出口的货物，实行配额、许可证等方式管理；对限制进口或者出口的技术，实行许可证管理。

实行配额、许可证管理的货物、技术，应当按照国务院规定经国务院对外贸易主管部门或者经其会同国务院其他有关部门许可，方可进口或者出口。

（4）出台针对性的税收政策。个人所得税已成为制约高端人才引进的障碍，目前高端人才的个人所得税税率较高（30%～45%）。我国出口退税的周期是半年，造成大量资金长期积压，对企业发展有很大影响。

（5）在加强产学研用横向合作时，对产学研成果的权利共享和推广要形成清晰的政策法规。

（6）出台有利于企业并购、建立产业联盟或产前联盟的政策，反击外企的恶意兼并。

（7）加强知识产权保护，努力应对或反诉知识产权侵权问题。

（8）加强政府对本国产品的采购力度。在对国家安全有危害的市场化产品采购中，应对采购企业实行引导或必要的干预。以金融 IC 卡为例，目前国内市场被国外一家企业垄断（占市场总额的99%）。

六、人才培养

人才是社会发展中永恒的话题，一切竞争的实质都是人才的竞争。"得人才者得天下，集人心者集大成。"要不拘一格地发现人才，创造尊重人才的环境来留住人才，注重成团队地引进人才，同时给予其施展抱负的舞台和促使其发奋图强的激励机制。

做好人才的培养工作，尤其要注重植根于本土的人才培养。蔡元培先生曾经说过："欲知明日之社会，须看今日之校园。"考虑到中国微纳电子人才的现状，我们认为应立即实施微纳电子专项人才工程，简称"一十百千万"工程。

一：微电子科学与集成电路工程是一门系统性和交融性很强的学科，学科的战略重要性、学科内涵体系的完整性、研究和人才培养的目标明确性，以及它与其他学科的高度交叉、融合、渗透，已很难用一个二级学科来概定。建议增设"微纳电子科学与集成电路工程"一级学科。

十：在北京大学、清华大学等已经开设了微纳电子专业的高校、研究所及微纳电子相关骨干企业中遴选出"十"个人才培育基地，国家在政策及资金等方面予以重点支持。

百：在该工程启动后的若干年内，每年培养"百"名微纳电子学术和产业的领军人才。

千：在该工程启动后的若干年内，每年培养"千"名微纳电子工程博士。

万：在该工程启动后的若干年内，每年培养"万"名微纳电子工程硕士。

在培养硕士、博士研究生的同时，特别要加强人才的"工程化"教育工作。习近平主席在 2014 年国际工程科技大会上的主旨演讲中指出："未来几十年，新一轮科技革命和产业变革将同人类社会发展形成历史性交汇，工程科技进步和创新将成为推动人类社会发展的重要引擎。"我们将加强工程科技人才培养，把国际交流合作作为聚集一流学者的重要平台，联合培养拔尖创新型工程科技人才。

所培养的人才不仅要有技术上的创新能力，而且应兼备技术、管理和市场开拓能力，成为复合型人才和交叉学科的人才。

所培养的人才应涵盖微纳电子产业的各个环节，包括设计、工艺、封装、测试、装备、材料、企业管理、市场营销、财务和金融等各个层面。

只有建设好学科，才能建立一支高质量、高水平的人才队伍；只有拥有一支高质量、高水平的人才队伍，才能面对国家战略需求、国际发展态势，保障国家安全，支撑整个产业特别是信息产业的健康持续发展。

本章参考文献

[1] 安格斯·麦迪森. 世界经济千年史. 伍晓鹰，等译. 北京：北京大学出版社，2003：16，110，238，259，262.

[2] 陈寅恪. 金明馆丛稿二编. 北京：生活·读书·新知三联书店，2001：245.

[3] 李约瑟. 中国科学技术史. 第一卷·第一分册. 北京：科学出版社，1975：3.

[4] 弗朗西斯·培根. 新工具. 北京：商务印书馆，1984：103.

[5] 马克思. 马克思恩格斯全集. 第47卷. 北京：人民出版社，1979：427.

[6] 王阳元，王永文. 我国集成电路产业发展之路. 北京：科学出版社，2008：39，41，80，439.

[7] 赵厚玉. 语文教育学的现代阐释. 北京：中央编译出版社，2003：331.

[8] 摩尔根. 古代社会（上册）. 杨东纯，等译. 北京：商务印书馆，1977：30.

[9] Maxwell J C. On physical lines of force. The Scientific Papers of Jams Clerk Maxwell，1975，1：451-513.

[10] ACEEE，John A. Semiconductor Technologies：The Potential to Revolutionize U. S. Energy Productivity. 2009，Report Number E094.

[11] Rivoli Pietra. The Travels of a T-Shirt in the Global Economy. New York：John Wiley & Sons，2009.

[12] Moore G E. Cramming more components onto integrated circuits. Electronics，1965，38（8）.

[13] Moore G E. Progress in Digital Integrated Electronics，1975. International Electron Devices Meeting，IEEE，1975：11-13.

[14] 马建堂，等. 国际统计年鉴 2010. 北京：中国统计出版社，2010.

[15] 王阳元，王永文. 我国集成电路产业发展之路——从消费大国走向产业大国. 北京：科学出版社，2008.

[16] 中国电子学会生产技术学分会丛书编委会组. 微纳电子封装技术. 合肥：中国科学技术大学出版社，2003.

[17] 何杰，夏建白. 半导体科学与技术. 北京：科学出版社，2007.

[18] 俞忠钰. 亲历中国半导体产业的发展. 北京：电子工业出版社，2013：127，131.

[19] Slater J C. Quantum theory of molecules and solids. Journal of Chemical Physics，1964，41：3199.

[20] Clementi E，Raimondi D L，Reinhardt W P. Atomic screening constants from SCF functions. Journal of Chemical Physics，1963，38：2686.

[21] Frantz Gene A. Power—the final frontier for technology breakthroughs. Unpublished Lecture PPT in School of Electronics and Information Engineering，Soochow University，November 9，2009，Slice 1-13.

[22] Jiren Y，Karlsson I，Svensson C. A true single phase clock dynamic CMOS circuit technique. IEEE Journal of Solid-state Circuits，1987，22：899-901.

[23] Shulaker M M，Hills G，Patil N，et al. Carbon nanotube computer. Nature，2013，501：526-530.

[24] 吴晓薇，郭子政. 磁阻随机存储器（MRAM）的原理与研究进展. 信息记录材料，

2009，10（2）：52-56.

［25］Hickmott T W. Low-frequency negative resistance in thin anodic oxide films. Appl Phys, 1962, 33：2669-2682.

［26］中国科学院. 中国学科发展战略·微纳电子学. 北京：科学出版社，2012：239.

［27］屈新萍. 新型纳米压印光刻技术的研究和应用. 世界科学，2009，6：39-41.

［28］王阳元，王永文. 战略——生存与发展之本，北京：科学出版社，2014.

第二章
器　件

第一节　概　述

　　微纳电子科学技术，特别是集成电路技术中最为基础和核心的研究内容就是器件技术。器件，其原意为能够执行一定功能的单元，在集成电路中是构成各种门电路和存储阵列的基本单元，是执行信息处理和存储的核心部分。器件类型直接决定了集成电路的功能、性能和复杂度。例如，在 CPU 芯片中，其核心器件是高性能晶体管，因此可以达到很高的计算速度；在存储器芯片中，构成每个存储单元的器件则是高阈值低泄漏电流的晶体管，使得存储器的功耗可以降低。可以说，微纳电子器件就是集成电路的基础，是微纳电子学科研究的核心内容。

　　现代微纳电子器件根据其在集成电路中所起的作用可分为逻辑处理器件（logic device）、存储器件（memory device）和输入输出器件（I/O device）。更为广泛的器件类型还包括功率器件（power device）、射频器件（RF device）等。根据其工作方式，现代微纳电子器件还可以分为双极晶体管（bipolar transistor）和金属氧化物半导体场效应晶体管（metal-oxide-semiconductor field-effect transistor，MOSFET）等。由于场效应晶体管无论是在功耗还是集成度方面都比双极晶体管更具优势，当前主流的器件研究基本都围绕场效应晶体管展开。事实上，现代大部分电子信息系统都离不开场效应晶体管的应用。利用场效应晶体管构建的互补金属氧化物半导体（complementary MOS，CMOS）

大规模集成电路代表着现代最先进的微纳电子技术。

从历史上看，第一只半导体器件是肖克莱等人于 20 世纪 40 年代末发明的点接触式双极晶体管，然而在当前庞大的微纳电子产业中占有统治地位的器件却是场效应晶体管，其原因在于场效应晶体管在原理和制造方式方面都具有无与伦比的优点。首先，场效应晶体管利用绝缘体隔离了控制极和导电衬底，最大限度地克服了静态功耗问题；其次，场效应晶体管的平面二维结构十分适合大规模光刻技术的实施，很快占据了成本优势；最后，也是最为重要的一点，场效应晶体管是一种场调制（field modulation）器件，可以根据经典的等比例缩小原理进行小型化改造，而不需要改变结构本身。上述经济学和物理学上的优势使得场效应晶体管成为微纳电子科学在过去 60 多年的发展过程中最主要的研究对象，并伴随着工艺技术的进步不断推动着集成电路朝着高性能、高集成度、低成本的方向前进。戈登·摩尔以无比敏锐的洞察力在 20 世纪 70 年代发现了集成电路的这种高速发展趋势，并预见到这种趋势其实是可以持续的。这就是著名的摩尔定律："每隔 18 个月，集成电路上集成的晶体管数目就会翻一番。"摩尔定律其实揭示了器件技术研究中一个最为显著的特点，即可继承性。正是因为下一代器件技术可以直接从上一代继承而来，人们可以花费更少的时间和更小的成本开发出新的器件来。这个特性是器件研究中最弥足珍贵的，但是在技术长足进步的今天，器件研究的这种可继承性正在逐渐被破坏，人们迫切需要一种新的可继承的器件技术来延续摩尔定律的发展。

在过去 60 多年里，基于器件研究的可继承性，微纳电子器件技术的发展一直遵循着摩尔定律，不断沿着尺寸缩小的方向进化。在理想的等比例缩小框架下，集成电路对器件特性——驱动力、功耗、时钟响应和成本的主要要求都能得到满足。但是次级效应的出现使得器件缩小化过程并不是那么一帆风顺。例如，短沟道效应使得阈值电压下降，导致器件的结构参数并不能完全按照既定比例缩小，而是相互之间存在制约，需要加以相互均衡。除此之外，还存在其他的次级效应，如迁移率退化、寄生串联电阻、栅隧穿电流及栅介质退化等。为了克服这些次级效应，在器件发展过程中，研究者不得不在等比例缩小理论框架之外开发许多新的技术手段。单就器件研究的技术观点来看，这些额外的新技术与原始的场效应晶体管之类的器件技术相比属于非原生的，在不同技术代和不同技术所有者之间不具备很好的继承性。随着器件尺寸的不断缩小，这些用来克服次级效应的技术手段叠加起来，使得器件结构变得极为复杂而精巧，但是在大规模统计规律下，自然的波动性导致器件特性很难获得精确的控制。更为糟糕的事情是，上一代器件中应用的附加技术一般难以简单地移植到下一代器件上。这样的情况在进入亚微米时代以后显得十分普遍。例如，Intel 公司在其 90nm 节点上首次采用了外延锗硅源漏作为单轴应力源，而在其 65nm 节点上虽然同样采用了锗硅源漏，其外形和锗组分都发生了明显的改变；再如，45nm 节点采用了高 K 金属栅工艺，但是高 K 介质的沉积发生在源漏形成之前，而 32nm 中虽然同样采用高 K 金属栅结构，高 K 介质的沉积却发生在源漏形成之后。这些事例表明，随着器件尺寸越来越小，器件研究的可继承性受到诸多次级效应的影响，传统器件赖以生存的优势逐渐丧失，突破结构、材料和机制上的桎梏，建设全新的器件基础将是"后摩尔时代"的主要任务和目标。

在过去 60 多年的器件研究过程中，还出现了另外一种研究潮流，即发展器件的不同应用目的，这是器件研究的可继承性之外的另一个特点，即多样化。器件研究的多样化当然也和集成电路产业发展的经济学目标一致，即集成电路产品要满足不同的市场需求。正是器件的多样化研究造就了电子信息市场上产品种类的百花齐放，才极大地满足了我们现在生活和生产方面的多样化的需求。比如在数字计算机需求之外，闪存技术的发展满足了人们对移动存储的需求，光电技术的发展满足了人们对宽带通信的需求，射频器件的发展满足了人们对智能物联网的需求等。多样性研究还从另外一个方面维持了摩尔定律的经济学愿景的发展，即在同一个芯片上集成更多功能的器件将使得集成系统的成本下降，也就是集成系统芯片（SoC）的概念。

可继承性和多样性是器件研究历史上的两个最为显著的特点。可继承性是器件研究的基础，而多样性扩大和增强了器件研究对集成电路产品性能和成本的直接影响力。可以说在摩尔定律支配的 60 多年里，可继承性器件研究占据了历史的主线，而多样性器件研究则不断涌现，悄悄地改变着微纳电子产业的格局。事实上，人们已经开始新材料和新机理器件相关的研究。最近出现的石墨烯、二硫化钼、拓扑绝缘体、自旋晶体管、隧穿晶体管、忆阻器等新型材料和器件就是热门的研究方向，是"后摩尔时代"解决集成电路器件基础问题的一个重要选项。

但是摩尔时代的历史规律告诉我们，只有那种具有可继承性的器件技术才有强大的生命力，才能延续更长的寿命。寻找这种具有可继承性的新器件同样需要在新结构、新材料和新机制方面取得突破性进展。在目前的阶段，摩尔定律带来的技术红利和经济红利尚未完全消失，全面开展这种全新器件技术的研究而摒弃现有的器件研究基础显然是不符合当前科学发展水平和经济利益的，也蕴含着极大的风险。实际上，在现有器件基础上逐渐过渡到结构、机制和材料结合创新是一条切实可行的变革之路。下文将具体介绍在最近几年里，国内外在器件研究方面的突破和发展趋势。

第二节　国内外器件研究进展和发展趋势

正如前文中所讲，可继承性与多样性是器件研究中的两个特点。可继承性是贯穿摩尔定律发展历史的主线，在此基础上，研究者们不断推出新技术以消减尺寸缩小带来的次级效应而增强器件本身的本征特性，从而不断地推动着集成电路朝着高集成度、高性能和低成本的方向进步。此外，多样化的研究也带来各种各样的集成电路类型，使得我们除了可以体验高速计算带来的快捷，还能享受到移动存储、无线通信、智能物流等方面的信息产品。

根据这两个特点，我们将介绍逻辑器件和存储器件这两种摩尔时代最典型的器件的研究历史和当前的最新进展，探讨如何在"后摩尔时代"通过技术创新来继续保持传统的器件基础及突破面临的技术瓶颈。我们还将讨论当前在新材料和新机制方面的研究进展，试图勾画出"后摩尔时代"的新器件技术发展路线。

一、摩尔定律延续背景下的器件研究现状

摩尔定律在 20 世纪中一直发展平稳，自从多晶硅栅电极技术出现以后，器件结构几乎没有大的改变，工艺工程师们只是简单地将器件尺寸缩小，减薄栅介质，提高多晶硅栅的掺杂浓度就能很好地满足电路性能提升的需要。中间出现了一些诸如轻掺杂源漏、硅化物接触等新颖的技术，但仅此而已。研究者们谈论更多的是如何提高工艺技术，而不是考虑如何改进器件结构本身的缺陷。直到 2002 年，传统的平面晶体管进入了 90nm 技术节点，第一次进入到深亚微米尺度，传统晶体管的短沟道效应、沟道迁移率退化、寄生效应等问题随着尺寸缩小变得十分突出。应力硅技术和低 K 介质的铜互连技术的出现缓解了第一次危机，接下来平稳渡过了 65nm 节点。然而在 45nm 节点，栅介质隧穿电流开始成为静态功耗的巨大瓶颈，导致高 K 金属栅对热氧化层进行替代，器件架构开始发生改变。事实上，到了 32/28nm 节

点，世界上大多数半导体生产厂商不得不转向高 K 金属栅器件。这一时机可以认为是常规的摩尔定律发生的第一次突变。引入高 K 金属栅并不能阻止器件功耗随技术节点指数上升，只是稍微延缓了极限的到来。而短沟道效应变得难以控制，栅长的缩短开始显著慢于栅电极的线间距（pitch）的缩小，这对后续的接触引出及源漏应力的施加都将造成极大的困难，器件结构的改变势在必行。随后，台积电（TSMC）、GlobalFoundries 和 IBM 等著名公司一起参与了对 22nm 及以后的技术路线的大辩论。2012 年 4 月 24 日，Intel 公司发布了一款 22nm 技术的 Ivy Bridge 微处理器，震动了整个微电子产业界。这款微处理器采用了三维的 FinFET 器件，宣告传统平面晶体管时代的结束。图 2-1 比较了 Intel 公司的 32nm 技术器件[1] 和 22nm 的 FinFET 器件[2]，可以看出，FinFET 在结构上完全颠覆了传统器件的设计。若要给"后摩尔时代"一个明确的时间节点定义，可以认为，22nm 节点以后，微电子产业正式进入"后摩尔时代"。

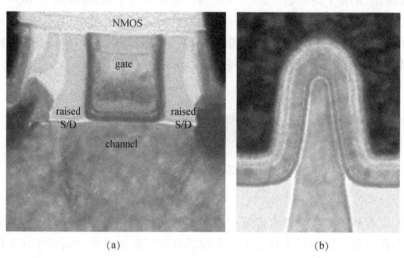

(a)   (b)

图 2-1 Intel 公司的 32nm[1]（a）和 22nm[2]（b）的 FinFET 器件

可以看到，传统器件的可继承性在 22nm 这个节点完全被破坏。亦能预见，更小的 14nm 及以下节点，各大厂商和各国研究机构对器件基础的研究竞争将变得越发激烈，因为这将关系到未来集成电路产业的话语权。

经过前期大量的优胜劣汰，目前市场上存在两种被认为最适合 14nm 及以下节点大规模量产的器件技术，一个是多栅器件技术，另一个是超薄体 SOI 器件（extremely-thin SOI，ET-SOI）技术。其中，多栅器件技术又分为

FinFET 器件技术和围栅纳米线器件技术。下面就这三种技术的研究现状和主要进展进行介绍。

(一) ET–SOI 器件技术

图 2-2 显示的是 IBM 公司在 2009 年开发成功的 ET-SOI 器件[3]，该器件采用超薄全耗尽沟道，因此短沟道效应能够得到很好的抑制。这种器件技术的显著特点是：①平面而非 3D 器件结构，有利于采用传统的平面器件集成工艺来大规模生产，虽然 SOI 硅片的成本较高，但是制造流片的成本降低了；②顶层硅的厚度很薄，大约 5nm，因此，在亚阈区硅层电荷完全被耗尽，消除了体区漏电的通道，大大降低了器件的关态电流；③由于顶层硅膜厚度非常薄，所以源漏电容对沟道电荷的分享效应降到极低，器件的短沟道效应能得到很好的抑制；④沟道不进行掺杂，能最大程度地减小随机掺杂波动（random dopant fluctuation，RDF）的问题；⑤ET-SOI 器件的埋氧层（buried oxide，BOX）很薄，为 15~25nm，可以很容易地通过衬底或者背电极来施加电压，以达到调节器件的阈值电压（V_t）的目的，很方便地实现 SoC 中多种 V_t 逻辑器件的要求，非常适合代工厂进行不同类型芯片加工的要求。

(a) NMOS采用SiC提升源漏   (b) PMOS采用SiGe提升源漏

图 2-2　ET-SOI 器件[3]

可以看到 ET-SOI 具有传统平面晶体管的基因，只不过在沟道和衬底结构上存在差异，因此对于制造工艺来说具有很好的继承性。其对于代工厂和习惯在平面晶体管基础上进行设计的电路设计公司来说具有很大的吸引力，不过 ET-SOI 器件技术也有其难点和挑战，具体表现在以下几个方面。

（1）ET-SOI 晶圆上的顶层硅厚度必须控制在 5nm 左右，而且晶圆内（within wafer）及晶圆间（wafer-to-wafer）的硅层厚度差异必须严格控制在 ±5Å 左右，这在技术上对形成高质量的 ET-SOI 晶圆片的要求非常苛刻。目前，法国的 SOI 晶圆供应商 SOITEC 公司已经能够采用智能剥离技术（Smart-cut 技术）生产符合要求的 300mm 尺寸的硅片，但是规模化成本尚未解决。

（2）由于 ET-SOI 硅片的顶层硅的厚度极薄，所以对刻蚀工艺和离子注入工艺提出了更高的要求。

（3）由于源漏区的硅层很薄，所以如何减小器件的寄生串联电阻也是一个挑战。对 NMOS 和 PMOS 晶体管，可分别采用选择性外延 $Si_{1-x}C_x$ 和 $Si_{1-x}Ge_x$ 以提升源漏。

（4）源漏技术如果控制不当，就会在某种程度上减小寄生电阻的同时增加电容，因此，需要在寄生电阻和电容之间取得平衡。

（5）与普通的 SOI 器件技术相比，ET-SOI 中埋氧层的散热问题随着厚度的减小得到了一定的缓解，但是没有在根本上得到解决。

ET-SOI 技术推向市场最大的困难是其跨节点的扩展能力不足和上下游生态链尚未打通。对于 14nm 节点来说，ET-SOI 顶层硅膜沟道已经要求减薄到 5nm 左右，技术继续推进到 10nm 以后，硅膜厚度显然很难随之减薄。这将带来一系列次级效应，比如栅长不能缩短（栅长与硅膜厚度之间的平衡是抑制短沟道效应的关键）、电容增加、源漏应力减弱等。倘若 ET-SOI 无法推进到更小尺寸，那么孤立的一到两个节点是很难在成本上取得优势的。这也是目前各大半导体公司不敢轻易做出决定的一个原因。在这样的局面下，国内的半导体厂商尚没有计划在 ET-SOI 技术方面投入产业化研发，只是在国家项目的支撑下进行局部的先导研究，主要为材料和器件方面的研究。

尽管以 ET-SOI 为代表的 SOI 技术相对当前主流的体硅技术处于劣势，其特有的泄漏电流控制机制使得它能在一些超低功耗领域内仍然能够得到应用。而结合 SOI 技术和体硅技术的长处，不失为一种器件研究的新思路。例如，北京大学提出的全新的准 SOI 器件结构，通过引入局部"L"形绝缘层包围源漏，能够很好地结合 SOI 器件的短沟特性和衬底隔离好、寄生电容小的优点，以及体硅器件的工艺成本低、工艺兼容性好、衬底散热快等优点，在低功耗、抗辐照等特殊领域展现出了明显潜力。

总的来说，ET-SOI 技术尽管未能取代体硅技术成为主流的大规模集成电路技术，但其独特的技术特点可以在"后摩尔时代"的多样化需求中找到一定的市场。

（二）多栅器件技术

多栅器件是相对传统晶体管仅有一个表面存在栅控而言的。在多栅器件中，衬底往往被刻蚀成三维的超薄体结构，栅电极从多个方向包围衬底，形成更强的电场控制力。这样，栅电极控制的沟道被限制在极窄的空间中，能够有效地切断源漏泄漏电流，从而获得理想的短沟道效应。在目前的多栅器件技术中，FinFET 器件和围栅纳米线器件（gate-all-around FET）是最为重要的两种。

图 2-3 是 FinFET 器件结构图，其中 FinFET 器件设计中的关键参数包括栅长、Fin 宽度和 Fin 高度。根据自然长度（nature length）理论，$\lambda = \varepsilon_{Si} t_{Si} t_{ox} / 3\varepsilon_{ox}$，其中 ε_{Si} 和 ε_{ox} 分别是硅和二氧化硅的介电常数，t_{Si} 和 t_{ox} 分别是 Fin 宽和二氧化硅介质厚度。由此可知，随着 Fin 宽 t_{Si} 的减小，FinFET 将达到更强的短沟道效应抑制效果。在达到相同的短沟道抑制能力的前提下，FinFET 所需的 Fin 宽可以放宽到大约为 ET-SOI 顶层硅膜厚度的 3 倍，这对缓解工艺要求极为有利。

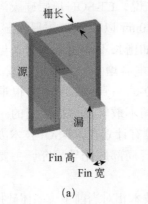
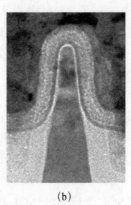

图 2-3   FinFET 结构示意图（a）和 Intel 公司 22nm FinFET 技术中 Fin 的截面图（b）[2]

典型的 FinFET 制造工艺的关键工艺包括 Fin 的形成、栅极形成、源漏离子注入及杂质退火激活。第一隔离侧墙形成及随后的选择性外延 Si（NMOS）或 SiGe（PMOS）提升源漏，第二隔离侧墙的形成，源漏区离子注入及杂质退火激活，源漏区或接触孔形成金属硅化物，最后是后段工艺。

FinFET 器件技术具有较高的版图效率，对沟道具有良好的静电控制能力，在低功耗的情况下，性能表现十分出色，非常适合移动 SoC 应用。如图 2-4 所示，相较于 32nm 平面晶体管技术，FinFET 的亚阈值摆幅更为陡峭，能够在较低的阈值电压下工作而不破坏关态电流，从而获得更高的驱动电流。这使得 FinFET 可以在更低的工作电压下工作，获得超过 37%的性能提升。

但是 FinFET 器件技术也面临着一系列的挑战，其中最主要的还是来自工艺集成上的挑战，其中包括 Fin 的形成、Fin 高度控制、Spacer 刻蚀、源漏区选择性外延、PTSL（punch-through stopping layer）离子注入、源漏区离子注入等。

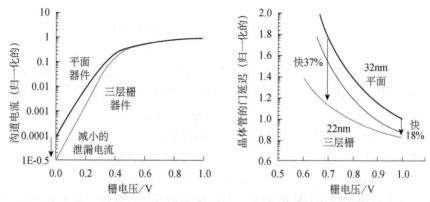

图 2-4　Intel 公司 22nm FinFET 技术与 32nm 平面技术的比较[2]

（1）Fin 的形成。由于 Fin 的宽度很小，并且 pitch 远小于栅的 pitch，所以仅仅利用现有的二次曝光技术不能直接制备出满足要求的 Fin 线条阵列，需要结合侧墙转移工艺（sidewall image，lithography）[4] 来形成 Fin。侧墙转移工艺的基本思路如图 2-5 所示。

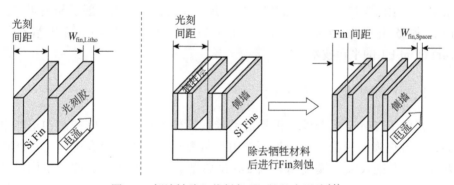

图 2-5　侧墙转移工艺制备 Fin 的基本思路[4]

（2）Fin 高度控制。Fin 暴露在 STI 外的高度直接影响到器件的性能，因此 Fin 高度的变化不能太大。Fin 的高度与化学机械抛（CMP）及随后的 STI 回刻工艺密切相关。

（3）Spacer 刻蚀。和平面器件的 Spacer 刻蚀不同，Fin 的 Spacer 需要完全被清除以便于后续在 Fin 上选择性外延源漏，在过刻过程中，如何保护 Fin 不被刻蚀非常具有挑战性。

（4）源漏区选择性外延。和平面上选择性外延不一样，Fin 上选择性外延需要通过工艺优化来调整选择性外延 Si 或 SiGe 的形状，以达到最大的应力效果。

（5）PTSL 离子注入。Fin 底部是主要的泄漏电流通道，如何在深高宽比、密集排列的 Fin 结构上实现 PTSL 离子注入具有一定的挑战。

（6）源漏区离子注入。Fin 经过大剂量的源漏离子注入后产生的缺陷很难在高温退火中完全恢复，使得源漏区存在很多缺陷，结漏电流很大。因此，Fin 的源漏区离子注入与激活退火工艺是一个新的挑战。

尽管 FinFET 在工艺技术上存在诸多挑战，Intel 公司的成功示范效应使得其他领先的半导体公司开始相信，FinFET 是 14nm 节点上的一个必然选择（在本文校对修改阶段，台积电公司已经发布了 16nm FinFET 技术）。事实上，FinFET 相比较 ET-SOI 而言，具有更灵活的结构变数，使得其在尺寸缩小的情况下，仍然可能达到抑制短沟道效应的作用。从目前大多数研究者的观点来看，FinFET 至少延续到 10/7nm 节点。

国内在 FinFET 器件方面的研究工作布局较早，也有不错的成果。例如北京大学在 2008 年报道的 BOI FinFET，首次提出了局部衬底隔离的方法，可以有效地提高 FinFET 的抑制体穿通作用；中国科学院微电子研究所在国家重大专项的支持下也在 FinFET 的大规模集成技术方面开展了相关研究工作，制备出了原型器件。产业技术方面，中芯国际已经开始布局 14nm FinFET 的平台技术。

（三）围栅纳米线器件技术

相比于 FinFET 器件，围栅硅纳米线器件可从各个方向控制沟道能电势，具有更强的短沟道效应控制能力，从而实现极小的泄漏电流，可能在 7/5nm 节点进入大规模应用。图 2-6 是典型的围栅纳米线器件的结构示意图。如图 2-6 所示，围栅纳米线器件有两种不同的结构，一是水平结构，另外一种是垂直结构，对于两种结构而言，沟道被栅电极完全包围，更易于形成体反型，载流子在垂直栅介质界面方向的散射大大降低，形成了准一维的弹道输运，有利于提高器件的驱动能力。另外，源漏扩展区的有限掺杂浓度在零栅压条件下自然形成耗尽区，电学栅长等效增加，自然减少了短沟道导致的阈值降低，实验还证明了围栅硅纳米线器件还具有灵敏的单轴应力响应，特别是 PMOS 在压应力的作用下能够将驱动电流提高 50%以上。

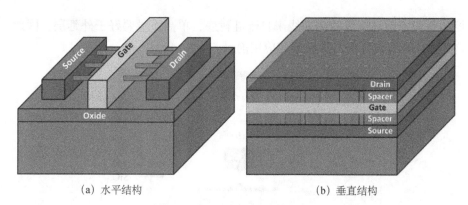

（a）水平结构　　　　　　　　　　（b）垂直结构

图 2-6　围栅硅纳米线器件示意图

实现围栅纳米线器件的制备方法有很多，图 2-7 是三星公司发表的围栅纳米线器件工艺流程图[5]，此流程基于 SiGe 工艺，基本思路是利用 SiGe 和 Si 在湿法腐蚀溶液中较大的腐蚀速率差异，以实现在刻蚀掉 SiGe 的同时完全释放 Si 纳米线。

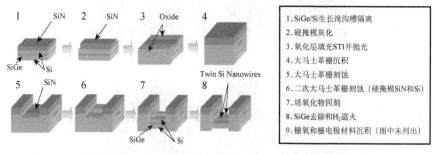

1.SiGe/Si生长浅沟槽隔离
2.硬掩模灰化
3.氧化层填充STI并抛光
4.大马士革栅沉积
5.大马士革栅刻蚀
6.二次大马士革栅刻蚀（硬掩模SiN和Si）
7.场氧化物回刻
8.SiGe去除和H₂退火
9.栅氧和栅电极材料沉积（图中未列出）

图 2-7　三星公司的 SiGe 选择性腐蚀法制备围栅硅纳米线器件工艺流程[5]

这种方法需要外延 SiGe 和 Si 作为有源区，因此对膜厚的控制和硅膜质量都有很高的要求，在大规模集成应用时将面临较大的工艺波动性，而围栅纳米线器件的特性对工艺波动又十分敏感，这种方法在大规模集成应用方面尚存在障碍。

北京大学提出了另外一种制备围栅纳米线的方法，即利用热氧化速率的自限制效应，对成形的 Fin 条进行热氧化，通过控制氧化气氛、温度和时间，可以精确控制纳米线的尺寸[6]。图 2-8 给出了这种方法的工艺流程，主要有硅台刻蚀—在硅台两侧形成侧墙保护—硅槽刻蚀—对硅台的横向刻蚀—自限制氧化过程。利用二维自限制氧化模型，可以精确模拟纳米线的形成过程，如图 2-9 所示，这为自限制氧化法制备纳米线提供了非常好的工艺控制手段,而且形成的纳米线来自于硅衬底,单晶质量要好于外延层,因此这种方法具有较好的大规模集成应用前景。

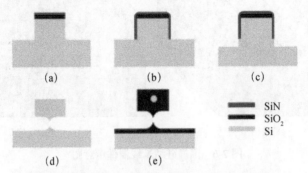

图 2-8　自限制氧化法制备围栅硅纳米线工艺流程[6]

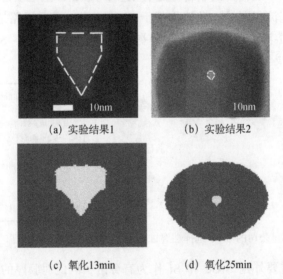

图 2-9　自限制氧化模型预测的 950℃条件下氧化不同时间后形成纳米线形状和尺寸
与实验结果的对比[6]

综上所述,围栅纳米线器件走向大规模集成应用面临的关键瓶颈问题在于工艺集成的兼容性,而如何形成释放的硅纳米线结构成为最关键的工艺,在释放硅纳米线过程中的应力尤其需要考虑。此外,纳米线自身的粗糙度波动性对器件性能的影响较大,如何在器件设计和电路设计中降低波动性影响将是一个重要的课题。

国内的纳米线器件研究也获得了不少瞩目的成绩,北京大学在纳米线器件的集成工艺、系统的器件物理分析和特性表征方面取得了许多突破,中国科学院微电子研究所、清华大学等单位也正在加强纳米线器件的研究工作。总体上来讲，我国在纳米线器件技术研究方面处于国际领先行列，积累了许多技术经验和知识产权，对于后续的产业化发展具有重要的支撑作用。

二、存储领域内的器件小型化和新器件研究现状

上文介绍了在摩尔定律快速推进到 14nm 及以下节点时，应用于大规模逻辑电路的晶体管技术的发展现状和趋势。下面介绍存储器件的相关情况。

除了不断提高存储密度所面临的集成难题，现代存储器发展面临的一个重要挑战就是写入和保持信息所消耗的能量越来越高。这和存储器对高密度的追求是分不开的。当我们进入"云计算"时代，大数据存储面临的能耗问题是十分严峻的。另外一个挑战是所谓的普适性存储器件（universal memory device）技术。

针对这些挑战，包括三星、海力士、东芝、美光等公司在内的世界领先的存储器厂商在三维存储器、新材料存储器和新机制存储器方面已经开展了广泛的研究，并形成了 V-NAND、PCRAM、STT-RAM、RRAM、MeRAM 等新一代的存储技术。

相比较动态存储和静态存储器，适合移动应用的数据存储技术是目前最受关注的存储技术。Flash 是其中最为重要的代表。Flash 的市场份额在 2012 年已经全面超越 DRAM，成为当今存储市场的主流。

2012 年，ITRS 预测，当工艺尺寸到达 14nm 以后，目前的 NAND Flash 将会到达尺寸缩小的极限，后续的技术发展会受到极大的制约。发展三维存储器技术和研究新型的存储器成为存储器技术继续演进的主要手段。

2013 年 8 月，韩国三星电子公司在美国宣布量产三维 V-NAND 存储器芯片。该款芯片不仅是世界上首枚三维存储器芯片，而且性能比同样存储密度的平面存储芯片高出 20%、功耗低 40%。该款芯片的发布，比 ITRS 原先预计的 2016 年提前了 3 年，如图 2-10 所示。这将对 NAND 存储器技术产生重大影响。

此外，还有采用完全不同的新材料和新的存储原理的新一代存储器，其中以阻变存储技术（RRAM）、相变存储技术（PCRAM）和自旋磁存储技术（STT-RAM）为代表。这三类新型存储技术都是利用存储介质的电阻在电信号作用下在高阻和低阻之间可逆转换的特性来实现信号存储，不存在 Flash 的串扰问题（即在相邻单元电场影响下存储信号发生变化），因而都具有很

强的可缩比性。其中 RRAM 具有大的存储窗口（多值存储）、功耗低及材料与当前 CMOS 工艺的兼容性好的优点，在三维集成性及成本等方面具有较明显的优势。

下文将对硅基的 Flash 技术和新材料新机理存储器件的研究现状进行介绍。

（一）1x 时代硅基存储器

在 14nm 技术节点以后，Flash 存储器主要有两个技术发展方向：电荷俘获型 Flash（charge trapping flash）及 3D Flash。2012 年 ITRS 预测电荷俘获型 Flash 及 3D 阵列结构的电荷俘获型 Flash 将迅速替代传统的浮栅型 Flash，成为 NAND Flash 的主流技术（图 2-10）。

Year of Production	2012年	2013年	2014年	2015年	2016年	2017年	2018年	2019年	2020年	2021年	2022年	2023年	2024年	2025年
Uncontacted poly 1/2 pitch/nm	20	18	17	15	14	13	12	11	10	9	8	8	8	8
Number of word lines in one NAND string	64	64	64	64	64	64	64	64	64	64	64	64	64	64
Dominant cell type	FG	FG	FG/CT	FG/CT	CT-3D	CT-3D	CT-3D	CT-3D	CT-3D	CT-3D	CT-3D	CT-3D	CT-3D	CT-3D
Maximum number of bits per chip（SLC/MLC）	—	—	—	—	128G/256G	256G/512G	256G/512G	512G/1T	512G/1T	512G/1T	1T/2T	1T/2T	1T/2T	2T/4T
Minimum array 1/2 pitch-F/nm	—	—	—	—	32	32	32	28	28	28	24	24	24	18
Number of 3D layers for array at minimum 1/2 array pitch	—	—	—	—	8	16	32	32	64	64	98	98	98	128

图 2-10　2012 年 ITRS 对 NAND Flash 技术的预测

资料来源：ITRS, 2012

1. 电荷俘获型 Flash

电荷俘获型 Flash 结构早在 1977 年就被提出。它采用绝缘的 SiN 或高 K 材料作为器件的电荷存储介质，其主流结构发展如图 2-11 所示[7]。相比于浮栅型 Flash，其具有如下优点。

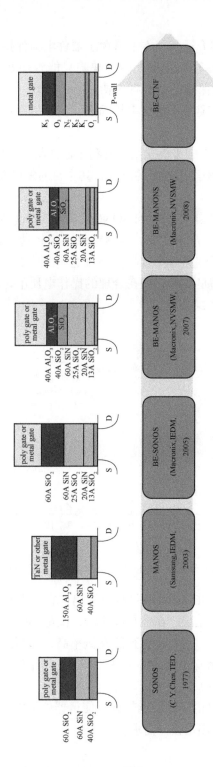

图 2-11 电荷俘获型 Flash 主流结构的发展历史 [7]

（1）绝缘的电荷存储介质从根本上避免了器件电荷保持能力对隧穿氧化层点缺陷敏感的问题，隧穿氧化层上的点缺陷只能致使缺陷局部的电荷泄漏，而对器件整体的电荷保持能力影响有限。

（2）绝缘电荷存储层避免了浮栅串扰问题，使器件有更大的横向尺寸缩小空间。

（3）器件结构更为简单，平面化结构有利于器件制造和尺寸缩小。

电荷俘获型 Flash 结构经历不断的改进，其主要的发展方向有两个。

第一，BE-SONOS。

最初的电荷俘获型 Flash 是简单的 SONOS 结构，但这种结构无法同时满足擦写速度和电荷保持能力的要求。若隧穿氧化层较薄，擦写速度满足要求，而低电场强度下电子隧穿概率过高，导致电荷保持能力差；若隧穿氧化层较厚，电荷保持能力满足要求，但在合理的操作电压下，电子隧穿概率过低，擦写速度过慢，如图 2-12 所示[8]。

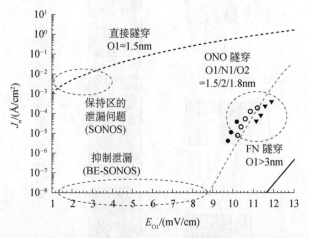

图 2-12　简单的 SONOS 结构与 BE-SONOS 结构隧穿电流-电场强度关系[8]

为了解决这个问题，BE-SONOS 结构被提出：它采用 $SiO_2/SiN/SiO_2$ 的三层结构替代单层的隧穿氧化层。在擦写操作时，高电场强度使得电荷需要隧穿的势垒仅为第一层 SiO_2（O1），电荷隧穿概率高，擦写速度快；在低电场强度下，电荷从 SiN 层隧穿出来的势垒是 ONO 三层结构，隧穿概率低，电荷保持能力强[9]（图 2-13）。

BE-SONOS 利用巧妙的隧穿层能带设计使得器件可以在擦写速度和电荷保持能力之间取得平衡，满足设计需求。

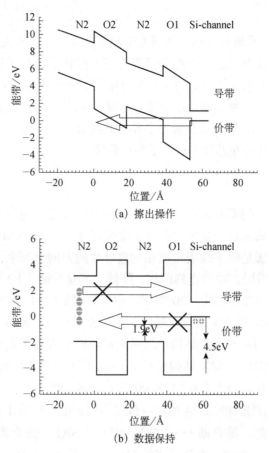

（a）擦出操作

（b）数据保持

图 2-13　BE-SONOS 在强电场下的能带结构[9]

第二，高 K 材料应用于栅介质结构中。

高 K 材料作为电荷阻挡层，在擦写操作时使得隧穿层中的电场强度远高于阻挡层，即使隧穿层较厚时电荷隧穿的概率也较高，使得在可接受的操作电压下达到满足要求的擦写速度，这样在不降低电荷保持能力的情况下提高了操作速度。

高 K 材料作为电荷存储层同样备受关注，合理选择高 K 材料，可以实现优于 SiN 的电荷存储性能。例如，HfO$_2$ 具有更高的电荷捕获能力，可实现更高的操作速度；Al$_2$O$_3$ 具有更强的电荷保持能力，电荷泄漏缓慢。从能带和晶体结构角度合理选择或制造高 K 混合材料可以兼顾其各方面的优点，取得器件各方面性能的平衡。

同时，高 K 材料的应用可以有效地降低操作电压，增强器件的尺寸缩小能力。

在 CTM 存储器研究方面，清华大学和北京大学的研究人员针对 ONO 介质工艺、存储器件及工艺、电路和可靠性等关键技术进行了长期的研究，在快闪存储器集成工艺、低压低功耗快闪存储器、嵌入式 SONOS 存储器 IP 核设计方面取得了一系列创新性的成果。在纳米晶存储器研究方面，中国科学院微电子研究所、清华大学和宏力半导体共同合作，开发了基于纳米晶技术的工艺和电路设计并在芯片上进行了集成验证。

2. 3D Flash

随着特征尺寸的不断缩小，平面上的特征尺寸缩小面临着越来越严峻的挑战，3D Flash 成为进一步增加存储密度的有效途径。NAND Flash 形成 3D 结构最基本的想法是将字线或位线在垂直硅片的方向上产生，这样就可以避免多次生长栅介质层，减少光刻次数，降低工艺复杂度。3D NAND Flash 多数基于 SONOS 的器件结构，2007 年由东芝公司提出的 BiCS 有望成为替代平面 NAND Flash 的 3D 结构，随后，东芝公司和三星公司分别发布了基于 BiCS 的 P-BiCS 和 TCAT 结构；三星公司还同时发布了垂直栅结构的 VG-NAND，另外类似的 VSAT 结构也受到一定关注。基于浮栅型 Flash 的 3D NAND 结构主要有海力士发布的 DC-SF 3D NAND Flash。

各个结构示意图如图 2-14 所示。按照不同标准可以将主要的 3D NAND Flash 做如下分类。垂直栅——VG-NAND、VSAT；垂直沟道——BiCS、P-BiCS、TCAT、DC-SF；电荷俘获型 Flash——BiCS、P-BiCS、TCAT、VG-

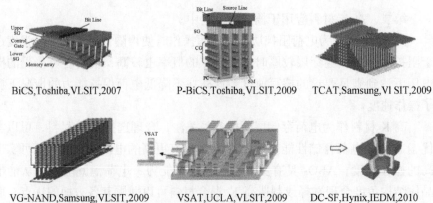

BiCS,Toshiba,VLSIT,2007 　　　P-BiCS,Toshiba,VLSIT,2009 　　　TCAT,Samsung,Vl SIT,2009

VG-NAND,Samsung,VLSIT,2009 　　　VSAT,UCLA,VLSIT,2009 　　　DC-SF,Hynix,IEDM,2010

图 2-14　主流存储器厂商开发的 3D NAND Flash 结构示意图

NAND、VSAT；浮栅型 Flash——DC-SF。其中，BiCS 是垂直沟道结构的基础，而从目前发展来看，最为可能成为 3D NAND Flash 主流技术的是 P-BiCS 结构和 TCAT 结构。

（1）BiCS 结构的 3D-NAND。在 BiCS 结构[10]（图 2-15）提出之前，3D NAND Flash 概念是通过简单的堆叠平面 Flash 结构完成的，这种结构需要多次重复关键光刻和刻蚀步骤，这使得它在单比特成本上并没有优势，同时底层器件需要承受更多的热处理。BiCS 结构开创性地将存储器串竖立起来，首先在硅衬底上层层交替沉积二氧化硅层和多晶硅层，分别作为器件间绝缘介质和控制栅极，然后从上至下刻蚀出通孔，通孔侧壁上沉积 ONO 介质层，最后用多晶硅填充通孔作为导电沟道，这样每一个垂直多晶硅沟道与水平多晶硅控制栅极的交点就形成一个环绕栅结构的存储器件，如图 2-16 所示。

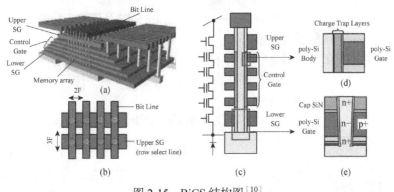

图 2-15　BiCS 结构图[10]

（2）P-BiCS 结构。BiCS 结构工艺流程简单，不过存在一定的缺陷，如图 2-17（a）所示，P-BiCS 在 BiCS 的基础上做出改进[11]，成为有望大规模生产的 3D 存储阵列。相比于 BiCS，P-BiCS 在沉积控制栅层与绝缘层前，在衬底上预留出沟道状牺牲层，刻蚀沟道时将此牺牲层一同刻蚀掉，这样便可形成两个相邻沟道连通的 U 形导电沟道，如图 2-17（b）所示。

这种结构可以将 BiCS 结构中的下选通管移至存储阵列上方，使得选通管有更好的关断特性；同时阵列的字线也是在整个存储阵列形成后生长，可采用金属字线，这样可以降低引线电阻，提高存储器的读出性能。

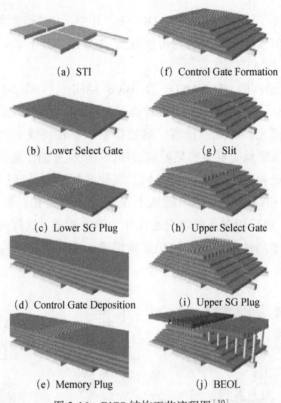

(a) STI

(f) Control Gate Formation

(b) Lower Select Gate

(g) Slit

(c) Lower SG Plug

(h) Upper Select Gate

(d) Control Gate Deposition

(i) Upper SG Plug

(e) Memory Plug

(j) BEOL

图 2-16 BiCS 结构工艺流程图[10]

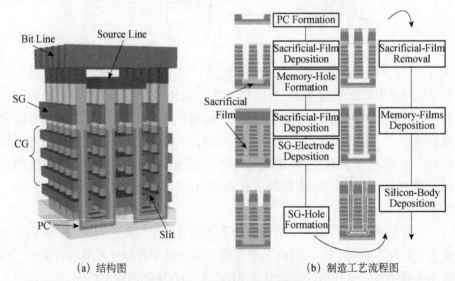

(a) 结构图

(b) 制造工艺流程图

图 2-17 P-BiCS 结构工艺流程图[11]

（3）TCAT 结构。TCAT 结构（图 2-18）也是对 BiCS 结构的改进[12]。在最初沉积叠层结构时，形成的是 SiO$_2$ 绝缘层与 SiN 牺牲层，孔刻蚀结束后，直接填充多晶硅形成沟道，再将 SiN 牺牲层刻蚀掉，在刻蚀掉 SiN 的层状空隙上沉积 ONO 介质层（或 SiO$_2$/SiN/高 K 介质层），最后用金属填充满空隙，这样便形成了金属控制栅的存储器件（图 2-19）。

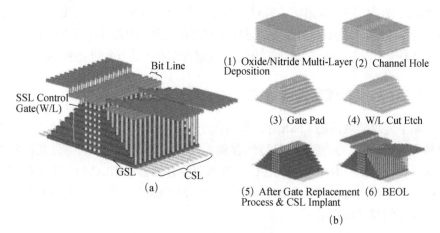

(1) Oxide/Nitride Multi-Layer Deposition　(2) Channel Hole

(3) Gate Pad　(4) W/L Cut Etch

(5) After Gate Replacement　(6) BEOL Process & CSL Implant

图 2-18　TCAT 阵列结构（a）和 TCAT 存储阵列制造流程（b）[12]

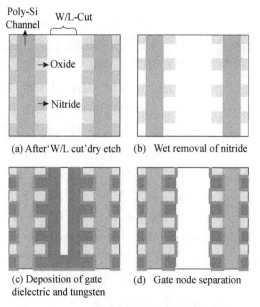

(a) After 'W/L cut' dry etch　(b) Wet removal of nitride

(c) Deposition of gate dielectric and tungsten　(d) Gate node separation

图 2-19　TCAT 形成金属栅的工艺流程[12]

TCAT 通过回填金属栅极将高 K 金属栅器件成功引入了 3D NAND Flash，器件性能相比 BiCS 有很大提升。

在 3D NAND 存储器的研究方面，国内相关产业单位和科研院所已经积极投入力量，开发关键工艺和电路设计，力争在先进存储器产业取得突破。目前北京兆易创新、中芯国际、武汉新芯、清华大学、北京大学、中国科学院微电子研究所等都组成了协同研究团队，针对三维存储器里面出现的工艺挑战、新器件结构、新器件模型、薄膜器件性能、适应于三维存储器的电路设计等方面的问题，开展攻关研究，力争在这个领域能够实现先进存储器产品方面的快速追赶。

（二）新型存储器发展情况

除了传统领域内的 Flash 存储器可能引领 14nm 以下节点的存储技术，对非易失性、高速、高密度的普适性存储器技术的追求使得人们将目光投向了新材料和新机制。其中广受关注的主要有阻变存储器（RRAM）、相变存储器（PCRAM）和自旋转移矩磁阻存储器（STT-MRAM）三种。下面将着重介绍这三种存储器的最新进展。

1. 阻变存储器

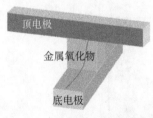

图 2-20　RRAM 结构示意图

阻变存储器（RRAM）是一种利用某些材料不同电阻值存储数据的技术。通过施加电激励，某些材料可以在高电阻与低电阻之间发生切换，从而实现信息的存储。目前已发现许多材料具有阻变特性，包括有机材料、PCMO 复杂氧化物、二元金属氧化物等。RRAM 的基本结构采用金属-氧化物-金属三明治结构，中间的氧化层作为阻变材料，同时上下层的金属电极也会对阻变特性产生影响，如图 2-20 所示。

目前 RRAM 研究还处在"百家争鸣"的阶段，在存储器材料、工作机理、器件结构和工艺关键技术开发等研究方面还存在很多挑战，但是 RRAM 存储器制造工艺简单和 CMOS 兼容的优点仍然吸引了众多的科研机构和企业积极进行研究。在 RRAM 的电阻转变材料方面，过渡金属氧化物因为其组分可控、存储性能良好、与 CMOS 工艺兼容的优点而特别受到重视。2010 年，日本夏普（SHARP）公司报道了基于 CMOS 工艺的容量为 128kB 的 RRAM 演示芯片；2010 年国际固态电路会议（International Solid State Circuits

Conference，ISSCC）上美国的 Unity Semiconductor 报道了 90nm 工艺制造的 64Mb 测试芯片，但是未报道单元存储特性。2011 年三星公司在《自然·纳米》杂志上报道了基于 Ta_2O_{5-x}/TaO_{2-x} 双层结构的 RRAM 器件单元，其可在 10 纳秒宽脉冲工作模式下转变 10^{12} 次以上。2013 年 2 月美国 SanDisk 公司报道了基于 Crossbar 的 32Gb RRAM 测试芯片。

RRAM 的主要优势在于其组分简单、制造工艺方便、优秀的 CMOS 兼容性，使得其可以很好地实现片上集成。RRAM 具有较高的读写速度（<10ns）、较小的功耗（μA 以下擦写电流）、较高的擦写耐久性（>10^{12} 次）与状态保持性（约 10 年）、较大的变阻窗口（>1000 倍）、可以多值存储的特性。更为重要的是其尺寸缩小的潜力，利用二极管、选择管、互补器件构建 Crossbar 结构，可以极大缩小面积，实现 3D 高密度集成。因而 RRAM 技术成为尺寸节点缩小到 10nm 以后颇具潜力的下一代存储器方案之一。

从高密度存储阵列研究的发展趋势来看，交叉结构阵列是在纳米尺度实现高密度存储技术的重要架构。为消除阵列中的泄漏通道，1T1R 和 1D1R 两种不同存储单元的存储阵列被广泛采用。1T1R 阵列结构能够采用双极或者单极的 RRAM 存储单元，其最大的特点在于与 CMOS 标准工艺兼容性好，并且对 RRAM 提供了单独读取和控制的能力，因此可同时适于嵌入式及独立式应用，但是因为额外晶体管的存在，集成密度受到一定限制。1D1R 结构采用简单的交叉阵列结构，具有三维集成的潜力，在大容量独立式存储方面有着重要的潜力。但是其中高性能二极管的设计和制备一直是研究的瓶颈和难点。需要开发基于氧化物的二极管及肖特基二极管，但这类二极管要满足大电流密度及高的 I_{on}/I_{off} 值是一个重要的技术挑战。针对不同阵列架构进行适用的 RRAM 单元结构设计及制备技术亦是一个技术重点和难点。

目前 RRAM 的主要问题是变阻的物理机制还不够明确，目前较多的意见认为氧化物中导电通路是由材料中缺陷组成，施加电学激励可以使得缺陷移动，引起导电通路的通断。但是关于缺陷导电的动力学理论还没有完全建立起来，在模型方面还有待完善。此外，RRAM 的变阻原理引起的导电通道的随机性将会影响操作稳定性和器件均一性，这也是 RRAM 研究目前急需解决的问题。

国内在 RRAM 方面的研究基础较好，已经取得了很多创新性成果。工艺开发方面，清华大学、北京大学、中国科学院微电子研究所、山东华芯半导体有限公司等单位在国家"863"计划的支持下，开发了基于氧化铪的 RRAM 工艺，并正在开发大规模的基于 RRAM 技术的芯片。复旦大学开发了基于氧化铜的 RRAM 工艺，并将其用于 FPGA 上面。新器件方面，北京大学开发的基于有机物的 RRAM 器件，为未来 RRAM 技术应用于柔性电子系统打下了很好的技术基础。此外，中芯国际、华虹宏力、华中科技大学、西安交通大学等也都有团队在这个领域开展研究工作。

2. 相变存储器

相变存储器（PCRAM）是一类较为成熟的技术，典型 PCRAM 通常使用硫系化合物材料，利用该材料的不同固态相来存储信息。其基本结构数据存储区域与加热区域组成（图 2-21），通过施加电压脉冲，在加热区产生热脉冲，从而在数据存储区使具有高电阻的无定形相与具有低阻的多晶相进行转换，达到储存信息目的。

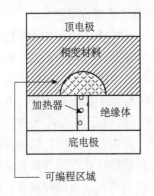
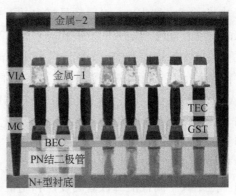

图 2-21　PCRAM 结构示意图与三星公司的 512Mb PCRAM 产品[13]

PCRAM 是目前最为成熟、唯一应用于商业存储芯片的新型存储技术，其结构比较简单，制造工艺易于实现，变阻机制明确，转换速率较高，耐久性好，可以实现 MLC，有三维集成的潜力。但是其主要问题是操作电流过大，将会导致功耗较高，同时限制选通器件的尺寸的缩小。这些问题可能会限制其集成密度的提升。同时保持特性退化、读取干扰也是 PCRAM 所面临的挑战。尽管三星公司已经有 512Mb PCRAM 的产品问世[13]，高密度集成的 PCRAM 仍然是一个难以攻克的难题。

中国科学院微系统与信息技术研究所和中芯国际联合开发了 Gb 量级的基于相变存储器的芯片，并正在将该技术产业化。清华大学和华中科技大学的研究团队也在相变存储器的机制、可靠性分析及新材料方面开展了很多研究，取得了一些重要进展。

3. 自旋转移矩磁阻存储器

自旋转移矩磁阻存储器（STT-MRAM）是第二代磁阻存储器，其原理与传统的磁存储器（MRAM）类似，依靠磁隧道结（MTJ）存储信息。MTJ 由两层铁磁材料与一层非铁磁隔离材料组成，通过两个铁磁材料的极化方向关系存储信息，即极化方向平行时呈现低阻值，反平行时呈现高阻值。STT-MRAM 与传统 MRAM 不同，STT-MRAM 无须额外写数据通路，可以直接通过位线写入数据[14]，如图 2-22 所示。

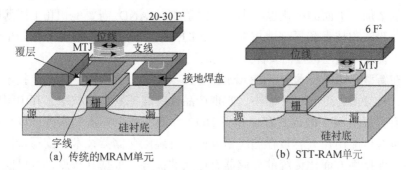

图 2-22　传统 MRAM（a）与 STT-RAM 结构（b）的比较[14]

较传统的 MRAM 而言，STT-RAM 具有更好的尺寸缩小的潜力与更小的擦写电流。较其他新型非挥发存储器 STT-RAM 在速度、擦写耐久性与状态保持性方面有其优势。同时其物理机制比较明确，CMOS 兼容性较好，无须高操作电压。

但 STT-RAM 也存在一些缺点，诸如 MLC 较难以实现，较高的写入和读功耗，以及潜在的串扰问题。其最主要的问题在于制造工艺方面的挑战，由于其结构包含多层纳米金属，对制备技术方面的要求很高。2013 年 IEDM 上，日本的低功耗电子研究所发表了一种新型的多层 MTJ 结构，可以实现 MLC 存储。利用电压调制铁磁体极化方向的方法也成为最近的热点，可以有效缓解 STT-RAM 的写入功率较大的问题。

STT-RAM 是目前新型存储器中工作机理最为清晰的一种，特别随着对半导体材料的磁特性进行深入研究，STT-RAM 将渐渐摆脱材料体系的束缚，成为大数据存储和普适性存储器的首选器件。实际上，STT-RAM 所涉及的自旋电子学理论在其他新型的逻辑器件研究方面也具有非常吸引人的应用，这将在"后摩尔时代"的新原理器件基础一节中阐述。

中国科学院物理研究所和清华大学的研究团队在 MRAM 和 STT-MRAM 相关的自旋动量转移效应理论研究、MTJ 存储单元的制备工艺方面已经取得了重要的进展。

上述各种存储器器件能否进入大规模生产实际是当前研究者最为关注的焦点。基于三星公司已经发布了其 V-NAND 的量产计划，国际上的存储器大公司都已经开始全力推进 3D-NAND 技术的攻关，预计 3D-NAND 存储器技术在未来 10 年将成为大容量 NAND 存储芯片的主要技术。原来的存储器 scaling 的最大挑战在于光刻工艺的挑战、存储单元只有数十个电荷造成的可靠性问题及相邻存储单元之间的干扰问题。采用 3D-NAND 技术后，光刻的限制将大大地放宽（三星公司的 V-NAND 是 72nm），存储单元的电荷数也有较大的增加，平面的串扰也减小了，但是 3D-NAND 需要堆积几十层薄膜，对于薄膜沉积技术和深刻蚀技术有很大的挑战，同时三维情况下存储单元之间的干扰及可靠性也是需要深入研究的问题。

在新型存储器技术中，RRAM 和 STT-MRAM 被认为是 14nm 技术节点以后，最有潜力进行尺寸缩小、实现产品化的非挥发存储技术。其中阻变存储器有可能应用在嵌入式存储器及 NOR 方面；未来实现高密度 3D-RRAM 后，也有可能用在大容量存储应用方面。自旋磁存储器技术在读写特性、耐久性、保持性方面比传统的存储器有更大的优势，根据其特点，有可能成为替代 SRAM、DRAM 的"全能存储器"。

三、新材料器件和新机理器件

传统硅基器件已经开始面临功耗与性能的理论极限，寻找突破限制的可能途径就是新材料和新机制器件研究。

到目前为止，微纳电子研究领域内受到广泛关注的新材料和新原理器件主要有隧穿晶体管（tunneling FET，TFET）、高迁移率沟道器件（high mobility channel FET）、以石墨烯为主的二维晶体管（graphene FET）、碳纳米管晶体管（carbon nanotube transistor）、自旋电子器件（spin-FET）和光电集成器件（OEIC）。

（一）隧穿晶体管

隧穿晶体管是一种基于载流子带间隧穿效应工作原理的器件，其具有超陡的亚阈值摆幅，从而能够实现超低功耗电路。隧穿晶体管的基本结构及基本工作原理如图 2-23 所示[15]。其器件结构从源到漏掺杂依次为 P-i-N，器件的开启和关断在于利用栅电压对源结处的带间隧穿进行调制。

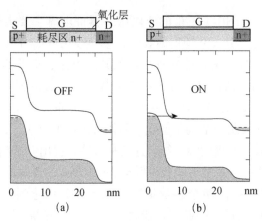

图 2-23　隧穿晶体管工作在关态（a）和开态（b）时的能带示意图[15]

从理论上来说，隧穿晶体管的亚阈值摆幅可以小于 60mV/dec，但是在实际器件中，由于热扩散的问题，源体隧穿结处的掺杂分布总是有一定渐变，不可能做成突变，所以隧穿长度要大于理论所预测的结果，隧穿晶体管的亚阈值摆幅的实验值一般比较大，特别是在大电流时。此外，由于硅是间接禁带半导体，禁带宽度也比较大，载流子在硅中的隧穿过程还是声子辅助隧穿，所以，基于硅的隧穿晶体管的导通电流很低。如果要增加载流子隧穿概率，提高器件导通电流，一个方法是采用窄禁带或直接禁带半导体，如 Ge 或Ⅲ-Ⅴ材料等代替硅。在 2013 年 IEDM 上，宾夕法尼亚大学报道了一种能带近似断裂的异质结 TFET，在 0.5V 工作电压下，开通电流可以达到 740μA/μm，截止频率高达 19GHz。但是这种窄禁带 TFET 存在亚阈值摆幅退化（远大于 60mV/dec）、工艺与 CMOS 技术不兼容的问题。此外，也能通过增大源与沟道隧穿结的电场来增加导通电流，如使用高 K 栅介质、双栅或环栅等栅结构。

从工艺兼容性角度考虑，在硅基上进行结构创新，也能进一步挖掘硅衬底在隧穿晶体管应用方面的潜力，对于这种新原理器件的实际应用具有重要的推动作用。北京大学基于平面器件结构提出并成功制备出了一种新型的隧穿晶体管[16]，如图 2-24（a）所示，称作 T 型栅肖特基势垒隧穿场效应晶体管（TSB-TFET）。TSB-TFET 提出一种新的自适应动态工作原理，可以大大提高器件的性能。TSB-TFET 的开态电流主要由肖特基势垒隧穿电流决定，肖特基势垒隧穿电流远大于带带隧穿电流；当 TSB-TFET 处于关态，基于 T 型栅两侧的自耗尽作用可以使肖特基结的泄漏电流受到明显抑制，器件可具有很低的关态电流；在 TSB-TFET 的亚阈区，器件电流主要由带带隧穿电流决定，且因栅拐角处会引入电场集中效应，会导致比常规 TFET 更加陡直的亚阈特性。由此，TSB-TFET 能实现更高的开态电流、更低的泄漏电流和亚阈摆幅。实验制备出的器件可以保证在 5 个数量级电流范围内实现陡直亚阈值摆幅，同时电流开关比达到 10^7。在此基础上，北京大学还提出了条形栅结构和结耗尽调制机理控制的结调制型隧穿晶体管（J-TFET）[17]，如图 2-24（b）所示，进一步降低了亚阈摆幅。结合这两种方法，提出并研制出的新型梳状栅杂质分凝 TFET 器件在室温下能获得低至 29mV/dec 的亚阈值摆幅[18]，开态电流相比常规 TFET 提高两个多数量级，电流开关比达到 10^8。上述成果在 IEDM 上发表多篇文章，引起了广泛关注。由于这种新型隧穿晶体管能实现高开态电流、低泄漏电流和陡直的亚阈特性，同时展现出很好的工艺兼容性，通过和中芯国际合作，开始在大规模集成技术方面进行研发。

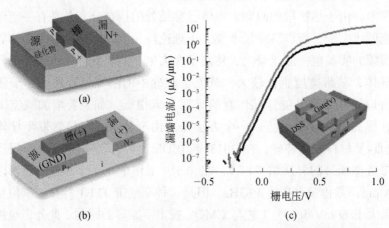

图 2-24　TSB-TFET（a）[16]、J-TFET 结构（b）[17] 及新型梳状栅杂质
分凝 TFET 的特性曲线（c）[18]

隧穿晶体管的独特的超低功耗特性使得它可能在 10nm 以后成为集成电路技术的一个重要选项。在尺寸缩小的另一面，利用隧穿晶体管对尺寸的不敏感，可以广泛地应用在不同生命周期的技术节点上，有望成为一种适用于全生命周期的器件技术。

（二）高迁移率沟道器件

随着器件尺寸的进一步缩小，迁移率退化问题严重制约驱动电流的增强。为了获得足够的电流，采用比硅迁移率更高的材料是非常必要的。从

90nm 节点开始，应变硅技术已经大规模应用，ITRS 预测，到 10nm 节点，高迁移率的沟道材料将可能进入大规模生产。

在高迁移率沟道材料中，Ⅲ-Ⅴ族半导体（尤其是 GaAs、InAs、InSb 等）的电子迁移率是硅的 6～50 倍，锗材料的空穴迁移率远高于应变硅与Ⅲ-Ⅴ族半导体（无应变时是硅的 4 倍左右，理论预计应变锗的空穴迁移率将会进一步提高 2.2 倍）。为了应对集成电路技术所面临的功耗和性能挑战，采用与硅工艺兼容的高迁移率锗与Ⅲ-Ⅴ族半导体材料替代应变硅沟道，以大幅度提高逻辑电路的开关速度并实现极低功耗工作的研究已经发展成为近期逻辑器件技术的前沿和热点。近年来，ITRS 也将高迁移率 Ge/Ⅲ-Ⅴ材料列为新一代高性能 CMOS 器件的沟道解决方案之一，表 2-1 为几种常见半导体材料的载流子迁移率。

表 2-1　几种常见半导体材料的载流子迁移率

材料	禁带宽度/eV	迁移率/$[cm^2/(V \cdot s)]$	
		电子	空穴
Si	1.12	1 350	500
Ge	0.66	3 900	1 900
$In_{0.53}Ga_{0.47}As$	0.74	10 000	300
$In_{0.7}Ga_{0.3}As$	0.59	12 000	300～400

在 Intel 公司、IBM 公司、东京大学、普渡大学等国际著名半导体公司和大学的大力推动下，高迁移率 Ge/Ⅲ-Ⅴ CMOS 技术的研究取得了一系列突破性进展：与同等技术水平的硅基 CMOS 技术相比，高迁移率 Ge/Ⅲ-Ⅴ CMOS 技术具有显著的速度优势（速度提高 3～4 倍）；锗与Ⅲ-Ⅴ族半导体材料广泛应用于高速电子与光电子器件领域，其制造技术与主流硅工艺的兼容性较好；双栅、三栅、纳米线环栅等非平面 Ge/Ⅲ-Ⅴ MOS 器件在获得高于硅基器件性能的同时，在一定程度上改善了窄禁带沟道材料带来的短沟道效应问题。

Ge/Ⅲ-Ⅴ器件技术的难点主要有三方面。第一，Ge/Ⅲ-Ⅴ材料的表面难以形成高质量的氧化层。制备无费米能级钉扎的 MOS 界面，抑制表面散射对载流子迁移率的退化将是一个非常有挑战性的科学问题。第二，由于表面费米钉扎现象，Ge 和Ⅲ-Ⅴ材料表面比较难以形成良好的欧姆接触，因此源漏寄生的接触电阻将是影响器件性能的重要次级效应问题。第三，由于表面态（Ⅲ-Ⅴ）和禁带宽度（Ge）的影响，Ge 和Ⅲ-Ⅴ器件的短沟道效应都比较差，在传统平面结构上不能将器件尺寸缩小。采用三维多栅结构有可能帮助 Ge/Ⅲ-Ⅴ 器件器件缩小。欧洲微电子研究中心（IMEC）在 2013 年 IEDM 上报道了栅长 20nm 的 P 型 Ge FinFET，在 0.5V 工作电压下，电流达到创纪录的 1.2mA/μm，同时泄漏电流仅为 100nA/μm。

同时，基于单一 Ge 或Ⅲ-Ⅴ的 CMOS 技术也是高迁移率沟道器件应用中的关键性难题。这是因为，无论 Ge 还是Ⅲ-Ⅴ，同时获得高迁移率的电子和空穴非常困难。最近的进展表明，通过在 Ge 表面增加一层 InAlP 钝化层，将电子和空穴限制在离表面一定距离的量子阱中，可以同时达到很高的电子和空穴迁移率，从而可能解决 Ge CMOS 集成的问题。

在 Ge 的 CMOS 技术研究方面，北京大学、清华大学、南京大学、中国科学院微电子研究所、西安电子科技大学都已经开展了相关的材料与器件研究，在高迁移率材料制备、器件的集成工艺、界面物理等方面取得了一些成果，但是与国际先进水平还有一定差距。西安电子科技大学在 Ge 基的同类材料 GeSn 器件研究方面取得了突破，其成果发表在 VLSI 2014 上。

（三）石墨烯器件

突破"后摩尔时代"的器件基础的另外一个思路是基于二维量子材料进行器件制备。由于二维材料本身厚度为原子层量级，不存在传统硅材料的短沟道效应，所以具有较好的缩小尺寸的能力。二维材料沟道中弹道输运特征明显，在迁移率方面具有较大的优势。目前研究得最多的二维材料就是石墨烯。

石墨烯是碳元素的一种二维晶体形态，具有高电子迁移率、很高的力学强度及良好的导热性。自 2004 年科学家采用简单的物理撕拉法制备出单层石墨烯并且展示其电场效应以来，石墨烯已经在世界范围内引起研究热潮，成为深具潜力的新一代微电子材料。在近 10 年的时间中，有关石墨烯的基本特性、大尺寸高性能薄膜制备、电子器件和光电子器件研制等各个方面的研究都得到了迅猛的发展。

由于具有极高的电子迁移率，石墨烯是一种很有前途的超高速电子材料，可以用于高频模拟电路（如射频放大器和混频器）和互连。但是单层石墨烯的带隙为零，石墨烯晶体管的理想增益差，开关比低，无法直接应用于逻辑电路。不过，在不需要关断晶体管的射频应用领域，石墨烯电子器件和电路还是一个不错的候选。目前，模拟电子器件已经成为石墨烯电子器件的主要应用目标。由于缺乏带隙，在未来的 10 年里石墨烯不太可能用作高性能逻辑电路的平面沟道材料。然而，利用目前石墨烯材料的一些独特性质，人们正在开发许多其他石墨烯电子应用。例如，石墨烯二维材料在柔性电子方面可能具有较好的应用前景。

图 2-25 给出了石墨烯的潜在应用及石墨烯原型器件的技术路线图[19]。这里我们主要介绍高频晶体管和逻辑晶体管的情况。

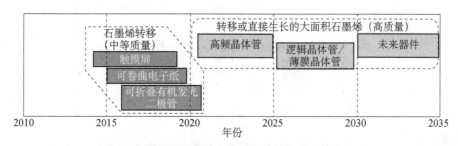

图 2-25　石墨烯电子器件的技术路线图[19]

国内近年来在石墨烯研究方面投入非常大，从材料制备到器件及电路研究均有涉及。特别是在材料方面有许多企业和研究机构在介入，也取得一些成果，而在器件应用方面则需要进一步加强。

1. 高频晶体管

由于具有高迁移率、高热导率和弹道输运等特点，石墨烯可用于高频电子器件。最近几年来人们已经对此进行了大量的研究，提出了各种器件结构以提高石墨烯晶体管的截止频率。图 2-26 给出了石墨烯晶体管截止频率随栅长的变化[20]。其中，2012 年人们采用转移栅极堆叠（transferred gate stacks）技术将石墨烯晶体管的截止频率提高到 427GHz，与Ⅲ-Ⅴ族化合物半导体的射频晶体管相当。采用转移栅极堆叠技术可避免在石墨烯晶格中引入损伤或杂质，并减小寄生电容或串联电阻。石墨烯晶体管的最高振荡频率则提升很慢。目前传统结构石墨烯晶体管的最高振荡频率才达到 45GHz，远低于硅和Ⅲ-Ⅴ化合物半导体晶体管。这种低的最高振荡频率来自石墨烯零带隙导致的很大的源漏串联电阻、很低的电流饱和双极性电导。有两种方法来提高最高振荡频率：一是降低栅电阻，二是减小夹断时源漏电导。前者可以通过成熟的半导体工艺来实现，后者要求在石墨烯晶体管中实现电流饱和，这可能会涉及寻找新的与半导体工艺兼容的介电材料。总之，虽然石墨烯高频晶体管已经取得了很大的进展，与更成熟的Ⅲ-Ⅴ族化合物半导体晶体管相比，石墨烯晶体管的实际应用还有一段路要走。

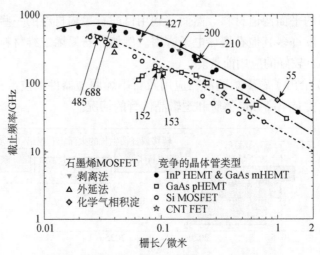

图 2-26　石墨烯晶体管截止频率随栅长的变化[20]

2. 逻辑晶体管

由于石墨烯的零带隙特征，石墨烯晶体管的开关比很小，基本无法用于逻辑电路。但是石墨烯的迁移率特性仍激励着人们在逻辑器件方面进行探索。为提高开关比，人们探索了石墨烯禁带开启的各种方法。基于量子限制效应，制备石墨烯纳米带是开启石墨烯禁带的最简单的办法。石墨烯纳米带的禁带宽度与纳米带宽度成反比，5nm 的宽度可以提供一定的禁带宽度来减小晶体管的漏电流。但是，石墨烯纳米带对制备工艺提出了很高的要求，纳米带的边缘粗糙会导致迁移率显著下降，并且石墨烯的锥形能带结构（有效质量为零）也变成传统的抛物线形，从而导致有效质量增加。其他可以开启石墨烯禁带的办法包括在双层石墨烯上加载电场、利用衬底降低石墨烯对称性、利用 SiC 的垂直晶面、石墨烯中制备纳米网孔、化学修饰等。然而，所有这些方法（除了化学修饰）到目前为止都无法使禁带大于 360meV，致使开关比只能达到 10^3，远低目前逻辑器件性能。而且，这些制备方法会显著降低石墨烯的载流子迁移率，降低器件性能。

采用新原理石墨烯器件有可能突破零带隙对晶体管开关比的限制。比如，最近人们制备出了一种基于隧穿输运的垂直石墨烯晶体管。这种晶体管采用原子平整的 BN 或 MoS_2 作为两层石墨烯之间的隧穿势垒材料，外加栅压可以调控两层石墨烯费米面处的态密度进而实现对隧穿电流的调控。这种原型器件的开关比已经达到 50（BN 势垒）和 10^4（MoS_2 势垒），结构和材料优化后可以大于 10^6。然而这种器件需要解决工艺复杂、驱动电流低

（10 pA/μm）等问题。人们还提出了其他垂直结构的石墨烯器件方案，如双层石墨烯赝自旋场效应晶体管、垂直石墨烯基极晶体管等，然而尚未研制出原型器件。

基于石墨烯自身材料上的限制，完全复制硅上的传统晶体管结构是不太可能的。石墨烯饱和速度高，并具有独特的光电、电磁、柔性特征，其在超越CMOS 的功能器件领域将大有可为。除了制备超高频率的晶体管，石墨烯在光电池、传感器、自旋器件及柔性显示等方面也显示出更加吸引人的特质。

毫无疑问，石墨烯是最知名的二维材料，但不是唯一的。人们已经报道了很多其他二维材料，如单层的 MoS_2、$MoSe_2$、$MoTe_2$ 和 WS_2 等，这些材料用机械或化学剥离法获得，也有很好的半导体行为。研究人员已经制备出 MoS_2 MOSFET，器件展示了一定的迁移率和良好的关断行为。理论研究定性地解释了实验结果，并预言该类器件具有非常高的开关比及良好的短沟道效应免疫能力。因此，探索其他二维材料在未来电子器件中的应用也是一个有潜力的研究方向。

国内科研单位一直与世界同步开展了石墨烯制备、物性和器件研究，据文献检索，2008 年以来标题包含石墨烯的论文中 1/3 有中国研究机构的贡献，这充分说明了我国在石墨烯研究领域中的重要地位。

在石墨烯晶体管理论设计方面，清华大学与美国犹他大学的研究人员很早就提出通过在石墨烯纳米带上进行选择掺杂来制备石墨烯晶体管，并预言其性能可与单壁碳纳米管的晶体管的性能相当。苏州大学研究人员在石墨烯晶体管的模拟计算方面做了一些工作。吉林大学学者的第一原理计算表明利用双掺杂可以将石墨烯双层的带隙增大到 390～394 meV，可以满足石墨烯晶体管对带隙的要求。中国科学院上海技术物理研究所科研人员基于石墨烯中较高的等离子体波传播速度和狄拉克能带结构，设计出了可用于高灵敏太赫兹探测并且响应宽带可调的等离子波石墨烯晶体管，为石墨烯晶体管在太赫兹领域应用开辟了新路。这些理论工作代表了我国整体在石墨烯研究方面的先进水平。

在石墨烯晶体管制备和器件性能研究方面，国内与国外研究有一定差距。直到 2010 年，北京大学研究人员才首次在国际刊物上报道了自主制备的石墨烯晶体管。他们制备出了高性能的顶栅石墨烯晶体管并进一步构筑了一个高效倍频器，其倍频器频响也将背栅器件的 10kHz 提高到了顶栅器件的200kHz。国内研究人员也探索研制了一些新的石墨烯晶体管器件。南开大学的研究人员采用可溶液处理的功能化石墨烯首次制备出了全石墨烯源漏栅极的柔性有机场效应晶体管，该类晶体管性能可与金属电极的石墨烯晶体管性能相媲美。中国科学技术大学的研究人员则利用石墨烯量子点和石墨烯单电子晶体管制备出了一个集成的电荷传感器。清华大学研究人员制备出了沟道悬空的石墨烯晶体管，其迁移率高达 44 600 cm^2/（V·s）。清华大学还利用石墨烯的高迁移率和二硫化钼的高开关比这两个特点，制备出了基于石墨烯/二硫化钼异质结的新型场效应肖特基势垒晶体管。晶体管的开关比达到了 10^5，同时迁移率达到了 58.7 cm^2/（V·s），明显高于二硫化钼晶体管中载流子的迁移率。中国电子科技集团第十三研究所（河北半导体研究所）发明了一种超清洁自对准工艺，制备出了 100nm 栅长石墨烯晶体管，最高振荡频率达到了 105 GHz。这些成果显示了我国科研工作者在实际的石墨烯器件制备技术方面取得的重大进展。

总之，相对于石墨烯材料制备和物性研究，我国的石墨烯晶体管研究稍为落后，但正在获得长足进步，需要进一步加强。

（四）碳纳米管器件

碳纳米管作为准一维半导体材料，具有很高的载流子迁移率和接近理想的亚阈值控制力，一直以来被认为是延续 CMOS 技术生命力的重要替代技术之一。随着对碳纳米管特性的研究深入，其独特的光、热、电学性质使得碳纳米管在光电、生物等领域也引起了广泛的兴趣。

近年来，碳纳米管器件的研究发展十分迅猛，人们已经成功制备出 9nm 栅长的碳纳米管器件，验证了其优异的短沟道效应。IBM 公司的研究小组在 2012 年报道了本征截止频率为 135 GHz 的碳纳米管阵列器件，展示了碳纳米管在射频应用领域的潜力。而后，斯坦福的研究者搭建了一个由 178 个碳纳米管晶体组成的电路，是碳纳米管在集成电路方面研究的重要进展。

尽管碳纳米管器件研究取得了瞩目的成绩，要进入实际应用仍然面临着不小的挑战，主要来自：①碳纳米管的禁带宽度调控；②碳纳米管的可控性图形化生长；③载流子类型和浓度的控制；④高质量的界面工程；⑤低接触电阻的互连引出技术。这些技术瓶颈在近年来已经取得了不少突破，比如在图形化技术方面，利用 Langmuir-Schaefer 方法可以制备出密度高于 500 根每微米的定向碳纳米管阵列，而其中半导体型的碳纳米管纯度已经提高到 99.9%。但是，这些进步并不足以应对大规模集成电路制造的需求，至少半导体硅的电子级纯度已经达到了"9 个 9"，而碳纳米管显然达不到这样高的纯度，这将带来一系列可靠性的问题。但是在这样的纯度下对于一些光电应用来说已经足够了，因此近年来基于碳纳米管的清洁能源技术得到快速发展。此外，碳纳米管集束在取代传统金属互连方面也体现出一定的优势，成为近年来关注的新热点之一。碳纳米管的高 K 栅介质技术也取得一定的突破，除此之外，利用界面调控的方法甚至可以控制碳纳米管的导电类型和电荷浓度。但是，终究碳纳米管器件技术尚缺乏和传统 CMOS 兼容的材料和工艺技术体系，在通往大规模集成的道路上还有一段距离。

的确，碳纳米管所存在的问题和当年硅 CMOS 技术兴起之前的问题十分类似，诸如生长质量控制、图形化技术、互连技术、栅界面问题等。但是随着以上问题逐渐得到解决，碳纳米管在未来也许可以在不同于传统 IC 技术的其他系统方面得到应用。

（五）自旋电子器件

电子具有荷电性和自旋性两个方面。通常微电子器件利用电子的荷电性进行工作，而自旋电子器件将电子的荷电性和自旋性结合起来，利用电子的自旋极化、自旋相关散射、自旋弛豫等现象进行信息的传递。由于自旋之间的相互作用能只有毫电子伏量级，这远低于电子的相互作用能，利用自旋的电子器件将比传统电子器件实现更低的功耗，在高密度存储和高速计算方面具有很好的应用前景。此外，由于材料的铁磁特性可以保持很长的时间，所以利用自旋极化可以实现信息的非易失性存储。

自旋电子器件将电子的荷电性和自旋性联系起来的主要机制为磁阻效应（magnetoresistance），在此基础上，最为人所知的应用即为固态硬盘和 MRAM 技术。这在前文新型存储器件中介绍过了。此外，随着纳米技术的进步，人们又进一步在纳米结构的半导体材料中观察到电子自旋对材料特性的影响，从而发展出半导体自旋电子学，大大丰富了自旋电子学的研究对象，为实现自旋电子学在微电子器件中的应用打下了材料基础。

相比较传统的 MOSFET，以 MRAM 为代表的自旋存储器属于混合自旋器件，因为需要一个常规 MOSFET 来实现选择和读写功能。完全脱离常规 MOSFET 的自旋器件是自旋电子学研究的重点。目前，有两种不同结构的自旋器件，一种称为场效应调制自旋晶体管（spin-FET），另外一种称为自旋极化场效应晶体管（spin-MOSFET）。前者利用电子的自旋特性，通过电场的自旋进动调制和探测来传递信息，可以将光、电、磁特性整合起来。后者则利用电子的荷电性和自旋性，通过检测具有特定自旋的电子流来传递信息，基本输运方式和 MOSFET 类似。图 2-27 为 spin-FET 和 spin-MOSFET 的结构示意图[21]。

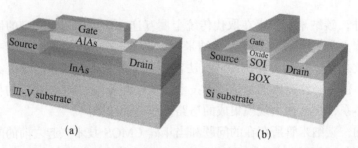

图 2-27　利用自旋进动进行开关的 spin-FET（a）和利用自旋极化
电子输运的 spin-MOSFET（b）[21]

Spin-FET 又称为 Datta 器件，能够输出随栅电压的振荡曲线，因此在高频器件应用方面具有一定的潜力。而 spin-MOSFET 的输出特性依赖于源漏的铁磁性，因此有可能构造出可重构逻辑电路。

如上所述，和传统电子器件相比较，自旋电子器件同时拥有电荷操作和自旋操作两种模式，在功能上更加丰富。基于自旋调控的自旋电子器件还具有超低功耗和超高速的优势，是解决摩尔定律持续尺寸缩小带来的功耗问题的一个不错的方案。从与微电子的关系来看，自旋电子学是微电子学与磁学的交叉结合，随着半导体磁性材料的研究不断进展，自旋电子学将越来越融入微电子学研究的领域。

尽管如此，自旋电子器件究竟能否替代传统电荷性的 MOSFET，还需要谨慎的分析。

第一，在工作原理方面，电子自旋状态发生改变时的微弱能量变化既是优点，也是瓶颈。可以在很低的能量下工作，但是自旋信号的读出却非常困难，因为最终离不开电荷器件的读取方式，导致功耗的降低变得有限。因此解决自旋电子器件的读出问题是自旋电子器件走向实际应用的关键。目前关于这方面的研究已经有很多，比如利用自旋霍尔效应探测电子自旋状态的技术。

第二，当尺寸缩小以后，影响 MOSFET 的涨落特性依然会发生在自旋电子器件身上，甚至会更加严重。这是因为散射机制多少存在于实际器件中，而小尺寸大大加剧了散射事件的随机性，导致自旋调控和翻转事件的随机性增加。寻找完美的二维电子气材料将是自旋电子器件能否缩小的关键所在。

第三，在功耗方面，完全依靠自旋调制的器件并不能取得理想的"关态"，因为这类器件的开关比依赖于磁阻比（MR）。要实现 CMOS 的超低静态功耗，必须采用 MOSFET 类似的结构，在关态依赖电荷工作，开态依赖磁阻效应工作，正如 spin-MOSFET 所展示的那样。而这种结构对材料的要求非常高。

第四，自旋电子器件的互连问题。在集成电路中，若是自旋电子器件只能通过电流来和其他器件交换信号的话，那么大规模集成电路中的互连损耗将大大破坏自旋电子器件的功耗优势和速度优势。因此，能否将自旋信号进行放大，互连传输也是自旋电子器件进入大规模集成后能否保持优势的关键。也许可以利用载流子的极化和光子信号偏振的相互关系，将自旋信息通过光信号传递出去。这在一定意义上要求未来自旋电子系统和光电系统集成在一起，从而同时达到器件级和互连级的超低功耗和超高速。不过，相比自旋电子技术而言，光电短程互连可能更为困难。希望在于，光电互连技术和自旋电子技术同样依赖于超晶格的量子阱结构，在材料和结构上也许存在统一的技术平台。

第五，理想条件下，自旋电子器件究竟能够将传统 CMOS 电路的单位功能密度（functionality density）提高多少尚没有设计者深入研究。在器件模型和设计方法方面还需要更多的发展。

以上问题归纳起来，可以总结为五个重要的科学问题：①如何有效极化产生一个自旋系统，即如何获得自旋极化相干态（包括自旋注入）？②如何控制系统的自旋极化相干态在输运过程中的保持时间？③如何探测、存储和放大自旋状态，并有效控制自旋状态及其变化？④真正实现基于自旋电子学的分子器件，必须能够确定单个分子的电荷和自旋的输运和调控，在此基础上才能组装具有实际功能功能的芯片，这是目前自旋电子学的一个难点。⑤如何实现可放大自旋信号的自旋晶体管（或场效应晶体管），放大输入的微弱自旋信号，并以此驱动下一个晶体管或其他半导体电子自旋器件的输入信号。

上述问题的解决将具有重大的理论意义，更重要的是应用价值，主要体现在两个方面：①由于自旋和外界的相互作用远比电荷的作用弱，具有较长的相干时间，可用作量子计算机的量子比特，在量子信息和量子计算方面具有重要价值。②自旋电子器件若利用电子自旋作为信息载体，因自旋相互作用能仅在毫电子伏数量级（电荷之间相互作用能在电子伏数量级），改变自旋方向要比改变载流子运动状态更容易、更迅捷，故与 CMOS 器件相比，基于载流子自旋特性的逻辑运算功耗低得多、速度快得多，特别是室温硅自旋电子器件研制成功，有望实现高速、低能耗的硅基自旋存储器件及其电路。正是上述两方面应用的牵引，推动着自旋电子学不断蓬勃发展。

（六）光电集成器件

基于计算机与通信网络化的信息技术，希望微电子器件具有更快的处理速度、更大的数据存储容量和更高的传输速率。相比较以电子作为信息载体的集成电路技术，以光子作为信息载体将能实现更快的处理速度和互连速度。为此，将微电子和光电子结合起来，充分发挥微电子先进成熟的工艺技术、高密度集成及价格低廉的优势，结合光电子器件极高带宽、超快传输速率和高抗干扰性的优势，将成为后摩尔时代又一个具有发展前景的技术选项。

为了实现低成本的光电集成器件，硅基化合物半导体材料受到广泛的重视，美国先后投资 5.4 亿美元，重点支持硅基Ⅲ-Ⅴ材料和集成技术研究，通过将Ⅲ-Ⅴ族材料的高频和光电特性与硅基集成电路结合来发展超高频数模电路、光电单片系统和超级计算机用多核处理器等。其中，美国国防高级研究计划局（DARPA）开发出大尺寸硅基Ⅲ-Ⅴ族化合物半导体材料技术（COSMOS），已在高性能数模集成电路和单片系统集成的领域广泛应用。

光电子集成器件技术将集合 Si、Ⅲ-Ⅴ、Ge 等多种异质材料，因此异质材料及各功能器件间的集成与 CMOS 如何兼容成为急需解决的关键技术。此外，光电子混合集成或单片集成涉及光子回路与部件间的光电热力学的耦合、交叉与隔离问题，如何解决复杂体系的光电热力多场传导、耦合、管理，多种光子器件间模斑尺寸和折射率失配是解决功能器件间的集成与兼容科学问题的关键。需要进一步探索光刻、多层曝光套刻、硅基干/湿法刻蚀、离子注入等与 CMOS 兼容的硅基加工工艺。

总的来说，在"后摩尔时代"，基于材料和机理的新器件研究进入了一个"百花齐放"的时代，真有"乱花渐欲迷人眼"的感觉。从材料基础和工艺基础来看，锗基、Ⅲ-Ⅴ族化合物半导体高迁移率沟道器件和隧穿晶体管器件能够很好地适应当前的硅基平台，物理机制清晰、可控，应用前景比较清楚，分别在高性能和低功耗领域内具有很好的应用潜力。其中，锗基和Ⅲ-Ⅴ化合物半导体有可能在 10nm 节点左右开始进入大规模集成制造，而最近的研究表明，隧穿晶体管非常适合跨技术节点的大平台制造，在低功耗电路方面极具优势。相比较上述高迁移率沟道器件，虽然石墨烯和碳纳米管具有更高的本征迁移率，但是器件中界面的材料特性退化和可控性工艺的缺乏使得这类器件的集成电路技术还将较长时间停留在实验室阶段。不过，石墨烯特殊的二维特性可能使得其在柔性电子技术方面具有不错的应用前景，而碳纳米管的高电导特性可能在高速互连方面具有实际应用的潜力。自旋晶体管尽管物理机制较为清晰，但是在电磁转换中存在较为严重的损耗，实际性能和功耗并不比传统 CMOS 器件优越，只有在全自旋器件和电路架构方面有所突破才有可能成为有竞争力的新技术。此外，在异质集成的光电器件方面，由于光子传输和存储的高密度、高速、高带宽、高抗干扰性等优点，也已经成为当前信息技术发展的最前沿的热点之一。随着异质集成技术的进一步发展，光电集成器件的前景将变得非常吸引人。

四、"后摩尔时代"器件发展趋势的总结

根据上面的论述，图 2-28 总结了"后摩尔时代"器件基础的发展趋势。

图 2-28　"后摩尔时代"器件基础的技术路线图

从产业技术的发展趋势来看，未来 10 年的数字技术仍然仰仗于传统 MOSFET，只不过器件结构将从平面向三维和超薄结构转变。这是由短沟道效应免疫力和集成度提高的需求来决定的。这是"后摩尔时代"初期的主要技术特征。主要代表有 ET-SOI 和 FinFET。若对 ET-SOI 和 FinFET 的技术特征进行对比，可以认为，ET-SOI 和 FinFET 在加工成本和性能方面并无大的优劣差异。而且随着尺寸进入 7nm 节点，最终都将采用多栅结构，可以说是殊途同归。但是 ET-SOI 在尺寸缩小能力及上下游产业生态链方面的建设明显弱于 FinFET 技术，因此，可以预见，ET-SOI 在"后摩尔时代"很难和 FinFET 抗衡，但是在一些对功耗要求更为苛刻的应用领域，ET-SOI 技术和类似的新型 SOI 技术应该具有一定的优势。而当特征尺寸趋于更小时，两者将达成统一，可能形成终极的纳米线形态。

在 5nm 左右，面对功耗与性能瓶颈问题，新器件（如隧穿晶体管、Ge/Ⅲ-Ⅴ器件）将进入应用。同时，垂直化的发展道路将进入横向的功能化集成

发展。各种功能、各种工艺的器件将会集成在一起，形成更高集成度和更高性能的芯片级系统。

在更长远的愿景中，随着材料的光、电、磁特性的充分研究，以自旋电子学为代表的新机制将可能进入实际器件应用。最终，在异质三维集成和同质三维集成技术发展的基础上，微纳电子系统可能走向某种形式的全集成系统。这也许就是微纳电子学发展的终极目标。

第三节　"后摩尔时代"器件研究面临的挑战与机遇

前文介绍了"后摩尔时代"不同领域内器件研究的现状和发展趋势，从技术发展的脉络上可以清晰地看到未来器件技术的进化总体上将沿着结构→材料→原理这样的趋势进行，并且交替融合。

从技术角度来看，"后摩尔时代"不同阶段面临的挑战可以概括如下。

（1）在新结构器件时代，器件应用的方向主要是大规模集成的逻辑电路，要求高密度、高性能，因此小尺寸效应、寄生效应及可靠性是其主要的挑战。其中，小尺寸效应主要包括短沟道效应（SCE）、栅隧穿电流、随机涨落（RDF）；寄生效应主要包括图形依赖性（LDE）、寄生电阻、寄生电容等；可靠性则主要包括随机电报噪声（RTN）、温度偏压不稳定性（BTI）、热载流子（HCI）及介质击穿（BD）等。短沟道效应是广为研究的主要技术挑战，而随机涨落则是器件尺寸进入 60nm 尺度以后出现的关键问题。随着尺寸的缩小，工艺波动性引起的局部不均匀性将叠加统计学引起的随机不确定性，使得器件的随机特征将严重影响电路的可靠性工作。尤其是在晶体管数目高达数十亿的集成度的今天，个体的随机涨落将构成难以预测的系统随机性，这也是传统 MOSFET 在结构优化和革新的方向上所面临的最为重要的挑战。

（2）在新材料时代，首先，新材料器件必须承担材料体系变化引起的兼容性和可靠性方面的风险，这是新材料器件所面临的最为重要的挑战。其次，新材料虽然在某些方面相比硅具有优势，如迁移率，在其他方面却比较薄弱，如态密度、界面态、温度稳定性等。这样将导致新材料器件只具有理论上的优势，而在实际制造中仍然处于下风。如何将新材料与硅集成在一起，将是新材料器件面临的关键课题。

（3）新原理器件要被广泛接受，并成为"后摩尔时代"的器件基础，需要满足几个条件：①具有可持续的功能密度提升能力（单位面积内实现的功能多少，对应着 MOSFET 的单位面积内的栅极个数）；②具有大规模制造工艺基础，即可制造性；③能够集成设计成为复杂系统，即所谓的可设计性。以上三个条件缺一不可，否则很难成为像 MOSFET 那样广为接受的普遍性基础技术。从目前来看，在研的自旋等新原理器件尚没有一个具备以上条件。事实上，新原理器件通常建立在新材料基础上，因此新材料所面临的挑战对于新原理器件来说也同样存在。然而，基于隧穿机制的新原理晶体管则有较好的材料基础，并且能够实现与 CMOS 技术的兼容，有可能在将来实现大规模应用。

尽管"后摩尔时代"的器件研究面临诸多艰巨且不确定的挑战，但同样存在很大机遇。尤其是对于我国微电子产业发展而言，在新器件研究领域取得突破将是改变国际产业格局的一个重要契机。因此，迎着新器件研究的困难，勇敢接受挑战，突破现有器件基础的限制，将是我国微电子产业发展历程上的重要机遇。

针对我国科研现状和"后摩尔时代"新器件研究的特点，笔者认为，以下三个器件研究方面可能存在着重要的机会。

（1）提前布局下一代 FinFET、硅纳米线，以及其他新结构器件的研究，采用紧密的产学研合作方式，发挥高校研究所的技术创新优势，以此促进产业技术的发展，合理安排技术代路线，是迎头赶上国际领先技术的可能方式。前述的一些新器件的例子都是高校、研究所的创造力的表现。需要看到的是，Intel 公司宣布了 22nm FinFET 技术的 3 年后，TSMC 才后续跟随发布了 16nm FinFET 技术，而且没有达成产品量产。这说明新结构器件技术的引入绝非易事。这种局面既是威胁也是机遇。由于客户的黏附性，早进入下一代技术的领跑者将拥有巨大的市场优势；而下一代技术对于所有市场参与者而言都是新的起跑线，过去 50 多年的可继承性器件基础到目前已经不再是个明显的优势。这就是我国微电子产业发展新结构器件的最大机遇所在。

（2）积极开展新原理和新材料器件在专有电路方面应用的研究，诸如隧穿晶体管在超低电压电路、传感器等方面的应用，RRAM、MRAM 在新型存储中的应用，Ge/Ⅲ-Ⅴ器件在高频电路和光电集成等方面的应用，纳米线器件在生物监测、新能源等领域的应用，从而取得在细分应用领域的领先优势，将能够以最低的投资成本和最短的时间成本在集成电路市场上占据一席之地。

（3）鼓励微电子器件在生物、医学、化学、环境等学科的交叉。从前文的分析可以看到，在摩尔定律终结之前和之后的相当长一段时间内，广泛的器件基础是很难建立起来的，更受关注的是新器件如何在不同领域发挥作用。例如，生物电子作为先行的交叉研究领域已经出现了一些成功的例子，诸如 DNA 快速检测、DNA 芯片、神经网络计算机等。事实上，任何一门科学，其最终的目的就是服务于人类。过去 50 多年，微电子发展更多地服务于人类对信息传递、存储和处理的需要。在未来，人类文明的可持续发展将成为人们更加本质的需求，对生命和环境的探索将变得更加重要，微电子技术应该适应这种需求，从简单的信息技术商标下脱离，成为更有益的科学技术，而不是简单的具有经济价值。因此，多学科的交叉是"后摩尔时代"器件研究的重要机遇。

综合上述，"后摩尔时代"对于我国微电子产业界和学术界来说机遇多于挑战，应该从政策和学科发展规划等方面予以扶持，在器件技术方面取得重要的突破，发展出独具特色的新器件基础，发挥重要的产业和学科联动作用。

第四节　"后摩尔时代"器件研究的关键技术

针对"后摩尔时代"器件研究中面临的挑战，需要研究关键技术予以应对。这些关键技术既有基于器件设计的也有基于工艺加工的。为了和大规模集成工艺基础相区分，这里总结了几类与器件设计相关的关键技术。所谓与器件设计相关的关键技术指的是和器件结构、材料及原理相关的技术，而与如何制备无关。

（1）针对短沟道效应的抑制技术及由此引起的次级效应的解决方法。多栅和超薄体结构采用全耗尽沟道，是抑制短沟道效应的有效手段，但是随着尺寸持续缩小，结构参数的波动引起的特性涨落、载流子的迁移率退化、寄生电阻上升、可靠性变差等问题将变得很严重，需要其他技术手段来克服。

（2）界面态调制技术。界面态直接影响到器件的迁移率和可靠性，尤其是进入"后摩尔时代"，高 K 金属氧化物及非硅衬底的大量使用使得材料体系的界面发生了巨大的改变，不同的晶格匹配和物理性质使得新器件的界面往往呈现热不稳定性、高界面态、粗糙的特性，这些特性是"后摩尔时代"限制新器件发挥其本征性能的障碍。因此界面调制技术在"后摩尔时代"器件研究中至关重要。目前，在 Ge/Ⅲ-Ⅴ器件中，最重要的界面调制技术包括热氧化界面层、等离子体后氧化、等离子体钝化、化学钝化、高压氧化、外延硅钝化层、异质结钝化层等技术。尽管目前方法非常多，但还没有一个方法能够实现传统 MOSFET 的高质量界面。因此，研究界面态调制技术将是"后摩尔时代"器件研究中最为关键的技术之一。

（3）材料体系的异质集成技术。所谓异质集成技术是指将不同材料体系在同一衬底基础上进行集成。可以看到，"后摩尔时代"的器件研究具有十分强烈的材料研究特征，而现代大规模集成电路技术要求能够将不同器件在同一半导体衬底上进行集成。这样一来，对于新器件就需要克服材料体系之间的不兼容问题。解决这一问题主要有两类解决方案。第一类是针对半导体材料的，如 Ge、Ⅲ-Ⅴ、硫化物等。目前在 Ge/Ⅲ-Ⅴ器件技术方面主要有外延和键合两种，前者指在硅衬底上选择性地外延 Ge 或者Ⅲ-Ⅴ材料，分别制备 NMOS 和 PMOS；后者将 Ge 片或者Ⅲ-Ⅴ圆片通过键合的方法与硅衬底组装在一起。第二类是针对非半导体材料的，比如相变材料、阻变材料和铁磁材料等。这类材料通常不能直接与半导体衬底直接集成，因此在后端互连层上进行集成，这样可以有效避免对常规器件造成污染，同时可以做到工艺兼容。无论何种材料体系的集成技术，最需要考虑的就是材料之间的晶格失配、应力、热失配，以及热预算失配的问题。

（4）器件与电路的协同设计技术。"后摩尔时代"的器件普遍具有尺寸小的特点。在小尺寸下，正如前文所述，随机涨落效应变得十分突出，因而器件特性的预测需要在统计模型下进行，对确定性的电路设计构成了巨大的挑战。因此，如何将器件与电路设计结合起来，将器件波动性对电路的影响降到最低是"后摩尔时代"器件研究技术中实现器件集成的关键技术。实际上，通过对工艺的局域波动性的监测，可以从模型上准确预测器件特性的波动，但是器件自身由杂质的随机分布、缺陷的随机分布造成的全局性涨落是无法给出预测模型的，只能对器件特性参数的涨落分布进行描述。但是，这些涨落在电路中可能通过调整工作参数和互补性设计而减弱。同时，找出涨落源有助于理解电路波动性，从而在器件工艺上进行相应的抑制。

（5）新原理器件的理论模型。MOSFET 的理论模型十分成熟，对于其中的输运方程可以利用解析的方式进行求解。例如，BSIM 模型基本上可以覆盖 MOSFET 不同结构和尺寸下的器件特性。而"后摩尔时代"的新原理器件从输运理论方面存在与传统器件明显的差异。比如自旋的输运与探测，目前还没有非常好的理论模型进行描述。对于这些新器件，人们已经从材料科学的角度对其中的输运特性有所了解，然而在器件层面上，其理论模型却没有大的进展。这将大大制约新原理器件的研究和应用。在这方面，应当结合实验表征与经验模型，从操作层面上建立起基本的输运模型，在此基础上，深化材料研究，借助数值模拟手段，对新原理器件的物理图像进行解析，最终获得完整的模型体系。

通过对以上几种关键技术的深入研究，新器件研究将获得重大的突破，从实验室走向工业生产，成为"后摩尔时代"微纳电子系统的坚实基础。

第五节　器件研究发展的相关政策建议

应用新型器件替代传统 MOSFET 是微纳电子学科发展的趋势，是"后摩尔时代"的必然现象。从不同阶段的需求来看，我国的器件研究可以分为：①以产业需求为导向的新型逻辑器件研究和新型存储器研究；②以学科发展和新型产业为导向的新材料和新原理器件研究。从已有研究基础来看，我国在产业需求的新结构和新原理器件研究方面有很好的前期研究，但是和国际上成熟产业技术相比存在差距，需要在工程化研究方面加大力量。在新材料和新原理器件研究方面，我国在材料基础研究方面整体处于比较前沿的水平，而器件研究则需要进一步提高整体水平。

针对我国目前器件研究的现状，对我国器件研究发展方向建议如下。

（1）通过"863"计划、"973"计划、国家重大科技专项等项目对大规模集成平台应用的器件技术进行支持。目前，国家已经通过"973"计划和国家重大科技专项对新型逻辑器件的研究进行了相当的支持。由北京大学牵头的"973"计划项目已连续三期获得支持，在新结构和新原理器件（如准 SOI 器件、纳米线器件、隧穿晶体管）、器件模拟技术、集成技术等方面取得了系统的前沿性研究成果，具有较大的国际影响力。基于新型器件技术的核心和带动作用，建议通过项目支持，加速布局下一代甚至下两代逻辑技术的器件研究。在 2014 年这个节点上，可以将资助项目推进到 10nm 和 7nm，甚至 5nm 节点。形成高校研究所注重前沿性、企业注重产业化的发展思路，提升我国大规模集成电路制造平台的水平。在相关的器件技术方面，建议加强对纳米线器件、隧穿晶体管、高迁移率沟道器件等的支持力度。

（2）鼓励产学研合作研究。从政策上鼓励企业加强与高校和研究所的横向联合，由企业提出器件研究中所面临的技术难题，由高校研究所进行攻关，真正做到研究与生产紧密结合。特别是在下一代或几代节点上可以有效地缩短研发周期，充分发挥高校研究所的研究力量。需要国家设立相关政策，对产学研进行适当的奖励，调动企业和高校联合研究的积极性。具体建议国家设立企业专利基金对联合研究的知识产权进行申报，权利共享；对企业利用自主资金进行联合研究的予以相应比例的补贴；对联合研究转化的技术成果在市场推广上给予优惠政策等。

（3）针对"后摩尔时代"的器件研究中所涉及的新材料和新工艺进行设备技术的研发。提前布局新材料生长设备，从下游开始加强器件研究的支持力量，包括在石墨烯等二维材料、铁磁材料、高质量外延 Ge、Ⅲ-Ⅴ材料等生长设备方面加大投入。

（4）在新材料和新原理器件研究方面，国家应该形成鼓励学科交叉的导向力量。建议在高校层面推进学科建设，培养交叉学科人才。目前与新材料和新原理器件息息相关的专业有物理、化学、生物、医学、环境、遥感、信息安全、空间物理等，应该设立交叉课程，从本科层次开始培养微电子和其他专业结合的人才。在国家自然科学基金项目、"973"计划项目等基础性研究项目立项方面，鼓励多学科联合申请，为孵化全新的微纳电子信息技术创造条件。

在阶段发展的方向部署方面，根据国家发布的《集成电路产业发展推进纲要》提出的 2020 年之前缩小与国际先进水平之间的差距，实现 16/14nm 规模量产，到 2030 年主要生产环节达到国际先进水平，培育一批进入国际第一梯队的企业，实现跨越式发展的目标，我们建议在 2020 年和 2030 年之前分别重点部署以下研究方向。

（1）2020 年以前，重点支持多栅器件研发，包括 16/14nm 节点的 FinFET 主力器件和 14nm 节点以后的多栅纳米线器件技术研究；加大 Ge CMOS、Ⅲ-Ⅴ CMOS、超陡峭开关器件（主要为隧穿晶体管）、RRAM、STT-RAM 等新型器件的研究力度。在前沿研究方面，适当布局基于新型二维材料和新型信息载体器件的研究。同时重视半导体器件研究与生物、医疗、传感、通信、物联网、航天军工等领域的交叉融合，促进新型微电子学科的发展。

（2）2030 年以前，在产业发展的层次上，应当在 2020 年前部署的学科发展基础上，侧重于发展新材料 FinFET 和纳米线器件（Ge、Ⅲ-Ⅴ），以及超陡峭开关器件在产业技术方面的应用研究。同时，为了实现产业升级，必须对更具前瞻性的器件技术进行研究，同时还需要注意这些器件在产业发展上的切入时间点。这个阶段上，超越 CMOS 的新概念器件应当成为重点部署对象。在学科发展层次上，除了继续部署上述 2020 年前的研究对象，还应当加强部署"帷幕"后的未知新概念器件技术，这些器件应当具有全新的信息载体和输运方式，具有重要的科学意义和实用价值。

最后，需要看到，在整个微纳电子技术领域，器件研究不是唯一的，但是最基础的，是其他一切集成电路技术的基石。正如开篇所言，器件是决定集成电路架构的因素，从器件研究做起，才能将我国微纳电子学的大厦建筑得更加牢靠。器件研究领域涉及更多的基础性科学问题，除了工程上的成果，还可以取得基础理论上的成果。对于培养我国后备信息技术人才而言，器件研究是个最佳的阵地。因此，重视器件研究，将帮助我国在"后摩尔时代"率先占领信息技术战略高地。

本章参考文献

[1] Packan P, Akbar S, Armstrong M, et al. High performance 32 nm logic technology featuring 2nd generation high-k+metal gate transistors. IEDM, 2009: 659-662.

[2] Auth C, Allen C, Blattner A, et al. A 22 nm high performance and low-power CMOS technology featuring fully-depleted tri-gate transistors, self-aligned contacts and high density MIM capacitors. Symposium on VLSI Technology, 2012: 131-132.

[3] Cheng K, Khakifirooz A, Kulkarni P, et al. Extremely thin SOI (ET-SOI) CMOS with record low variability for low power system-on-chip applications. IEDM, 2009: 49-52.

[4] Choi Y K, King T J, Hu C, et al. A spacer patterning technology for nanoscale CMOS. Transcations on Electron Devices, 2002: 436-441.

[5] Suk S D, Lee S Y, Kim S M, et al. High performance 5 nm radius twin silicon nanowire MOSFET (TSNWFET): Fabrication on bulk Si wafer, Characteristics, and Reliability. IEDM, 2005: 717-720.

[6] Fan J, Huang R, Wang R, et al. Two-dimensional self-limiting wet oxidation of silicon nanowires: Experiments and modeling. Transactions on Electron Devices, 2013: 2747-2753.

[7] Lu C Y. Future Prospects of NAND flash memory technology——the evolution from floating gate to charge trapping to 3D stacking. Journal of nanoscience and nanotechnology, 2012: 7604-7618.

[8] Lue H T, Wang S Y, Lai E K, et al. BE-SONOS: A bandgap engineered SONOS with excellent performance and reliability. IEDM, 2005: 547-550.

［9］Lue H T，Wang S Y，Hsiao Y H，et al. Reliability model of bandgap engineered SONOS（BE-SONOS）. IEDM，2006：1-4.

［10］Tanaka H，Kido M，Yahashi K，et al. Esiaored SONOS with excellent performance and reliability. Symposium on VLSI Technology，2007：14-15.

［11］Katsumata R，Kito M，Fukuzumi Y，et al. Pipe-shaped BiCS flash memory with 16 stacked layers and multi-level-cell operation for ultra high density storage devices. Symposium on VLSI Technology，2009：136-137.

［12］Jang J，Kim H S，Cho W，et al. Vertical cell array using TCAT（Terabit Cell Array Transistor）technology for ultra high density NAND flash memory. Symposium on VLSI Technology，2009：192-193.

［13］Oh J，Park J，Lim Y，et al. Full integration of highly manufacturable 512Mb PRAM based on 90nm technology. IEDM，2006：1-4.

［14］Krounbi M，Watts K，Apalkov D，et al. Status and challenges for non-volatile spin-transfer torque RAM（STT-RAM）. International Symposium on Advanced Gate Stack Technology，2010：6.

［15］Seabaugh A C，Zhang Q，et al. Low-voltage tunnel transistors for beyond CMOS Logic. Proceeding of The IEEE，2010：2095-2110.

［16］Huang Q，Zhan Z，Huang R，et al. Self-depleted T-gate schottky barrier tunneling FET with low average subthreshold slope and high ION/IOFF by gate configuration and barrier modulation. IEDM，2011：382-385.

［17］Huang Q，Huang R，Zhan Z，et al. A novel Si tunnel FET with 36mV/dec subthreshold slope based on junction depleted-modulation through striped gate configuration. IEDM，2012：187-190.

［18］Huang Q，Huang R，Wu C，et al. Comprehensive performance re-assessment of TFETs with a novel design by gate and source engineering from device/circuit perspective. IEDM，2014：13.3.1-13.3.4.

［19］Novoselov K S，Falko V I，Colombo L，et al. A roadmap for graphene. Nature，2012：192-200.

［20］Schwierz F. Graphene transistors：Status，prospects，and problems. Proceeding of the IEEE，2013：1567-1584.

［21］Sugahara S，Nitta J. Spin-transistor electronics：An overview and outlook. Proceeding of the IEEE，2010：2124-2154.

[ ] Wang X, Chen K, Peng J, et al. Performance Model of Si nanowire transistors at
nanoscale [J]. 2014.

... ...

第三章

材　料

第一节　概　述

在过去 40 多年中，以硅基 CMOS 技术为基础的集成电路技术遵循摩尔定律，通过缩小器件的特征尺寸来提高芯片的工作速度、增加集成度及降低成本，集成电路的特征尺寸由微米尺度进化到纳米尺度，取得了巨大的经济效益与科学技术的重大进步。然而，随着集成电路技术发展到 22nm 技术节点及以下时，硅集成电路技术在速度、功耗、集成度、可靠性等方面将受到一系列基本物理问题和工艺技术问题的限制，并且昂贵的生产线建设和制造成本使集成电路产业面临巨大的投资风险，传统的硅基 CMOS 技术采用"缩小尺寸"来实现更小、更快、更廉价的逻辑与存储器件的发展模式已经难以持续。因此，"后 22nm" CMOS 技术将采用全新的材料体系、器件结构和集成技术。

基于新材料的器件及其集成技术研究是 "More than Moore" 和 "Beyond CMOS" 技术发展的主要途径，它将新的材料体系（Ge、GeSn、InGaAs、GaN、InP 等）在功率、频率、光电集成、信息传感器、量子新器件等方面具有的巨大优势和硅基集成电路在信号处理与计算、功能集成等领域的主导地位有效结合起来，进一步提升集成电路的应用性能和领域。目前，基于新材料的器件及其集成技术研究主要分成四个方向：基于新材料的硅基器件、化合物半导体器件与集成技术、基于新材料的硅基集成技术和基于 CMOS 工艺的硅基集成技术。

（1）基于新材料的硅基器件。重点关注以 Ge、GeSn、InGaAs、InP 等高迁移率材料为沟道材料来提升 CMOS 的性能，成为延展摩尔定律的新动力。

（2）化合物半导体器件与集成技术。将充分挖掘以 SiC、GaN 为代表的新材料的优势，引领信息器件频率、功率、效率的发展方向。

（3）基于新材料的硅基集成技术。重点开展 InP、GaN 等新材料与硅基材料和技术融合，支撑功能集成的新思路。

（4）基于 CMOS 工艺的硅基集成技术。重点开展微纳结构下新型光电子器件与硅基电子器件的集成技术，支撑光电融合的新方向。

一、基于新材料的硅基器件

为了应对硅基 CMOS 技术所面临的物理极限和工艺集成问题，新结构、新材料、新原理器件的研究已经成为延展摩尔定律的主要途径之一，以 Ge、GeSn、InGaAs、InP、InAs、GaSb、InGaSb 等高迁移率为沟道材料 MOS 器件获得了越来越多的关注和研究，Ge 沟道 CMOS、Ⅲ-Ⅴ沟道 CMOS、Ⅲ-Ⅴ/Ge 混合沟道 CMOS 集成技术相继被提出，这些高迁移率半导体材料外延生长在硅衬底上将进一步突破衬底材料的限制，有利于实现多种半导体集成电路的单片集成。而 MOS 器件的器件结构也从传统的平面器件转换到 FinFET、环栅结构，TFET 等新原理型器件将有望获得实际应用[1]。硅基高迁移率 CMOS 集成技术将面临着前所未有的机遇，有着巨大的应用前景。

Ⅲ-Ⅴ族化合物半导体（尤其是 GaAs、InP、InAs、InSb 等化合物半导体）的电子迁移率是硅的 4～60 倍，在低场和强场下具有优异的电子输运性能，并且可以灵活地应用异质结能带工程和杂质工程同时对器件的性能进行裁剪，被誉为新一代 MOS 器件的理想沟道材料[2]。为了应对集成电路技术所面临的严峻挑战，采用与硅工艺兼容的高迁移率Ⅲ-Ⅴ族化合物半导体材料替代应变硅沟道，以大幅度提高逻辑电路的开关速度并实现极低功耗工作的研究已经发展成为近期全球微电子领域的前沿和热点。美国、欧洲、日本等各主要发达国家和地区都在加大相关研究的投入力度，各半导体公司（如 Intel、IBM、TSMC、Freescale 等）都在投入相当的人力和物力开展高迁移率 CMOS 技术的研究，力图在新一轮的技术竞争中再次引领全球集成电路产业的发展。2008 年，欧盟投资 1500 万欧元（约合 1.4 亿元人民币）开展 "DUALLOGIC" 项目研究，以欧洲 IMEC 为研发平台，联合 IBM、AIXTRON、意法半导体（ST Microelectronics）、恩智浦半导体（NXP Semiconductor）等 9 家机构，对高迁移率Ⅲ-Ⅴ族化合物半导体材料应用于"后 22nm"高性能 CMOS 逻辑电路进行技术攻关，被誉为欧盟 CMOS 研究的"旗舰"项目。

在 Intel、IBM 等国际著名公司的大力推动下，高迁移率Ⅲ-Ⅴ MOS 器件的研究取得了一系列突破性进展：①与同等技术水平的硅基 NMOS 技术相比，高迁移率Ⅲ-Ⅴ NMOS 技术具有显著的速度优势（速度提高 3～4 倍）、超低的工作电压（0.5V 电源电压）和极低的功耗（动态功耗降低一个数量级）；②与新兴的分子、量子器件相比（如有机分子器件、碳基纳米器件），Ⅲ-Ⅴ族化合物半导体材料已广泛应用于微波电子与光电子器件领域，人们对其材料属性与器件物理的了解十分深入，其制造技术与主流硅工艺的兼容性好；③Ⅲ-Ⅴ族化合物半导体是光发射与接收的理想材料，这将为极大规模集成电路（ULSI）中光互连技术，以及集成光电子系统的发展带来新的契机。

鉴于高迁移率 CMOS 技术的重大应用前景，采用高迁移率Ⅲ-Ⅴ族半导体材料替代应变硅沟道实现高性能 CMOS 的研究已经发展成为近期微电子领域的研究重点，2009～2011 年的 IEDM 每年有超过 10 篇高迁移率Ⅲ-Ⅴ MOS 器件的研究论文。近年来，ITRS 也将高迁移率Ⅲ-Ⅴ族化合物材料列为新一代高性能 CMOS 器件的沟道解决方案之一。根据 Intel 公司的预计，高迁移率Ⅲ-Ⅴ MOS 技术将在 2015 年左右开始应用于 11nm CMOS 技术节点。

二、化合物半导体器件与集成技术

第二代化合物半导体 GaAs，自出现以来就引起了极大的重视，在光电子和微电子技术方面得到了广泛的应用。鉴于其迁移率远高于第一代半导体，且异质结构可以进行能带剪裁，其在微电子领域备受重视。美国 20 世纪 80 年代中期启动了"MIMIC 计划"，充分挖掘 GaAs 材料在微电子领域的应用价值。经过多年的研究，GaAs 材料在集成电路的应用方面，特别是射频和微波领域，获得了极大的成功，广泛应用于各种军用和民用系统之中。随着 InP 材料的成熟和发展，其丰富的异质结构和极高的载流子迁移率，使其在更高频率领域的应用不断推进和发展。美国的"MAFET 计划"，利用 InP 材料丰富的材料特性和极高的迁移率，将 MMIC 电路的频率推进到 100 GHz 以上。其后实施的"TFAST 计划"，则将 InP 材料应用在超高速电路领域，到项目结束时，InP 基数字电路的工作频率提高到 10 GHz 以上，MMIC 电路的频率突破 300 GHz，显示了 InP 材料在高频领域应用的优势。受此鼓舞，美国启动了"THz 电子学研究计划"，计划充分挖掘 InP 基材料在高频领域的优势，将电路的工作频率推进到太赫兹领域。在今后相当长的一段时间里，具有优异特性的 InP 基材料和电路将成为研究的热点。

GaN 和 SiC 作为第三代半导体材料，具有非常高的禁带宽度和功率处理能力，在功率半导体领域发挥了非常重要的作用。美国国防高级研究计划局启动"宽禁带半导体技术计划"（WBGSTI），极大地推动了宽禁带半导体技术的发展。采用 GaN 基异质材料和极化效应，可以得到非常高的载流子面密度，提高器件的功率密度。应充分挖掘 GaN 材料的特性，现有的 GaN 微波电路的工作频率已经进入到 W 波段，其功率密度远远超过其他半导体材料，并有向更高频率不断发展的趋势。

SiC 材料具有大的禁带宽度、高饱和电子漂移速度、高击穿电场强度、高热导率、低介电常数和抗辐射能力强等优良的物理化学特性和电学特性，在高温、大功率、抗辐射等应用场合是理想的半导体材料之一。从现有的研究结果来看，SiC 电力电子器件的频率高、开关损耗小、效率高。美国、欧洲和日本的半导体公司纷纷投入巨资进行 SiC 电力电子器件的研发。Cree 公司的 SiC SBD 的开关频率从 150 kHz 提高到 500 kHz，开关损耗极小，适用于频率极高的电源产品，如电信部门的高档 PC 及服务器电源；开发 10kV/50A 的 PiN 二极管和 10kV 的 SiC MOSFET 的市场目标是 10kV 与 110A 的模块，可用于海军舰艇的电气设备、效率更高和切换更快的电网系统，以及电力设备的变换器件，其 SiC MOSFET 更关注于混合燃料电动车辆的电源与太阳能模块。此外，日本半导体厂商也陆续投入 SiC IC 量产，Rohm 公司能够提供阻断电压 600～1700V、电流 1～40A 的 SiC SBD 产品，并推出 1200V SiC MOSFET 系列产品；三菱电机 2011 年在福冈县设立了 4in 晶圆 SiC 功率元件生产线，投入量产，产能为每月 3000 片；东芝（Toshiba）公司在兵库县姬路工厂量产 SiC 肖特基势垒二极管器件，运用于其自主的铁路相关设备上。充分挖掘 SiC 材料的优势、开发新的工艺及器件结构、实现高效的电力电子器件将是今后发展的重点和研究的热点。

三、基于新材料的硅基集成技术

随着信息技术推动人类社会朝健康、环境、安全、新价值方面深入发展的新技术范畴发展，传统 CMOS 技术不能满足所有信息系统在现实世界的各种不同需求，如无线电频率和移动电话，高压开关与模拟电路非数字的功能，汽车电子和电池充电器、传感器和执行器，至关重要的控制汽车运动的安全系统电路，这些新的电子应用领域需要发展新型功能器件与异质融合技术。化合物半导体在功率、频率、光电集成、信息传感器、量子新器件等方面具有巨大的优势，而硅基材料和集成电路在信号处理与计算、功能集成等领域占有主导地位，同时在性价比、工艺成熟度等方面具有化合物不可比拟的优势，将两者的优势有效结合，是化合物半导体发展的必然趋势。

将以 GaN 和 InP 为代表的化合物半导体与硅基材料集成是目前发展的重点。硅基 GaN、InP 将在功率转换、超高速电路、光电集成和量子集成等方面呈现优势。

Si 基 GaN 功率半导体器件与集成技术是目前宽禁带功率半导体器件的研究重点，也是 More than Moore 思想的典型体现。随着大直径 Si 基 GaN 外延技术的逐步成熟并商用化，硅基 GaN 功率半导体技术有望成为高性能低成本功率系统解决方案。目前，国际上对硅基 GaN 功率半导体的研究，一方面是分立器件的产品化研究，主要研究包括增强型技术、优化击穿电压与导通电阻、封装与可靠性、失效机理与理论研究等；另一方面，以 IMEC、松下、台积电、NS、香港科技大学等为代表的高校和企业也开始对硅基 GaN 智能功率集成技术开展了前期研究，而功率集成技术是未来功率系统的最佳选择，也是今后的发展方向。

四、基于 CMOS 工艺的硅基混合光电集成技术

基于计算机与通信网络化的信息技术，希望微电子器件具有更快的处理速度、更大的数据存储容量和更高的传输速率。然而，传统金属（铜）互连技术由于 RC 延迟和热耗散造成互连"瓶颈"，以电子作为信息载体的硅集成电路技术将难以满足以上的要求，特别是信息处理的速度更难以满足信息化社会越来越高的要求。为此，将微电子和光电子结合起来，充分发挥硅基微电子工艺技术先进成熟、高密度集成及价格低廉的优势，以及光子极高带宽、超快传输速率和高抗干扰性的优势，已经成为信息技术发展的必然和业界的普遍共识。

硅基Ⅲ-Ⅴ族化合物半导体材料在硅基光电单片集成、光互连、超性能计算等领域有着重要应用，美国先后投资 5.4 亿美元，重点支持硅基Ⅲ-Ⅴ材料和集成技术研究，通过将Ⅲ-Ⅴ族材料的高频和光电特性与硅基集成电路结合

来发展超高频数模电路、光电单片系统和超级计算机用多核处理器等。其中，美国国防高级研究计划局已经开发出大尺寸硅基Ⅲ-Ⅴ族化合物半导体材料技术（COSMOS），已在高性能数模集成电路和单片系统集成的领域广泛应用。

发展基于 CMOS 工艺的硅基混合光电集成，将微电子和光电子技术结合起来，在集成电路芯片间乃至芯片内部引入集成光路，构成 OEIC 光电混合集成芯片，是信息工业发展的必由之路，也是人类科学技术的新挑战。硅基光电集成一旦突破和实现，将引起新一轮的信息工业革命，由此产生新一代的光电集成芯片、新一代的高性能计算机、新一代的价廉物美的光通信设施等，有着广泛的市场前景，也是国家重大战略需求。

高性能计算机是国家综合科技实力的标志，其核心超节点 CPU 间现有电互连存在速率低、带宽窄、延迟大、功耗大的问题，成为发展瓶颈。基于硅基光电集成技术的光互连是解决上述问题的最理想选择之一。光互连技术被世界各国 HPC 研发业界广泛注目，并被认为是突破高性能计算技术发展瓶颈的最理想手段之一。光互连技术具有大带宽、低延迟、低功耗的特点，可以达到 THz 量级的超大传输带宽，具有极低传输延迟（$v = c/n$）、超强复用能力、超低能耗（fJ/bit）消费等优点。光互连可以使超节点 CPU 间的数据交换在能耗、带宽、延迟和尺寸上得到最高达几个数量级的改善，满足 HPC 的发展要求。

目前，光互连技术主要集中于基于硅基光电子集成技术的光互连研究。硅基光电子集成技术由于其高集成密度、低功耗、低成本、CMOS 兼容、光子电子器件可单片集成等特点，近 10 年来成为光电子领域最受人关注的研究热点之一。面向计算机高速数据传输需求，基于 CMOS 硅基光电子混合集成芯片的光互连技术也已经被广泛认为是解决计算机内部和外部高速、大容量、低功耗传输的最理想路径之一，其核心技术和器件在世界各国也得到了广泛深入的研究。

第二节　基于新材料的器件及其集成技术研究的国内外研究现状与发展趋势

展望 2020/2030 年，在基于新材料的硅基器件、化合物半导体器件与集成技术、基于新材料的硅基集成技术，以及基于 CMOS 工艺的硅基混合光电集成技术四大方面的发展趋势，可以归纳总结为图 3-1。

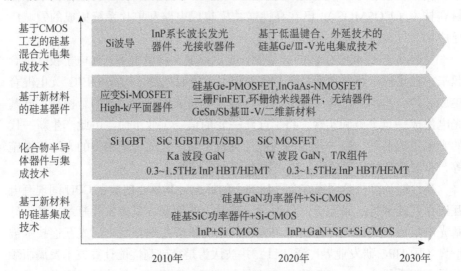

图 3-1　基于新材料的器件及其集成技术研究的国内外研究现状与发展趋势

随着集成电路技术发展到 22nm 技术节点及以下，硅集成电路技术在速度、功耗、集成度、可靠性等方面将受到一系列基本物理问题和工艺技术问题的限制，传统的硅 CMOS 技术所遵循的摩尔定律发展模式受到挑战。ITRS 清楚地指出，"后 22nm" CMOS 技术将采用全新的材料体系、器件结构和集成技术，集成电路技术将在"后 22nm"时代面临重大技术跨越及转型[1]。

以 Ge、GeSn、InGaAs、GaN、InP 等为代表的新的材料体系在功率、频率、光电集成、信息传感器、量子新器件等方面具有巨大的优势，如何将新的材料体系（Ge、GeSn、InGaAs、GaN、InP 等）在功率、频率、光电集成、信息传感器、量子新器件等方面具有的巨大优势与硅基集成电路在信号处理与计算、功能集成等领域的主导地位有效结合起来是"More than Moore"和"Beyond CMOS"技术发展的主要途径。

下面将从延展摩尔定律的新动力、引领信息器件的新突破、支撑功能集成的新思路、推进光电技术融合的新举措四个角度对"基于新材料的器件及其集成技术研究"国内外研究现状与发展趋势进行阐述。

一、历史梳理

（一）基于新材料的硅基器件：延展摩尔定律的新动力

在过去的几十年里，硅材料一直扮演着电子器件的主导者。随着摩尔定律的不断发展和深化，近些年来，采用高迁移率材料替代硅逐渐成为未来发展的趋势之一。其中，Ⅵ族材料 Ge、GeSn，以及Ⅲ-Ⅴ族材料成为新时期替代硅材料的研究热点。下面将从 Ge、GeSn 材料，以及Ⅲ-Ⅴ族半导体材料两个方面进行介绍。

1. Ge 和 GeSn 材料与器件

Ge 材料具有优异的电子和空穴迁移率，其中电子迁移率是硅的 2.5 倍左右，空穴迁移率远高于应变硅与Ⅲ-Ⅴ族半导体（无应变时是硅的 4 倍左右，理论预计应变锗的空穴迁移率将会进一步提高 2.2 倍），并且锗材料在低场和强场下具有优异的电子输运性能，是超高速、低功耗 MOS 器件的理想沟道材料。此外由于 Ge 与 Si 同属第Ⅳ主族，相似的物理和化学特性保障了 Ge 与 Si 材料及 Si 工艺的兼容性。回顾 Ge 基电子器件的发展历史，大致可以追溯到 20 世纪 40 年代末。世界上首个晶体管和首个 IC 都是用 Ge 做的，其中巴丁和布拉顿因利用 Ge 制作出世界上首个点接触型晶体管器件而与发明 PN 结器件的肖克利共同荣获 1956 年的诺贝尔物理学奖[3]；而基尔比则在 1958 年宣布利用 Ge 基电子器件制作出世界首个集成电路，并因此荣获 2000 年的诺贝尔物理学奖[4]。Ge 基晶体管在诞生之初，成为科学研究和市场产品所关注的核心。然而，一些缺陷限制了 Ge 基器件的发展，具体包括：①晶体 Ge 的规模化生产成本在 20 世纪 60 年代被 Si 超越；②Ge 的氧化物（GeO_2）热稳定性较差，同时溶于水，难以获得像 SiO_2/Si 这样完美的界面；③Ge 的禁带宽度只有 0.66eV，只有 Si（1.12eV）的一半多。较小的带隙宽度意味着 Ge 材料器件的热稳定性较差。例如，20 世纪 60 年代，美国惠普公司曾经生产过 Ge 晶体管收音机，然而由于 Ge 材料的高温特性较差，在 40℃以上的气温环境中收音机就无法正常工作。Ge 材料的上述缺点使其在与 Si 材料的竞争中失败。

进入 21 世纪，先进技术节点的高性能 CMOS 器件的重心转向高迁移率、低功耗的目标上来，这为 Ge 材料的再度应用提供了重要契机。Ge 材料凭借其优异的迁移率特性及较低的能带带隙，成为先进技术节点上硅基新材料的重要备选。根据文献报道，2002 年斯坦福大学率先发布了关于 Ge 基高迁移率 MOS 的数篇重要论文[5]。此后，美国、欧洲、日本等各主要发达国家和地区都在加大相关研究的投入力度，Intel 公司、IBM 公司、斯坦福大学、东芝公司、Selete 公司、东京大学、IMEC 等多家研究机构相继承担或发布关于 Ge 基高迁移率 MOS 技术的研究工作。2008 年立项的"DUALLOGIC"项目，被誉为欧盟 CMOS 研究的"旗舰项目"（详见本章第一节）。同年，日本政府先后投入数十亿日元用于开展高迁移率 CMOS 技术的研究（JST-CREST 项目）。几乎同一时间，日本的半导体企业（东芝、索尼、NEC、富士通、瑞萨电子等）也联合起来开展了 STARC 和 MIRAI-TOSHIBA 等研究项目，用于推进高迁移率 CMOS 技术。在 Ge 沟道 MOS 方向一直默不作声的 Intel 公司也于 2010 年在 IEDM 上正式发布了基于 Ge 的量子阱 MOSFET 器件，受到全球瞩目[6]。2011 年年底，Intel 公司在《自然》上发表综述文章指出：Ge 基晶体管在实现高速、低功耗开关方面潜力巨大，很可能被应用于未来的硅基新材料半导体技术上[7]。

此外，随着以 SiGe、SiC 为代表的Ⅳ-Ⅳ族化合物半导体材料在高迁移率器件沟道、应力调控、射频应用、大功率电力电子器件方面的大规模推广，人们开始将目光瞄准其他Ⅳ主族元素。新一代Ⅳ-Ⅳ族化合物半导体材料 GeSn 也成为当前研究的热点。通过在 Ge 中掺入 Sn 构建 GeSn 合金，近年来也成为调控 Ge 的光电性能的一大热点。斯坦福大学的 Saraswat 课题组进行了 GeSn 合金的应力计算。该课题组通过研究发现，向 Ge 中掺入 7%以上的 Sn，可以降低其能谷的位置，可以获得直接带隙的 GeSn 合金，在大幅度提高迁移率的同时，大幅度扩充了 GeSn 合金的红外相应波段[8]。使 Ge 材料由原来的间接带隙半导体转化为直接带隙半导体 GeSn。一方面，转变为直接带隙半导体可大幅度提高 GeSn 材料的光吸收和光发射能力，在光电领域具有大规模的应用前景，例如，硅基集成 GeSn 近红外探测器及 GeSn 激光器等。另一方面，GeSn 材料的引入对于调控 Ge 材料应变进一步提升迁移率，以及改善 N 型 Ge 与金属的界面接触特性有重要应用。

我国在硅基 Ge 材料及器件技术研究起步较上述发达国家和工业研究机构稍晚，基础较为薄弱。根据我们的文献调研，国内 Ge 基 MOS 器件研究主要集中在清华大学、北京大学、中国科学院微电子研究所等高校和科研院所。在 IC 产业方面，近期中芯国际也透露将投资开展 Ge 基高迁移率沟道技术的研究布局，来追赶先进芯片代工厂的技术步伐。从这点出发，现在开展 Ge 基高迁移率沟道技术研究对缩短我国半导体行业同世界先进国家的差距、推动我国半导体产业乃至我国军事和电子工业的发展具有重大的科技和经济意义。

2. Ⅲ-Ⅴ族半导体材料与器件

Ⅲ-Ⅴ族半导体（尤其是 GaAs、InAs、InSb 等）的电子迁移率是硅的 4～60 倍，并且Ⅲ-Ⅴ族半导体在低场和强场下具有优异的电子输运性能，并且可以灵活地应用异质结能带工程和杂质工程同时对器件的性能进行裁剪，是超高速、低功耗 CMOS 器件的理想沟道材料。

在 20 世纪 80 年代，Ⅲ-Ⅴ族半导体材料的异质外延工作主要集中在硅衬底上直接生长 GaAs 材料，解决了闪锌矿结构的 GaAs 生长在金刚石结构的硅衬底上所遇到的反向畴问题，并发展了一系列由两种材料晶格失配所引起的失配位错的抑制技术。由于硅与 GaAs 的晶格失配度高达 4%，硅衬底上直接生长的 GaAs 晶体的缺陷密度为 $1 \times 10^9 \sim 1 \times 10^{10}/cm^2$。进入 90 年代后期，直接生长方法逐渐被缓冲层技术与柔性衬底技术等替代。晶格匹配缓冲层、组分渐变缓冲层和应变超晶格缓冲层等传统缓冲层技术，适合小晶格失配异质外延材料生长。柔性衬底技术常用于大晶格失配材料的异质外延。2001 年，Motorola 公司采用 $SrTiO_3$（STO）作为应力释放层（屈从衬底），首次在 12in 硅衬底上成功地生长 GaAs 外延材料，其晶体缺陷密度低于 $1 \times 10^6/cm^2$，并制造出与 GaAs 衬底上性能相当的 MESFET 器件，器件的可靠性也非常好。2005 年，Motorola 与 Epiworks 公司合作在硅衬底上采用绝缘体上的锗（GeOI）作为缓冲层生长 GaAs 外延层，并成功实现了对缺陷密度非常敏感的少子器件。2007 年，Intel 公司与 IQE 合作利用 GaAs 与 InAlAs 缓冲层成功地在硅衬底上实现了 InP 基外延层的生长。与此同时，Intel 公司与 QinetiQ 合作在硅衬底上实现了 InSb 基材料的异质外延，其 85nm 栅长 InSb 量子阱晶体管具有非常优异的高频特性，与 60nm 栅长的硅 n-MOSFET 相比，速度性能提高 2 倍，功耗降到了原来的 1/10 左右。由于Ⅲ-Ⅴ族半导体电子器件优越的超高频低功耗特性，在 2007 年 Intel 公司宣布将重点发展硅衬底上的Ⅲ-Ⅴ族半导体以寻求突破硅集成电路技术在后 22nm 时代所面临的诸多技术挑战。2011 年，AIST 采用直接键合的方式首次实现了硅基Ⅲ-Ⅴ/Ge CMOS 器件的异质集成。2013 年 IMEC 首次在 12in Si 衬底上实现Ⅲ-Ⅴ FinFET 器件的异质集成。从器件结构上，Intel 公司在 2010 年宣布高迁移率Ⅲ-Ⅴ族半导体将有望在 2015 年应用于 11nm CMOS 集成技术。为此，以高电子迁移率Ⅲ-Ⅴ族半导体为沟道材料结合 3D MOS 器件结构（如 Fin-FET、MG-FET、GAA-FET）的新一代 CMOS 技术被科学界与产业界认为是延展摩尔定律的有效途径。

近年来，高迁移率Ⅲ-Ⅴ族半导体 NMOS 技术在平面器件与 3D FinFET

器件中取得了一系列突破性进展：①Intel 公司是高迁移率Ⅲ-Ⅴ半导体材料的主要推动者，2009 年 IEDM 上，Intel 公司提出适用于Ⅲ-Ⅴ族半导体的新型 InP/TaSiO$_x$ 复合栅介质，其 K 值大于 20，并且 2nm 厚的 InP 界面层能有效抑制沟道载流子迁移率的退化，InGaAs MOS 器件沟道电子迁移率高达 10 000cm^2/（V·s）[9]；在 2010 年 IEDM 上演示了非平面 InGaAs 多栅 MOS 器件[10]，该器件具有栅控能力强、界面态密度低、栅漏电流小等优点；在 2011 年的 IEDM 上 Intel 公司又宣布实现了纳米尺度 3D Tri-Gate InGaAs QWFET 器件[11]。Intel 公司技术战略主管 Paolo Gargini 在爱尔兰都柏林举办的欧洲产业策略研讨会（Industry Strategy Symposium Europe）上强调并展示了 Intel 公司在Ⅲ-Ⅴ族技术方面的最新进展，并称 2015 年 Intel 公司将把这项技术投入实用。②美国 SEMATECH 工业实验室采用 ALD 技术在 InGaAs 沟道上生长的 ZrO$_2$ 栅介质（等效氧化层厚度 EOT 小于 1nm），栅极泄漏电流比传统的 InGaAs/InAlAs HEMT 肖特基势垒栅降低了 3 个数量级[12]。③麻省理工学院的 J. A. del Alamo 研究小组在 2012 年 IEDM 报道了以 InP/HfO$_2$ 为复合栅介质、EOT 小于 1 nm 的 InAs QW MOSFET 器件，该器件采用 Mo/InGaAs 自对准的源漏工艺，峰值跨导为 1420μs/μm[13]。④普渡大学 Peter Ye 研究小组采用 ALD 沉积 Al$_2$O$_3$ 和离子注入源漏工艺成功获得漏电流超过 1mA/μm 的增强型 InGaAs MOSFET[14]；2009 年 IEDM 报道了 InGaAs FinFET 器件[15]，2011 年 IEDM 报道了 InGaAs 环栅 MOSFET 器件[16]，2012 年 IEDM 报道了 WN/Al$_2$O$_3$/InGaAs 环栅纳米线阵列 InGaAs MOS 器件（称为 4D MOS 器件）[17]。

我国对化合物半导体的研究一直比较重视，属于较早开展该方面研究的国家之一。中国科学院物理研究所、中国科学院半导体研究所和中国科学院上海微系统与信息技术研究所在 20 世纪 80 年代中期，相继开展了在硅衬底上直接生长 GaAs 的研究工作，并达到当时的国际水平。但由于硅与 GaAs 材料失配严重，直接生长的 GaAs 材料和器件的性能都未实现预期的目标，并且性能迅速退化，随后这方面的研究很少见到报道。然而，硅衬底上Ⅲ-Ⅴ族半导体材料（如 InGaAs、GaSb 和 InSb 等）在 MOS 器件方面的研究尚未见报道。2013 年，在国家重大科技专项的支持下，中国科学院半导体研究所联合清华大学在硅基Ⅲ-Ⅴ/Ge 材料的异质集成方面已经取得初步研究成果。

综上所述，经过 20 多年的探索，国际上Ⅲ-Ⅴ族半导体材料在硅衬底上的外延技术取得了长足的进展，已经成功实现了几乎所有的Ⅲ-Ⅴ族半导体材料体系（GaN、GaP、GaAs、InP、GaSb、InSb 等）的异质外延生长，基于集成电路技术将在"后 22nm"时代面临重大技术跨越和转型，硅基Ⅲ-Ⅴ族半导体材料的应用研究也从双极晶体管、发光二极管和激光器等电子与光子器件向硅基高迁移率 CMOS 集成技术发展。

（二）化合物半导体器件与集成技术：引领信息器件的新突破

化合物半导体材料和器件经过半个世纪的发展，特别是近 20 年的突飞猛进，通过发挥化合物半导体材料的优良特性，在高频、大功率、高效率等方面与硅基集成电路形成互补，已经广泛地应用于信息社会的各个领域，如无线通信、电力电子、光纤通信、国防科技等。近几年，随着材料生长、器件工艺、电路集成等技术的不断发展，以及新结构、新原理等的不断突破，化合物半导体领域未来发展趋势呈现四个主要方向。

1. GaAs 基器件与集成技术

目前，以砷化镓（GaAs）为代表的化合物半导体高频器件及电路技术已经进入了成熟期，已被大量应用于高频通信领域，尤其是移动通信和光纤通信领域，到 2009 年其市场规模已经达到了 45 亿美元。随着 GaAs IC 制造成本的大幅度下降，它们在功率放大器、低噪声放大器和射频开关电路等方面在移动通信 RF 前端占有主要地位，手机与移动基站的芯片是 GaAs IC 最大的市场，约占其市场份额的 45%；随着 DWDM 驱动光纤通信容量的增加，GaAs IC 在 SONET 芯片方面的需求大幅度增加，其市场份额大约为 22%。工业、汽车、计算机和军事市场占据了 GaAs IC 市场的 34%，工业市场主要是高频高速测试系统，计算机和网络速度已经达到 Gb/s，需要大量 LAN 和 WAN。汽车应用主要是防撞雷达的使用。而军事应用保持在每年 4 亿美元左右。目前，国际上生产民用 GaAs 器件及电路的代表性企业有美国的 Vitesse、Triquint、Anadigics、Motorola、Lucent、Alpha、Agilent、HP，日本的 NTT、Oki、Fujisu，德国的西门子，以及我国台湾地区的稳懋、宏捷、全球联合通讯及尚达等公司。大量事实已证明：砷化镓器件及电路是一项技术含量高、利润率高，市场前景和经济效益不可低估的高技术产业。正因为目前市场需求强劲，今后发展前景看好，近年来国际上许多公司纷纷上马新的 GaAs 制造线。尤其是美国、日本、德国等国家的大公司（如 Vitesse、Anadigics、Siemens、Triquint、Motorola、Alpha 等公司）相继建成或正在新建 6in GaAs 生产线，今年这些公司都将由 4in 转入 6in 大规模生产。他们生产的主要产品是移动通信射频电路（如 GaAs 手机功率放大器和低噪声放大器电路等）及光纤通信发射和接收电路（如 GaAs 激光驱动器、接收器、复用器及解复用器、时钟恢复电路等）、微波功率晶体管及功率放大器等各种系列产品。

我国 GaAs 材料和器件的研究起步较早，早在 1970 年就开始低噪声 GaAs MESFET 的研究工作，并于 1978 年设计定型了国内第一只砷化镓微波低噪声场效应管，1974 年开始研究砷化镓功率器件，在 1980 年国内首次定型砷化镓微波功率场效应管。改革开放以后，由于受到国外成熟产品的冲击，GaAs 器件和电路的研究特别是民用器件的研究进入低谷期，重点开展军用 GaAs 器件和电路的研制和攻关。2004 年后，GaAs 材料和器件进入高速发展期，国内成立了以中科镓英公司、中科圣可佳公司为代表的多家 GaAs 单晶和外延材料公司，开始小批量材料供应，并取得一定的市场份额。中国科学院微电子研究所通过自主创新率先在国内建立了 4in GaAs 工艺线，并成功地研制出 10Gb/s 激光调制器芯片等系列电路。传统的器件研制单位中电集团 13 所和 55 所通过技术引进完成 2～4in 工艺突破，初步解决 Ku 波段以下的器件和电路的国产化问题，其中 8～12GHz T/R 组件套片已成功地应用于大型系统中，但在成品率、一致性、性价比等方面尚存在一定的差距，在民品市场中尚缺乏竞争力。Ka 波段以上的 GaAs 器件和电路尚没有产品推出，严重地制约了我国信息化建设。

目前，GaAs 电路芯片由美国、日本、德国等国家的大公司（如 Vitesse、Anadigics、Siemens、Triquint、Motorola、Alpha、HP、Oki、NTT 等公司）供应，国内手机和光纤通信生产厂家对元器件受国外制约甚为担忧，迫切希望国内有能稳定供货的厂家。由于 GaAs IC 产品尚未达到垄断的地步，随着国家对高新技术产业扶持政策的出台，这正是发展 GaAs 电路产业化的绝好的市场机会。只要我们能形成一定的规模生产，开发生产一系列高质量高性能的电路，完全有可能占领大部分国内市场，并可进入国际市场竞争。

2. InP 基器件与集成技术

InP 基半导体材料是以 InP 单晶为衬底而生长的化合物半导体材料，包括 InGaAs、InAlAs、InGaAsP，以及 GaAsSb 等材料。这些材料突出的特点是材料的载流子迁移率高、种类非常丰富、带隙从 0.7eV 到将近 2.0eV、有利于进行能带剪裁。InP 基器件具有高频、低噪声、高效率、抗辐照等特点，成为 W 波段及更高频率毫米波电路的首选材料。InP 基三端电子器件主要有 InP 基异质结双极晶体管（HBT）和高电子迁移率晶体管（HEMT）。衡量器件的频率特性有两个指标：增益截止频率（f_T）和功率截止频率（f_{max}）。这两个指标决定了电路所能达到的工作频率。InP 基 HBT 材料选用较宽带隙的 InP 材料作为发射极、较窄带隙的 InGaAs 材料作为基极，集电极的材料根据击穿电压的要求不同可以采用 InGaAs 材料或 InP 材料，前者称为单异质结 HBT，后者称为双异质结 HBT，且后者具有较高的击穿电压。InP 基 HEMT 采用 InGaAs 作为沟道材料、InAlAs 作为势垒层，这种结构的载流子迁移率可达 10 000cm^2/（V·s）以上。

以美国为首的发达国家非常重视对 InP 基器件和电路的研究。从 20 世纪 90 年代起，美国对 InP 基电子器件大力支持，研究 W 波段及更高工作频率的毫米波电路以适应系统不断提高的频率要求。最先获得突破的是 InP 基 HEMT 器件和单片集成电路（MMIC）。在解决了提高沟道迁移率、T 型栅工艺、欧姆接触及增加栅控特性等关键问题后，2002 年研制成功栅长为 25in 的 HEMT 器件，f_T 达到 562 GHz[18]，通过引入 InAs/InGaAs 应变沟道，实现栅长为 35in 器件的 f_{max} 达到 1.2 THz[19]。InP 基 HEMT 器件在噪声和功率密度方面都具有优势：MMIC 低噪声放大器（LNA）在 94 GHz 下的噪声系数仅为 2.5dB、增益达到 19.4dB[20]；PA 的功率达到 427mW、增益达到 10dB 以上[21]。美国的 Northrop Grumman 公司形成了一系列 W 波段 MMIC 产品。采用截止频率达到 THz 的 InP 基 HEMT 器件，也已经研制成功大于 300 GHz 的 VCO、LNA 和 PA 系列 MMIC，并经过系统的演示验证[22]。2013 年，美国 UCSB 大学的 Zach Griffith 等人采用 Teledyne 科技公司的 0.25μm 工艺，器件 f_T 达到 355 GHz，f_{max} 超过 550 GHz，研制了 220 GHz 固态功率放大器，单包输出功率达到 90mW[23]。

InP 基 HBT 的突破是在 21 世纪初，美国加利福尼亚大学圣塔芭芭拉分校的 M. Rodwell 领导的研究组率先将 InP 基 HBT 的 f_T 和 f_{max} 提高到 200 GHz 以上。其后采用转移衬底技术实现的 HBT，f_T 为 204 GHz，f_{max} 超过 1000 GHz[24]；2007 年，伊利诺伊大学制作成功发射极宽度为 250nm 的 SHBT，其 f_T 超过 800 GHz，f_{max} 大于 300 GHz[25]；为了解决 SHBT 中击穿电压低的问题，2008 年 UCSB 设计实现了无导带尖峰的双异质结 HBT（DHBT），f_T 突破 500 GHz，f_{max} 接近 800 GHz，击穿电压大于 4V[26]；采用 GaAsSb 基极，与发射极和集电极的 InP 材料形成 II-型能带结构的 InP DHBT 的 f_T 大于 600 GHz，并具有很好的击穿特性[27]。在器件突破的同时，国外的 InP 基单片集成功率放大器（PA）和压控振荡器（VCO）的工作频率都被推进到 300 GHz 以上[28]。据报道，国外 3mm 波段（100 GHz）的系统已经进入实用化阶段，频率高达 300 GHz 的演示系统也已出现。

InP 材料和器件在太赫兹领域的发展极为迅猛，2010 年，Teledyne 研制成功最高频率达到 570 GHz 的基频振荡器，固定频率的振荡电路在 310 GHz 输出功率为-6.2 dBm，412 GHz 输出功率为-5.6 dBm，在 573 GHz 输出功率达到-19.2 dBm[29]。同年报道了固态功率放大器模块，在 340 GHz 的小信号增益为 15dB，输出峰值功率达到 10mV[30]。上述结果初步表明了 InP 在太赫兹领域的优势和潜力。

我国 InP 基材料、器件和电路的研究起步较晚，近些年取得了长足的进步。在 InP 单晶方面，国内拥有 20 多年研究 InP 单晶生长技术和晶体衬底制备技术的经验和技术积累，已经实现了 2in 和 3in 的 InP 单晶抛光衬底开盒即用，其位错密度等方面与国外衬底材料相当，近年来一直为国内外用户批量提供高质量 2in 和 3in InP 单晶衬底；在外延材料方面，中国科学院在 InP 衬底上实现了 InP 基 HBT 和 HEMT 器件结构，并突破了复杂结构的 HBT 材料的生长，实现了高质量的 InP 基 HBT 外延材料[31]，生长的 InP 基 HEMT 外延材料的载流子迁移率大于 10 000cm^2/（V·s）[32]，并已实现了向器件研制单位小批量供片；在器件研制方面，2004 年前主要开展 InP 基光电器件的研制，如肖特基二极管、光电探测器等。2004 年随着"973"计划项目"新一代化合物半导体电子材料和器件基础研究"的启动，InP 基电子器件和电路的研究才逐渐得以重视，目前中国科学院和中电集团先后在 3in InP 晶圆上实现了亚微米发射极宽度的 InP 基 HBT 和亚 100nm T 型栅的 InP 基 HEMT 器件，截止频率超过 300 GHz[33, 34]。在毫米波电路的研究方面，中国科学院和中电集团已成功地研制出 W 波段的低噪声放大器、功率放大器和 VCO 样品；此外采用 InP DHBT 工艺实现了 40GHz 分频器、比较器和 W 波段的倍频器、混频器等系列芯片，为 W 波段系统的应用奠定了基础[35~37]。

3. GaN 基器件与集成技术

氮化镓（GaN）作为第三代宽禁带半导体的代表，具有大的禁带宽度、高的电子迁移率和击穿场强等优点，器件功率密度是 Si、GaAs 功率密度的 10 倍以上。由于其具有高频率、高功率、高效率、耐高温、抗辐射等优异特性，可以广泛应用于微波毫米波频段的尖端军事装备和民用通信基站等领域，所以成为全球新一代固态微波功率器件与材料研究的前沿热点，有着巨大的发展前景。

GaN 基 HEMT 结构材料和器件是当前国际上极其重视的研究方向。以美国为首的发达国家都将 GaN 基微波功率器件视为下一代通信系统和武器应用的关键电子元器件，并设立专项研究计划进行相关研究，如美国国防部高级研究计划局的宽禁带半导体计划"WBGS"，提出了从材料、器件到集成电路三阶段的研究计划，并组织三个团队在 X 波段、宽带和毫米波段对 GaN 基 HEMT 及其微波单片集成电路（MMIC）进行攻关[38]。在宽禁带半导体计划取得重要进展的基础上，美国国防部高级研究计划局在 2009 年又启动了面向更高频率器件的 NEXT 项目，预计 4～5 年内将器件的频率提高到 500 GHz（表 3-1）。

表 3-1　NEXT 计划各阶段验收标准

指标	项目	第 1 阶段	第 2 阶段	第 3 阶段
性能	耗尽型模式下器件的截止频率（f_T）/GHz	300	400	500
	耗尽型模式下器件的最高频率（f_{max}）/GHz	350	450	550
	耗尽型模式下的约翰逊品质因数/THz-V	5	5	5
	增强型模式下器件的截止频率（f_T）/GHz	200	300	400
	增强型模式下器件的最高频率（f_{max}）/GHz	250	350	450
	增强型模式下的约翰逊品质因数/THz-V	5	5	5
良率	晶体管的良率/%	50	75	95
	工艺控制监测电路（PCM）/%	30	30	70
一致性	V_{TH} 的偏差/mV	50	40	30
	f_T 的偏差/GHz	50	40	30
	f_{osc} 的偏差/%	15	10	5
	退化时间/h	>10	>100	>1000

目前，在 GaN 基微电子材料及器件研究领域，美国和日本的研究处于世界领先水平，美国主要研究机构有加利福尼亚大学圣塔芭芭拉分校、Cree 公司、APA 公司、Nitronex 公司、康奈尔大学、南加利福尼亚大学等，日本的主要研究机构有名古屋理工学院、NEC 公司、Fujitsu 公司和 Oki 公司等。

经过近 10 年的高速发展和投入，GaN 功率器件和电路取得令人瞩目的成就，主要在宽带、效率、高频三个领域全面超越 GaAs 器件，成为未来应用的主流。在宽带电路方面，实现了 2～18 GHz 和 6～18 GHz 宽带 GaN 微波功率单片电路，连续波输出功率达到了 6～10W，功率附加效率为 13%～25%[39]；在高效率方面，X 波段 MMIC 输出功率 20W，功率附加效率达到了 52%[40]。X 波段内匹配功率器件脉冲输出功率 60.3W，功率附加效率高达

43.4%[41]。2011 年，Hossein 报道了 3.5GHz 下的功率器件，效率达到 80%。2010 年 M. Roberg 研制的 F 类功率放大器件，在 2.14GHz 输出功率 8.2W，效率达到 84%[42]；在高频率方面，美国 HRL 实验室报道了 12 路 GaN MMIC 波导合成的毫米波功率放大器模块，在 95GHz 下输出功率超过 100W 的 GaN MMICs 功放合成模块[43]；2011 年，美国 Raytheon 公司报道了三款分别针对高效率、高增益、高输出功率的毫米波 GaN MMIC 电路[44]，在 95GHz 下，最高增益为 21dB；在 91GHz 下，最高 PAE 大于 20%；在 91GHz 下，最高输出功率为 1.7W。同时，长期困扰 GaN 功率器件实用化的瓶颈——可靠性问题，随着材料、工艺和器件结构等技术水平的提高，已实现了 MTTF 达到 10^8 小时[45]。

在实用化方面，2010 年，美国 Triquint 和 Cree 公司宣布推出 3in GaN 功率器件代工线服务，并发布了覆盖 2~18GHz 的系列器件和电路，这标志着 GaN 产品时代正式到来。2011 年，TriQuint 对其 GaN NEXT 工艺进行了严格的测试，测试结果显示截止频率已超过 240 GHz。2013 年 CS MANTECH 会议上，各公司报道了最新的研制进展。Cree 公司报道了 75W S 波段、25W 宽带 MMIC 的进展情况，分别由该公司的 G28V3 和 G28V4 HEMT 工艺研制。Triquint 公司推出了 X 波段 60W GaN 功放和 2~20GHz 瓦级宽带功放系列。目前已经有超过 300 000 个器件用于军用干扰器项目的装备。

为了解决 GaN 射频器件的可靠性问题，美国国防部（DOD）资助了一个 Title Ⅲ 计划项目[46]。目标是将 GaN 射频产品的技术成熟度提高到 8 级，即要求 MMIC 器件在 225℃的结温下，平均时间到故障（MTTF）的目标是 1 万小时。Cree 公司的 MMIC 产品在可靠性上超过了这一目标值，采用 G28V3 工艺的产品其 MTTF 为 5500 万小时，而采用 G28V4 工艺的产品其 MTTF 高达 15 000 万小时。2014 年 1 月，Tilte Ⅲ 项目里的 X 波段 MMIC 已经完成了产品的生产，其技术成熟度已经达到 8 级，雷神公司的 MMIC 通过三次技术提高，成品率已经达到 76%，可靠性指标达到 100 万小时。

我国 GaN 功率器件和电路的研究起步较早，在前期"973"计划和国家自然科学基金重大项目的支持下，材料和器件的研究取得了突破性进展：3in 半绝缘 4H-SiC 单晶电阻率大于 108Ω·cm，微管缺陷密度低于 30dec/cm^2，并实现了小批量供货；SiC 衬底 HEMT 结构材料的室温方块电阻小于 270LΩ/□，室温 2DEG 迁移率和面密度乘积达到 $2.4×10^{16}$/（V·s），蓝宝石衬底 HEMT 结构材料的室温 2DEG 迁移率大于 2180cm^2/（V·s），室温 2DEG 浓度与迁移率的乘积大于 $2.3×10^{16}$/（V·s），室温方块电阻小于 280Ω/□，达到国际先进水平。在器件和电路方面，国内建立了四条 GaN 功率器件研制线，研制出覆盖 C-Ka 波段系列内匹配器件和电路。X 波段和 Ka 波段器件输出功率密度分别达 17W/mm 和 3W/mm 以上；8～12GHz GaN MMIC 脉冲输出功率为 20W，功率附加效率为 32%；15～17GHz GaN MMIC 脉冲输出功率为 17W，功率附加效率为 27%；Ku 波段内匹配器件脉冲输出功率为 20W，功率附加效率大于 25%；Ka 波段 MMIC 脉冲输出功率达到 3W，W 波段器件 f_T 大于 174GHz、f_{max} 为 215GHz。上述器件和电路的技术指标达到国际先进水平，但在可靠性方面尚存在一定的差距，目前处于样品阶段。2011 年，国家重大科技专项启动"中国宽禁带半导体推进技术"，重点开展 3in GaN 器件工艺线建设和器件可靠性推进工程，最终实现"用得上、用得起"GaN 功率器件和电路，实现与国际的同步发展和竞争。

4. SiC 基器件与集成技术

SiC 材料具有大的禁带宽度、高饱和电子漂移速度、高击穿电场强度、高热导率、低介电常数和抗辐射能力强等优良的物理化学特性和电学特性，在高温、大功率、抗辐射等应用场合是理想的半导体材料之一，SiC 电力电子器件具有频率高、开关损耗小、效率高的优点。

长期以来，SiC 衬底材料的高微管密度和器件的制备工艺难度大、成品率低，使得 SiC 功率器件产品价格高，严重影响了其向民用市场的推广应用。近年来，随着 SiC 单晶材料、外延技术、器件工艺和封装技术的提升，SiC 功率器件与集成技术得到飞速发展。

在 SiC 单晶材料方面，SiC 衬底的尺寸朝大尺寸方向发展；目前的主流为 4in（100mm）产品，6in（150mm）产品的质量不断提高，结晶缺陷越来越少，并将在 2014 年内出现商业化产品；SiC 衬底尺寸未来还有进一步扩大的趋势。美国 Cree 公司在 SiC 基片市场上占有较高份额；此外，美国 Dow Corning 公司、II-VI公司，日本新日铁、日本电装和已被日本罗姆公司收购的德国 SiCystal 公司等都可以提供高质量 4in SiC 衬底片，并正在积极开发 6in SiC 衬底片。亚洲 SiC 材料企业也纷纷推出 4in SiC 衬底片，并正在开发 6in 的 SiC 衬底片，如韩国 SKC 公司，中国北京天科合达蓝光半导体有限公司、山东天岳先进材料科技有限公司等。大尺寸 SiC 衬底材料的快速发展，有利于降低 SiC 器件的成本，促进 SiC 器件的普及应用。

在 SiC 功率器件方面，器件形式多样发展，新结构器件不断提升器件性能。目前，商业化的 SiC 二极管主要是 SBD，已经系列产品化，阻断电压范围为 600～1700V，电流为 1～50A，主要厂商有美国 Cree、德国 Infineon 和日本 Rohm 等；在功率晶体管方面，Cree 和 Rohm 都已经推出 600～1700V 的 SiC MOSFET 器件产品，飞兆半导体和 GeneSiC Semiconductor 公司也发布了 SiC BJT 产品。在新结构器件方面，衬底薄片化和沟槽等新结构的出现促使 SiC 功率器件性能不断提升，进一步降低器件导通电阻。英飞凌公司在 2013 功率半导体国际学会"ISPSD 2013"上发表了将基片减薄至 110μm 的耐压 650V 的 SiC 二极管[47]；罗姆公司在"ICSCRM 2013"上公布了通过研磨等工序将 SiC 衬底片减薄至 50μm，耐压 700V 的 SiC 肖特基势垒二极管（SBD），与原来利用 230μm 厚的基片制造的相同耐压的 SBD 相比，导通电阻为 0.22mΩ·cm^2，减小到原 230μm 厚度产品的一半以下[48]。在器件结构方面，Cree 公司通过 SiC JBS 栅格区凹槽降低肖特基结处的峰值电场进一步提升器件可靠性[49]。

在 MOSFET 器件方面，2006 年，Cree 公司报道了 10kV/5A 的 4H-SiC DMOSFET 器件，其特征通态电阻为 111mΩ·cm^2，阻断电压为 10kV@ 3.3μA[50]。之后，Cree 公司又报道了 10kV/20A 器件，芯片面积扩大至 8.11mm×8.11mm，特征通态电阻 91mΩ·cm^2。关断时间为 75ns[51]。罗姆公司计划在 2014 年上半年推出栅极和源极都设有沟道的"双沟道型"SiC MOSFET[52]。随着材料和工艺的成熟，Cree 公司和罗姆公司纷纷推出 1200～1700V 系列产品①。Cree 公司在 SiC DMOSFET 器件的发展历程见图 3-2。

图 3-2　Cree 公司在 SiC DMOSFET 器件的发展历程

---

① 参见：http://www.wolfspeed.com/Power/Products/MOSFETs；http://www.rohm.com/web/global/search/parametric/-/search/SiC%20MOSFET.

同时，SiC IGBT、BJT 技术也逐渐成熟，并不断刷器件耐压记录。国外的 SiC-IGBT 主要进展情况如表 3-1 所示。从中可以看出现阶段进行 SiC-IGBT 研究的主要是美国和日本等国家，所研制的 SiC-IGBT 都已经超过 10kV，其中日本产业技术综合研究所（AIST）开发的 n-IGBT 已经达到 16kV 水平，并且通过使用 P 型外延技术，获得了 75cm^2/（V·s）的高迁移率[53]。受 SiC 的 P 型衬底技术不成熟的影响，目前商业化开发的公司主要围绕 N 沟 IGBT 展开研究。在功率半导体国际会议"ISPSD 2013"上，GeneSiC Semicondutor 公司报道了耐压高达 10kV 左右的 SiC 双极晶体管（BJT），芯片尺寸分别为 3.65mm^2（导通电阻为 110mΩ·cm^2、电流增益为 78）和 7.3mm^2（导通电阻为 143mΩ·cm^2、电流增益为 75）的两种 SiC BJT[①]。2012 年京都大学在发布耐压 21.7kV SiC PiN 二极管之后，也实现了"全球最高值"——20kV 耐压的 SiC BJT 晶体管[54]。

随着 SiC 材料和器件的快速发展，SiC 功率模块的开发也在加快，不断有新产品亮相。2012 年配备 SiC 二极管及 SiC MOSFET 的"全 SiC"功率模块产品出现，"全 SiC"化功率模块迅速成为关注热点，Cree、三菱电机、罗姆公司均推出了全 SiC 功率模块产品。三菱电机 2010 年实现首次将 SiC 肖特基势垒二极管配置在空调上，并积极推动"全 SiC"化功率模块的应用。SiC 功率器件应用并向铁路机车、新能源和电动汽车等领域扩展。2013 年 5 月在德国纽伦堡举行的功率电子技术展会"PCIM 2013"上，三菱电机及东芝均公开展示了自己开发的混合型 SiC 模块，三菱电机的模块已被应用于东京 Metro 地铁的银座线和东西线，采用该模块的新列车与以往的车辆相比，由逆变器及感应马达等组成的主电路系统的耗电量可减少 38.6%，在再生电力方面，通过再生制动器回流到架线的电力所占比例（再生率）由原来的 22.7%提高到了 51.0%[②]。

我国在 SiC 半导体单晶材料和器件的研发方面起步很早，尤其是近几年"863"计划、国家科技重大专项等对 SiC 材料、设备、器件和应用等都给予了产业化的资助支持，并取得了丰硕成果。在单晶材料方面，北京天科合达蓝光半导体有限公司、山东天岳先进材料科技有限公司均已推出成熟的 3in、4in SiC 单晶衬底产品，并积极开发 6in 的 SiC 衬底片；在外延材料方面，国内 SiC 外延材料企业也推出 3in、4in SiC 外延片产品，并积极开拓国际市场，如瀚天天成电子科技（厦门）有限公司、东莞市天域半导体科技有

---

① 参见：http://china.nikkeibp.com.cn/news/semi/66256.html.

② 参见：http://china.nikkeibp.com.cn/news/mech/65380-20130327.html；http://china.nikkeibp.com.cn/news/econ/62930-20120928.html.

限公司。在 SiC 功率器件方面，中国电子科技集团第 55 所、第 13 所，中国科学院微电子研究所，西安电子科技大学等科研机构都纷纷研制成功 SiC SBD 和 MOSFET 器件，正开展产业化推进工作；此外，民营企业也积极进入 SiC 功率器件市场，如泰科天润半导体科技（北京）有限公司推出了 SiC SBD 二极管产品。在 SiC 功率器件产业化和应用方面，科技重大专项资助了以南车株洲所牵头的 SiC 电力电子器件的产业化项目，以应用为牵引，打造 SiC 材料、器件、模块与应用的产业链。

（三）基于新材料的硅基集成技术：支撑功能集成的新思路

将以 GaN 和 InP 为代表的化合物半导体与硅基材料集成是目前发展的重点。硅基 GaN、InP 将在功率转换、超高速电路、光电集成和量子集成等方面成为支撑功能集成的新思路。

1. 硅基 InP 集成技术

美国国防部高级研究计划局在硅基化合物半导体材料研究计划（COSMOS）中，支持了多家研究机构进行相关材料与器件的研究开发，对于 InP HBT 器件与硅基 CMOS 器件异质集成的研究领域，COSMOS 计划目前探索了多种不同的互连集成策略，其中，Northrop-Grumman 公司的研发团队采用了将 InP HBT 器件亚集成电路引入 CMOS 衬底的工艺方式，首先采用 CMOS 常规工艺进行硅基电路部分的流片制作，同时采用 InP HBT MMIC 常规工艺将 InP 芯片减薄并划片，再将 InP 芯片倒扣转移至 CMOS 衬底芯片上，对应的管脚电极进行直接互连，从而实现异质材料器件的工艺集成，芯片如图 3-3 所示。2008 年，Northrop-Grumman 公司采用这种集成方式实现了差分放大器原型芯片及 ADC 芯片，通过测试表明化合物电路部分与硅基 CMOS 电路部分均正常工作[55]。

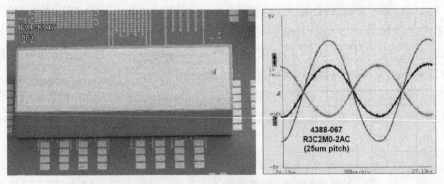

图 3-3　Northrop-Grumman 公司开发的异质集成芯片

　　美国 Raytheon 公司开发了一种直接将 InP HBT 器件与硅基 CMOS 器件集成在硅衬底上的工艺，实现了微米级间距的异质器件集成，采用这种工艺，可以通过合理布局高性能化合物器件与高集成度 CMOS 单元的位置来达到优化电路性能的目的。这种直接集成的方法存在许多问题与挑战，首先，需要制备一种衬底，能够兼容硅基器件与化合物器件两种材料的生长工艺，为了解决这个问题，Raytheon 公司与 MIT 和 LLC 合作开发了一种采用晶格改造方法研制的硅基衬底，这种衬底既可以采用标准 CMOS 工艺进行器件研制，同时可以直接生长 InP 基器件外延层，从而实现两种不同种类器件的集成，示意图如图 3-4、图 3-5 所示[①]。

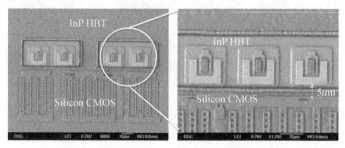

图 3-4　Raytheon 公司开发的异质集成芯片

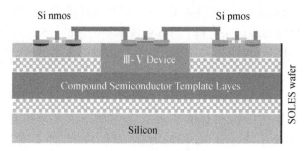

图 3-5　Raytheon 公司开发的异质集成芯片集成示意图

2. 硅基 GaN 集成技术

　　硅基 GaN 功率半导体器件与集成技术是目前宽禁带功率半导体器件的研究重点，也是 More than Moore 思想的典型体现。它将硅集成电路成熟的工艺加工技术和低成本的优势与 GaN 材料功率性能优良两者有机结合起来，一方面，可以有效地降低功率的成本和提高成品率；另一面，可以将硅基的控制电路和 GaN 基功率器件、光电器件单片集成实现智能功率集成技术。

---

① 参见：http://www.raytheon.com/news/technology_today/2010_i2/pdf/2010_2.pdf.

近年来，硅基 GaN 的材料质量及硅基 GaN 功率器件的性能已得到显著提高。通过外延技术可在更大尺寸（200mm）的硅衬底上得到 GaN 外延晶片，为 GaN 功率半导体技术的产业化与商业化提供了更大的成本优势[56~58]。图 3-6 展示了目前各商业衬底尺寸的对比。

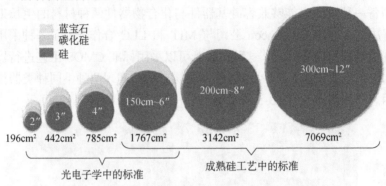

图 3-6　目前各商业衬底尺寸对比

此外，在硅衬底上外延生长 GaN 材料还有助于硅基 GaN 器件与现有硅基光电器件和数控电路等集成。因此，上述优点促使硅基 GaN 技术脱颖而出成为 GaN 在未来功率电子应用中的首选技术方案。

自 1971 年 Manasevit 等通过金属有机物气相外延技术首次得到 Si（111）衬底上的Ⅲ族氮化物薄膜以来，硅基 GaN 技术在随后的 15～20 年里发展相对缓慢，直到 20 世纪 90 年代，伴随着发光二极管等光电器件的广泛应用，硅基 GaN 外延生长技术才得以快速发展。2001 年，美国、韩国和法国几个研究小组相继报道了在 Si（111）衬底上成功外延生长出可用于制造 GaN 器件的 AlGaN/GaN 异质结构和 GaN 薄膜。美国康奈尔大学和德国 Ferdinand-Braun-Institute 报道了通过向 GaN 缓冲层中掺杂 Fe[65] 或 C[66] 元素来引入深能级受主杂质以补偿缓冲层中的背景施主陷阱。目前，4in 和 6in 硅基 GaN 外延片已经实现商用化，一些科研机构和半导体厂商也相继报道了在 8in 硅基 GaN 晶圆上的最新研究成果[56~58]。

2012 年，新加坡材料研究和工程研究所报道了 200mm AlGaN/硅基 GaN（111）晶圆[56]。同年，新加坡微电子研究所和荷兰 NXP 半导体公司宣布合作开发 200mm 硅基 GaN 晶圆及功率器件技术。位于比利时的校际微电子研究中心（IMEC）旗下公司 EpiGaN、美国 International Rectifier 公司、IQE 公司、日本 Dowa Electronics Materials 公司、德国 AZZURRO 等公司也正在开发 200mm 硅基 GaN 外延技术。CMOS 兼容工艺也随后获得了迅猛的发展。2012 年，IMEC 报道在 6in Si（111）衬底上利用 CMOS 兼容的无金工艺制造 AlGaN/GaN HEMTs 功率晶体管[15]。同年，同一研究小组在 ISPSD 年会上报道了在 8in 硅基 GaN（111）晶圆上通过 CMOS 兼容无金工艺结合凹槽栅工艺制造的增强型 AlGaN/GaN HEMTs 功率晶体管，同时探索出如何抑制 Ga 元素对 CMOS 工艺线污染的方案[61]。2013 年，三星公司采用类似的先栅工艺，结合 P-GaN 增强型和 CMOS 兼容工艺，在 200mm 硅基 GaN 晶圆上制备出了击穿电压 600V、阈值 2.8V 的功率开关器件并封装，同时表征了其在 10MHz 下工作的动态特性[62]。

2012 年 4 月，美国国防部高级研究计划局在当年的 CS Mantech 会议上报道了关于化合物半导体 GaN 与 Si-CMOS 的集成计划，被称作 Diverse Accessible Heterogeneous Integration（DAHI）规划[73]，指出要结合 GaN-HEMT 的高频和耐高压性能与 Si-CMOS 的高集成度优势，研发出基于硅基高性能，多功能智能化芯片元件。

近几年，通过上述方案成功研制了 GaN-Si CMOS 集成电路[64]，其中有电流镜电路（首款 RFIC）、微分放大电路、射频脉宽调制发射器等，如图 3-7 所示。

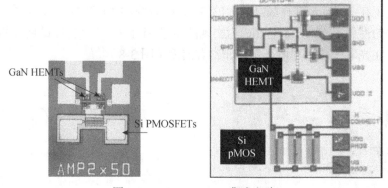

图 3-7　GaN-Si CMOS 集成电路

我国对硅基 GaN 的研究处于起步阶段，目前主要处于材料研制阶段。2012 年江苏能讯微电子有限公司向 AIXTRON 购买爱思强近耦合喷淋头（CCS）CRIUS MOCVD 系统，用于氮化半导体电子器件的生产。该系统成为国内首台用于专门生产 GaN 电子器件的系统。苏州晶湛半导体已经可以供货 8in 硅基 GaN 外延片。另外，北京大学，中国科学院微电子研究所、中国科学院苏州纳米技术与纳米仿生研究所、中国科学院物理研究所及中国科学院上海微系统与信息技术研究所相继开展了在硅衬底上直接生长 GaN 的研究工作,尺寸范围 2~6in。中国科学院苏州纳米技术与纳米仿真研究所纳米加工平台从 2010 年开始对硅基 GaN 功率开关器件的关键技术开展研究,经过近两年的研发,成功研制出阈值电压 3.5V、输出电流 5.3A、栅极输入电压最高可达 15V、击穿电压 402 V 的 AlGaN/GaN/Si HEMT 常关型功率开关器件。这也是国内首次报道硅基 GaN 功率开关器件,达到国际领先水平[65]。

3. 硅基 SiC 集成技术

SiC 材料不仅具有优异的电学和光电特性,如低漏电、开关效率高、蓝光/UV 光的发射和探测等特性,而且具有硬度高、热膨胀系数小、高弹性模量和高断裂强度、耐化学腐蚀等优点,高质量的硅基 SiC 材料能够充分利用硅成熟的集成工艺平台实现在功率电子器件(能源)、发光(汽车/航空航天)、远程传感和成像的微系统(环境和医药)等领域的广泛应用。

3C-SiC 晶体与 2H-GaN 立方晶型匹配(仅 3%失配),为解决硅材料和 GaN 材料之间的晶格失配和热失配问题,提供了有效的缓冲衬底材料。目前,SPP Process Technology Systems(SPTS)公司与澳大利亚格里菲斯大学已经实现在 300mm 硅衬底晶片上的 3C-SiC 薄膜的 LPCVD 异质外延生长,厚度均匀性优于 1%。Si 上 SiC 为实现高质量 Si 上 GaN 材料提供良好的缓冲衬底,在光电子和功率电子领域非常有前途(图 3-8)[66]。

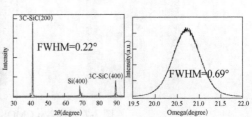

图 3-8 Si 上 SiC 材料

SiC 的优良机械性能,以及耐高温和高化学稳定性,使得 Si 上 SiC 材料能够充分利用硅基平台的微机械技术,用于制造适用于恶劣工作环境下的 SiC MEMS 器件,如传感器、高 Q 值谐振器、悬臂梁等,SiC 材料应对突发应力变化能力、疲劳耐受能力也非常优异,而且与血液检测等生物应用具有良好的兼容性,在生物传感器领域也有重要应用前景。

（四）基于 CMOS 工艺的硅基混合光电集成技术：推进光电技术融合的新举措

基于 CMOS 工艺的硅基混合光电集成技术由于其高集成密度、低功耗、低成本、光子电子器件可单片集成等特点，近 10 年来成为光电子领域最受关注的研究热点之一。面向计算机高速数据传输需求，基于硅基光电子集成芯片的光互连技术也已经被广泛认为是解决计算机内部和对外部高速、大容量、低功耗传输的最理想路径之一，其核心技术和器件在世界各国也得到了广泛深入的研究。

美国国防高级研究计划局在 EPIC 和 UNIC 计划的支持下，长期组织进行高性能硅基光互连技术研发；欧盟从 2008 年分别启动 HELIOS 和 PLATON 计划，支持硅基光子集成技术研究。在计算机输入/输出的光接口方面，Intel 公司于 2010 年研制出硅基光收发链路（silicon photonic link），其内部芯片集成了激光器、波分复用/解复用器、调制器和探测器等硅基光子器件，能够实现 50Gb/s 的高速光信号传输。在面向微处理器内部多核间的光互连研究方面，IBM、SUN 等公司也展开了基于硅基光互连技术的高性能多核微处理器芯片的研究。2010 年，IBM 公司宣布，在面向 2018 年 HPC 微处理器内硅基光互连技术的研究已经取得了很大的进展。同年，SUN 公司提出"Macro-Chip"方案，计划利用硅基光器件实现多个 CMOS 芯片的片内光通信，计划在 2015 年实现 8×8 微处理器的光互连集成。其他各大计算机与通信器件制造商和大学等研究机构，包括 UCSB、MIT、HP、CISCO、NTT、NEC、富士通、华为等，也在积极探索基于 CMOS 工艺的硅基混合光电集成技术的发展，世界各国在光互连用核心硅基光电子集成器件和技术的开发上取得了以下令人瞩目的诸多成果。

在硅基混合集成激光器方面：2006 年，UCSB 基于键合和消逝场耦合技术首次研制出硅基 FP 混合模激光器（阈值 65mA，输出 1.8mW）。2007 年，Intel 公司开发出硅基 Raman 光泵激光器，采用跑道环谐振腔结构，边模抑制比最高可达 70dB。2008 年，比利时根特大学基于键合和消逝场耦合技术研制出直径 7.5μm 的微盘单模激光器。2009 年，日本 NEC 公司研制出世界第一只硅基波长可调激光器，在 2010 年开发出 100nm 调谐范围最宽的硅基波长可调激光器，输出功率大于 12mW，边模抑制比大于 30dB。2013 年，同样基于硅基键合和消逝场耦合技术，中国科学院半导体研究所研制出新型微结构跑道环激光器和直腔激光器。其中微结构跑道环激光器直流输出功率为

0.3mW，边模抑制比大于 23dB。直腔激光器直流输出功率为 0.8mW，边模抑制比>20dB[67~78]。

在硅基电光调制器方面：2004 年 Intel 公司首次报道了调制速率达到 1GHz 的硅基马赫-曾德尔干涉仪（MZI）型电光调制器，2007 年，基于反向 PN 二极管的 MZI 调制结构，Intel 公司的研究人员研制出调制速率 40Gb/s、消光比 1dB 的硅基调制器。同年，IBM 公司报道了基于 PIN 二极管的 MZI 硅基调制器，用 200μm 长调制臂实现了 10Gb/s 的调制速率，并获得了较大的消光比。经进一步研究发现，采用微环、微盘或光子晶体微腔等新型微纳结构，可以使调制器的尺寸与功耗获得 2~3 个数量级的改善。康奈尔大学于 2007 年报道了基于正向 PIN 二极管结构的微环型调制器，在 18Gb/s 时获得了 3dB 的动态消光比。2009 年，Kotura 公司与 SUN 公司联合研制了一种基于反向 PN 结构的微环调制器，实现了速度 12.5Gb/s、消光比为 8dB 的高速调制，驱动电压仅为 1V，调制功耗约 10fJ/bit。最近两年，国内在硅基高速调制器方面取得快速发展，所研制的 MZI 和微环型调制器的调制速度均达到 60Gb/s，处于世界领先水平。

在硅基波长路由方面：NEC、UCSB、NTT、IBM 等研究单位分别研制了基于 InP 材料的波长转换路由和基于 SOI 材料的空间开关路由，日本 NEC 研制的基于 SOI 材料的波长选择光开关可以避免 InP 器件的高成本和 SOI 空间开关的高损耗，是一种比较理想的路由实现方案。在国内，曾成功研制硅基 4×4 高速光开关阵列，开关时间达到 10ns 量级，在高速电光开关方面位于世界前列水平。目前正在探索研制高速、可拓展、大规模路由交换器件以满足在 HPC 光互连和光通信中的广泛路由交换需要。

在硅基光探测器方面：锗材料具有与 CMOS 工艺兼容、吸收探测波长在硅波导光传输波段等特点，被广泛用于制作硅基光电探测器。目前，面入射硅基锗探测器的 3dB 带宽可达到 40GHz，但是响应度较低，而波导型结构的硅基锗探测器，在 1550nm 波长的 3dB 带宽可以达到 47GHz，响应度达到 0.8A/W。2010 年，IBM 公司研制出工作在 1.5V 低电压下的硅基锗探测器，为硅基异质材料光电子集成提供了新思路。2013 年中国科学院半导体研究所研制出带宽 26GHz，在 1550nm 波长下的响应度为 0.3A/W 的硅基锗光电探测器。

硅基光子集成芯片是光电子领域世界研究热点，目前，美国的 Luxtera、Intel 公司，分别研制出多路波分复用、传输率达到 4×25Gb/s 的收发混合集成芯片，被广泛用于包括我国"天河 2 号"在内的高性能计算机，实现板间或机柜之间的光互连。在"973"计划、国家自然科学基金等的支持下，浙江大学、上海交通大学、华中科技大学、清华大学、北京大学、复旦大学、吉林大学、中国科学院上海微系统与信息技术研究所、中国科学院半导体研究所、南京大学、厦门大学、国防科技大学等单位从多方面基于 CMOS 工艺的硅基混合光电集成技术开展了研究，取得了一定的研究成果，但是在关键技术方面仍有待突破。

二、规律总结

（一）基于新材料的硅基器件

1. Ge 和 GeSn 器件

以 Si CMOS 技术为基础的集成电路技术长期以来遵循摩尔定律，通过不断缩小器件的特征尺寸来提高芯片的工作速度、增加集成度及降低成本，集成电路的特征尺寸已经由微米尺度进化到纳米尺度，然而，到 22nm 技术节点及以下时，硅集成电路技术在速度、功耗、集成度、可靠性等方面将受到一系列基本物理问题和工艺集成问题的限制。

Ge 及 GeSn 材料的发展历史是颇具代表性的。Ge 材料的研究和应用呈现波动性前进的趋势。伴随 Ge 冶炼提纯技术的完善，使用 Ge 制作电子器件的研究始于 20 世纪 40 年代。巴丁等利用 Ge 晶体，研制出世界上第一个点接触式晶体管器件，大大拓宽了半导体行业的领域，推动了科学研究的进步与行业的发展。而基尔比等则依靠 Ge 基晶体管研制出世界最早的集成电路。

这两项里程碑式的工作并没有给 Ge 材料带来辉煌的延续，在 20 世纪中期的竞争中，Ge 由于存在多种本征上和技术上的问题，Ge 的科学研究和工业发展都停滞了，电子工业进入了 Si 的时代。而随着电子器件水平的不断提高，Si 材料已经越来越难以满足先进技术节点上的器件需求。于是 Ge 材料又焕发了"第二春"。而且，Ge 材料又结合新时期的发展趋势，以及在其他研究方面所积累的经验，获得了新的发展，诞生了以 GeSn 为代表的新材料等。

综合来看，Ge 材料的发展经历了如下循环渐进的过程：技术孕育（Ge 提纯技术）→初次创新（Ge 晶体管的发明）→衰退（来自 Si 的竞争）→复兴（先进技术节点的需求）→进化（GeSn 材料的诞生与推广）。

2. Ⅲ-Ⅴ族半导体器件

从Ⅲ-Ⅴ族半导体的发展角度看，最早期的Ⅲ-Ⅴ族材料主要是以 GaAs、InP 为主，人们利用它们优异的电子迁移率，以及直接带隙半导体的特性，将Ⅲ-Ⅴ族半导体材料主要用于研制频率器件，以用于微波通信，以及光电探测器、高效率太阳电池及激光器等。随着摩尔定律的不断深化，Ⅲ-Ⅴ族半导体材料因其优异的迁移率特性被借鉴到高迁移率 CMOS 器件的研制中去。Ⅲ-Ⅴ族半导体（尤其是 GaAs、InAs、InSb 等）的电子迁移率是硅的 6～50 倍，Sb 基Ⅲ-Ⅴ族半导体的空穴迁移率也远高于应变硅，Ⅲ-Ⅴ族半导体在低场和强场下都具有优异的电子输运性能，是超高速、低功耗、高集成度 CMOS 器件的理想沟道材料。尤其是以 InGaAs 为代表的 N 型沟道材料和以 InGaSb 为代表的 P 型沟道材料已经获得的越来越多的关注，其器件特性要明显优于 Si MOS 器件。为了抑制短沟效应等影响因素，Ⅲ-Ⅴ MOS 器件的研究也从传统的平面器件向非平面 FinFET 等器件结构转移，开展高迁移率沟道材料替代传统应变硅技术来提高 CMOS 器件性能已经成为当前延展摩尔定律的主要途径之一，为以 InGaAs 为代表的Ⅲ-Ⅴ族半导体材料开辟了新的应用方向。

综合来看，Ⅲ-Ⅴ族半导体材料的发展趋势可以概括为基于传统（频率器件、光电器件）→与时俱进（高迁移率 CMOS 器件）→开拓创新（硅基Ⅲ-Ⅴ、Sb 基 PMOS、环栅结构）。

（二）化合物半导体器件与集成技术

1928 年，Johnson 等合成 GaN 化合物半导体材料，由于晶体获得困难，所以其特性的认识和应用未得到很好的进展。在 20 世纪 60 年代，Ⅲ-Ⅴ族化合物 GaAs 材料制成激光器之后，人们才又对 GaN 产生了浓厚的兴趣。1969 年，普林斯顿大学 RCA 研究室制备出了 GaN 晶体薄膜，给这种材料带来了新的希望。

20 世纪 90 年代初，由于异质外延技术水平的提高，并实现了 GaN 的 P 型掺杂，蓝绿光 LED 研制成功，这一领域的工作发生了根本的变化。名古屋大学 Y. Kato 等人研究了 GaN／蓝宝石衬底上选择外延生长 GaN、AlGaN 膜，得到利用 SiO_2 掩模选择外延生长 GaN 的成功信息。

虽然 GaN 基高电子迁移率场效应管（HEMT）在高频大功率器件方面具有突出的优势并已经在应用领域取得了重要的进展，但由于 GaN 基 HEMT

器件的材料缺陷密度高、工作环境高电场、GaN 基异质结特有的强极化效应及工艺复杂等问题，使得 GaN 基 HEMT 的可靠性问题仍然十分突出。这些问题导致现有 GaN 基 HEMT 器件的实际表现一直与其理论值有一定差距。因此，要想实现 GaN 基 HEMT 器件全面、广泛的商业应用，必须对其可靠性做深入的研究分析。

对 GaN 射频微波器件来讲，如何进一步提高器件的功率性能、器件的频率特性、器件的可靠性指标，仍然是今后若干年必须面对的技术难题。

为提高功率输出，人们发展出 InAlN 势垒层技术，其可以实现 InAlN 与 GaN 之间晶格的无失配，因此在大功率输出方面具有极大的潜力和广阔的前景。近年发展出的 AlN 背势垒技术，由于实现了更好的限域特性，使得 GaN 毫米波甚至太赫兹器件也成为可能。为了降低势垒层的缺陷，基于超晶格结构的势垒层技术也已经取得突破，其在毫米波器件方面具有巨大的技术潜力。

GaN 器件发展的技术脉络与 GaAs 的类似，从最初的原型器件，到材料成熟，到大规模的应用，这是宽禁带发展所必经的阶段。而且随着不同阶段所面临的科学问题不同，研究的重点也不尽相同。从最早材料结构的设计，到器件物理的研究，再到目前以进一步提高器件性能、解决可靠性问题作为研究工作的重点，从这一发展趋势可以看出，GaN 功率器件已经到了大面积应用的前夜。

最近几年，发展大尺寸外延片，大功率、高频、高可靠性器件和电路的研制仍然是 GaN 研制的重点和热点。

综合来看，宽禁带材与器件的发展趋势可以概括为传统优化（常规材料、大功率器件）→与时俱进（InAlN、高效率器件）→开拓创新（超薄势垒层、E-Mode）。

SiC 材料成本是 SiC 器件成本的主要部分，大尺寸 SiC 单晶衬底材料和高质量外延材料是实现 SiC 功率器件低成本量产，实现 SiC 功率器件的系统性能综合性价比与 Si 器件相对，实现 SiC 功率器件大规模市场应用的关键。从前期 SiC 产品市场来看，随着 SiC 产品市场的不断扩大，对 SiC 单晶材料和 SiC 外延材料的尺寸提升、质量提升的牵引与推动作用非常大，SiC 功率产品市场很快从 3in 过渡到 4in，目前已经开始进入 6in SiC 产品时代。

SiC 功率器件已经从二极管产品发展到晶体管产品，SiC MOSFET 产品已经商业化，基于 SiC 元件的功率模块、全 SiC 功率模块纷纷进入市场；全 SiC 功率模块的出现为小型化、轻量化、高可靠的功率装备提供可能，功率系统综合性能的提升有助于提升 SiC 功率器件的市场竞争力,将极大地促进、带动 SiC 功率元件的发展。此外,更高性能、更高耐压 SiC 功率器件将继续发展,如沟道型 MOSFET、万伏级 MOSFET/IGBT/BJT 等 SiC 器件不断成熟。

从 SiC 功率器件的发展历程来看,SiC 功率产品的产业化发展基本建立,SiC 功率器件面向的是更高能源效率、高耐压、大功率容量的系统应用,对传统功率整机及装备的影响是革命性的,在为装备带来轻量、小型、可靠的同时,也为 SiC 元件的推广应用增加了难度;但随着 SiC 功率组件在轨道交通、电动汽车领域的应用突破,其对 SiC 模块、SiC 功率器件、SiC 材料的产业链的带动和牵引作用巨大,6in SiC 产品将迅速进入市场,反过来将降低 SiC 组件的成本,增加 SiC 产品的市场竞争力。同时,SiC 器件的高性能、多样化发展也为 SiC 产品的应用提供了更广阔的市场空间。

(三)基于新材料的硅基集成技术

硅基 GaN 一方面可以大大降低化合物器件的成本,另一方面可以充分利用硅基材料与 GaN 的结合实现多功能器件和电路的融合,其目的是将 GaN 的击穿电压大、功率高的优势与硅集成电路成熟廉价的优势结合起来,为电力电子、功率传输、高亮度发光等方面技术发展和普及应用提供技术支撑。因此,大尺寸、大失配硅基 GaN 材料生长是未来 GaN 基功率电子和照明产业跨越式发展的关键。然而,由于硅衬底与 GaN 之间的三种主要"失配",即晶格常数失配、热膨胀系数失配、晶体结构失配都要高于蓝宝石和 SiC 衬底,在生长上三种失配的控制需要综合考虑。目前硅基 GaN 主要外延在 Si(111)衬底上,这与 CMOS 工艺中常用的 Si(100)衬底存在较大的差别。另外,由于 Si 原子间形成的键是纯共价键属非极性半导体,而Ⅲ-Ⅴ族半导体材料(如 GaN)原子间是极性键属极性半导体。对于极性/非极性异质结界面有许多物理性质不同于传统异质结器件,所以界面原子、电子结构、晶格失配、界面电荷和偶极矩、带阶、输运特性等都会有很大的不同,这也是研究硅基 GaN 材料和器件所必须认识到的问题。

基于 GaN 材料的硅基集成技术在近 10 年得到发展,并形成了两种主流的材料集成方案。一是直接集成[81],就是将 GaN 结构直接生长在 Si 材料上。Si(111)生长 GaN 是目前较为成熟的材料技术,然后过渡到 Si(110)晶面,最终必将通过开发新兴缓冲层技术将 GaN 直接生长在 Si(100)上,生长方法包括低温分子束外延（MBE，图 3-9）、有机金属气相外延（MVPE）等。二是异质集成，就是通过晶圆键合技术将 GaN/Si（111）和 Si（100）材料通过键合方式集成[82]。

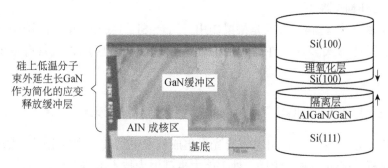

图 3-9　低温 MBE GaNonSi

　　基于上述两种材料集成方案发展了不同的工艺集成路线（图 3-10）[71]：①SOI→CMOS 工艺→开窗→GaN 生长→GaN 工艺→互连；②SOI，GaN 生长→键合及选择性刻蚀→CMOS 工艺→开窗→GaN 工艺→互连。

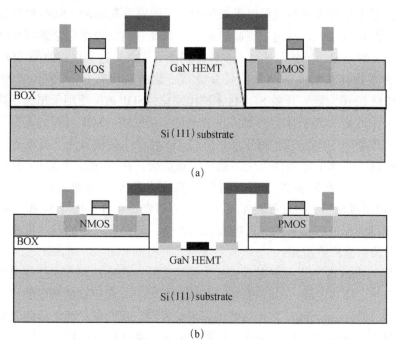

图 3-10　工艺集成路线

Si 上 SiC 材料发展的出发点主要是：①利用 Si 工艺成熟的平台基础，为实现大尺寸（300mm）高质量 GaN 外延提供匹配的有效缓冲衬底；②利用 Si 工艺的微机械加工平台，充分发挥 SiC 材料优异的机械、化学特性，实现高性能 MEMS 器件。

Si 基 SiC 材料发挥的是桥梁作用，结合 Si 衬底和 SiC 材料的优势；Si 基 SiC 器件形式多样，在特定的高性能器件和传感应用领域具有重要发展方向。

（四）基于 CMOS 工艺的硅基混合光电集成技术

基于 CMOS 工艺的硅基混合光电集成技术也是按照摩尔定律在发展。其集成规模、传输速率、能耗、处理能力也都因为技术的进步而得到改善。

近些年，硅基混合光电集成发展了 Si、SiO_2、SOI、InP、GaAs、Ge 及其他的复合材料体系。国际上公认，SOI 是 21 世纪的微电子新技术之一和新一代的硅基材料，无论在低压、低功耗电路、耐高温电路、微机械传感器、光电集成等方面，都具有重要应用。这类材料是为了适应航空航天电子、导弹等武器系统的控制和卫星电子系统的需求而发展起来的。SOI 材料具有低功耗、低开启电压、高速、提高集成度、与现有集成电路完全兼容且减少工艺程序、耐高温、抗辐照从而减少软件误差等优点。这些优点使得 SOI 技术在绝大多数硅基集成电路方面具有极其广泛的应用背景。20 世纪 90 年代末，IBM 公司大规模开展 SOI 技术的民用化，SOI 被广泛用于超速计算机服务器中，目前 SOI 技术已开始在世界上被广泛使用，SOI 材料约占整个半导体材料市场的 30% 左右。近年来，Si 基 Ge 材料在高效发光、长波通信波段的光探测、高速电子器件等应用领域受到重视。在 Si 基大失配 Ge 异质材料的外延生长、高效发光、光调制和探测等方面发展迅速。硅上通过生长 GaAs 量子点材料，目前已经实现 1.3μm 的激光。通过 InP 与 Si 或 SOI 直接或间接键合形成混合材料，已经实现激光器、调制器及探测器的集成，该技术现阶段接近产业应用。

基于 CMOS 工艺的硅基混合光电集成芯片在传输速率和器件规模数量上按照摩尔定律在发展。单信道速率已经超过 40Gb/s 向更高速率发展，处理容量超过 1Tb/s on-chip。芯片功能也越来越复杂，从简单无源集成向无源有源多材料多功能集成。以 CMOS 工艺为基础，通过异质外延、直接或间接键合、贴片技术等实现混合集成是目前的主要技术方向。

三、基于新材料的器件及其集成技术研究的发展趋势

（一）基于新材料的硅基器件

在过去的 40 多年中，Si 基 CMOS 技术遵循摩尔定律通过不断缩小器件的特征尺寸来提高性能和集成度，集成电路的特征尺寸已经由微米尺度进化到纳米尺度，取得了巨大的经济效益与科学技术的重大进步，被誉为人类历史上发展最快的技术之一。然而，随着集成电路技术发展到 22nm 技术节点及以下时，Si 集成电路技术将受到一系列基本物理问题和工艺集成问题的限制，并且昂贵的生产线建设和制造成本使集成电路产业面临巨大的投资风险，传统的 Si 基 CMOS 技术采用"缩小尺寸"来实现更小、更快、更廉价的逻辑与存储器件的发展模式已经难以为继。ITRS 清楚地指出，"后 22nm" CMOS 技术将采用全新的材料体系、器件结构和集成技术，集成电路技术将在"后 22nm"时代面临重大技术跨越和转型。

为了应对 Si 集成电路技术所面临的严峻挑战，采用高迁移率 Ge/GeSn/Ⅲ-Ⅴ族半导体替代应变硅沟道实现高性能 CMOS 的研究，已经发展成为近期全球微电子领域的前沿和热点，也是各国竞相占领的高技术战略制高点。近年来，ITRS 也将高迁移率 Ge/GeSn/Ⅲ-Ⅴ族化合物材料列为新一代高性能 CMOS 器件的沟道解决方案之一。根据 Intel 公司的预计，高迁移率 CMOS 技术将开始应用于 11nm 技术节点。图 3-11 为 ITRS 等比例缩小相关技术发展点路线图。

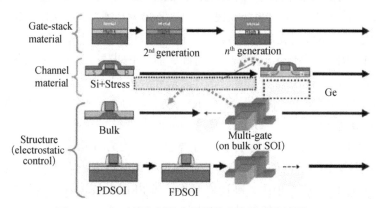

图 3-11　ITRS 等比例缩小相关技术发展总路线图

然而，无论是 Ge、GeSn 还是Ⅲ-Ⅴ族半导体的衬底及外延片价格都很昂贵，如 6 in GaAs 衬底的价格为 500 美元，4 in InP 衬底的价格高达 1000 美

元，6 in Ge 衬底的价格为 500 美元，而 6 in 硅衬底的价格低于 25 美元。目前，Ge/GeSn 尚未实现商用，研究整体以体锗衬底为主。而商用 GaAs 生产线为 6 in，商用 InP 生产线为 4 in，而 InAs 与 InSb 技术因为缺乏合适的衬底还停留在实验室阶段。在大规模应用方面，具有 12 in 晶圆生产能力的硅基微电子技术，以及成熟的市场和上下游产业链是 Ge/GeSn、Ⅲ-Ⅴ族半导体技术无法比拟的。Ge、GeSn、Ⅲ-Ⅴ族半导体只有通过外延生长在硅衬底上来突破衬底材料的限制，使其成本大幅度下降，实现多种半导体的更强功能、更高性能的单芯片集成。可以预见，硅衬底上 Ge、GeSn、Ⅲ-Ⅴ族半导体技术一旦取得成功，将会在半导体产业引发一场技术革命，带来巨大的经济效益和科学技术的重大进步。在大尺寸、价格低廉的硅衬底上外延生长 Ge、GeSn、Ⅲ-Ⅴ族半导体材料，将为突破"后 22nm"时代硅基集成电路技术在速度、功耗、集成度、成本、可靠性等方面所面临的物理与技术上的双重挑战奠定基础。此外，GeSn、Ⅲ-Ⅴ族半导体材料优越的光学性能将一举突破硅基发光的难题，这将使超大规模集成电路中光互连技术的应用成为可能。

美国、欧洲、日本等各主要发达国家和地区都在加大相关研究的投入力度，各半导体公司［如 Intel、IBM、美国飞思卡尔半导体（Freescale Semiconductor）等］都在投入相当的人力和物力开展高迁移率 CMOS 技术的研究，力图在新一轮的技术竞争中再次引领全球集成电路产业的发展。2007 年，美国国防高级研究计划局投资 1820 万美元开发硅基Ⅲ-Ⅴ族半导体材料技术（COSMOS 项目），以满足未来军用电子系统与高性能 CMOS 技术的发展需求。2008 年，欧盟投资 1500 万欧元（约合人民币 1.4 亿元）开展"DUALLOGIC"项目研究。同年，日本政府先后投入数十亿日元用于开展高迁移率 CMOS 技术的研究（JST-CREST 项目）。几乎同一时间，日本的半导体企业（东芝、索尼、NEC、富士通、瑞萨电子）等也联合起来开展了 STARC 和 MIRAI-TOSHIBA 等研究项目，用于推进高迁移率 CMOS 技术。2009～2013 年的 IEDM 每年有超过 20 篇高迁移率 Ge、GeSn、Ⅲ-Ⅴ MOS 器件的研究论文。

在 Intel、IBM 等国际著名半导体公司的大力推动下，高迁移率 Ge、GeSn、Ⅲ-Ⅴ MOS 器件的研究取得了一系列突破性进展：①与同等技术水平的 Si 基 PMOS 技术相比，高迁移率 Ge 基 PMOS 技术具有显著的速度优势（速度提高 2～3 倍）、超低的工作电压（0.5V 电源电压）和极低的功耗（功耗降低一个数量级）；与同等技术水平的 Si 基 NMOS 技术相比，高迁移率Ⅲ-Ⅴ NMOS 技术具有显著的速度优势（速度提高 3～4 倍）、超低的工作电压（0.5V 电源电压）和极低的功耗（功耗降低一个数量级）；②与新兴的分子、量子器件相比（例如有机分子器件、碳基纳米器件），Ⅲ-Ⅴ族半导体与 Ge、GeSn 材料已广泛应用于高速电子与光电子器件领域，人们对其材料属性与器件物理的了解十分深入，其制造技术与主流硅工艺的兼容性好；③Ⅲ-Ⅴ族半导体、GeSn 是光发射与接收的理想材料，这将为极大规模集成电路（ULSI）中光互连技术，以及集成光电子系统的发展带来新的契机。

（二）化合物半导体器件与集成技术

1. GaN 半导体器件与集成技术

GaN 目前在朝大功率和高频两个方向发展，氮化镓微波器件上有三大优势。一是器件效率很高，目前产品级的效率能达到 60% 以上，甚至 70%。二是带宽大，氮化镓可以在很高的电压下工作，功率密度很大，在同样功率下，器件可以做到很小，寄生电容很小，频带宽度可以非常大，用在无线通信领域，在频率不断上升的情况下，整个硬件可以不变，只要可靠性足够好，就可以使用很长时间。三是频率范围广，由于迁移率较高，其可以在 S、L、C、X、Ku、Ka、W 波段工作，并且在高频段功率密度优势明显，在 L-Ka 波段，出现了相关的商用产品，在 W 波段功率性能更为突出。

GaN 器件虽然取得了巨大进展，但是其器件方面仍然存在一些有待解决的物理问题。器件的实际结果和理论值仍然存在较大的差距。例如，泄漏电流大、可靠性低、击穿场强低于理论值等，一定程度上限制了其实用化，并且对器件的可靠性及寿命造成影响。这些问题是未来 3～5 年内研究的难点和重点。

GaN 微波功率器件有三个最核心的问题。第一个问题从器件角度来讲，与硅或砷化镓存在较大不同，需要重点关注的就是器件栅结构，无论是电力电子器件还是微波功率器件，栅结构的设计与工艺都是应重点关注的一个技术难点。第二个问题从材料角度来讲，相对于 GaAs 等材料，GaN 电子器件对位错密度的要求还比较高，位错对电子器件性能和可靠性的影响更大一些，所以如何实现高阻低位错的材料生长也是一个技术难点。第三个问题是二维电子气的调控，氮化物半导体中可形成高密度的二维电子气，这是氮化物半导体电子器件超强性能存在的关键，但是如何调控高密度二维电子气，更好地发挥它的优势，也仍然是技术难题。

关于降低氮化物半导体材料的位错密度。国际上围绕低位错密度氮化物材料生长开展了很多研究工作，特别是近 10 年，利用图形化衬底、横向外延过生长（ELOG）、插入层等方法实现了位错密度大大降低。缺陷分为两类：一类就是由衬底与外延膜之间晶格失配、热失配导致的位错；另一类就是设备本身在材料生长过程中由大量不需要的反应过程带来的缺陷，通常称之为预反应引起的材料缺陷，这类缺陷要从设备角度来解决。第二个问题关于高密度二维电子气的调控。二维电子气密度非常高，比以前的GaAs 异质结构要高一个量级左右。高二维电子气密度使得器件工作电流大，器件输出功率也很大，但如果不能把电子控制在二维势阱中，比如大功率器件应用时，需要施加高电压或高结温，对于通常的 AlGaN/GaN 异质结构，都会出现大量二维电子"溢出"二维势阱区，成为三维电子，使得平均电子迁移率明显下降，而且会导致器件无法关断、击穿电压降低、效率下降等问题。

相比于 AlGaN/GaN 异质结构，带有 AlGaN 背势垒的 AlGaN/GaN/AlGaN 双异质结构，由于背势垒提高二维电子气的限域特性，所以具有出色的高温特性和温度稳定性，击穿电压高，又有优越的微波功率特性等优势。如何实现高温下高电子迁移率，才是整个功率器件所要关注的问题。针对这一问题，国际上有三种新型异质结构可以采用：一是把势阱做深一些，比如采用高 Al 组分的 AlGaN/GaN 异质结，以及 InAlN/GaN 异质结；二是在势阱背面加一个背势垒，但因二维电子气沟道有两个界面，电子在运动时会受两个界面散射的影响，迁移率会下降一些；三是可以把电子分布在多个沟道里，每个沟道里都放一些电子，电子都处在二维状态，是最受控的二维电子状态。

第三个问题是如何实现高效率的 GaN 微波器件。不管是电力电子器件，还是微波功率器件，效率都很关键。传统 GaN 器件的栅结构采用金属/半导体直接接触即肖特基栅，高温高压下对电子阻挡能力差，导致栅极漏电大，目前在位错比较高的材料上选择合适的介质，形成 MOS-HEMT 器件结构，同时在介质制备工艺上不断改进，降低界面态密度，特别是采用氧化铝作为过渡层，使得 GaN MOS-HEMT 器件的界面态密度降低了 2 个数量级，而且与常规肖特基栅器件相比，栅极漏电下降了 4 个数量级。利用介质栅工艺，结合凹槽栅，西安电子科技大学实现了功率达到73%的 GaN 微波功率器件，这个效率是目前国际上最高的[83]。

同时针对电力电子器件所需的增强型 GaN 器件，利用薄势垒 AlGaN/GaN 异质结构，栅极采用肖特基结构，利用肖特基势垒的耗尽作用可以直接形成增强工作模式，对于栅极以外区域二维电子气过低影响器件导通特性的问题，采用 SiN 或氧化铝等介质钝化，利用介质对表面势的调控或表面掺杂效应，可以在栅极以外区域实现高密度的二维电子气，从而获得优良的器件导通特性。另外一种实现增强型 GaN 器件的方法，是采用非极性面和极性面的复合沟道，或者非连续的二维电子气沟道等，这都可实现高阈值电压的增强型 AlGaN/GaN HEMT 器件。

从发展的规律来看，未来氮化镓的微波功率器件发展趋势是要往更高频率（新材料、新工艺、新结构）、更高功率密度（改善散热、如金刚石衬底）、更高电压、更高可靠性（GaN 同质衬底）等方向发展，未来在微波/毫米波单片集成电路（MMIC）、数字集成电路、高功率太赫兹器件等领域都有重要的应用前景（图 3-12）。

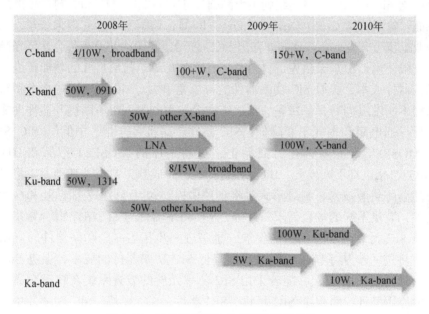

图 3-12　氮化镓的微波功率器件发展趋势

2. SiC 半导体器件与集成技术

在功率器件领域，SiC 功率器件的高电能转换效率优势受到各国政府与企业的关注。过去 20 年里，Si IGBT 器件牢牢占据市场的主要位置，尽管 2001 年英飞凌就推出了 SiC SBD 器件产品，但只有在 2005 年左右随着 3 in、4 in 低微管密度的高质量 SiC 单晶材料的成熟，SiC 功率器件才取得飞速发展，国外大公司纷纷推出了 SiC JFET、MOSFET 和 BJT 器件产品（图 3-13）。

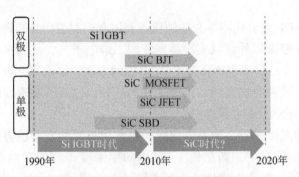

图 3-13　SiC 功率器件发展路线图

目前，SiC 单晶衬底以 4in 产品为主，并迅速朝 6in 方向发展，已经出现商业化 6in 产品，并将继续朝更大晶圆尺寸方向发展。在 SiC 衬底生产厂商方面，除了美国 Cree、Dow Corning、II-VI，德国 Sicrystal 等大公司，亚洲企业也积极开发 6in 产品，如韩国 SKC 公司，我国的北京天科合达蓝光半导体有限公司、山东天岳先进材料科技有限公司等。衬底尺寸的增加将进一步降低器件成本，提升 SiC 功率器件的市场竞争力。SiC 制造工艺技术和器件结构不断发展创新，薄衬底、沟道结构等技术的引入将不断提升器件性能，器件导通电阻和损耗不断降低；SiC 器件产品将多样化，中低压 SiC SBD 和 MOSFET 产品系列化、商品化，更高耐压的 MOSFET 产品和 BJT、IGBT 产品也将不断发展。SiC 封装技术在 Si 成熟工艺技术基础上，将发展更高温的封装技术，封装形式也将多种多样，包括 TO、表面贴装和裸片封装等，满足不同的场合需求；此外，SiC 功率器件与 Si IGBT 混合封装，以及全 SiC 封装的功率模块的发展，也将进一步拓展 SiC 功率器件的应用领域，将进一步从系统性能提升层面降低 SiC 功率器件的成本，促进 SiC 功率器件的应用普及，并随着采用 SiC 功率元件的装置系统在轨道交通等领域的应用验证，将促进 SiC 材料、SiC 器件、SiC 模块、SiC 功率装备等产业链的快速发展。

SiC 功率器件的应用领域将逐渐从轨道交通、新能源等高端应用领域向电动汽车、家电等大众应用领域扩展，其高效节能的绿色微电子效应将进一步凸显。日本矢野经济研究所 2014 年 8 月 4 日公布的全球功率半导体市场调查结果显示，2013 年，全球功率半导体市场规模（按供货金额计算）比 2012 年增长 5.9%，为 143.13 亿美元；2014 年仍继续增长，2015 年以后白色家电、汽车及工业设备领域的需求仍在扩大。预测 2020 年全球功率半导体市场（按供货金额计算）将达到 294.5 亿美元。在各类功率器件方面，预计功率模块的增长率最高，在新一代混合及电动汽车（HV 及 EV）、新能源设备及工厂设备等领域的普及有望扩大。其中，在新一代功率半导体 SiC 方面，2014 年下半年各元器件厂商将开始利用直径为 6 in（150 mm）的 SiC 晶圆实施量产，预计 2015~2016 年成本将会降低，用途也会进一步扩大。矢野经济研究所预测，2020 年新一代功率半导体的全球市场规模（按供货金额计算）将在 SiC 功率半导体推动下达到 28.2 亿美元[①]。

3. InP 半导体器件与集成技术

InP 是目前微电子领域工作频率最高的材料体系，其主要应用在于微波和 THz 方面，包括雷达（频率达到 0.6 THz 以上，分辨率厘米级）、通信（300~400GHz，2Gb/s）等，以及超高速和数模混合应用，包括高端测试测量、光纤通信（1Tb/s）、高速数据转换和采集（ADC，90GSample/s）等。总结过去几十年的长足发展，InP 基 HBT/HEMT 频率器件将进一步提高工作频率，以满足其在微波、太赫兹方面的应用（图 3-14）[84]。

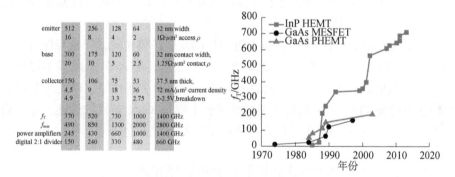

图 3-14　InP HBT Scaling 路线图

（三）基于新材料的硅基集成技术

2012 年 4 月，美国国防部在当年的 CS Mantech 会议上报道了关于化合物半导体 GaN 与 Si-CMOS 的集成计划，称作 Diverse Accessible Heterogeneous Integration（DAHI）规划，如图 3-15 所示，指出要结合 GaN-HEMT 的高频和耐高压性能、Si-CMOS 的高集成度优势，研发出基于 Si 基高性能、多功能智能化芯片元件。

---

① 参见：http://china.nikkeibp.com.cn/news/semi/71651-201408051445.html.

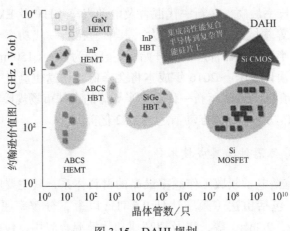

图 3-15　DAHI 规划

美国国防高级研究计划局支持的高效灵巧混合信号微系统项目中，最新的研究推动了硅基电子器件 RF 特性的进展，并且获得的成果比预想的期望值还要高，很明显，化合物电子器件的发展趋势一定是开展与硅基器件异质集成的道路。

根据硅基 GaN 功率半导体技术近两年的发展趋势来看，开发与现有成熟 CMOS 工艺完全兼容的大直径 GaN 晶圆制造工艺，是硅基 GaN 技术降低成本以实现大批量工业化生产和大面积商业化应用的必然途径。以此为基础，如何在非传统 GaN 器件制造工艺的新平台上提升 GaN 器件的性能，是今后一段时间硅基 GaN 功率半导体及集成技术的发展重点之一。

（四）基于微纳结构的硅基混合光电集成技术

Si 是最成熟的微电子材料和良好的光波导材料，但其本身的间接带隙特性决定了它的发光效率极低。目前，长波长的发光器件、光接收器件的有源区通常是由磷化铟（InP）系材料制作的，而 Ge 材料制成的光电探测器性能优异，因此 Ge、Ⅲ-Ⅴ族和 Si 材料混合集成将是制作光电子集成芯片的重要手段。利用低温键合和外延生长等方式可将 Ge 和Ⅲ-Ⅴ族材料在 Si 上集成，能够有效地将电路和发光器件、光接收器件集成在一起。这些混合材料技术与光子晶体、表面等离子体等微纳技术结合，将成为近阶段的混合集成主要发展方向。

基于 Si 基 CMOS 的混合集成当前得到许多国家和大公司的重视，是现阶段最容易获得应用的技术手段。欧盟从 2008 年开始实施 HELIOS 计划，支持 Si 基光子集成技术研究，在 2010 年启动 PLATON 计划，Si 基光互连技术研究是其中核心内容。与此同时，各大高性能计算机芯片与系统制造商，包括 Intel、IBM、HP、SUN、NTT、NEC 等，利用自身的各种技术优势，有针对性地与有关高校或新兴公司合作（如 Intel 与 UCSB、UVirginia，IBM 与 UColumbia、UGent，SUN 与 Luxtera、Kotura 等），探索硅基光集成技术的发展，解决硅基光互连中关键问题。Luxtera、Kotura、SUN 等公司利用其极强的专业创新能力，在美国政府特别是美国军方和商用投资的支持下，硅基光电子技术取得了很大的发展。

第三节　"后摩尔时代"基于新材料的器件及其集成技术面临的挑战与机遇

基于新材料的器件及其集成技术研究是"More than Moore"和"Beyond CMOS"技术发展的主要途径，它将新的材料体系（Ge、GeSn、InGaAs、GaN、InP 等）在功率、频率、光电集成、信息传感器、量子新器件等方面具有的巨大优势和 Si 基集成电路在信号处理与计算、功能集成等领域的主导地位有效结合起来，进一步提升集成电路的应用性能和领域。引入新材料体系在提升电路性能和功能集成的同时，在新材料体系的原子级调控与生长动力学，大尺寸、大失配硅基化合物半导体材料生长，超高频、超强场、纳米尺度下载流子输运机理与行为规律，基于新材料的集成技术中电、磁、热传输机制与耦合机制，器件与电路可靠性机理等五个方面面临着艰巨的挑战。

一、新材料体系的原子级调控与生长动力学

新材料体系主要关注于 Ge、GeSn、InGaAs、GaN、InP 等化合物半导体材料，化合物材料与 Si 材料最大的区别在于化合物半导体是由二元系、三元系、四元系材料组成的。结构材料是借助先进的 MBE 和 MOCVD 设备来实现的，原子级调控是利用不同种类的原子在外延过程中的结合能、迁移率等的不同，借助高温衬底提供的激活能，控制原子占据不同的晶格位置，在表面上迁移并结晶的动力学过程，使外延材料呈现出多样的晶体结构和物理特性，如不同原子层形成异质结构产生量子限制效应、不同大小原子构成应变材料产生应变效应和局域化效应，以及同种原子占据不同的晶格位置产生不同的掺杂类型等。利用原子级调控实现材料的量子限制效应、极化效应、应

变效应、局域化效应和掺杂效应完成能带剪裁和材料结构设计。例如，在传统 AlGaN/GaN HEMT 材料异质结界面插入 2～3 个原子层厚的 AlN，可以改变材料的能带结构，更好地限制二维电子气，并显著降低对载流子的合金散射，提高材料中二维电子气的输运特性，能够实现对新材料、新结构设计的理论指导。因此，通过对新材料（化合物半导体）原子级调控和生长动力学的研究是实现低缺陷、高性能新材料的关键问题。

通过深入研究化合物半导体材料原子的排列导致能带结构的变化，利用量子效应、极化效应、应变效应、能带工程设计化合物半导体的材料结构，减小载流子的有效质量，为实现超高频、太赫兹和毫米波大功率器件的材料结构设计提供理论指导；深入开展材料结构与器件宏观性能的关联性研究，通过材料结构设计提高二维电子气浓度和迁移率，减少导带尖峰，抑制电流崩塌和短沟效应，提高器件的性能；深入研究化合物半导体表面再构形成的机理，考虑半导体的表面能带弯曲对生长过程中原子的运动、结合机制的影响，建立包含固相、气相和表面相的热力学模型，形成完善生长理论，解决同质和异质界面生长的动力学问题；深入研究应力场中原子运动和结合机制，掌握缺陷的形成、增殖和运动机制，解决大失配异质结构的生长，以及应力场中的高掺杂问题。

二、大尺寸、大失配硅基化合物半导体材料生长

在硅基上实现高性能的化合物半导体材料一直是研究人员和工业界追求的目标，一方面，该技术可以大大降低化合物器件的成本；另一方面，可以充分利用硅基材料与化合物材料的结合实现多功能器件和电路的融合，如光电一体、高压低压一体、数字微波融合等，将给未来系统设计带来巨大的变革。因此，大尺寸、大失配硅基化合物半导体材料生长是未来化合物半导体跨越式发展的关键。

但实现大尺寸、大失配硅基化合物半导体材料生长面临着诸多挑战和问题。一是大失配问题，硅衬底与Ⅲ-Ⅴ族半导体材料之间存在三种主要"失配"，即晶格常数失配、热膨胀系数失配、晶体结构失配。晶格常数失配在异质外延过程中将引入大量的位错与缺陷；热膨胀系数差异将导致热失配，在高温生长后的降温过程中产生热应力，从而使外延层的缺陷密度增加甚至产生裂纹；晶体结构失配往往导致反向畴问题。二是极性问题，由于 Si 原子间形成的键是纯共价键属非极性半导体，而Ⅲ-Ⅴ族半导体材料（如 GaN）原子间是极性键属极性半导体。对于极性/非极性异质结界面有许多物理性质不

同于传统异质结器件，所以界面原子、电子结构、晶格失配、界面电荷和偶极矩、带阶、输运特性等都会有很大的不同，这也是研究 Si 衬底Ⅲ-Ⅴ族材料和器件所必须认识到的问题。三是 Si 衬底上 Si 原子的扩散问题，在高温生长过程中 Si 原子的扩散加剧，导致外延层中会含有一定量的 Si 原子，这些 Si 原子易于与生长气氛中的氨气发生反应，而在衬底表面形成非晶态 Si_xN_y 薄膜，降低外延层的晶体质量。

通过研究大失配材料体系外延生长过程中位错与缺陷的形成机理与行为规律，探索外延材料质量与生长动力学之间的内在联系，研究衬底与外延层之间的介质层对初始成核的影响，解决 Si 与Ⅲ-Ⅴ族材料晶体结构不同导致的反向筹的问题，优化缓冲层技术与柔性衬底技术的结构设计、材料组分、生长条件、生长模式，降低外延层中的位错和缺陷密度，采用应力补偿与低温外延技术等方式抑制裂纹的形成与扩展，借助中断生长技术、MEE 技术实现对界面的控制，从而获得低缺陷密度、高迁移率、稳定可靠的硅衬底上Ⅲ-Ⅴ族半导体材料。

三、超高频、超强场、纳米尺度下载流子输运机理与行为规律

基于新材料的器件和电路由于材料自身特性，如电子迁移率高、二维电子气浓度高、击穿场强高、饱和漂移速度大等特点，非常适合于超高速、大功率、新原理器件和电路，以及量子集成、光电集成等新功能集成的研究，特别是在利用化合物半导体实现超高频 CMOS 器件、InP 基实现太赫兹器件、GaN 基实现毫米波大功率、Si 基 InP 实现超高速电路、Si 基 GaN 实现光电集成和智能功率集成等方面极具潜力。但随着器件频率从吉赫兹跨越到太赫兹，器件特征尺寸（FET 器件沟道尺寸、HBT 器件纵向结构尺寸）缩小到纳米尺度后，半导体材料和器件结构的研究对象正发生着从三维向低维，包括二维（量子阱）、一维（量子线）和零维（量子点）体系的深刻变革。在这类具有纳米尺度的体系中的电子呈现出既不同于单个原子中的电子，也不同于宏观体材料中的电子的新现象，为开拓电子器件的新结构、新机制和新概念提供了新的契机，新型器件的提出将促进未来信息技术的新飞跃。因此，在依靠技术进步提高性能和缩小尺寸的同时，必须在材料和器件物理等基础研究上寻求突破。这种融新材料、新器件、新结构、新工艺于一体的新原理器件突破了传统器件发展的框架，将在纳米水平上实现器件功能的大幅度提升。这些宏观特性与基于新材料的半导体器件在超高频、超强场、纳米尺度下载流子输运机制与

行为规律密切相关。因此，充分理解和挖掘器件在超高频、超强场、纳米尺度下载流子输运机制与行为规律是实现新材料器件和电路的关键问题。

在超高频、超强场、纳米尺度下，主导器件工作的基本原理将逐渐由经典物理过渡到量子力学。基于电荷控制的半导体器件将会受到量子约束、隧穿、表面/界面的作用、准弹道输运、杂质涨落，甚至单电子输运与库仑阻塞效应等物理效应的作用和影响，通过深入研究纳米尺度下新材料半导体器件非平衡载流子输运理论，理解影响超高频器件速度的关键因素究竟是载流子的饱和速度还是速度过冲，以及制约载流子输运速度的因素是什么，这一问题的解决将为太赫兹新器件提供理论指导和依据，使新器件的创新乃至突破有据可依；深入研究异质结构量子隧穿效应、载流子的弹道输运及微观统计引起的涨落等现象，采用 Monte Carlo 等模拟方法研究纳米尺度、飞秒量级下载流子输运规律，建立一套能够描述超高频、纳米尺度化合物半导体器件的物理模型；深入研究超强场（热场、电场）下异质结构非平衡态条件下 2DEG 的输运行为，通过改变磁场强度、温度、栅压、光辐照等动态调制，揭示子带结构、子带占据和各种散射机制在非平衡态下，以及从非平衡态到平衡态转变过程中的变化规律，了解影响 2DEG 输运特性的各种物理过程。深入研究化合物半导体材料表面态、缺陷、极化效应等对载流子输运、散射、捕获及能态跃迁等机制的影响，指导高性能材料生长和器件研制。

四、基于新材料的集成技术中电、磁、热传输机制与耦合机制

与传统的电信号相对应，光是理想的信息载体，它具有最快的传播速度、巨大的带宽资源，而且光载波之间彼此独立，可以轻易地实现信息交叉和复用，单个传输通道可实现巨大的数据量传输。光的这个特性使得它在未来多功能融合的智能芯片的海量信息传输与信息处理中扮演重要角色。未来的智能芯片很可能是集计算、存储、通信、路由和信息处理等多种功能于一体，以微电子电路作为信息处理的主体，以光电子、光子器件实现信息的转换与传输，构建片内光互连系统，突破电互连在海量信息传输应用上的瓶颈。硅基电光异质集成技术是实现片内光互连的最佳途径，它以硅材料体系为基体，借助成熟的 CMOS 技术与硅工艺平台，通过聚合物、InP、GaAs 和石墨烯等多元化材料体系的异质集成，实现信息传输、信息处理和光电转换多功能融合。随着光信号的引入和工作频率的提高，特别是进入毫米波（30~300GHz）波段，电磁波波长与器件和系统的几何尺寸已经可以比拟，电

磁波在传输过程中的相位滞后、趋肤效应、辐射效应等都不能忽略，相应的集成电路与系统的电特性分析与设计的基础是电磁场理论和传输线理论。信号传输采用微带线和共面波导形式。一方面，其电磁场传播模式是具有色散效应的准 TEM 波；另一方面，在复杂多通道的电路和系统中存在有通道间耦合，这些都将导致信号的畸变、信号间串扰等信号完整性问题。同时，由于集成度和功率的提高，电磁耦合和电磁辐射导致的电磁兼容性问题也愈加突出，已成为系统性能进一步提高的制约性因素。电路与系统间的热场分布与电磁场分布通过材料与结构的电特性和物理特性相互关联、相互作用，使得电路与系统的电性能和可靠性受到热效应的严重影响。因此，信号完整性问题、电磁兼容问题与热效应问题是基于新材料的集成技术中的关键问题。

在基于新材料的器件与集成技术中，主导信号传输的基本原理将逐渐由电路理论延伸到电路、电磁场、热场一体化理论。通过深入研究电路和系统中电磁场、热场的传输机理与耦合机制，从电磁场理论出发，建立电磁热分析模型，利用电路和网络理论，研究电磁场量与热场量之间的关系，研究电路与系统中的电磁场-热场的广义网络分析方法，为电路和系统设计奠定理论基础。将三维电磁场仿真与电路网络理论结合，深入研究超高频数模电路的信号延时、畸变、失配、串扰，电磁泄漏与辐射、芯片混合集成的干扰和匹配等信号完整性问题和系统的电磁兼容问题，认识与理解这些问题产生的根源、机制和表现规律，为电路和系统设计优化奠定技术基础。

五、基于新材料的器件和电路可靠性机理

伴随着新材料（Ge/GeSn/Ⅲ-Ⅴ/SiC）、新器件结构及新的工作原理的引入，材料、结构和器件功能的多元化引入，如何研究、评价复杂体系的器件乃至电路的可靠性机理对传统的器件和电路的可靠性机理研究带来了新的挑战。探索基于多元新材料、结构、原理器件与电路的可靠性机理是材料、器件多样化集成所面临的关键问题。

具体来说，伴随摩尔定律的不断延伸和深化，对于 Si 基集成的 Ge/GeSn/Ⅲ-Ⅴ高迁移率 CMOS 器件及电路而言，器件的等价氧化物厚度降低至 1nm 以下带来了新的栅介质可靠性问题。沟道长度不断接近载流子的平均自由程、进而进入弹道电子输运模式，能否直接利用传统的大尺寸 Si 器件可靠性模型成为未知数；器件结构由传统的二维体系转变为更为复杂的立体结构所带来的热效应问题；由于沟道材料的异质集成（Ge/GeSn/Ⅲ-Ⅴ），在

材料兼容的前提下评价工艺的可靠性问题；在满足 0.7V 甚至更低工作电压的前提下，研究器件及电路的可靠性机理等，都将比以往研究平面 Si 器件更加复杂。从 SiC 及 GaN 角度来看，3C-SiC 具有在 Si 衬底上异质外延生长的能力，能够在更大面积（8 in、12 in）Si 晶片衬底上外延生长 3C-SiC。尽管由于 3C-SiC 的立方相晶体结构，在 Si 衬底上的 3C-SiC 外延中不会出现螺位错缺陷；但 Si 材料和 3C-SiC 材料之间存在 20% 的晶格失配和 8% 的热膨胀系数失配，会导致 3C-SiC 材料薄膜中沿平面方向存在应力，容易发生原子键断裂产生失配位错。如何消除 Si 衬底与 3C-SiC 外延层之间存在的失配应力，得到高质量的 3C-SiC 外延薄膜，是一个亟待解决的问题。需要优化外延生长工艺，采用碳化法在 Si 表面形成缓冲层以消除外延应力，需要从碳化和生长两个方面入手对 Si 衬底上 3C-SiC 异质外延机制进行研究。

随着外延技术的不断成熟、器件技术工技术的不断提高，GaN 微波功率器件的可靠性已经获得了巨大的突破。TriQuint 公司微波器件产品可靠性在 200℃ 温度下平均无故障时间远超过 7000 万小时，远高于行业标准的 100 万小时。目前已在民用通信、数据传输、国防安全等领域逐步应用。国外在军用雷达和电子战项目、无人机方面已经装备上了氮化镓微波功率器件。硅基 GaN 器件的可靠性主要源自 GaN 外延层与 Si 衬底之间较大的晶格与热失配。这些失配会在 GaN 缓冲层中引入大量的深能级缺陷态，从而直接降低器件退化的临界电压。而对于硅基 GaN 电路而言，由于集成的需要，低压控制或驱动电路与高压单元将会同时集成到 Si 基 GaN 外延衬底，那么高压单元工作时带来的衬底效应可能会影响邻近控制单元的工作稳定性，从而影响到整个电路的可靠性。

第四节　基于新材料的器件及其集成技术 研究中的若干关键技术

新材料的引入势必意味着对旧有器件及其集成技术的改进乃至颠覆性的革新，其中所涉及的关键技术范围非常广泛。我们从材料集成（硅基外延技术、晶片键合）、界面控制（栅介质/半导体界面、金属/半导体界面）、载流子输运机制、工艺集成，以及器件可靠性方面出发，总结了硅基化合物新材料器件及其集成技术中比较重要、比较有代表性的若干关键技术。

一、大失配异质外延中的生长动力学与缺陷控制

未来基于新材料的微纳电子器件不能离开硅衬底而单独发展。需要在同一衬底上外延生长多种不同性质的材料以完成不同的功能，它主要涉及InP、GaAs、Ge、GeSn 和 Si 材料系，它们的天然物理性质不同，应用领域也各不相同，硅基工艺是现代微电子的基础，发展日趋成熟，而Ⅲ-Ⅴ族化合物半导体具备高速、高频、高光电转换效率，在可见光及红外波长工作，耐高温和高功率阻抗等诸多优点。而 Ge 材料更适于 CMOS 加工。利用先进的材料外延生长技术（如 MOCVD 和 MBE）在衬底上生长与其晶格失配的材料体系，所面临的主要挑战是晶格失配和热膨胀系数差异所产生的失配，探索新工艺和新方案，优化生长条件，缓解和释放失配应力，提高异质外延的晶体质量，对于制备高性能单片集成器件尤为重要。针对材料结构设计与生长方面的关键科学问题，目前国际上关于解决大失配异质外延的有效方法如下。

（1）全局弛豫过渡层技术，首先在硅衬底上采用低温外延技术生长Ⅲ-Ⅴ族半导体过渡层，把晶格失配产生的穿通位错局限在过渡层内；然后再外延大晶格失配的Ⅲ-Ⅴ族半导体材料，从而获得高质量的Ⅲ-Ⅴ族半导体沟道材料层；最后采用传统的缓冲层技术外延所需的Ⅲ-Ⅴ族半导体材料，从而降低缺陷密度、获得高质量的外延层。

（2）缩颈外延技术，采用高深宽比的选择性外延结构，通过沟槽对位错的限制作用，在 Si 衬底上实现高质量 Ge、GeSn、Ⅲ-Ⅴ族半导体材料的异质外延。通过对沟槽底部形状进行改进来减小缓冲层厚度，提高外延层成核均匀性，降低缺陷浓度。通过降低电介质边墙粗糙度，优化高宽比，适应不同外延材料，缺陷的生长方向，绝缘沟槽材料的生长和选择，优化对 SiO_2、SiN 等低 K 非晶材料的生长厚度的控制，以及沟槽腐蚀深度、宽度的把握，从而提高沟槽边墙对缺陷的抑制效率。

（3）键合层转移技术，晶片键合技术不受晶格失配度的限制，可以将异质半导体材料集成在一起，拓展集成的自由度。这样既解决了异质半导体材料的兼容问题，又充分利用了异质半导体材料的自身优点。低温下晶片键合能够克服异质结外延生长中的生长温度高、晶格失配和材料热膨胀系数非共容性的缺点，为大规模的异质（不同半导体材料）集成提供了可能。尽管晶片键合技术已经得到一定的发展，但还是存在一些亟待解决的问题。其中如何按照器件的用途来优化和规范晶片键合工艺，以及如何实现异质材料间的低温键合的问题最为突出。键合界面的质量直接影响着集成器件的性能，而

压力、退火温度、退火时间、气体环境等众多外部因素又直接决定着键合界面的质量。因此晶片键合完成后必须对键合界面的光学、电学和机械特性进行分析和评估，从而进一步优化上述各种参数以提高键合质量。

上述三类集成方案由于技术路线存在不同，所以在先进节点上的非 Si 异质集成方面各有应用。其中，全局弛豫过渡层技术主要针对 Si 基单一材料的异质集成，目前在 Si 基 Ge、GeSn、GaAs 方面进展明显，如何有效将缺陷限制在过渡层中是该技术的核心。缩颈外延技术尽管工艺相对复杂，但是它具备全局弛豫及晶片键合所不能替代的 Si 基多种材料混合集成的能力，是未来高性能、低功耗芯片研制所必须突破的关键之一。由于材料混合集成，生长条件的匹配性、先后顺序等都对材料的质量有显著影响，键合层转移技术的特点在于能够实现绝缘体上高迁移率材料的异质集成，是未来制造绝缘体上极薄半导体薄膜所必须攻克的技术之一。由于技术路线不同，键合层转移过程中的缺陷主要是，键合过程中被键合材料和衬底之间热膨胀系数的不同所导致的裂纹及表面缺陷等。此外，键合层厚度的精确控制、大尺寸晶圆键合技术都是键合层转移技术所亟待攻克的难点。

二、大尺寸硅基 GaN 和 SiC 单晶的材料制备技术

大尺寸硅基 GaN 和 SiC 单晶的材料制备技术需要满足与 CMOS 工艺兼容的要求。对于硅基 GaN 而言，目前主要基于两条工艺集成路线的需求：①SOI→CMOS 工艺→开窗→GaN 生长→GaN 工艺→互连；②SOI，GaN 生长→键合及选择性刻蚀→CMOS 工艺→开窗→GaN 工艺→互连。第①条技术路线要求低温生长高质量 GaN 材料，目前主流的关键技术是分子束外延（MBE）技术。分子束外延是一种新的晶体生长技术。其方法是将半导体衬底放置在超高真空腔体中，和将需要生长的单晶物质按元素的不同分别放在喷射炉中（也在腔体内）。由分别加热到相应温度的各元素喷射出的分子流能在上述衬底上生长出极薄的（可薄至单原子层水平）单晶体和几种物质交替的超晶格结构。分子束外延主要研究的是不同结构或不同材料的晶体和超晶格的生长。该法生长温度低，能严格控制外延层的层厚组分和掺杂浓度，但系统复杂、生长速度慢，生长面积也受到一定限制。分子束外延作为已经成熟的技术早已应用到了微波器件和光电器件的制作中。但由于分子束外延设备昂贵，且要获得超高真空，以及避免蒸发器中的杂质污染需要大量的液氮，因而日常维持的费用也较高。MBE 能对半导体异质结进行选择掺杂，大大扩展了掺杂半导体所能达到的性能和现象的范围。调制掺杂技术使

结构设计更灵活，但同样对与控制、平滑度、稳定性和纯度有关的晶体生长参数提出了严格的要求，如何控制晶体生长参数是应解决的技术问题之一。

随着 MBE 技术的发展，出现了迁移增强外延技术（MEE）和气源分子束外延（GS-MEE）技术。MEE 技术自 1986 年问世以来有了较大的发展。它是改进型的 MBE。但在生长Ⅲ-Ⅴ族化合物超薄层时，常规 MBE 技术存在两个问题：第一，生长异质结时，存在大量的原子台阶，其界面呈原子级粗糙，导致器件的性能恶化；第二，生长温度高而不能形成边缘陡峭的杂质分布，导致杂质原子的再分布（尤其是 p 型杂质）。其关键性的问题是控制镓和氮的束流强度，否则都会影响表面的质量。这也是技术难点之一。第②条技术路线可以采用传统的高温生长技术，但需要结合异质材料集成技术将硅基 GaN 材料与 SOI 材料合二为一，形成 Si-GaN-Si 结构的材料，以适用于 CMOS 平台的工艺制备。目前主流的异质材料集成关键技术是晶圆键合技术。当然，金属有机化学气相沉积（MOCVD）技术也是高温生长硅基 GaN 材料的关键技术，虽然目前研究得较多，但仍然需要解决大尺寸生长问题和失配问题。

晶圆键合（图 3-16）的两大关键技术是直接键合技术（低温）和临时键合与反键合技术。晶圆直接键合是将具有不同结构特性的衬底进行合并的技术。晶圆表面的离子激活能可用于改变接触表面的化学特性，进而降低键合温度。这样，可以支持高质量 GaN 材料与不同热延展性衬底材料的集成。

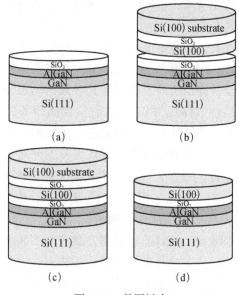

图 3-16　晶圆键合

晶圆键合技术面临两个问题。一是晶圆键合技术所需的键合材料的选择，传统的 PdIn3 和 AuGe 不能满足 Si CMOS 工艺的热冗余度；另外 HSQ（hydrogen silsequioxane）的颗粒和污染物也不支持大尺寸晶圆的需求，目前较为理想的键合材料是 CVD 生长的 SiO_2，但在之后的工艺集成和制备中会出现什么问题还不得而知，需要进一步研究。二是键合和反键合成套技术，包括键合温度、方式等，键合技术必须保证异质材料集成后的加工和卸载。

在 GaN 外延从 2in 过渡到大尺寸时，外延片的均匀性控制成为突出问题，它表现在缓冲层、沟道层、势垒层等各结构中材料特性的不均匀分布，包括厚度、晶体质量、缺陷的分布等，并最终影响器件材料的方块电阻均匀性。为此需要对以上各外延结构层进行均匀性评测，并研究对其生长过程的均匀性控制手段。宽禁带 GaN 材料生长工艺、缺陷等都有其独特的性质，这也决定了它的测量也有自身的特点。采用多种测试技术分析 AlGaN/GaN HEMT 材料的结构、电学、光学性能，对比研究不同测试技术的准确性、便捷性等，掌握 GaN 基微电子材料表征技术。

SiC 晶体生长尺寸从 2in 提高到 4in 涉及一系列的问题，主要包括晶体生长室的温场分布、气相组分的传输、晶体生长模式等。特别是随着晶体生长尺寸的增大，对晶体生长的温场分布要求越来越高，不适当的条件将导致晶体多型变化、微管密度增加等，使得晶体质量变差。充分认识晶体扩径规律，解决随着晶体尺寸增大带来的一系列问题，是获得高质量 4in SiC 晶体必须解决的关键技术。

随着单晶尺寸增大，微管密度呈急剧上升趋势。随着晶体尺寸的增大，微管密度将急剧增加，因此降低 4in 晶体中微管密度是提高晶体质量的关键技术之一。第一，微管的控制涉及多个生长参数的动态控制问题，包括生长温度、温度梯度、惰性气体压力和生长面-料面间距等，这些需要控制的工艺参数对生长的影响并非是独立的，而是相互关联的；第二，过饱和度是影响微管的主要参数，其控制因素众多，并且涉及多种气相（主要是 Si、SiC_2 和 Si_2C）过饱和度控制问题，以及单晶生长面上多个化学反应问题；第三，生长大尺寸 SiC 晶体时，如果采用常规的石墨坩埚，生长过程中坩埚边缘的 SiC 粉料的石墨化和结晶现象严重，对气相成分、生长过饱和度的影响较大，从而易导致产生微管。针对上述易诱发微管的不利因素，我们采取了偏轴生长、采用高质量籽晶、控制生长初期生长速率、完善籽晶固定方法、控制碳化硅粉料纯度、控制外来夹杂和设计新型的坩埚等方法。随着晶片尺寸的增加，晶片的平整度的控制和表面特征均匀性控制、晶片应力导致的翘曲和变形、大尺寸晶片的易碎性都是比小尺寸晶片更突出的问题。要想解决这些问题，需要对晶片加工工艺的各个环节进行系统的研究、分析、总结和归纳，探索和形成适合于 4in SiC 晶体的晶片加工技术。消除 SiC 晶片表面的亚损伤层，获得具有原子台阶的表面对获得高质量外延生长层是非常重要的。然而，使用传统的抛光技术很难彻底清除表面的损伤层，无法获得原子台阶表面。因此，探索消除表面损伤层的化学机械抛光方法是 SiC 晶片加工的核心技术。

SiC 是一种天然超晶格，又是一种典型的同质多型体，这些多型体的形成自由能很接近，有理想的晶体化学相容性，在 SiC 晶体生长过程中容易形成诸如 6H、4H、15R 等 SiC 多型体，多型混杂严重影响晶体的质量和性能。多型界面处，晶格不匹配形成了较大的应力场，使得位错在界面处形成并相互作用，是诱发微管形成的主要因素之一，特别是随着晶体生长尺寸增大到 4in，晶体中的应力也会激增，多型控制更加困难。因此，掌握大尺寸下 SiC 多型性相变规律，生长出单一晶型、晶体质量均匀一致的 6H、4H-SiC 晶体是必须解决的关键技术。

三、化合物器件的界面控制

由于 Ge、GeSn、Ⅲ-Ⅴ族化合物半导体缺乏高质量的自然氧化层，所以需要选择以 Hf、La、Ta、Gd、Al、Y 等为基础的高 K 栅介质材料，通过优化界面改性技术、薄膜制备工艺等来提高热稳定性，获得小的 EOT、低的隧穿漏电流和高的热稳定性；通过金属栅材料的选择与改性、薄膜厚度及晶化温度的优化、制备工艺的改善等，使溅射损伤、应力、界面态密度减到最小，并利用掺杂技术、界面偶极子等技术调节金属栅极在高 K 栅介质上的有效功函数，进而调节阈值电压；通过适当的表面处理、合金化和掺杂处理，在源漏区的 Ge、GeSn、Ⅲ-Ⅴ族半导体材料表面形成热稳定性好的金属欧姆接触，获得适用于高迁移率 CMOS 工艺的新型自对准金属化技术。优化合金条件和结构，并通过固体物理学和金相学理论辅以高科技分析手段探索其合金机制，研究各种界面状态对器件特性的影响，提高合金工艺的冗余度。

对于 SiC 而言，其在氧化过程中，界面上会存在碳残留问题，导致近界面态缺陷的产生，大大降低反型层沟道迁移率，导致电流增益降低。必须开发 SiC MOS 栅界面调控技术，通过氮化缺陷退火处理，降低近界面态缺陷对沟道迁移率的影响，提升器件性能和可靠性。对 SiC 衬底外延 GaN 表面态和陷阱效应的机理研究，开发 GaN 器件新型钝化技术，对介质膜与半导体之间的界面进行深入研究，在抑制电流崩塌的同时，避免因钝化而引起的器件性能退化问题。

在上述问题中，栅介质/非硅半导体界面问题是新材料化合物器件研究所普遍存在的核心问题。研究栅介质/非硅半导体界面调控方法，掌握界面缺陷的形成及行为规律，提出有效降低栅介质/半导体界面缺陷密度的解决方案，对于提升器件性能而言最为关键。

四、纳米尺度下非平衡载流子输运机理与量子力学问题

随着电子器件的尺寸由微米尺度发展到纳米尺度，基于电荷控制的半导体器件将会受到包括量子约束、隧穿、表面/界面的作用、准弹道输运、杂质涨落甚至单电子输运与库仑阻塞效应等在内的物理效应的作用和影响，主导电子器件工作的基本原理将逐渐由经典物理过渡到量子力学。然而，这些物理效应对电子器件性能的影响尚不十分清楚，强场条件下非平衡载流子输运理论尚不完善，这些基本问题的解决将为纳米尺度器件的研究与创新提供依据。

五、光电子与 CMOS 工艺兼容技术

光电子集成芯片将集合 Si、III-V、Ge 等多种异质材料，发挥 Si、Ge 和 III-V 族材料分别在光电集成、光探测和光发射方面的优势，异质材料及各功能器件间的集成与 CMOS 如何兼容成为急需解决的关键技术。其中 Si 和 InP 晶格失配高达 8.1%，Si 和 Ge 晶格失配也达 4.2%，存在常规的异质外延生长工艺无法实现材料兼容的问题，解决 Ge/Si 选择区域外延生长，解决低温高质量的硅基异质集成技术是解决异质材料兼容的关键。光电子混合集成或单片集成涉及光子回路与部件间的光电热力学的耦合、交叉与隔离问题，如何解决复杂体系的光电热力多场传导、耦合、管理、多种光子器件间模斑尺寸和折射率失配是解决功能器件间的集成与兼容科学问题的关键。需要进一步探索光刻、多层曝光套刻、硅基干/湿法刻蚀、离子注入等与 CMOS 兼容的硅基加工工艺。

六、硅基化合物器件和高压、大功率器件的可靠性问题

（1）硅基 GaN 化合物器件功率输出与可靠性问题。AlGaN/GaN 的

HEMT 器件和电路，具有增益高、性能稳定、功率转化效率（PAE）高、耐高温可用于恶劣的环境等优点，能够满足 X、K 波段通信用功率放大器不断提高的功率和线性度要求，符合通信系统小型化、高可靠性的发展趋势，具有很好的市场前景。GaN 目前在朝大功率和高频两个方向发展，在大功率方面，着重于 S 波段、C 波段，其功率输出已经达到 200W 以上，逐步向基站、直播卫星等民用商用化领域迈进；在高频方面，向 Ka 波段、W 波段推进。在解决相位失真和器件散热等问题基础上，从理论角度和器件结构角度对大栅宽器件在高频下的功率输出问题，以及输出功率线性提升问题进行研究，提高器件工作效率。通过对极化效应、电流崩塌等机制，以及工艺过程对器件的可靠性进行研究，并进一步从电路的实效性出发，针对合成模块中的功率分配、器件一致性对整体可靠性的影响，分析电路失效的机理，从而提高电路的整体可靠性，使其工作寿命达到器件的同等水平。

（2）SiC 功率器件高温封装技术。SiC 功率器件可以承受比 Si 功率器件更高的温度，传统的封装技术制约了 SiC 功率器件高温大功率性能的充分发挥，因此针对 SiC 的高温封装技术为影响高温大功率 SiC 器件性能的主要因素。此外 SiC 功率器件的特性与 Si 功率器件不同，在应用中并不是简单的器件替换，必须针对 SiC 功率器件的动态特性，合理地进行封装设计，开发 SiC 功率器件应用技术。

第五节　基于新材料的器件及其集成技术研究学科发展方向建议

基于新材料的器件及其集成技术是化合物器件与电路技术的发展的前提和保证，具有重要的发展意义。基于新材料的器件及其集成技术的提高涉及半导体器件、材料、分析测试各个方面。我们国家在以前的发展中注重了引进和消化吸收，但是忽略了自主创新和自主技术体系的建立，使得整个国家引进一代，落后一代，永远处于追赶和跟踪的状态，这与发展"创新国家"的战略严重不符。因此大力加强和发展自主知识产权的基于新材料的器件及其集成技术技术，是我们国家增强高技术领域的核心竞争力、自主创新能力的迫切要求，从国际发展的趋势来看，给我们很大的启示。

一、技术现状的反思及建议

国家科技重大专项"核心电子器件、高端通用芯片及基础软件产品"（以下简称"核高基重大专项"）是《国家中长期科学和技术发展规划纲要（2006—2020 年）》所确定的国家 16 个国家科技重大专项之一。核高基重大专项的主要目标是：在芯片、软件和电子器件领域，追赶国际技术和产业的迅速发展。通过持续创新，攻克一批关键技术、研发一批战略核心产品。通过"核高基重大专项"的实施，到 2020 年，我国在高端通用芯片、基础软件和核心电子器件领域基本形成具有国际竞争力的高新技术研发与创新体系，并在全球电子信息技术与产业发展中发挥重要作用；我国信息技术创新与发展环境得到大幅优化，拥有一支国际化的、高层次的人才队伍，形成了比较完善的自主创新体系，为我国进入创新型国家行列做出了重大贡献。

我们应当加快提高我国基于新材料的器件及其集成技术器件的研制水平。基于新材料的器件及其集成技术器件已成为制约国内化合物器件与技术发展水平的重要因素。因此，研究新材料的器件及其集成技术器件已成为摆在我们面前的紧要任务。

从国家层面必须提高对基于新材料的器件及其集成技术技术研究重要性的认识，及早制订好提高我国基于新材料的器件水平的全局战略规划，在国家重大专项中予以支持和资助。基于新材料的器件及其集成技术技术涉及材料、精密仪器、精密机械等，因此需要全局考虑和协调，基于新材料的器件及其集成技术技术水平的提升是一个系统性、全局性、持续性的工作。

目前，在世界范围内尚处于起步阶段的基于新材料的硅基器件、化合物半导体器件与集成技术、基于新材料的硅基集成技术，以及基于 CMOS 工艺的硅基混合光电集成技术的研究现状，为我国在上述领域的研究提供了自主创新的新机遇。新结构、新材料和新原理器件的研究历史还不是很长，国内外研究水平差距不大，如果我们能够抓住机遇，在我们的优势领域实现重点突破，这将打破我国微电子研究长期追赶国际前沿、无法取得核心技术的被动局面。

可以预见：

（1）硅衬底上 Ge、GeSn、III-V 族半导体 CMOS 集成技术一旦取得成功，将会在半导体产业引发一场技术革命，带来巨大的经济效益和科学技术的重大进步。建议与国内外产业部门开展密切合作，集中优势单位，重点对以硅基高迁移率 Ge、GeSn、III-V 族半导体沟道材料的 FinFET、环栅 CMOS

集成技术的研究提供支持，构筑我国自主的专利体系，在"后 22nm" CMOS 集成技术领域占有一席之地。

（2）SiC、GaN 为代表的新材料、新器件的进一步发展，将引领信息器件频率、功率、效率的发展方向，为我国带来巨大的经济效益和满足国防技术的需求。建议与国内产业部门开展密切合作，集中优势单位，重点对 SiC、GaN 功率器件的研究提供支持，研制出具有自主知识产权和全球竞争力的高频、大功率、高效率器件，并积极开展 InP、GaN 等新材料与硅基材料和技术融合，支撑功能集成研究。③重点支持基于 CMOS 工艺的硅基混合光电集成技术，开展微纳结构下新型光电子器件与硅基电子器件的集成技术，支撑光电融合的新方向。为实现从微电子时代向光电子时代的技术跨越打下坚实基础。

二、产业层面的反思及建议

半导体产业的发达程度是衡量一个国家科技生产力强弱的重要标志之一。目前中国的半导体产业还很薄弱，无论是工业基础还是人才力量，以及国家的投入都属于初级阶段，距离世界先进水平还有很大距离。可以说目前我国的半导体产业仍然未形成产业链，所以不管是器件，还是材料都谈不上什么支撑，即使是材料和器件业本身也缺乏国内基础工业和本土人才的支撑。从长远看，要在中国形成一条完整的产业链，还需要国家大量的资金投入和行业的技术积累，并且出台政策鼓励设计、制造、器件、材料等产业链重大环节的自主创新和产品开发。由于中国半导体产业的上游设计和制造业相对落后，在国际市场上缺乏竞争力，国内 IC 制造大厂，如中芯国际等的客户仍然以国外客户为主，而很多制造商本身的生产技术也处于国际的低端水平，所以很难对下游的国产器件和材料业形成有效支持，这就导致了器件业缺乏最终用户的指导和市场机会，这是器件业难以支撑的首要原因。第二个原因是制造大厂将大量的器件需求都给了国外的公司，这使得国产器件难以做大。当然，中国的 IC 器件起步较晚，技术上落后较多，勉强达到跟踪国外先进水平的程度，不足以在产品上取得明显领先的优势，从而在国外器件占得先机的情况下，难以取而代之，这也是国产器件业发展举步维艰的第三个主要原因。

随着国家启动专项的支持和推进，国内的化合物半导体器件也取得了长足的进步，部分产品的指标已经达到国际先进水平。至少有几种器件可以在大生产线上替代国外器件。但是仅仅有几种器件国产化是远远不够的，国家仍然没有整线制造的能力。要形成具有自主能力的完整器件线和提供支撑的完整零部件产业链，还需要各个器件商共同、继续努力。而事实上，我们目前即使可以国产半导体器件，但高端器件与电路还不具备国产化能力，仍然需要进口，使得国产器件完全自主仍然十分艰难。这制约了国产器件自主可控目标的实现。

三、政策层面的反思及建议

我国多年来一直在走技术引进、仿制的老路。由于西方国家对我国实行技术封锁，我国缺少科技交流的国际环境，只有采用技术引进、仿制的科技发展道路。其结果是还没有消化吸收，引进的技术就落后了，然后再去引进人家的落后技术，造成引进—落后—再引进—再落后，恶性循环，一直没有形成自己独立研发的能力。我们必须创造自主知识产权，技术引进不能长期下去，我们必须甩掉"洋拐棍"，走独立自主的科技开发道路，把我国建设成为发明大国、创新大国，使我国科技水平领先世界。在基于新材料的器件及其集成技术领域，这一点表现得特别突出。

基于新材料的器件及其集成技术技术是一项系统性的工程，它的发展依赖于光电子技术、材料技术、精细加工技术、光学技术，是一个涉及面大、涉及技术领域众多的综合性技术体系。只有整体性布局，才能保证整个系统的发展同步，避免木桶效应造成的发展的硬伤。

工艺技术节点的不断进步，以及新材料（如 SiC、纳米材料等）的出现，对器件业和材料业提出了更高的要求，希望国家尽快出台相关政策支持器件、材料业企业加大人才引进和资金投入力度，同时以企业为龙头和枢纽，扶持培养相关的基础产业链。另外，可以由企业牵头，加强器件、材料和上游设计制造行业的企业联系，器件业加强自身的技术实力，开发适合市场的产品提供给上游的制造企业。

从产业发展角度讲，作为整个半导体产业的基础，器件和材料业应该以建立健全各自产业链、达到完全自主制造为目标，逐步实现对国外产品的完全替代。器件商作为系统集成技术的掌握者和用户，应该是国家资金支持的主体，然后根据器件本身完全国产化的需要，去有的放矢地培养扶持优质国产零部件制造商，而不是本末倒置，把资金放给零部件制造单位。这些零部件研发单位既不知道器件商的技术需求，又不知道市场的需求节点，完全闭门造车。目前的半导体器件和材料在 IC 制造业客户的导入和销售都需要国家具体政策和资金的长期扶持，给器件制造商和制造业客户以信心和保证。

四、人才培养层面的反思及建议

基于新材料的器件及其集成技术技术的竞争实际上是人才也必然是人才的竞争，因此必须注重对基于新材料的器件及其集成技术技术研究人才的培养。

整个教育系统，应该强化对基于新材料的器件及其集成技术的系统性、全局型人才的培养。在整个高等教育体系中积极优化教学与人才培养体系，形成一个创新性人才培养模式。基于新材料的器件及其集成技术发展快，知识更新快，因此需要高等学校不断地强化和提高教师的水平。

国外半导体公司都非常重视大学生的课程教育，它们通过设立大学计划部门，通过各种赞助竞赛、设立联合实验室、大学课程和夏令营等方式来运作、支持大学教育。国内的教育体系存在较大的弊端，基于新材料的器件及其集成技术人才的培养还停留在理论讲授和简单的实验培养上，远达不到企业的需求。

在"产学研合作政策"的推动下，全球大量科技企业都积极投身中国"大学计划"这种企业和高校联合的方式，利用了两者不同的教育环境和资源，使得课堂教学和实践机会有机地结合在一起，为中国电子行业发展培养了许多优秀电子工程人才，但是国内企业在这一方面存在不足。

为加强本土人才的培养，教育部、科技部于 2003 年提出建设"国家集成电路人才培养基地"的重大举措，已有北京大学、清华大学等 20 所高校成为"国家集成电路人才培养基地"，大批国内培养的集成电路人才已经成为很多企业的中坚力量。

五、对外交流和合作层面的反思及建议

基于新材料的器件及其集成技术的发展，美国、日本、欧洲水平最高，其基于新材料的器件及其集成技术的发展一直与产业界联系得最为紧密，因此加强对外交流和合作，积极学习借鉴国发相关领域的发展经验，至关重要。

但是国家以前依靠市场换技术的方式值得反思，往往在关键核心工艺技术方面，我们难以有质的改变和提高。

六、鼓励创新

创新是科技水平不断提高的主要动力，也是基于新材料的器件及其集成

技术能够进一步提高的主要措施。发达国家设置了大量的专利池,限制其他国家进入集成电路重大装备的研制领域,为此,要避开专利或者表面缴纳高昂的专利授权费,必须鼓励技术创新,唯有创新才能有所发展。

本章参考文献

[1] European Semiconductor Industry Association, et al. The International Technology Roadmap for Semiconductors. 2011 Executive Summary, 2011: 92.

[2] Sze S M. Physics of Semiconductor Devices. 2nd ed. Hoboken: Wiley, 1981: 789.

[3] Nobelprize. org. 1956. The Nobel Prize in Physics 1956. http: //nobelprize.org/nobel_prizes/physics/laureates/1956/index.html [2015-03-15].

[4] Nobelprize. org. The Nobel Prize in Physics 2000. http: //nobelprize.org/nobel_prizes/physics/laureates/2000/index.html [2015-03-15].

[5] Chui C, Ramanathan S, Triplett B, et al. A sub-400C germanium MOSFET technology with high-K dielectric and metal gate. IEDM Tech Dig, 2002: 437.

[6] Pillarisetty R, Chu-Kung B, S Corcoran, et al. High mobility strained germanium quantum well Field effect transistor as the P-channel device option for low power ($V_{cc} = 0.5 V$) III-V CMOS architecture. IEDM Tech Dig, 2010: 150.

[7] Pillarisetty R. Academic and industry research progress in germanium nanodevices. Nature, 2011, 479: 324.

[8] Gupta S, Vincent B, Yang B, et al. Towards high mobility GeSn channel nMOSFETs: Improved surface passivation using novel ozone oxidation method. IEDM Tech Dig, 2012, 48 (11): 375.

[9] Radosavljevic M, Chu-Kung B, et al. Advanced high-K gate dielectric for high-performance short-channel $In_{0.7}Ga_{0.3}As$ quantum well field effect transistors on silicon substrate for low power logic applications. IEDM Tech Dig, 2009: 319.

[10] Radosavljevic M, Dewey G, et al. Non-planar, multi-gate In GaAs quantum well field effect transistors with high-K gate dielectric and ultra-scaled gate-to-drain/ gate-to-source separation for low power logic applications. IEDM Tech Dig, 2010: 126.

[11] Radosavljevic M, Dewey G, et al. Electrostatics improvement in 3-D tri-gate over ultra-thin body planar in GaAs quantum well field effect transistors with high-K gate dielectric and scaled gate-to-drain/ gate-to-source separation. IEDM Tech Dig, 2011: 765.

[12] Huang J, Goel N, et al. In GaAs MOSFET performance and reliability improvement by

simultaneous reduction of oxide and interface charge in ALD （La） AlO_x/ZrO_2 gate stack. IEDM Tech Dig, 2009: 339.

[13] Kim T W, Hill R J W, et al. In As quantum-well MOSFET （Lg=100nm） with record high gm, f_T and f_{max}. Symposium on VLSI Technology Digest, 2012: 179-180.

[14] Xuan Y, Wu Y Q, et al. High performance inversion-type enhancement-mode InGaAs MOSFET with maximum drain current exceeding 1A/mm. IEEE Electron Device Lett, 2008, 29: 294-296.

[15] Wu Y Q, Wang R S, et al. First exprimental demonstration of 100nm inversion-mode InGaAs finFET through damage-free sidewall etching. IEDM Tech Dig, 2009: 331.

[16] Gu J J, Liu Y Q, et al. First exprimental demonstration of gate-all-around Ⅲ-Ⅴ MOSFETs by top-down approach. IEDM Tech Dig, 2011: 769.

[17] Gu J J, Wang X W, et al. Ⅲ-Ⅴ Gate-all-around Nanowire MOSFET Process Technology: From 3D to 4D. IEDM Tech Dig, 2012: 529.

[18] Yamashita Y, Endoh A, Shinohara K, et al. Pseudomorphic $In_{0.52}Al_{0.48}As/In_{0.7}Ga_{0.3}As$ HEMTs with an ultrahigh f_T of 562 GHz. IEEE Electron Device Letters, 2002, 23 （10）: 573-575.

[19] Lai R, Mei X B, Deal W R, et al. Sub 50 nm InP HEMT device with f_{max} greater than 1 THz. IEEE International Electron Devices Meeting. Washington DC, 10-12 Dec, 2007: 609-611.

[20] Mei X, et al. A W-band InGaAs/InAlAs/InP HEMT low-noise amplifier MMIC with 2.5 dB noise figure and 19.4 dB gain at 94GHz. 20th International Conference on Indium Phosphide and Related Materials, 2008, 1-3.

[21] Ingram D, et al. A 427 mW, 20%compact W-band InP HEMT MMIC power amplifier. Radio Frequency Integrated Circuits （RFIC） Symposium, 1999: 95-98.

[22] Seo M, Urteaga M, Hacker J, et al. InP HBT IC technology for terahertz frequencies: fundamental oscillators up to 0.57 THz. IEEE J Solid-State Circuits, 2011, 46 （10）: 2203-2214.

[23] Griffith Z, Rodwell P, Young A, et al. A 220 GHz InP HBT solid-state power amplifier MMIC with 90mW POUT at 8.2dB compressed gain. Compound Semiconductor Integrated Circuit Symposium （CSICS）, IEEE. 2012, 14-17 Oct.

[24] Urteaga M, Pierson R, Rowell P, et al. 1.0 THz/max InP DHBTs in a refractory emitter and self-aligned base process for reduced base access resistance. Proc Device Research Conference （DRC）, 2011: 271-272.

[25] Feng M, Snodgrass W. InP Pseudormorphic Heterojunction Bipolar Transistor（PHBT）With f_T> 750GHz. Indium Phosphide & Related Materials, IPRM'07. IEEE 19th International Conference, 2007: 399-402.

[26] Griffith Z, Lind E, Rodwell M J W, et al. Sub-300 nm InGaAs/InP Type-I DHBTs with a 150 nm collector, 30 nm base demonstrating 755 GHz f_{max} and 416 GHz f_T. IEEE 19th International Conference Indium Phosphide & Related Materials, 2007.

[27] Lovblom R, Fluckiger R, Alexandrova M, et al. InP/GaAsSb DHBTs with simulataneous f_T/f_{max}=428/621 GHz. IEEE Electron Device Letters, 2013, 34（8）: 984-986.

[28] Hacker J, Urteaga M, Seo M, et al. InP HBT amplifier MMICs operating to 0.67 THz. IEEE, 2013, DOI: 10: 1109/MWSYM. 2013. 6697518.

[29] Seo M, Urteaga M, Hacker J, et al. InP HBT IC technology for terahertz frequencies: Fundamental oscillators up to 0.57 THz. IEEE J Solid-State Circuits, 2011, 46（10）: 2203-2214.

[30] Radisic V, Deal W R, Leong M K H, et al. A 10-mW submillimeter-wave solid-state power-amplifier module. IEEE Trans Microwave Theory and Techniques, 2010, 58（7）: 1903-1907.

[31] Jin Z, Liu X Y. On the design of base-collector junction of InGaAs/InP DHBT. Sci China Ser E-Tech Sci, 2009, 52（6）: 1672-1678.

[32] 郝跃, 刘新宇. 化合物半导体电子器件研究与进展. 2012, http://www.csia.net.cn/Article/ShowInfo.asp? InfoID=30617 [2013-03-01].

[33] Jin Z, Su Y, Cheng W, et al. Common-base multi-finger submicron InGaAs/InP double heterojunction bipolar transistor with f_{max} of 305GHz. Solid-State Electronics, 2008, 52: 1852-1828.

[34] W L D, Ding P, Su Y B, et al. 100-nm T-gate InAlAs/InGaAs InP-based HEMTs with f_T=249GHz and f_{max}=415GHz. Chin. Phys B, 2014, 23（3）: 038501.

[35] Yao H F, Cao Y X, Wu D Y, et al. A 16.9 dBm InP DHBT W-band power amplifier with more than 20 dB gain. Journal of Semiconductors, 2013, 34（7）: 147-153.

[36] Huang Z X, Zhou L, Su Y B, et al. A 20-GHz ultra-high-speed InP DHBT comparator. Journal of Semiconductors, 2012, 33（7）: 84-88.

[37] Su Y B, Jin Z, Cheng W, et al. An InGaAs/InP 40GHz CML static frequency divider. Journal of Semiconductors, 2011, 32（3）: 127-130.

[38] Rosker M J. Recent advances in GaN-on-SiC HEMT reliability and microwave performance within the DARPA WBGS-RF program. Compound Semiconductor

Integrated Circuit Symposium, CSIC 2007. IEEE, 2007: 1-4.

[39] Camarchia V, Fang J, Ghione G, et al. X-band wideband 5W GaN MMIC power amplifier with large-signal gain equalization. Integrated Nonlinear Microwave and Millimetre-Wave Circuits (INMMIC), 2012: 1-3.

[40] Kuhn J, Raay F, Quay R, et al. Design of X-band GaN MMICs using field plates. Microwave Integrated Circuits Conference, EuMIC 2009, 2009: 33-36.

[41] Kimura M, Yamauchi K, Yamanaka K, et al. GaN X-band 43%internally-matched FET with 60W output power. Microwave Conference, APMC 2008, 2008: 1-4.

[42] Roberg M, Hoversten J, Popovic X, et al. GaN HEMT PA with over 84%power added efficiency. 2010, 46 (23): 1553-1554.

[43] Schellenberg J, Watkins E, Micovic M, et al. W-band, 5W solid-state power amplifier/ combiner. Microwave Symposium Digest (MTT), IEEE MTT-S International 2010, 2010: 240-243.

[44] Micovic M, Kurdoghlian A, Margomenos A, et al. 96 GHz GaN power amplifiers. IEEE MTT-S International Microwave Symposium Digest, USA, 2012: 1-3.

[45] Leach J H, Morkoc H. Status of reliability of GaN-based heterojunction field effect transistors. Proceedings of the IEEE, 2010: 1127-1139.

[46] Himes G, Maunder D, Kopp B. Recent defense production act title Ⅲ investments in compound semiconductor manufacturing readiness. CS MANTECH Conference, New Orleans, Louisiana, USA, 2013.

[47] Rupp R, Kern R, Gerlach R. Laser backside contact annealing of SiC power devices: A prerequisite for SiC thin wafer technology. ISPSD 2013, May 26-30, Kanazawa, Japan, 2013.

[48] Sakaguchi T, Aketa M, Miura Y, et al. Fabrication of 700V 4H-SiC SBDs with Ultra-Low resistance of $0.22m\Omega\text{-}cm^2$ nearby the SiC material limit. ICSCRM 2013, Sept 29-Oct 4, Miyazaki, Japan, 2013.

[49] Zhang J Q C, Duc J, Mieczkowski V, et al. Palmour. 4H-SiC trench schottky diodes for next generation products. Materials Science Forum, 2013, 740-742: 781-784.

[50] Ryu S H, Krishnaswami S, Hull B, et al. 10 kV, 5A 4H-SiC power DMOSFET. Proceedings of the 18th International Symposium on Power Semiconductor Devices & IC's. June 4-8, Naples, Italy, 2006.

[51] Palmour J. Advances in SiC power technology. DARPA MTO Symposium, 2007.

[52] Nakamura R, Nakano Y, Aketa M, et al. 1200V 4H-SiC trench devices. PCIM Europe

2014, 20-22 May, Nuremberg, Germany, 2014.

[53] Cooke M. Wide-bandgap materials and power applications. Semiconductor Today, 2014, 9 (1): 31~34.

[54] Miyake H, Okuda T, Niwa H, et al. 21-kV SiC BJTs with space-modulated junction termination extension. Electron Device Letters, 2012, 33 (11): 1598-1600.

[55] Rosker M J, Greanya V, Chang J H. The DARPA compound semiconductor marerials on Silicon (COSMOS) program. IEEE, 2008.

[56] Tripathy S, Lin V K X, Dolmanan S B, et al. AlGaN/GaN two-dimensional-electron gas heterostructures on 200 mm diameter Si (111). Appl Phys Lett, 2012, 101 (8): 082110.

[57] Cheng K, Liang H, van Hove M, et al. AlGaN/GaN/AlGaN double heterostructures grown on 200 mm Silicon (111) substrates with high electron mobility. Appl Phys Express, 2012, 5 (1): 011002.

[58] Christy D, Egawa T, Yano Y, et al. Uniform growth of AlGaN/GaN high electron mobility transistors on 200 mm Silicon (111) substrate. Appl Phys Express, 2013, 6 (2): 026501.

[59] Choi Y C, Pophristic M, Cha H Y, et al. The effect of an Fe-doped GaN buffer on off-state breakdown characteristics in AlGaN/GaN HEMTs on Si substrate. IEEE Trans on Electron Devices, 2006, 53 (12): 2926-2931.

[60] E Bahat Treidel, Brunner F, Hilt O, et al. AlGaN/GaN/GaN: C back-barrier HFETs with breakdown voltage of over 1kV and low Ron × A. IEEE Trans on Electron Devices, 2010, 57 (11): 3050-3058.

[61] De Jaeger B, Van Hove M, Wellekens D, et al. Au-free CMOS-compatible AlGaN/GaN HEMT processing on 200 mm Si substrates. 24th International Symposium on Power Semiconductor Devices and ICs, 2012, 49-52.

[62] Kim J, Hwang S K, Hwang I, et al. High threshold voltage p-GaN gate power devices on 200 mm Si. 2013 25th International Symposium on Power Semiconductor Devices & IC's (ISPSD), 2013: 315-318.

[63] Raman S, Dohrman C L, Chang T H, et al. The DARPA Diverse Accessible Heterogeneous Integration (DAHI) Program: Towards a next-generation technology platform for high-performance microsystems. International Conference on Compound Semiconductor Manufacturing Technology (CSMANTECH), Boston, Massachusetts, USA, 2012.

[64] Kazior T E, Chelakara R, Hoke W, et al. High Performance mixed signal and RF

circuits enabled by the direct monolithic heterogeneous integration of GaN HEMTs and Si CMOS on a Silicon substrate. 2011 IEEE Compound Semiconductor Integrated Circuit Symposium（CSICS），2011：1-4.

［65］苏州纳米技术与纳米仿生研究所. 苏州纳米所 GaN/Si 功率开关器件研究获得重要突破. 2012. http：//www.cas.cn/ky/kyjz/201206/t20120612_3596095.shtml［2013-03-21］.

［66］Bush S. Sic on Si buffer for LED-on-silicon. 2013. http：//www.electronicsweekly.com/news/business/manufacturing/sic-on-si-buffer-for-leds-on-silicon-2013-05/［2015-03-13］.

［67］Kirman N，et al. On-chip optical technology in future bus-based multicore designs. IEEE Microelectronics，2007，27：56-66.

［68］Yablonovitch E. Inhibited spontaneous emission in solid-state physics and electronics. Physical Review Letters，1987，58（20）：2059-2062.

［69］Xing M，Zheng W. Tunable edge-emitting microlaser on photonic crystal slab. Electron Lett，2009, 45（23）：1170.

［70］Rupert F，Xiang Zhang. Plasmon lasers at deep subwavelength scale. Nature，2009，461：629.

［71］Xiao X，Xu H，Li X. High-speed, low-loss silicon Mach-Zehnder modulators with doping optimization. Optics Express，2013，21：4116-4125.

［72］Zhang Y J，Wang H L，Qu H W，et al. Slotted hybrid Ⅲ-Ⅴ/Silicon single-mode laser. IEEE Photon Technol Lett，2013，25（7）：655-658.

［73］Abdullaev A，et al. Improved performance of tunable single-mode laser array based on high-order slotted surface grating. Opt Express，2015，23（9）：12072-12078.

［74］Zhang Y J，Wang H L，Qu H W，et al. A Ⅲ-Ⅴ/silicon hybrid racetrack ring single-mode laser with periodic microstructures. Opt Commun，2013，301：112-115.

［75］Zhang Y J，Qu H W，Wang H L，et al. A hybrid silicon single mode laser with a slotted feedback structure. Opt Express，2013，21（1）：877-883.

［76］Zhang C，Liang D. Thermal management of hybrid Silicon ring lasers for high temper ature operation. IEEE Journal of Selected Topics in Quantum Electronics，2015，21（6）：1502607.

［77］Srinivasan B. Coupled-Ring-Resonator-Mirror-Based Heterogeneous Ⅲ-Ⅴ Silicon Tunable Laser. IEEE Photonics Journal，2015，7（3）：2700908.

［78］Lee J H，Bovington J，Zheng X Z. Demonstration of 12.2%wall plug efficiency in uncooled single mode external-cavity tunable Si/Ⅲ-Ⅴ hybrid laser. Optics Express，2015，23（9）：12079-12088.

［79］Park G C，Xue W Q. Hybrid vertical-cavity laser with lateral emission into a silicon waveguide. Laser & Photonics Reviews，2015，9：L11-L15.

［80］Duan G H，Accard A，Kaspar P，et al. New advances on heterogeneous integrationof Ⅲ-V on silicon. Journal of Lightwave Technology，2015，33（5）：976-983.

［81］Soltani A，Cordier Y，Gerbedoen J C，et al. Assessment of transistors based on GaN on silicon substrate in view of integration with silicon technology. Semicond Sci Technol，2013，28（9）：094003.

［82］Chung J W，Ryu K，Lu B，et al. GaN-on-Si technology，a new approach for advanced devices in energy and communications. 2010 Proceedings of the European Solid State Device Research Conference，2010：52-56.

［83］Hao Y，Yang L，Ma X，et al. High-performance microwave gate-recessed AlGaN/AlN/GaN MOS-HEMT with 73% power-added efficiency. IEEE Electron Device Lett，2011，32（5）：626-628.

［84］金智，苏永波，张毕禅，等. InP 基三端太赫兹固态电子器件和电路发展. 太赫兹科学与电子信息学报，2013，11（1）：43-49.

第四章
工　艺

第一节　概　述

长期以来，缩小特征尺寸和增大硅片直径是推动集成电路技术进步的两大要素。近年来，随着传统工艺和常规材料物理极限的逼近，以及研发成本的急剧上升，进一步缩小特征尺寸和增大硅片直径这两个要素已经遇到越来越多的挑战[1]。

本章中的集成电路新工艺是指集成电路制造技术发展到 10nm 节点或 EUV 光刻技术进入量产以后，由于器件尺寸的进一步缩小，芯片集成度的进一步提高所需要采用的新型工艺技术。集成电路技术发展到这一阶段，传统工艺技术将面临器件物理极限的逼近而带来的挑战，新型工艺技术将被迫采纳。

对于纳米尺度 CMOS 器件和芯片而言，将产生漏感应势垒降低、栅介质隧穿、迁移率降低等问题；同时，铜互连、低 K 材料、化学机械抛光（chemical mechanical polishing，CMP）等材料和技术的普遍应用，以及氧化、亚波长光刻、掺杂控制、沉积等日益复杂的集成电路制造流程，使得制造工艺更加逼近物理限制，导致精确的工艺控制变得越来越困难，最终造成硅片上器件的实际几何形状、内部纵向结构、工作机制，以及器件的特性参数与原设计目标产生显著偏离。

新型工艺技术按照在集成电路制造工艺中的不同阶段和门类可分为新

型逻辑工艺技术、新型存储器工艺技术、新型后段工艺技术和新型封装工艺技术。集成电路新型工艺关键技术包括衬底技术、微细图形化技术、迁移率提升技术（包括沟道工程）、栅工程、源漏工程、新型互连技术、新型封装技术等。微纳电子学科的基础是器件，新型器件是为了解决传统器件在等比例缩小过程中面临的挑战而提出的，而新型器件的实现又离不开新型工艺技术的支撑，高 K 金属栅器件、锗硅提升源漏器件、FinFET 等新型器件与其相对应的新型工艺技术是分不开的。本章主要的篇幅用以讨论逻辑技术，同时也将部分覆盖新型存储技术，在存储技术部分主要介绍新型非挥发存储器的发展状况。其中主要包括传统电荷式非挥发存储器 NAND Flash 在当下经历的挑战和发展，以及新型电阻式存储器 PCM、MRAM、RRAM 的研究现状和工艺技术[2~12]。

（1）衬底技术。在过去十几年主要还是以 300mm 硅片为主，目前阶段主要是 450mm 硅片的量产应用所带来的各种挑战，这对于微纳电子学科来说是一个革命性的变化。

（2）微细图形化技术。在 193nm 浸没式光刻采用之后，在很长一段时期内都是从多次曝光和计算光刻角度来进行改进的，包括 OPC、SMO、RET、SADP、pitch 分割、图形分割等，在光刻基础上再对刻蚀技术进行改进，以达到多次图形化的目的，但是这种基于 193nm 浸没式光刻的改进即将达到极限，必须采用 EUV 光刻技术或其他新型光刻技术来继续推动摩尔定律的前进。

（3）迁移率提升技术。特征尺寸缩小到纳米尺度后，栅介质厚度也逐渐减小到接近 1nm，关态漏电、功耗密度增大、迁移率退化等物理极限使器件性能恶化，等比例缩小技术面临越来越严峻的挑战。要进一步等比例缩小，必须采用新技术来提高晶体管性能。其中一个重要方面就是采取措施提高沟道内载流子迁移率，以弥补沟道高掺杂引起库仑相互作用更显著，以及栅介质变薄引起有效电场强度提高和界面散射增强等因素带来的迁移率退化。在 ITRS 中，新的衬底沟道材料是 CMOS 技术发展的重要方向。目前，得到广泛应用的是应变硅（strained silicon）技术，以及正在研究开发的采用具有高迁移率的半导体材料（如 Ge 和 III-V 等）作为沟道层的技术，除此之外，石墨烯（graphene）及碳纳米管（CNT）等碳类材料作为沟道层的研究工作也正在大力开展中。

（4）栅工程。由于栅介质质量对器件性能至关重要，所以不仅要求先进的高 K 栅介质必须具有缺陷少、稳定性好、抗击穿强度高、漏电流小、与硅有良好的界面特性和界面态密度低等特点，而且为了获得高质量的先进栅介质，又必须探索新的适合纳米 MOS 器件的制备技术。

（5）超低阻值源漏工程。从 45nm 技术时代开始，MOS 晶体管物理栅长的缩微越来越慢。变缓的原因主要是技术上的挑战：抑制更小栅长 MOS 晶体管的短沟道效应的难度越来越大，而有效氧化层厚度微细化进程的变缓更是加大了短沟道效应的严重性；严重的短沟道效应会导致器件的参数和性能的不均匀性和离散性大大增加，最终导致不可接受的芯片成品率和芯片性能稳定性下降。

（6）新型互连技术。自 90nm 以下，前段器件的性能的提升已不再简单依赖尺寸的微缩，应变硅工程、高 K 金属栅及 16/14nm 即将采用的 FinFET 立体栅结构是技术进步的标志。相对而言，后段互连工艺则仍沿用自铜引入后一直采用的大马士革工艺，并且 PECVD 设备生长（超）低 K 介质材料和介质阻挡层材料，PVD 沉积 TaN 铜阻挡层和/铜籽晶层，ECP 实现铜填充，CMP 完成铜和铜阻挡层的抛光，这样的工艺配置和流程也一直未变。但这并不代表互连技术难度低、作用小。恰恰相反，先进工艺技术也很大程度上解决了器件性能的提升问题，但并没能很好地解决金属互连线所面临的技术困难。从图 4-1 可以看出，随着芯片上金属互连线尺寸的缩小，无论是金属互连线所能提供的最大电流密度，还是金属层间膜的介电常数，均不能达到 ITRS 的要求，从而造成电路信号畸变延时越来越严重，寄生效应产生的动态功耗越来越大，严重影响芯片性能的提升。因此，金属互连工艺技术已经成为目前半导体工艺技术进一步发展的主要制约因素。除了技术上重要性不断提高，互连工艺在制造成本中所占比重也越来越大。以 40nm 工艺为例（详见表 4-1），一个标准 1P10M 的高性能产品总共需要 53 张光罩，后段互连工艺需要 22 张光罩，其中绝大部分都是 193nm 光刻等级，并需要做 OPC 和 PSM 处理，因此互连工艺已占到芯片加工总成本的一半甚至更多。

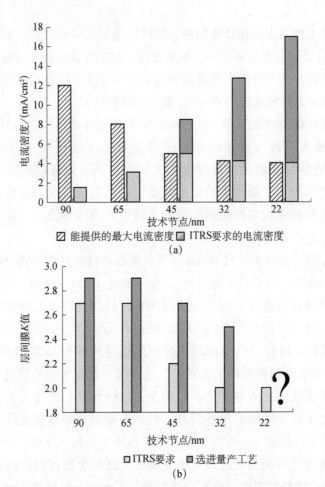

(a)

(b)

图 4-1　连线电流密度已无法满足 ITRS 要求，层间膜介电常数远未如 ITRS 预期

表 4-1　按前后段划分的 40nm 1P10M 工艺所需光罩数和光罩类型

40nm 1P10M 工艺光罩统计	掩模版类型		OPC		PSM	
	深紫外	193nm 光刻	Non-OPC	OPC	Non-PSM	PSM
全段	33	20	14	39	33	20
前段	28	3	9	22	28	3
后段	5	17	5	17	5	17

（7）新型封装技术。最初的封装技术主要达到三个基本目的：保护集成电路，通过封装实现集成电路与外电路互连，以及通过封装将硅制造工艺的集成电路和有机印刷电路板制造工艺实现兼容。随着集成电路越来越复杂，引脚数越来越多，面积和功耗越来越大，再加上半导体技术的多样性，从射

频集成电路、MEMS、汽车电子、功率电子等，封装技术的发展也随之越来越复杂和多样性。但是封装技术发生根本性的变化是近年来消费类电子技术的飞速发展，封装技术的内涵得到空前的扩充，为了达到高性能、多功能、高可靠性和低成本目的，尤其是小/微型化，封装技术已经从过去传统集成电路的辅助技术逐渐转变成为关键技术和支撑技术。很多原来在系统板级或模块级实现的现在要求在封装级实现，这就是系统封装、三维封装、高密度封装概念的出现与实现。更重要的是，系统级封装和三维封装的概念和技术反过来又对集成电路发展，尤其是"后摩尔时代"集成电路发展提供了一个最合理、最现实的选择：利用三维封装技术可以将二维硅工艺的硅片垂直重叠起来实现单位面积的晶体管密度成倍增加，从而轻易地突破摩尔定律的限制。不仅如此，三维集成还为不同工艺节点的芯片集成在一起提供一个灵活的选择，使未来的芯片功能更加强大、成本更低、上市更快、应用范围更广。在技术实现上，三维封装技术将向前段工艺扩展，硅通孔技术、凸点技术、键合技术、Flip-chip 等将在半导体制造厂中出现，同时传统后段封装由于更精细的线路和制作工艺逐渐采用部分前段的设备和工艺，从而模糊了前段和后段的技术界限。因此，在"后摩尔时代"，我们将看到更广泛的制造领域内更加快速的封装技术发展：①大规模的三维制造技术，包括前段和后段的 TSV 制造技术；②异质芯片的三维封装和系统级封装、光电混合封装，传感/处理器/传输封装，等等；③预计"后摩尔时代"对芯片的某些限制，如功耗、环保等将更为严格，由此将产生新的封装技术；④基于新型材料产生的新器件，如以石墨烯、碳纳米管为基础的碳半导体集成电路器件的新封装技术等。

（8）新型存储技术。存储器从诞生至今，经历了一个飞速发展的过程。1970 年，Intel 公司制造了第一块 1kB 的 DRAM 存储器芯片。2013 年 11 月全球最大的存储器制造商三星公司发布了采用 20nm 工艺制造的 4GB DDR3 DRAM。

根据 IC insight 在 2012 年做的报告，存储器占全部集成电路市场的份额达到了 36.1%，超过了所有其他类型的市场，包括逻辑、模拟、晶圆代工等（图 4-2）。随着器件特征尺寸的不断减小和集成密度的提高，DRAM、SRAM 和 Flash 的按比例缩小发展到 20nm 时将达到极限。进一步降低功耗和工作电压，提高速度和存储密度，是满足未来存储器技术发展和应用的必然要求。下一代的新型非挥发存储器技术将成为推动存储器技术向前发展的动力。新一代技术将继续朝着小尺寸、低电压、高密度、低成本、低功耗和高速度等方向发展。对于非挥发存储器而言，主要变化包括传统的 NAND Flash 将经历从 2D 平面单元到 3D 高密度集成的转变；新型的非挥发存储器技术，诸如 FeRAM、MRAM、PRAM 和 RRAM 等将会逐渐得到应用，并成为未来存储器技术的主流。

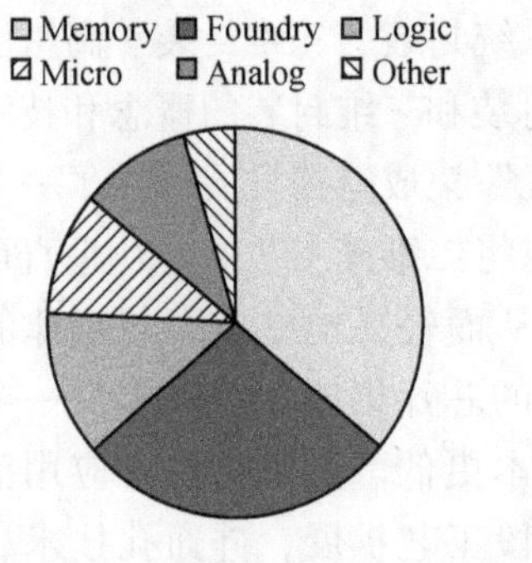

		Product Type	Installed Capacity（kW/m）	% of Worldwide Total
☐ Memory ■ Foundry ☐ Logic		Memory	5 237.4	36.1
▨ Micro ▦ Analog ◫ Other		Foundry	3 990.7	27.5
		Logic	1 791.3	12.4
		Micro	1 493.8	10.3
		Analog	1 387.4	9.6
		Other	596.5	4.1
		Total	14 497.0	100

图 4-2　集成电路市场各类型产品份额

资料来源：IC Insight

对上述新型工艺技术展开基础研究，为这些技术的产业化应用提前做好技术储备，对我国集成电路技术的发展、缩小与国际最先进水平的差距具有重要意义。近 10 年来，我国集成电路制造技术的发展基本是跟随国际先进主流制造企业的技术路线，如果我们提前对新型工艺的基础研究进行布局，可以从一定程度上摆脱这种跟随局面，从而发展出自己的道路，实现赶超。

第二节　集成电路新工艺的国内外研究现状与发展趋势

一、历史梳理

集成度的不断提高和特征尺寸的持续缩小作为 IC 工艺技术发展的两大基本方向和主要目标，已经使得当今社会可靠性更强、性能更高的系统集成芯片（system on chip，SoC）成为现实。目前高性能 IC 的集成度已达到上亿个晶体管，特征尺寸减小至 22nm，而且 16nm 及 10nm 的 MOS 器件已在实验室研制成功。但是，芯片特征尺寸的不断减小、硅基微电子技术发展中的工艺限制问题也给 IC 的设计和制造带来了各种现实的技术问题和严峻挑战，对其问题的解决也显得愈发迫切和重要。这是因为，对于纳米尺度 CMOS 器件和芯片而言，将产生包括漏感应势垒降低、栅介质隧穿、迁移率降低等问题，同时铜互连、低介电材料、化学机械抛光等材料和技术的普遍应用，以及氧化、亚波长光刻、掺杂控制、积淀等日益复杂的集成电路制造流程，使得制造工艺更加逼近物理限制，从而引起精确的工艺控制变得越来越困难[13~28, 57, 58]。

集成电路工艺技术的发展在进入亚 0.1μm 时代之前基本都是对传统 CMOS 器件进行缩小，减小工艺中的薄膜厚度及几何尺寸，提高工艺精度，新型工艺的采用较少，STI 隔离技术在 0.25/0.18μm 节点进入量产，铜互连技术在 0.13μm 节点进入量产。但是集成电路工艺技术发展到亚 0.1μm 节点之后，仅仅对传统 CMOS 器件进行缩小已经无法满足提升性能和抑制功耗的需求，由此引入了多种新型工艺技术（图 4-3）；在 45nm 节点之后，传统的微细图形化技术发展路线也遭遇了挑战，仅仅对光刻光源波长的缩短已经无法满足光刻精度的需求，由此产生了新型光刻技术。

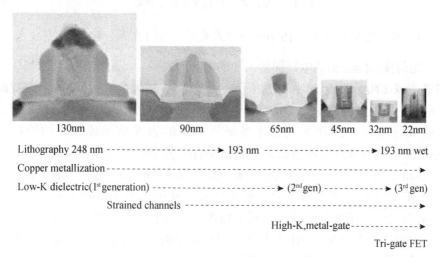

图 4-3　集成电路发展历史中的主要新型工艺技术

资料来源：Chipworks 报告

图 4-4 总结了集成电路发展过程中各个技术节点采用的或可能将采用的新型工艺技术，本章将对其中的代表性成果及关键技术进行阐述。

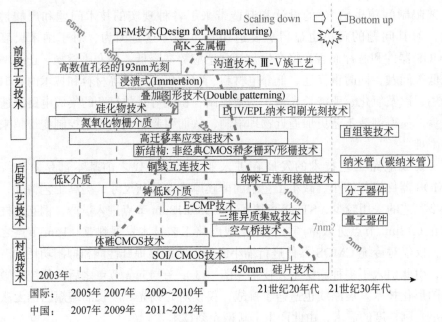

图 4-4　集成电路新型工艺技术概览

1. 微细图形化技术：193nm 浸没式光刻、计算光刻、EUV 光刻技术

光刻技术随着集成电路图形尺寸的缩小而发展，其最重要的技术指标分辨率 $R = k_1\lambda/\mathrm{NA}$，所以减小工艺因子 k_1 和波长 λ，增大数值孔径 NA 都能提高分辨率。但是根据焦深公式 $\mathrm{DOF} = k_2\lambda/\mathrm{NA}^2$，大的数值孔径也会降低焦深，影响成像效果，因此光刻技术发展最主要的表现是光源波长的缩短。在 0.13μm 技术节点之前波长为 248nm 的深紫外曝光技术即可满足需求，到了 90nm 节点在某些关键层就需要采用波长为 193nm 的曝光技术，可以说在 45nm 节点之前，光刻技术的发展主要采用减小光源波长的手段。而到了 45nm 节点，光源波长的减小遇到了瓶颈，于是发展出浸没式光刻，这种光刻技术依然采用 193nm ArF 紫外光，但是在镜头与硅片之间引入液体，利用液体对紫外光的折射率从而提高光刻的分辨率。

再接下来，在 10nm 以下节点可能采用波长为 13.5nm 及以下的极紫外光源。目前的观点认为，EUV 光刻技术在 5nm 节点之前都能满足集成电路制造工艺的需求。波长的缩小能够保证曝光分辨率的提高，但是考虑到成本的限制，一般来说产业界将尽可能地延长同一波长曝光技术的使用寿命，这就需要从其他方面来进一步提高分辨率，比如采用离轴照明（OAI）、光学邻近效应修正（OPC）、移相掩模（PSM）、光刻胶修剪（Triming）、光源与掩模优化（SMO）、双曝光（Double Patterning）或多次曝光等，上述技术同时促进了计算光刻技术的发展，这也是最近若干年 EUV 光刻技术一直未能取代浸没式193nm 曝光技术的原因。

根据 Intel 公司在 2010 年 EUV 光刻技术研讨会上展示的光刻技术路线图（表 4-2），16nm 节点主要还是采用浸没式 193nm 曝光技术，11nm 节点可能采用 EUV 光刻技术，但是考虑到 EUV 光刻技术的潜在风险，还需要发展其备份方案。

表 4-2　Intel 公司展示的光刻技术路线图

技术节点	主流/替代方案	量产时间
22/20nm	193i NA=1.35 双曝光或单次曝光	2011 年
16/14nm	193i NA=1.35，节距拆分 0.92 NA，EUV 光刻技术试用	2013 年
11/10nm	EUV 0.32 NA+离轴照明（OAI） 193i 扩展	2015 年
8/7nm	EUV 0.4X+离轴照明 待定	2017 年

2. 高 K 金属栅技术

高 K 金属栅技术分为两部分：一是高 K 栅介质，二是金属栅电极。在集成电路发展初期，MOSFET 中的栅电极即为金属材料，后来发展为 N 型或 P 型的多晶硅栅极材料，更有利于 CMOS 技术中对 NMOS 或 PMOS 进行阈值电压调整。热氧化二氧化硅在很长一段时期内作为高质量的栅介质材料扮演了很重要的角色。随着深亚微米时代的到来，纯粹的二氧化硅已经无法同时满足栅介质在等效电学厚度（EOT）和泄漏电流两方面的要求，含氮的氧化硅栅介质材料逐渐替代了传统的二氧化硅。随着集成电路技术的发展，多晶硅/氮氧化硅组合的栅堆叠的弊端日渐凸显，栅泄漏电流与 EOT 的矛盾、多晶硅栅耗尽效应等问题对栅介质和栅电极材料提出了新的要求，由此出现了高 K 介质和金属栅，但这两者一开始并没有结合起来进行研究[55, 76~80]。

高 K 介质在 20 世纪末引起了微电子学界的重视，研究者对很多种金属的氧化物（氧化镧、氧化铝、氧化铪等）开展了研究，这类材料在保证足够小 EOT 的条件下还能具有一定的物理厚度，以保证栅泄漏电流不至于太大。

高 K 材料作为一种新材料，从开始研究到被工业界接纳经历了比较长的过程，直到 2008 年 Intel 公司才宣布在 45nm 节点采用了氧化铪。这种技术的难点在于材料生长及界面处理，一般都采用原子层沉积（ALD）的方法来生长，并经过热退火处理，高 K 与沟道硅材料和栅电极材料之间均引入界面层，以阻止不同材料之间的扩散及界面态的生成。

金属栅技术也是在 20 世纪末成为研究热点，除了其污染风险的控制，还需要解决的问题主要有功函数的调节、界面接触及稳定性、金属栅线条的形成。金属功函数的调节有离子注入方式和多层金属薄膜组合，功函数的调节方向分为带边和带中两种。最后获得工业界应用的是多层金属膜组合，功函数是类似高掺杂多晶硅趋于带边。

高 K 金属栅技术在发展过程中还存在过先栅（gate-first）和后栅（gate-last）两种工艺途径。45～28nm 节点的高 K 金属栅技术主要采用高 K 介质生长在先（high-K first）的方式，这种情况下先栅和后栅两种工艺均获得了量产，但是在 22/20nm 节点，基本已统一为后栅工艺。在后栅工艺中，金属栅线条的形成完全依赖替代金属栅技术（replacement metal gate，RMG），不需要对金属进行刻蚀。

3. 应变硅技术

应变硅技术也是在 20 世纪 90 年代成为研究热点，最初对应变硅技术研究较多的是先获得一种 SiGe、Ge 或其他与单晶硅晶格常数不同的薄膜或衬底，再在其上生长一层厚度较薄、晶格未完全弛豫的硅，并以这层硅膜作为沟道材料开展后续工艺，在工艺中必须保持低温工艺，使得应力得以维持。实际上这种获得全局性应力的方法并不适合用来制造集成电路，因为 NMOS 和 PMOS 所需要的应力不同，而且在工艺过程中过早地引入应力会给后续的工艺带来困难，由此发展出了局域化或嵌入式的应变硅技术，并且获得了工业界的应用。应变硅技术获得工业界的应用，主要是针对以下问题开展了研究。

（1）应变硅工艺中所施加的应力在热过程中很容易被释放，所谓应力弛豫，所以在采用了应变硅工艺后，热稳定性问题十分突出，一般来说在后续工艺中必须采用低温工艺来维持应力。因此在工艺中引入应力越晚越好，至少要在热氧化工艺全部完成后。高 K 金属栅技术中的栅介质所需的热预算也比传统栅介质少了很多，与应变硅技术更加兼容。

（2）随着特征尺寸的缩小，栅与栅之间的间距在缩小，源区和漏区生长应变 SiGe/SiC 的尺寸在缩小，这给应变材料的生长和应力效果都带来很大的困难；同时，具有应力的帽层或者应力记忆层与器件的接触空间也在变小，使源漏工程和应力帽层这两种技术产生的性能改善效果减弱。

（3）通过源漏区外延生长来引入应力的效果与外延生长前的硅表面形貌有很大的关系，所以对源漏的凹陷刻蚀中各向同性和各向异性的分配至关重要。

（4）由于应变硅技术涉及的工艺模块很多，而且对于 NMOS 和 PMOS 往往需要相反的应力，不同的应变工艺模块在 NMOS 和 PMOS 上施加所需的应力，又要避免相互抵消。多种应变技术的引入必然提高工艺的复杂度，影响到集成电路产品的成品率和可靠性。因此，多种应变结合的关键在于工艺整合。

应变硅技术在生产上最开始被应用于 90nm 节点，随着技术的发展，越来越多的应变硅技术被应用到实际产品的生产中。目前用得比较多的应变硅技术是平行于沟道方向的单轴应变技术，对 NMOS 施加张应力可以提高电子迁移率，对 PMOS 施加压应力可以提高空穴迁移率。比较常见的应变硅技术有应力记忆（SMT）、应力帽层（DSL 或 CESL）、嵌入式选择性锗硅外延和碳化硅外延（eSiGe/eSiC）等，据报道，不同生长方法或薄膜组合的金属栅也可以对沟道产生应力。应力记忆技术是通过在初步形成了源漏和栅结构的器件上生长一层带有应力的薄膜，并通过热退火方式将应力转移到沟道中，外加的应力薄膜在应力转移后去除，实现应力记忆；应力帽层技术是将带有应力的薄膜（应力帽）保留在靠近沟道的源漏和栅上方，持续施加应力；eSiGe/eSiC 技术是在源漏区外延生长 SiGe（对 PMOS）或 SiC（对 NMOS），通过外延材料与硅的晶格失配，对沟道施加应力。上述各种应变硅技术均可以对 NMOS 和 PMOS 施加不同的应力，从而有选择地提高电子和空穴的迁移率。越来越多的应变技术的引入，为提高器件性能做出的贡献比例越来越大（图 4-5～图 4-8）。

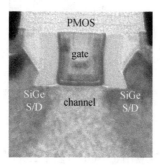

图 4-5　32nm 技术代 PMOS 源漏区外延生长 SiGe

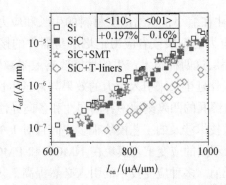

图 4-6　在 NMOS 中通过源漏区外延生长 SiC 引入张应力带来器件性能的提高

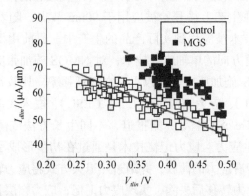

图 4-7　NMOS 器件中金属栅应力对性能的提高

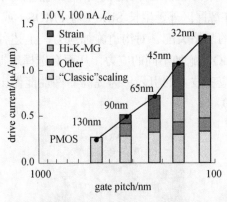

图 4-8　随着器件缩小应变硅技术带来的器件性能提高

4. 提升源漏技术

提升源漏技术首先是被应用于 SOI 工艺中，形成接触孔之前在源漏位置选择性外延生长硅，以增加源漏区硅膜的厚度，目的是解决全耗尽 SOI（FDSOI

或 UTB SOI）器件中源漏串联电阻过大的问题。这种方法存在的问题是源漏与栅覆盖面积增大，导致栅与源漏之间的寄生电容过大，影响器件工作速度，因此在 45nm 节点以前，体硅 CMOS 技术是避免采用提升源漏技术的。但是集成电路技术发展到了 45～32nm 节点，形成超浅结的挑战越来越大，提升源漏技术在体硅 CMOS 工艺中也获得了一席之地，并且将提升源漏技术与原位掺杂的 eSiGe 应力技术相结合，同时实现了超浅结与迁移率的提高，而且提升的源漏与栅顶部高度差减小，降低了接触孔刻蚀的难度，这也为此后局域互连技术及后硅化物技术的应用提供了便利。提升源漏技术一开始仅在 PMOS 上结合 eSiGe 得到应用，到了 22/20nm 节点，NMOS 也将结合 eSiC 实现提升源漏。

5. 超低 K 介质铜互连技术

随着集成电路的发展，前段器件密度越来越高，导致了后段互连金属线的密度也相应提高，这就要求金属连线线宽和间距的缩小，相应的 RC 延迟就会增大[82~85]。

低 K 介质材料的引入主要是为了解决集成度进一步提高后由金属互连线距离过近导致的寄生电容效应，避免由此效应带来的电路工作速度的退化。低介电常数材料大致可以分为无机和有机聚合物两类。目前的研究认为，降低材料的介电常数主要有两种方法：其一是降低材料自身的极性，包括降低材料中电子极化率（electronic polarizability）、离子极化率（ionic polarizability），以及分子极化率（dipolar polarizability）；其二是增加材料中的空隙密度，从而降低材料的分子密度，材料分子密度的降低有助于介电常数的降低。能够应用于大规模生产的低 K 材料必须满足诸多条件。例如，足够的机械强度以支持多层连线的架构、高杨氏系数、高击穿电压（>4MV/cm）、低漏电（< 10^{-9} at 1MV/cm）、高热稳定性（> 450℃）、良好的粘合强度、低吸水性、低薄膜应力、高平坦化能力、低热涨系数，以及与化学机械抛光工艺的兼容性等。从 0.18μm 技术代开始，工业界就开始引入各种降低介电常数的技术，随着技术的发展，32nm 节点之后超低 K 值（$K<2.5$）工艺已经成为必须采用的技术了。超低 K 工艺目前存在的主要问题如下。

（1）由于无机组分（如 Si-O 交联结构）具有优良的机械强度，而有机组分（如烷基）具有较低的极化率和密度，所以如何选择无机有机复合组分薄膜作为低 K 介质的载体是一大热点，这种方式既可以获得低 K 值，又能保持足够的机械性能。低 K 介质的机械强度直接关系到后段工艺的集成，对刻蚀和 CMP 影响最大。

（2）在工艺过程中，低 K 介质薄膜可能被暴露到外界环境中，其表面的成键基团和物理特性将影响到薄膜的吸湿性，以及在集成电路工艺中受等离子体影响的程度（包括杂质的吸附、亲水性基团的引入），所有这些均影响到低 K 介质的长期可靠性。

铜互连的引入主要是铜的电阻率比铝小很多，可进一步改善 RC 延迟问题。超低 K 介质铜互连技术在每一代集成电路工艺中都有较大的变化，由金属线与通孔的对准问题发展出自对准通孔形成技术，由金属铜的填充问题也发展出多种 PVD 和电镀技术。超低 K 介质材料由于其机械强度的降低也对 CMP 技术提出了更高的要求。

6. FinFET 技术

FinFET 这种结构最初是由日本日立公司工程师 D. Hisamoto 在 1989 年提出的（图 4-9）。后来由加利福尼亚大学伯克利分校的胡正明研究小组命名为 FinFET（鳍式场效应晶体管），后逐渐被微电子学界接受并成为研究热点。在 FinFET 技术研究早期，其版图结构一般如图 4-10 所示，Fin 的数量只有 1 条，因此被认为如果要被工业界接纳存在两大障碍：一是沟道宽度很难像平面器件一样自由调整；二是源漏接触孔与沟道之间细长的 Fin 导致了较大的源漏串联电阻。Intel 公司将 FinFET 技术实现量产之前（部分）解决了这两个问题。第一个问题是通过不同数目的 Fin 来实现沟道宽度的变化，但是这也带来了沟道宽度的离散化或非连续化，给集成电路设计者带来一定的困难；第二个问题是引用了平面 CMOS 中的提升源漏技术解决的，对源漏区的 Fin 进行选择性外延，有效地增加了源漏区 Fin 的宽度及源漏接触孔面积，减小了串联电阻[29~42, 71~73]。

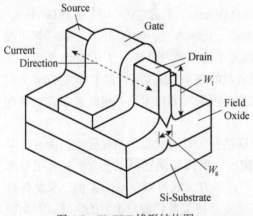 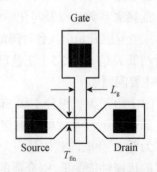

图 4-9　FinFET 雏形结构图　　　　图 4-10　早期的 FinFET 版图

FinFET 技术在 22nm 技术节点由 Intel 公司率先实现量产，世界各大主流集成电路制造企业均将在 16/14nm 节点采用这种技术，预计改进后的 FinFET 技术将能延续至 7nm 节点。FinFET 技术在产业化应用中的挑战很大，首先是加大了集成电路设计的难度。其次是高密度超细尺寸的 Fin 在形成时对微细图形化技术也提出了挑战，由此催生了自对准双曝光技术（SADP）；Fin 的存在导致栅刻蚀、侧墙刻蚀、金属栅填充等工艺也比平面 MOS 中的难度加大；Fin 的厚度仅为几个 nm，因此对其几何尺寸的精确控制尤为重要，否则会造成大的工艺误差，影响产品良率。

7. 三维封装技术

三维（3D）封装技术是近几年来系统集成芯片领域的另一个研究热点，尤其是基于 TSV 铜互连的三维芯片堆叠及系统集成封装技术，它广泛应用于包括传统逻辑、存储器、射频、功率器件、成像传感器、MEMS 及系统芯片在内的集成技术及产品类别[43~45]。其核心是通过硅通孔垂直互连将芯片立体堆叠集成，可以解决 CMOS 器件的铜互连缩小导致的更加严重的 RC 延迟问题，以及传统封装技术无法应对更高密度的互连输入输出和封装小型化的技术瓶颈，它是进入"后摩尔时代"的超大规模集成电路产业，进一步向高性能、低功耗、系统微集成方向，实现下一个跨越式发展的新技术。因此受到世界上几乎所有相关公司、研究机构和高校的高度关注，开展了包括设备、材料和工艺在内的全方位的研究。经过几年的努力，TSV 技术已经在某些产品上部分开发成功。但是 TSV 技术的难度超出了业界的预期，开始，韩国三星公司在 2006 年第一次展示采用 TSV 技术制作的十层堆叠存储器，并宣布将在次年进入量产。但是几年过去了人们并没有看到基于 TSV 的芯片大量面市，而三星公司到现在也没有一款产品采用 TSV 技术。由于各种困难，如制造成本始终高居不下，人们开始转向准三维的 TSV 技术，即 2.5D 转接板技术。它是基于 TSV 基本概念但相对容易实现的工艺，在没有晶体管的晶圆上制作 TSV 和线路，主要针对的是复杂度高、面积大的芯片封装。2011 年年底，Xilinx 推出了世界上第一款 2.5D TSV 转接板的 FPGA 产品（图 4-11），该款产品比其他产品的性能提高 1.5 倍，功耗下降 40%，是世界上较为优秀的产品之一。

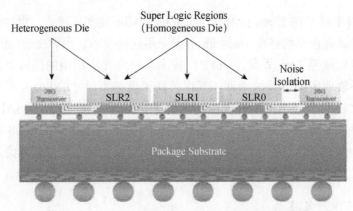

图 4-11 2011 年 Xilinx 推出的 2.5D TSV FPGA 产品

虽然进展不如预期，但 TSV 技术仍然是现在三维集成电路的唯一选择。从 Yole 报告可以看到，三维集成是今后集成电路发展的方向，如图 4-12 所示。基于 TSV 这一基础技术可以产生大量的衍生技术和产品。

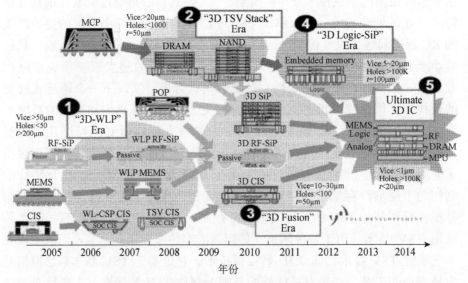

图 4-12 先进封装技术与 TSV 技术发展路线图

资料来源：Yole Development

8. 新型存储器技术

经典的冯·诺依曼计算机体系结构一般由存储器、运算器、控制器和输入输出模块组成。存储器（memory）是计算机系统中的记忆模块，用来存放程序指令和数据。计算机中的全部信息，包括输入的数据、程序指令、需要重复使用的中间运行结果和一些最终运行结果都要保存在存储器中。一般来讲，它会根据控制器指定的地址存入和取出信息。有了存储器，才能保证计算机能够工作。存储器种类繁多，分类方式也较复杂，一般按其在计算机体系结构中的不同位置，可分为外部存储器和内部存储器。传统的外部存储器通常是大容量非挥发性存储器，内部存储器通常存放计算机正在执行的数据和程序，一般要求其有高速高准确性等特性。图 4-13 总结了现在被广泛使用或研究的各种存储器的分类。其中新型非挥发性存储器有高速、高集成密度、低成本及低功耗等特点，有希望成为泛用型存储器（SCM）[46~50]。

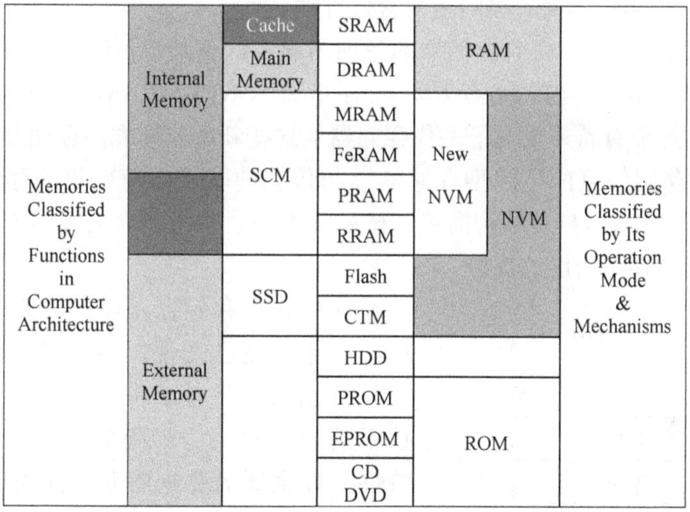

Memories Classified by Functions in Computer Architecture	Internal Memory		Cache	SRAM	RAM	Memories Classified by Its Operation Mode & Mechanisms
		Main Memory	DRAM			
		SCM	MRAM	New NVM	NVM	
			FeRAM			
			PRAM			
			RRAM			
	External Memory	SSD	Flash			
			CTM			
			HDD			
			PROM	ROM		
			EPROM			
			CD DVD			

图 4-13　各种存储器按其在计算机体系结构中的作用及其原理和操作模式不同

　　半导体存储器在计算机、消费电子、网络通信，以及国防电子装备等领域都得到广泛的应用，具有不可替代的地位，是半导体集成电路技术发展的核心支柱之一。目前主流的半导体存储器以挥发性的动态随机存储器（DRAM）、静态随机存储器（SRAM）及非挥发性的闪存（Flash memory）为代表。

　　随着半导体技术的发展和应用领域的不断扩大，对非挥发性数据存储需求的不断增加，具有高编程速度、高集成度和电可擦除等优点的闪存技术自20 世纪 90 年代以来得到迅速发展，Flash 是增长率最快的一种半导体存储器，目前已经占到整个半导体存储器市场份额的 40%以上，成为推动半导体技术发展的驱动器。为了满足实际应用的需求，必须不断增大闪存的存储容量和密度，进一步减低功耗和工作电压，提高速度和存储密度及可靠性。

　　然而，随着特征尺寸的不断减小和集成密度的提高，Flash 的 Scaling 将达到极限。特别是当传统的多晶硅浮栅型 Flash 发展到 25nm 技术节点以下时，将面临尺寸难以进一步缩小、功耗密度大、工艺成本高、可靠性不甚理想、需要高电压操作，以及系统集成难度大等众多技术难点的严峻挑战。

　　在存储技术方面，业界一方面采用平面结构栅继续寻求 Flash 尺寸缩小的方法，这其中会涉及将高 K 金属栅等新材料应用在存储单元上，发展新型的电荷陷阱存储器（charge trap memory，CTM）技术或采用源漏工程方法提高单元存储容量，即多位存储技术等；另一方面则是采用新型的 3D 结构取代传统的 2D 结构作为解决问题的有效方法。

　　此外为了适应将来对存储器的各项需求，许多基于不同原理的新型存储器被提出。其中自旋转移力矩磁存取器（STT-MRAM）、阻变存储器（RRAM）等最有希望成为下一代存储器。这些新型非挥发性存储器都是基于电阻变化存储信息的电阻型存储器。与传统的基于电荷变化的存储技术不同，电阻型存储器具有结构简单、微缩能力强、容易实现大规模阵列及进行3D 集成提高存储密度的优势。

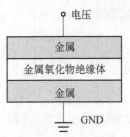

图 4-14　发现阻变现象的
金属-金属氧化物绝缘体-金属结构

　　这些新型存储器基于的物理现象一般在几十年前就已发现，经过多年的基础研究与技术发展具备了将来可应用于半导体技术的初步的工艺制造手段及可靠的器件特性。以金属氧化物阻变器件为例：在 20世纪 60 年代金属氧化物绝缘体中的阻变现象就在金属-金属氧化物绝缘体-金属（metal-insulator-metal，MIM）的三层结构（图 4-14）中被观察到了。但是早期发现的阻变现象的器件的可靠性不足以满足电子器件的应用需求，只有少部分研究基础科学的团队在研究这种现象。直到 20 世纪 90 年代，由于稳定的阻变现象在金属氧化物材料中的发现，人们才开始关注这种阻变现象和它的应用。具有代表性的有早期的钛酸锶（$SrTiO_3$）和锆酸锶（$SrZrO_3$）等多元金属氧化物以及后来的氧化镍（NiO）和氧化钛（TiO_2）等二元氧化物。在不同的文献中使用了 O_xRAM、ReRAM、RRAM 等各种不同的名词来描述这种可以在高阻态（HRS）和低阻态（LRS）间转换的金属氧化物器件。2004 年，三星公司在 IEDM 上成功演示了一个可以与 0.18μm CMOS 工艺集成的基于氧化镍的阻变器件，并给出了其作为存储器的关键指标，如数据保持时间、可擦写次数、编程特性等，金属氧化物阻变器件这才受到了广泛的关注。

二、规律总结

自 20 世纪中叶半导体集成电路（integrated circuit，IC）发明以来，全球 IC 产业以指数规律迅猛增长，同时也对全球经济和社会发展做出了重要贡献。作为信息产业的核心部件，IC 的应用已经涉及社会生产、生活的方方面面，现已成为当今信息社会发展的基石。这一切主要得益于作为主流技术和产品的硅基 CMOS 集成电路工艺技术水平的持续不断提高，也即 IC 的发展遵循摩尔定律：半导体芯片集成度每隔 24 个月翻一番，性能提高一倍，而成本下降。由于 IC 技术的更新换代是以所加工硅片特征尺寸的缩小、晶圆面积和芯片集成度的增加为标志，而其中又以前者最为关键。因此，集成电路的技术水平以所加工的特征尺寸来称谓。进入 21 世纪，IC 特征尺寸从深亚微米（deep sub micrometer，DSM）和超深亚微米（very deep sub micrometer，VDSM）阶段延伸至亚 100nm 阶段，而目前 CMOS 技术已经进入 22nm 工艺阶段。按照 ITRS，2014 年集成电路进入 16nm 技术时代 [51, 59~61, 65~70]。

集成电路技术的发展一直遵循着摩尔定律。摩尔定律是由 Intel 公司创始人之一戈登·摩尔提出来的。其内容为：当价格不变时，集成电路上可容纳的晶体管数目，约每隔 24 个月便会增加一倍，性能也将提升一倍。这一定律揭示了信息技术进步的速度。尽管这种趋势已经持续了超过半个世纪，摩尔定律仍应该被认为是观测或推测，而不是一个物理或自然法。预计定律将持续到至少 2015 或 2020 年。然而，2010 年 ITRS 的更新增长已经放缓在 2013 年年底，之后的时间里晶体管数量密度预计只会每三年翻一番。而且近年来可以看到，Intel 公司的 22nm 节点的晶体管物理栅长超过 30nm，金属互连线的最小节距（pitch）为 90nm，因此对技术节点的定义已经失去了最开始的意义——与物理栅长或金属互连线节距的一半相关，而且最紧凑的 SRAM 单元面积也已经无法像以往技术节点一样每一代缩小一半。

摩尔定律的长期有效性从很大程度上得益于集成电路制造工艺技术的发展，在不同的阶段，工艺技术的发展具有不同的特点和规律。产业界对于采用新型工艺最重要的原则是新工艺必须在提高电路性能的同时维持生产成本不要上升过多，因此集成电路工艺的发展可以说都是围绕这个原则展开的。

（1）微细图形化技术。摩尔定律的精髓是集成度的持续提高，因此，以光刻和刻蚀为基础的微细图形化技术在工艺发展中一直扮演着非常重要的角色。正如前文中提到的，分辨率 $R = k_1\lambda/NA$，所以减小工艺因子 k_1 和波长 λ，增大数值孔径 NA 都能提高分辨率。在集成电路发展初期，为了满足器件特征尺寸缩小的需求，主要通过缩小光源波长和增加曝光系统的数值孔径来提高分辨率，但是这种提高分辨率的方法成本很高，当光源波长减小到 193nm 之后，再往下减小虽然能带来分辨率的提高，但必须承担昂贵的成本，因此 EUV 光刻技术迟迟无法获得量产应用。在深亚微米阶段，采用新型光刻工艺可减小了工艺因子，比如在工艺中增加抗反射涂层，以及采用离轴照明（OAI）、光学邻近效应修正（OPC）、移相掩模（PSM）、光刻胶修剪（triming）、光源与掩模优化（SMO）、双曝光（double patterning）或多次曝光等技术，由此发展出了所谓的计算光刻技术。从刻蚀的角度来说，增加硬掩模也可以提高刻蚀图形的质量。

（2）新材料与新工艺技术。在 FinFET 技术产业化之前，集成电路工艺技术的发展主要基于平面 CMOS 工艺进行。对平面器件在等比例缩小过程中将会面临的各种问题展开分析，研究者有针对性地提出了一系列新型工艺，这些新型工艺都是围绕提高器件性能而展开的，最终被产业界接纳又取决于成本。从器件的角度出发，新型工艺可以分为栅工程、沟道工程和源漏工程，但是每一种新工艺也不是简单地对号入座，比如属于栅工程的高 K 金属栅技术也能给沟道施加应力，属于源漏工程的提升源漏技术又跟应变硅技术可以结合起来。这些与新材料相关的新型工艺最初的想法往往起源于学术界，从器件设计的角度分析其优势，并从多角度开展实验，最终形成了具有产业化雏形的先导技术成果。新型工艺由于新材料的引入可能带来污染风险，为了消除这种风险需要增加相当多的工艺步骤，给生产带来了工艺复杂度和成本的上升，因此先导技术成果要被产业界采用，除了技术本身必须发展得相当成熟，很大程度上产业界也是被迫的，因为那个时候传统工艺已经无法满足特征尺寸缩小的需要。

（3）与新结构器件相关的新型工艺。虽然自集成电路技术诞生以来，新结构器件一直是学术界的研究热点，研究的比较多的硅基新型器件包括 FinFET、围栅纳米线器件（GAA Nanowire）、TFET 等，但是到目前为止，仅有 FinFET 真正被应用于工业化大生产。FinFET 的量产得益于两大关键问题的解决：不同沟道宽度器件的实现，以及源漏外延降低了寄生串联电阻。其他方面基本与上一技术节点的高 K 金属栅平面工艺兼容。与 FinFET 相关的新型工艺都是围绕 Fin 来开展的，基于侧墙图形转移的自对准双曝光技术

（SADP）形成了周期性分布的 Fin 线条，流动性 CVD 技术（flowable CVD）保证了 Fin 与 Fin 之间隔离介质的填充，Fin 表面的原子级光滑处理及缺陷消除，以及与 Fin 相关的工艺控制能力都需要提高。

（4）与新型存储器相关的工艺。存储器作为计算机系统中对器件密度要求最高、器件图形相对简单重复的一种器件，其技术节点往往比逻辑器件领先半代到一代，成为半导体集成电路技术发展的驱动器。近些年来，由于在各种新型材料中发现的物理效应，如铁电效应、铁磁效应、相变效应、阻变效应等在存储技术方面的应用，各种新型存储器技术被提出，为存储技术发展提供了新的发展途径。采用新材料、新原理的新型存储器技术逐渐成为存储技术研究发展的新主流方向，其中如何根据技术和市场的需求，在半导体存储器工艺与技术中引入各种新材料，如何优化材料体系和制造技术与现有的半导体技术兼容成为存储技术发展和应用的核心问题之一。

随着集成电路技术的发展及近年来的移动消费类电子技术的发展，封装技术已经从过去的辅助技术发展到现在的支撑技术和关键技术，从原来三项基本功能——保护、互连和兼容，发展到实现了系统功能、高性能、多功能、小型化、低成本和高可靠性，极大地丰富了封装技术的内涵。系统级封装和三维封装的出现更为集成电路的发展提供了广阔的发展空间，甚至成为"后摩尔时代"最现实、最合逻辑的选择。基于 TSV 的三维集成电路给整个集成电路产业的发展带了新的机会，尤其是在集成电路朝更小的尺度方向发展遇上巨大困难时，通过 TSV 技术的三维集成可以容易地实现单位面积晶体管密度成倍增加。但是技术难度和成本使得目前 TSV 技术还没有广泛地应用在产品中，还存在大量有待解决的问题，如从工艺到材料、从设备到工艺过程控制等，需要更多的研究工作。

综上所述，各种新型工艺的提出均是被摩尔定律驱动的。与单纯的工艺能力提升相关的新工艺一般都是由集成电路制造企业提出需求，设备制造厂商给出相应的解决方案；与新材料、新器件相关的新型工艺一般都是由学术界提出，并开展了相关实验，与原有工艺兼容性较好的技术逐渐胜出形成了具有产业化雏形的先导性成果，国际领先的集成电路制造企业将这些先导性成果引入生产线，实现产业化。

我国集成电路新工艺领域的发展在 20 世纪八九十年代落后国际最先进水平较多。进入 21 世纪以后，国家越来越重视集成电路行业的发展，一方面从政策层面给予各种优惠；另一方面从资金上加大投入，吸引了国内外大批有志之士投入到产业建设中。因此，近十年来我国的集成电路工艺经历了一个快速发展的过程，特别是 2009 年以来在国家科技重大专项的支持下，相比国际最先进的代工技术，我国已经将差距从 3 个技术代缩小到 1～1.5 个技术代。目前，我国集成电路逻辑工艺已经实现量产的技术为 45/40nm 节点，32/28nm 节点也已完成研发，进入试生产阶段。美国高通公司从 2014 年开始在中芯国际投下 28nm 生产订单。在存储器技术方面，我国主要发展非挥发性存储工艺，目前已经完成 38nm NAND 工艺的研发，三维 NAND 存储技术即将开展，其他新型存储技术，如相变存储器、阻变存储器和磁阻存储器，在科研机构开展多年之后也得到了产业界的重视，中芯国际已经对相关新型存储器技术的研发进行了布局。集成电路工艺的基础——工艺设备和材料——历来对严重依赖进口，近年来在国家科技重大专项的支持下，同时也在市场驱动下，越来越多具有丰富经验的海外技术人才回国创业，成功开发了国产设备及材料并通过产业化验证，包括刻蚀机、离子注入机、氧化炉、化学气相沉积等设备基本能满足 65nm 的生产需求，某些设备通过了 28nm 研发平台的验证。国产工艺设备的突破为未来集成电路新工艺的发展奠定了更为扎实的基础。

三、集成电路新工艺技术的发展趋势

从延续摩尔定律的考虑出发，未来 10～20 年的主要技术发展重点在于光刻技术和三维封装技术。结合器件应用，其他的工艺发展热点还包括超浅结掺杂和激活工艺、应变硅工艺、源漏金属硅化物接触工艺等前段工艺，后段则包括低中 K 互连技术等。图 4-15 为国际和国内集成电路制造技术、国内先导技术、国内产业化技术研究发展路线图。可以看到国内集成电路的发展比国际最先进水平尚落后 1～1.5 个技术节点，新型工艺的基础研究应结合先导技术的发展阶段尽早开展，才有希望促进国内产业技术的发展。

（一）光刻技术

光刻是摩尔定律的基石。光刻技术的发展就是寻找更短波长的光源的过程。当前的光刻波长为 193nm，采用 ArF 作为激发光源。采用浸润式曝光方式，结合多次曝光技术，193nm 光刻一般被认为可以使用到 14nm 节点。为了获得 14nm 甚至 10nm 以下更加精细的线条，研究者在 1990 年就开始开发新一代光刻技术。当前比较成功的成果有 EUV 光刻、电子束曝光（E-beam）及纳米印制技术。

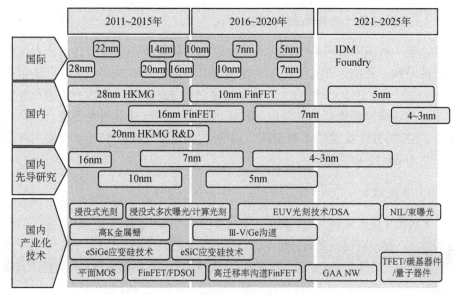

图 4-15　新型工艺技术的发展趋势

1. EUV 光刻技术

EUV 波段为 13nm，可以满足 10nm 以下技术的图形分辨率。当前研发的热点在于激光诱发的等离子体、光刻胶、掩模版制造，以及掩模的缺陷检测方面。尽管 EUV 光刻技术的研发已经取得了很大的进展，但是由于在单位产量、高分辨率光刻胶及缺陷控制方面迟迟没有取得突破，已经落后于预期的部署时间节点。一般预测 EUV 光刻技术可能在 10nm 以后才能应用于量产[75]。

2. 电子束曝光技术

直写式的电子束曝光方式可以达到 1～5nm 的分辨率，没有掩模版限制，使用灵活，但是缺点同样突出，比如产出率低下、邻近效应、电子束热效应等。最为致命的是其低下的生产效率，这对于成本控制十分不利，因此很难成为主流的光刻技术，而只能应用于前沿的科研领域[91]。

3. 纳米印制技术

这种技术采用 1∶1 的图形转移方式，通过与流动性极强的光刻胶进行直接接触压印，将模板上的精细图形印刷到衬底上。这种技术的限制在于精细模板的制作、层间套刻，以及接触引起的沾污。

4. 光源掩模优化和版图 OPC

这是一种图形分辨率增强技术。在以上几种新型光刻技术尚不能大规模生产的时候,利用计算光学的办法能够提升一定的光刻精度。这些办法包括光源掩模优化(SMO)和 OPC,也就是通过对光的衍射和干涉行为进行补偿纠正,使得通过掩模版的光源能够将极为精细的图形投射到光刻胶上。目前来看,随着 OPC 技术的不断提高,浸润式 193nm 光刻技术可以将使用寿命延长至 16nm 技术节点。

5. 多次曝光

多次曝光技术实际上是一种工艺集成手段,可以有效提高 193nm 光刻工具的使用效率。在没有提高光刻分辨率的情况下实现精细线条的加工。目前多数采用二次曝光,在后续 22nm 及以下技术中,4 次或许更多次的曝光技术将会使用,以实现有源区、栅线条,以及接触孔和第一层金属等关键层次的光刻[74]。

比较以上几种光刻技术,EUV 光刻技术仍然是最有吸引力的下一代光刻技术,尤其是对于器件密度要求比较高的产品(比如存储器)来说,在 10nm 或以下的产品节点上 EUV 光刻技术的引入是必然的选择。但是对于 Logic 产品来说,由于设计规则的灵活性,对 EUV 光刻技术的需求没有那么迫切。而且通过 EUV 和 ArF 光刻技术的结合,可以将关键工序的光刻成本降低。因此 EUV 光刻技术在 Logic 产品上的全面部署可能会晚于存储器。但是 10nm 以后技术最有希望全面采用 EUV 光刻技术。

(二)前段工艺

前段工艺对器件性能的影响是决定性的。在决定器件性能的因素中,离子注入和退火、沟道应力工程、金属硅化物、高 K 金属栅介质,以及金属栅工艺是关键的前段工艺。大部分现有工艺仍然可以应用于 22nm 以后节点,但是各自面临着不同的挑战。

1. 高迁移率沟道

为了实现器件技术向 14nm 甚至 10nm 以下技术代的推进,基于高迁移率材料的沟道技术也再一次被提上了日程。日本东京大学的 S. Takagi 等人在 2012 年 IEDM 发表的论文(题为 "*MOS interface and channel engineering for high-mobility Ge/Ⅲ-Ⅴ CMOS*")中发布了一款基于 Ge/Ⅲ-Ⅴ 混合半导体衬底的 CMOS 器件（图 4-16）。通过键合和刻蚀技术，实现了在同一片衬底上 Ge PMOSFET 和 InGaAs NMOSFET 的 CMOS 结构。该结构同时具备高的空穴迁移率和电子迁移率，有望在 14nm 或者 10nm 以下技术代得到应用[62]。

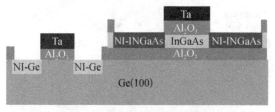

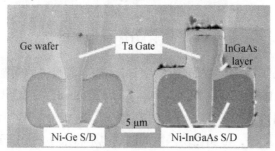

图 4-16　基于 Ge/InGaAs 混合半导体衬底的 CMOS 器件

2. 多栅技术

在器件沟道技术方面，进一步发展的多栅技术是最有竞争力的技术。Intel 公司的 Kelin J. Kuhn 等人在 2012 年 IEDM 发表的论文（题为 "*The Ultimate CMOS Device and Beyond*"）中指出，通过 FinFET 和 SOI 技术的结合，进一步改进硅材料沟道的形状（图 4-17），可以进一步提高栅极对沟道静电势的控制，实现 22nm 技术代向 14nm 技术代的过渡。其中，可能使用到的沟道结构为 Pi-Gate、Omega-Gate 或 Gate-All-Around。多栅结构进一步提高了栅极对沟道静电势的控制，器件性能进一步提升。22nm 技术代使用的是 Tri-Gate 技术。

3. 高 K 金属栅

高 K 金属栅从 45nm 开始引入大规模生产，并已在 32/28nm 节点得到全面应用[62]。如何降低 EOT 及栅泄漏电流是高 K 金属栅工艺的核心价值。降低 EOT 的主要手段是减少界面层的厚度，比如采用化学氧化、金属吸氧等技术手段，而减少泄漏电流则主要依靠消除界面态及体缺陷来达到，比如采用毫秒级脉冲式后退火工艺可以在不损害 EOT 的情况下降低栅泄漏电流。寻找 K 值大于

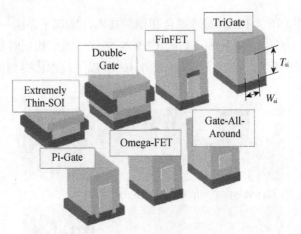

图 4-17　改进硅材料沟道的形状

30 的高可靠性高 K 介质成为新一代器件技术中急需解决的问题。IBM 公司的 Mukesh Khare 在 2012 年 IEDM 的 "*Short Course*" 中指出根据 Clausius-Mosotti 方程，可以从掺杂 Ti 原子增加极化率、掺 Y 原子减小摩尔体积等方面考虑提升 K 值。此外，金属栅功函数的调制也是将来 14nm 以下技术的主要挑战，因为三维器件结构的阈值电压主要依靠金属栅功函数的调整来实现。目前比较有效的技术手段是采用薄膜金属 TiN 调制 PMOS 的阈值电压，而通过 TiAl 合金成分的调整来调制 NMOS 的阈值电压。由于 10nm 技术代器件的体积进一步减小，多晶体金属栅在不同的器件上无法保证晶体结构的一致性，造成不同器件之间有功函数差异。这个效应在 10nm 技术节点及以下变得更加严重，亟待解决。日本国家先进工业科技和技术研究所的 Takashi Matsukawa 等在 2012 年的 IEDM 上发表的文章（题为 "*Suppressing Vt and Gm Variability of FinFETs Using Amorphous Metal Gates for 14nm and Beyond*"）中发布了一款基于无定形 TaSiN 金属栅的晶体管（图 4-18）。他们指出："通过无定形 TaSiN 的引入，成功地抑制了 FinFETs 结构的功函数不稳定性。掺杂 4%Si 的 TaN 金属栅可以将器件的阈值电压不稳定性控制在 1.34mV·μm 以内，而与之相对应的 TiN 金属栅的阈值电压不稳定性为 2.78mV·μm 以上。阈值电压不稳定性的降低使得在 14nm 技术时代，阈值电压和电源电压可以进一步减小，降低器件的漏电和功耗。"

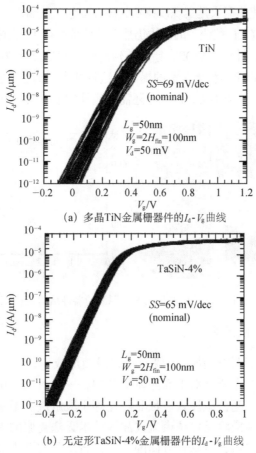

（a）多晶TiN金属栅器件的I_d-V_g曲线

（b）无定形TaSiN-4%金属栅器件的I_d-V_g曲线

图 4-18　基于无定形 TaSiN 金属栅的晶体管

4. 应力工程

随着线间距的缩小，传统的应力盖帽技术已经不能维持足够的应力，而对性能的追求使得沟道应力要求越来越高[64]。新一代应力技术成为 22nm 节点开始迫切需要的性能增强手段。针对 NMOS 器件，接触孔应力和金属栅应力技术可以帮助提高沟道电子的迁移率而受线间距缩小的影响比较小。此外，选择性外延 SiC 源漏引入沟道的拉应力可用以提高 NMOS 电子迁移率。IMEC 的 M. Togo 等人在 2012 年 IEDM 发表的论文（题为 *"Phosphorus Doped SiC Source Drain and SiGe Channel for Scaled Bulk FinFETs"*）中发布了一款基于 P 掺杂的 SiC 源漏的晶体管（图 4-19）。他们在文中指出，通过在器件中引入选择性外延的 P-SiC，实现了器件沟道迁移率及驱动电流的提升。从工艺角度看，激光退火结合低温快速热退火是实现该技术的核心工艺。从输运角度看,基于 P-SiC 源漏的 N 型 FinFET 载流子的传输仍然保持传统的声子散射机制,不会出现载流子的速度过冲。针对 PMOS,锗硅外延源漏依然是最有效的应力手段,但是随着整体源漏区的缩小和锗含量的提高,这种技术也面临着极限应力下降的困境。为了弥补这种应力损失,PMOS 还需要额外的金属栅应力和 STI 应力。

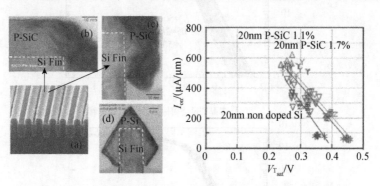

图 4-19　选择性外延 P 掺杂 SiC 源漏的器件结构及其开态电流

5. 低源漏电阻工艺

22nm 以后源漏掺杂技术主要面临超浅结形成、阴影屏蔽和三维均匀掺杂等难题。超浅结主要针对平面晶体管结构,一般可以采用超低能注入、化合物复合离子源、超低温注入、预非晶化等手段解决。不断缩小的线间距而导致的阴影屏蔽效应将是传统束流式注入技术无法克服的困难,尤其是在采用三维器件结构以后,对垂直方向的硅体进行均匀掺杂则成为一个难题。目前可能采用的手段主要是等离子体掺杂系统,即在极低能量下将等离子体化的杂质源引入到衬底表面,从而实现均匀的表面掺杂。

离子注入以后的退火过程是决定最终结深度和电阻率的关键工艺。目前毫秒级脉冲退火工具包括 Flash RTP 和激光退火,都在工业上得到了广泛的应用。但是针对 22nm 以下更为精细和复杂的图形,杂质退火可能需要较低温度的退火技术。当前研究比较充分的有低温固相外延退火技术,可以保证杂质在位激活,使得离子注入形成的结深不会过多扩散,还能获得较高的激活率。关于固相外延退火技术,还需要结合不同的离子注入手段进行机理上的研究,以优化退火温度和脉冲形状。此外,微波退火具有退火温度低、杂质无扩散、生产效率高等优点,近几年也获得了长足的发展。倘若能够解决激活杂质种类的选择性及版图依存性等问题,也许能够进入产业化阶段。

硅化物接触电阻是影响 22nm 以下器件性能的主要外部因素。当前降低硅化物和源漏接触势垒的办法主要有在硅化物和源漏之间插入一层绝缘层以抑制费米钉钆效应。此外，由于版图图形越来越复杂及更多地采用三维结构，为了达到均匀的硅化物厚度，采用台阶覆盖性更好的原子层沉积技术也是硅化物工艺的一个重要潮流。

　　除了进一步优化传统的掺杂控制和硅化物形成，研究人员利用在金属/源漏间插入超薄的氧化层以实现金属/源漏间费米能级钉扎的释放，从而降低器件的接触电阻。美国的 K. W. Ang 等人在 2012 年 IEDM 发表的论文（题为 "*Effective Schottky Barrier Height Modulation using Dielectric Dipoles for Source/Drain Specific Contact Resistivity Improvement*"）中公开了一种利用超薄氧化层引入介质偶极子降低源漏有效肖特基势垒的方法（图 4-20）。他们指出，通过在接触金属/硅之间，利用原子层沉积技术插入超薄的氧化层，我们实现了超低阻的 N 型和 P 型接触。通过这项新技术，在 N 型硅上，源漏的接触电阻小于 $10^{-8}\Omega/\text{cm}^2$（传统技术为 $1.2 \times 10^{-7}\Omega/\text{cm}^2$），在 P 型硅上，源漏的接

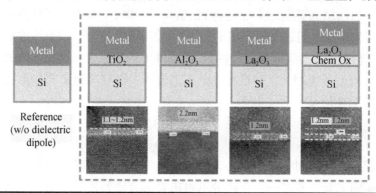

Material Stact	Thickness/A	N-type ρ_c/ (Ω/cm^2)	P-type ρ_c/ (Ω/cm^2)	Dipole polarity
w/o Hi-K（Reference）	0	1.2×10^{-7}	9.00×10^{-8}	—
TiO$_2$/Si	11~12	—	7.83×10^{-8}	positive
Al$_2$O$_3$/Si	12	—	2.30×10^{-8}	positive
Al$_2$O$_3$/Si	22	—	3.00×10^{-7}	positive
Al$_2$O$_3$/SiO$_2$/Si	12+12	—	1.00×10^{-7}	positive
La$_2$O$_3$/Si	12	9.5×10^{-9}	—	negative
La$_2$O$_3$/Si	22	2.0×10^{-8}	—	negative
La$_2$O$_3$/SiO$_2$/Si	12+12	1.25×10^{-7}	—	negative

图 4-20　金属/源漏之间插入原子层沉积超薄氧化层的示意图及其实现的
N 和 P 型的超低阻源漏

触电阻小于 $2 \times 10^{-8}\Omega/cm^2$（传统技术为 $9 \times 10^{-8}\Omega/cm^2$）。通过理论分析，我们发现超薄介质的引入一方面释放了金属/半导体之间的费米钉扎，降低了接触势垒；另一方面，在超薄氧化层引入的界面，偶极子可以帮助电子或者空穴的隧穿，从而降低接触电阻。

对于源漏工程来说，随着 CMOS 技术的进一步微缩化，源漏的结深（Xj）需变得越来越浅以更好地控制短沟道效应（SCEs）。然而，结深变浅给工艺和工艺稳定性方面带来了巨大挑战，包括如何获得源漏超浅结（ultra-shallow junction），结深变浅后如何降低源漏区的寄生串联电阻，以及在保证源漏高掺杂浓度的同时如何减小沟道区的随机掺杂离子波动（random dopant fluctuation）以保持阈值电压的稳定等。鉴于上述巨大挑战，全硅化物 Fin 源漏 MOSFET，又称肖特基源漏 MOSFET 被提出来。全硅化物 Fin 源漏 MOSFET 的典型特点是源漏完全由硅化物，如目前主流的 NiSi、NiPtSi（Pt≤10%）组成，而不是传统意义上的重掺杂源漏，因此完全避免了超浅结的难题。全硅化物 Fin 源漏 MOSFET 具有如下特点：①极小的源漏寄生串联电阻；②原子级的硅化物/硅沟道突变结；③天然的短沟道效应免疫。同时，在全硅化物 Fin 源漏 MOSFET 的集成中可利用成熟的自对准硅化物工艺（≤500℃），并且在整个工艺流程中没有高温工艺，因此有利于应变硅等技术引入。

6. 金属接触孔

随着接触孔的面积越来越小，金属引出部分引起的串联电阻也成为影响器件性能的主要因素之一。这部分电阻主要由金属的传导电阻和金属与硅化物之间的接触电阻构成。当前减少金属电阻有利用 Cu 替代传统的 W 的办法。从版图设计上来说，采用矩形接触孔形状也是未来的主要形式。在22nm 以后，采用三维器件结构，接触孔可能要采用钳状结构以增加接触面积，降低接触电阻。这对接触孔的刻蚀工艺提出了更高的要求。此外，由于传统的 PVD 沉积金属的办法对很小的接触孔很难填充完全，所以大规模采用 ALD 沉积可能成为未来的主流[81~86]。

（三）后段工艺

随着线间距的不断缩小，金属线之间的距离越来越小，因此产生的寄生电容随之增加，从而造成速度的降低。为了保证产品的可靠性，更多地需要超低介电常数的绝缘介质来对金属互连进行隔离。而三维互连则可以将不同的功能块进行在片互连，以此提高模块之间的通信速度，减少封装面积，从而达到延续摩尔定律的目的。

（1）超低 K 互连。当前最先进的超低 K 介质已经做到 K<2.2，针对后续 22nm 以下技术，进一步降低 K 值将成为互连工艺的最紧迫的挑战。目前采用的方法一般是进行 C 或者 F 的掺杂，使得桥连的 Si—O 键被破坏，从而降低 K 值及极化率。但是这种办法只能将 K 值降低到 2.7 左右，更低 K 值材料一般采用多孔氧化硅结构。理论计算表明，无序状态下大约 55%的孔洞就会造成多孔氧化硅的坍塌。为了保证机械强度并降低 K 值，在将来 22nm 以下技术中可能会采用有序组织的多孔氧化硅结构。此外，空气隔离技术也可能成为主要的选择项。这种技术可以将 K 值降低到 2.0 左右[54]。

（2）深硅通孔（TSV）互连。TSV 是目前谈论得最多的一项新技术，被称为延续摩尔定律和扩展摩尔定律的最重要的手段。在硅片上形成数十微米的通孔，利用减薄和键合的办法将不同功能模块芯片连接在一起，从而减小整体封装面积和减少互连线的长度。当尺度缩小的办法不能有效驱动摩尔定律的时候，TSV 技术可以进一步提高集成度，同时还能实现真正的在片系统集成，为微电子产品的多样化提供了最有效的技术手段。在未来 10 年，TSV 技术将成为主宰 22nm 以下技术产品市场竞争力的关键技术之一。

总的来说，未来微电子产业将是打破传统、广泛采用新技术的新时代的开始。同时，新技术的采用也带来巨大的经济风险，如何在市场营收和新技术开发应用之间取得平衡，是研究技术发展趋势的核心价值所在。为了不至于"受制于人"和"盲目跟从"，我国微电子产业界应当加强研究投入，形成自身的技术和产品特色。特别是在技术开发上，应当将目标投射到更远的将来，并加强和高校研究所的合作，大力支持基础研发，鼓励超前技术创新，完成符合自身产品和技术特色的专利储备。

（四）封装工艺

图 4-21 总结了封装工艺的发展变化及今后几年的趋势预测。"后摩尔时代"集成电路采用什么样的封装技术取决于多个因素：①集成电路的规模；②I/O 数目；③前段工艺和材料的选择；④集成电路的面积和功耗；⑤功能和时钟频率；⑥互连的复杂程度；⑦用户对芯片功能的要求；⑧新型半导体

材料和工艺；等等。据此符合逻辑的推测是：①"后摩尔时代"半导体工艺将大规模采用三维制造技术，需要对具有三维特质的芯片进行封装，而且前段芯片制造与后段封装的界限将更加模糊，相互渗透让技术更多样性；②"后摩尔时代"将有大量的集成封装技术，如异质芯片的系统级封装、光电混合封装，传感/处理器/传输封装，等等；③预计"后摩尔时代"对芯片的某些限制，如功耗、环保等将更为严格，由此将产生新的封装技术；④基于新型材料产生的新器件，如以石墨烯、碳纳米管为基础的碳半导体集成电路器件的新封装技术，等等。另外，与芯片制造一样，封装技术涉及三个基本要素：工艺、设备和材料。先进封装技术更是将这三个要素紧密地结合在一起，往往是一种工艺需要专门的设备和材料才能实现。通常是先有新的封装结构，为实现这个封装结构或实现过程中的某一步骤，需要根据物理和化学原理开发新的工艺环境、流程，在此过程中还可能提出新的材料特性需求，成功后再进一步固化成设备和开发出新材料。一个典型的例子是 TSV 工艺中的临时键合与拆键合技术，由于有 TSV 的晶圆需要减薄到几十微米，无法用通常的工具进行减薄和后续的其他工艺流程，所以需要将其临时键合在一个载体上，当完成这些工艺后又需要将其从载体上完整剥离。为完成这个工艺过程开发出了临时键合机/拆键合机，以及相应的临时键合材料，目前主流的有基于热或者激光的临时键合/拆键合设备和材料[87~106]。

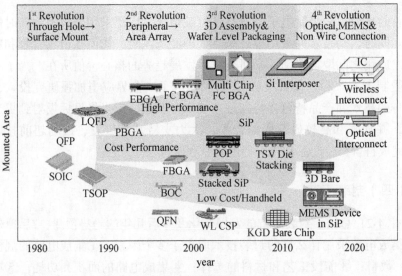

图 4-21　封装技术的发展变化和预测

（五）新型存储器工艺[104~153]

1. 电荷型存储器

电荷型存储器的材料体系与结构和传统的 MOS 器件类似，所以可以与现有的半导体工艺兼容，可应用于嵌入式系统。但由于 NAND-Flash 技术作为大容量存储器芯片的广泛应用与庞大市场需求，为了提高生产效率与成品率，一般使用单独的生产线与专门的半导体工艺技术进行生产。

对于平面的 NAND 型 Flash 存储单元，从原理上看，并不需要采用传统的包裹着浮栅结构的控制栅，这样就在一定程度上缓和了基本存储单元宽度尺寸缩小的限制要求。另外，平面的存储单元允许电荷存储层厚度的尺寸缩小，这对于降低单元与单元间的干扰非常有利。

图 4-22（a）是常规包裹着的浮栅单元，图 4-22（b）是 Intel-Micro 联合提出的一种 20nm 节点的平面结构的浮栅存储单元。纵横比的增加是包裹着的浮栅存储单元尺寸缩小的主要限制。对于一个亚 20nm 包裹着的单元，纵横比在字线和位线方向都大于 10。而平面存储单元消除了这个限制，如图 4-23 所示。

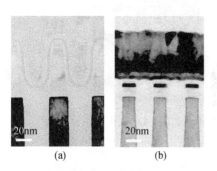

图 4-22　常规包裹着的浮栅单元（a）和 Intel-Micro 的 20nm 平面浮栅存储单元（b）

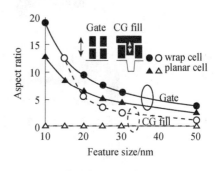

图 4-23　常规与平面浮栅单元纵横比与特征尺寸之间的关系

此外，IMEC 的 G. S. Kar 等人提出了一种超薄混合浮栅平面 NAND flash 技术，并论证了采用该技术的器件单元的性能和可靠性，证明其具有高的尺寸缩小能力。他采用了平面结构的 NAND Flash 单元。器件的隧穿介质是使用临场蒸汽产生技术（ISSG）生长的氧化物。浮栅通过 N 型多晶硅上 PVD 生长一层 TiN 而形成（即混合浮栅，Si/TiN 厚度为 2/5nm），多晶硅层间介质使用的是 ALD 生长的 Al_2O_3，为使其晶化，它还在惰性气氛下进行了 1000℃ 的退火。控制栅用的是原位掺杂的多晶 Si。但混合浮栅单元比传统的浮栅单元会承受更多的刻蚀损伤，恢复损伤也会更困难。为此，该研究组发明了特有的后栅刻蚀侧墙工艺来恢复刻蚀损伤，方法是首先在栅图形化后 200℃下PEALD 生长 2nm 氧化物，然后进行一次尖峰退火。图 4-24 给出了混合浮栅技术关键工艺的示意图。研究显示，该混合浮栅叠层厚度有可能进一步缩小到 4nm，如图 4-25 所示。

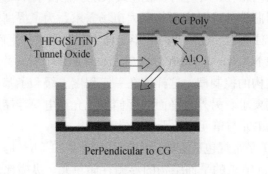

图 4-24　混合浮栅技术关键工艺示意图

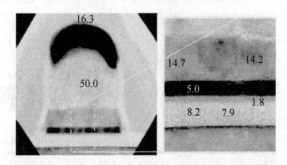

图 4-25　混合浮栅技术存储单元叠层的 TEM 图像

2. 电阻型存储器

电阻型存储器一般为两端结构，图形较为简单，有利于根据摩尔定律进行特征尺寸的缩小与集成密度的提高。但由于早期提出的材料体系与工艺流程与现有的半导体技术不兼容，所以如何优化材料与工艺是其核心问题。随着半导体技术的发展，这个问题可以在一定程度上得到解决。特别是将较为成熟的高 K 技术研究成功应用到阻变存储器技术中，大大推进了新型电阻型存储器技术的发展。

据预测，电阻型存储器将是技术节点接近 10nm 后下一代存储器的选择，所以引入 3D 集成技术来提高集成密度降低成本是非常必要的。其中最简单的方法是将平面交叉线阵列结构通过直接堆叠的方式进行三维集成。

图 4-26 为三星公司在 2008 年在 IEDM 上提出的相关的三维电阻型存储器阵列的设计方案。其采用了基于 IGZO 的氧化物晶体管作为外围电路和选择管的 1D1R 的存储器单元结构，构成了全氧化物的三维存储阵列。图 4-27 为其所展示的实验电路的俯视扫描电镜图。

图 4-26　基于 IGZO 晶体管和 1D1R 单元结构的三维阵列

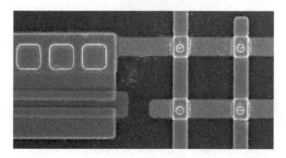

图 4-27　三维示例电路的俯视的扫描电镜图

但直接堆叠方式构成的 3D 存储技术，在成本上与 2D 结构技术没有任何优势，为了进一步降低成本，三星公司在 2011 年提出了垂直的三维阻变结构，如图 4-28 所示。2012 年，斯坦福大学与北京大学合作提出了一种新的三维电阻型存储器阵列结构，如图 4-29 所示。该结构具有工艺简单、性能

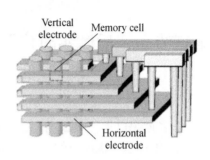

图 4-28　三星公司提出的垂直的三维阻变结构

优良、易于集成等一系列优点，受到业界关注，被国际半导体技术学界推荐

作为 3D 结构 RRAM 的技术解决方案列入到 ITRS（2013 年版）中。

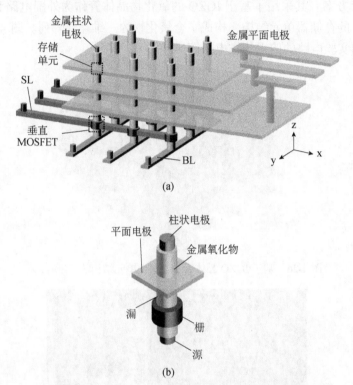

图 4-29　斯坦福与北京大学合作提出的三维电阻型存储器阵列结构

　　为了适应 3D 垂直结构对工艺的要求，原子层沉积（ALD）与等离子体注入（plasma implantation）等半导体生产技术的引入是非常重要的。

第三节　"后摩尔时代"集成电路新工艺基础研究面临的挑战与机遇

　　半个多世纪以来，集成电路技术的发展一直延续着摩尔定律，到 21 世纪最初 10 年都是一帆风顺的。22/20nm、16/14nm 这两个技术节点可以说是集成电路发展的分水岭，从目前来看，22nm 节点是平面 MOS 器件技术的终结，以 FinFET 技术为先驱，16nm 节点将全面进入三维新型器件技术的新时代。相比之前的平面 CMOS 工艺的生命周期长达数十年，每一种三维新型器件可能只能延续 2～3 个技术节点，以 FinFET 为例，Intel 公司在 22nm 节点首次采用该技术，14nm、10nm 节点有望继续采用改进后的 FinFET 技术，但是 7nm 节点目前尚无定论，继续发展下去甚至可能每种技术只有 1～2 个节点的寿命。在这种情况下，摩尔定律的发展必然会放缓，从新型工艺技术这个层面我们可以说已经进入了"后摩尔时代"。

在"后摩尔时代"，纳米工艺造成 MOS 器件特性参数不可避免地对工艺波动的灵敏度急剧增加。根据 IRTS 预测，2014 年左右实现商品化的沟道长度为 20nm 的纳米 MOS 器件的临界尺寸控制精度（3 个标准差）将接近 3nm。而同时 1D 理论指出，为了保持开通电流密度在标准的 600μA/μm 水平，电源电压将在 200mV 以上，因此 30mV 的变化似乎是合适的。但是，考虑更小的尺寸时，阈值电压的变化有可能达到 0.4V，这对于电源电压显然太大。因此，无论是更加严格的制造工艺技术控制，抑或是更大的电源电压或者是两者兼有，将都会导致 MOS 器件的工艺灵敏度必然增加的结果和事实。

已有的研究指出，在深亚微米 VLSI 的可靠性和可制造性问题中，目前主要涉及的是 MOS 晶体管、介质、工艺和外部环境等几个方面，存在诸如沟道和栅的泄漏电流（包括亚阈值泄漏电、栅、结泄等）急剧增加，导致系统整体功耗增加，低电源电压使得噪声容限降低等问题。但对于先进的纳米尺度工艺技术节点，还存在其他的严重工艺波动效应等诸多值得关注的问题。

另外，在后段工艺中，互连线的工艺变化已经成为集成电路制造业的一个新挑战。由于现代 VLSI 的制造工艺中需要氧化、光刻、掺杂控制、沉积等成百上千个步骤。在此过程中，各种不确定性因素都会使得最后 IC 的实际物理结构发生与预期不同的情况，并改变电路性能。对于纳米工艺，硅片上高密度的布线增加了对工艺波动的可能性和不确定性，也增加了进行精确建模的难度，从而使仿真结果越来越偏离实际性能；同时集成电路制造过程中的金属层化学机械抛光直接影响互连线的均匀和平整。因此，互连线工艺变化将使得其寄生耦合效应等各种问题更加难以预测与控制，互连工艺变化对期望性能的灵敏度将持续增加，已引起集成电路领域众多专家学者的关注和重视。

在"后摩尔时代"，新型存储器器技术的引入是半导体工业的必然选择，随之而来的材料、结构的优化选择，工艺优化与兼容性问题的解决，基于新技术的电路与系统设计规范的制定，模型模拟与可靠性评测技术发展等，成为技术发展的挑战，同时对我国半导体集成电路技术与产业发展也是一个机遇。从世界范围来看，新型存储器尤其是电阻型存储器的研究与应用，国内的研究基础与国际先进水平相比，基本处于同步，因此是我国获得自主知识产权、引领国际先进技术的突破口之一。

"后摩尔时代"的集成电路制造工艺已经无法沿着传统工艺的既定道路发展，新型工艺的基础研究将面临诸多挑战，尽早开展新工艺的基础研究，将成为我国缩小与国际最先进水平差距的机遇。新型工艺基础研究所面临的挑战和机遇主要集中在三个方面：技术及产业化、知识产权、科技成果转化率。

1. 技术及产业化

新型工艺的发展所要面临的首要挑战还是在技术方面。

（1）基础工艺。基础工艺革新除了微纳电子学科，还将涉及越来越多的学科，包括物理、化学、材料、机械、自动化等，每一项基础工艺都可以说是一门单独的交叉学科。比如表面波技术应用于刻蚀工艺，等离子体技术应用于离子注入工艺，基础工艺的研究必须对新的物理、化学机理，材料特性进行深入研究。基础工艺的发展是为了满足集成电路制造企业的需求，一般都是由工艺设备厂商来主导基础工艺的研发，以前国内没有 300mm 的工艺设备制造厂商，近一两年陆续有刻蚀、离子注入、氧化等方面的设备通过大生产平台的验证并被生产线购买，因此国内的设备厂商为了提升技术实力和市场竞争力，逐渐也需要开展新型基础工艺的研究，否则将一直处于落后地位。另外，在新型工艺中需要采用新型工艺材料，国内材料公司也应该抓住这一机遇。对国内设备和材料厂商在某些尚未具备研发能力的新型工艺领域，微纳电子学科也应分析需求，积极与其他学科开展基础研究，为基础工艺的产业化研发进行技术储备。

（2）工艺模块。对于工艺模块的产业化开发都是由集成电路制造企业完成，但是提出新型工艺模块的原始创新者往往是科研院所或高校。据 2013年 IEDM 报道，进入 21 世纪以来集成电路发展史上的四大产业技术——高K 金属栅、提升源漏技术、应变硅技术、FinFET 技术——均是由科研院所或高校在十多年前提出的，并在学术界经过了大量的理论分析和实验探索，才最终发展出被工业界认可的产业化技术雏形。未来 10～20 年集成电路工艺的发展将是翻天覆地的，传统平面器件已经退出历史舞台，甚至 FinFET 器件也无法延续太长时间，继 FinFET 之后采用何种新型结构器件尚无定论，在很大程度上将依赖于新型器件的集成工艺，具备符合量产需求的工艺模块方案的新型器件才有可能最终被工业界接受。新工艺的基础研究必须在产业技术研究之前 2～3 个技术节点开始，可以说当前正是新器件及其相关新工艺研究的黄金时代，机遇与挑战并存。

（3）产业化。即使某些针对未来 10 年所需要的新型工艺已经进行了技术储备，比如纳米压印、束曝光等，但是由于技术本身的限制，目前可能还不适用于大规模生产，仅能满足实验室小规模的样品制备需求，如果要被工业界接受还有若干关键技术需要取得突破，如提高工艺技术的生产效率、工艺稳定性、均匀性、可控性，提高产品的性能和良率，降低生产成本和维护成本。

2. 知识产权

集成电路制造工艺的核心技术是 Know-How（技术细节秘密），这些 Know-How 的保护方式一般作为企业的商业机密而不形成知识产权。尽管如此，知识产权保护体系在集成电路制造企业间的竞争中仍发挥着非常重要的作用。如前所述，未来技术趋势的不确定性必将催生众多具有原始创新性质的知识产权，即核心专利。如果国内的研究机构及企业不能在原始创新的知识产权阵地中占有一席之地，必将遭受来自国际先进企业的打压，其代价就是高昂的专利授权费，技术上也难以开创自主创新的道路，更谈不上赶超国际先进水平。在国内的集成电路制造企业尚无余力开发新型工艺技术的时候，研究机构应该积极开展基础研究，形成一批核心专利，布局全国范围的专利保护池，为将来的产业化保驾护航。

此外，国内自主 IP 库方面的缺乏也从一定程度上降低了国内集成电路制造企业的竞争力，建立公共的基础 IP 库将有助于改变这一局面；新型器件及工艺研究必不可少的 TCAD 工具性软件基本也要依赖于国际大公司，目前国内某些研究机构自主研发的工具性软件已经受到了国际大 EDA 公司的关注，加强这方面的研发也有助于提高我国在工艺研究上的主导权。

3. 科技成果转化率

集成电路技术有一个特点，即产品的设计与研发成本相对生产成本来说比重很大，新型工艺的基础研究也是如此，因此即便是基础研究，也应考虑投入与产出的效率。基础工艺的研究很多都涉及设备和材料的改进，涉及的资金量更大。对工艺模块的研究可以在一些实验线上开展，研发资金主要用于实验线的维护。微纳电子学科作为一门应用型科学，新型工艺的研究应考虑产业化需求。

在专利申请不断攀升的背景下，我国科技成果转化率低下问题日益凸显。时任国家发改委副主任张晓强在"中国经济年会（2013~2014）"上透露，中国的科技成果转化率仅为 10% 左右，远低于发达国家 40% 的水平，要围绕激励企业创新来完善金融、税收、价格、财政、知识产权等管理政策，增强企业创新内生动力，积极研究提高财政科技支出用于企业比例的措施。事实上，我国近十年来都在强调构建企业为主的创新体系，党的十八届三中全会《中共中央关于全面深化改革若干重大问题的决定》指出："建立产学研协同创新机制，强化企业在技术创新中的主体地位，发挥大型企业创新骨干作用，激发中小企业创新活力，推进应用型技术研发机构市场化、企业化改革，建设国家创新体系。"

因此，国内的研究机构在对新型工艺开展研究时，应充分了解工艺设备与材料企业、集成电路制造企业的需求，在基础研究初期从学术、理论的角度进行分析研究，到了一定阶段之后，开展产学研合作，借助企业的研发能力及资金，将先导成果实现产业化。

4. 差距分析

经过近 20 年的发展，我国的集成电路产业取得了长足的进步。但作为全球集成电路消耗的最大市场，我国生产的集成电路比例仍然偏低[①]。迄今为止，在集成电路产业的设备、材料、新器件结构、单项工艺、集成工艺、设计、制造等方面，研发水平与国外有较大差距。

未来 CMOS 器件的尺寸持续缩小主要依赖于引入高 K 金属栅等新材料和/或 FinFET 等新器件结构。虽然 Intel 公司已于 2012 年 5 月推出了基于 22nm FinFET 结构的处理器，但 CMOS 器件的尺寸微缩存在多种不同技术路线，在 FinFET 具体实施的路线上尚存在许多变数，特别是在工业化产品研发过程中尚存在许多悬而未决的技术挑战。在先进封装技术方面，发达国家早在十几年前就在国家战略层面上进行了布局，建立了专门的研究机构。最典型的例子是 2002 年美国国家科学基金会专门投入 1 亿美元，加上州政府和企业的共同投入共 3 亿美元建立了国家级的研究中心——佐治亚州立大学封装研究中心，该中心是当时世界上最高水平的封装技术专业研究机构。美国政府已经把封装技术提高到了国家战略层面，认为封装技术将对美国今后发展起到重要作用。反观我国，当时大家还处于"封装无技术"的认知水平上，更不要说把封装技术提到国家战略层面的考虑，进行大规模投入了。认知的落后造成技术的落后至少十几年。直到 2008 年，随着国家科技重大专项开始投资封装领域，国内的封装研发才逐渐受到重视。但相比较国外来说，无

---

① 我国台湾地区集成电路产业发展水平处于世界前列，本部分在论述我国集成电路产业研究水平时不包含台湾地区。

论是资金投入还是人们的认知都远远不够，最直接的证明就是我国的封装技术研究成果几乎在国际上没有产生多少影响，投入应用的则更少，几乎所有的技术从工艺、设备到材料都需要从境外引进，存在巨大的差距。我们认为，除了投入，最重要的差距是人们的认识，以及对技术研发的长期坚持和积累。需要在战略层面上认识封装技术的意义，在战术层面上加大投入和树立成功的技术是分层次的，是需要长期积累的观念。才有可能赶上国际领先企业，在此基础上才能对新器件展开竞争性研发，力争在新材料、新工艺和新器件结构等方面实现重大突破。

在集成电路产业上，国内研发单位无论是在设计、制造、新器件结构还是在新材料和工艺上，与国际先进机构都存在较大差距。但目前 CMOS 器件的尺寸微缩存在多种不同技术路线，在 FinFET 之后到底采用何种器件结构尚无定论。国内研发机构有可能站在与国际领先企业相同的起跑线上，力争在新材料、新工艺和新器件结构等方面实现重大突破。

集成电路工艺技术发展水平较高的国家和地区包括美国、日本、韩国、欧洲，我国的台湾地区发展水平也位居前列。其中，美国在集成电路工艺装备及工艺技术方面均处于领先地位，韩国和我国台湾地区在工艺技术、日本和欧洲在工艺装备方面各有所长。以美国的 Intel 公司为代表的集成电路器件设备集成商（IDM）已经于 2012 年成功量产 22nm 三栅器件（tri-gate，FinFET），2014 年下半年将实现 14nm 节点的量产，仍然采用 FinFET 技术；以我国台湾地区的台积电公司为代表的集成电路芯片代工企业（Foundry）已经于 2011 年成功量产 28nm 节点技术，2014 年年初和 2015 年年初将分别实现 20nm 平面 CMOS 技术和 16nm FinFET 技术的量产；欧洲 ASML 公司在 193nm 浸没式光刻机方面基本实现了垄断，它也是世界上唯一一家能够提供 EUV 商用光刻机的设备供应商；美国最大的工艺设备供应商应用材料公司（AMAT）与日本最大的工艺设备供应商东京电子公司（TEL）也于 2013 年年底宣布合并，主流工艺设备的供应商集中度进一步提高。目前，全球 DRAM 存储器市场已经基本被三星、海力士、美光等几家公司垄断，闪存市场也很集中。国外的学术界与研究机构为产业化技术贡献了若干原创性想法，如高 K 金属栅、提升源漏技术、应变硅技术、FinFET 技术最初均是由学术界和研究机构提出并开展了初期的研究与优化，在工艺技术研究领域比较活跃的除了斯坦福大学、加利福尼亚大学伯克利分校、麻省理工学院、东京大学、新加坡国立大学等名校外，还有很多专业的集成电路研发机构，如欧洲的 IMEC、美国的 SEMATECH、日本的 JST 等。在先进封装技术方面，除佐治亚州立大学封装研究中心外，还有新加坡的 IME、德国的 IZM、欧洲的 IMEC。它们投入巨大，开展了几乎所有先进封装技术的研究，长达十几年，基础相当深厚。其资金投入大部分来自于国际大企业，部分来自政府。

我国在集成电路制造工艺方面缺乏具有竞争力的 IDM 公司，仅有代工企业在国际上尚有一席之地。到 2015 年，最先进的量产工艺水平在 28nm 节点，20nm 平面 CMOS 技术与 14nm FinFET 技术的研发已经开展并取得成果。但是即使作为国内最先进的代工企业中芯国际也才刚刚实现盈利，生存压力巨大，仅有的资源只能用于扩大产业规模和开发产业技术，根本没有资金和实力开展新型工艺的基础研究。国内的工艺设备制造商在近一两年通过了某些关键工艺设备，如刻蚀机、离子注入机、氧化炉等的产业化验证，技术水平大部分尚处于 65nm 节点，更难开展基础工艺的研究。国内的科研院所与高校对新器件及新工艺的研究较多，但是原创性成果较少，具有产业前景的原创性成果更少，没有形成足够的学术影响力以引导某领域的技术走势。

综上所述，造成差距的原因如下。

（1）国内集成电路制造企业虽然具有一定的技术水平，但是其市场竞争力、产业规模及赢利能力不足以支撑开展新型工艺的基础研究。

（2）国内工艺设备制造企业的技术发展水平较低，没有实力开展基础工艺的研究。

（3）国内的原创性成果较少，研究时间短，没有积累，没有掌握足够的核心专利，无法影响技术走势，只能跟随。

（4）以往对产学研重视不够，在时间节点方面也匹配得不好，某些科技成果出来时机太晚或者没有产业需求而导致科技成果转化率不高。

第四节　集成电路新工艺基础研究中的若干关键技术

无论是浸没式 193nm（自对准）多次曝光，还是 EUV 曝光，都是通过特定的光源照射掩模版，将图形投影到硅片上来实现图形转移，因此都属于传统的光学光刻技术。基于传统光学光刻技术还发展出了计算光刻技术。此外研究较多的图形转移技术主要有定向自组装技术（DSA）、束曝光技术（beam lithography）和纳米压印技术（nano imprint lithography），束曝光技术与传统光学光刻技术的区别在于直接将图形数据通过电子束或离子束写到硅片上，在图形转移过程中不需要实体掩模版；而纳米压印技术与传统曝光技术的区别在于事先制备图形模具，通过压印转移到硅片上，不需要光照或束流照射。

一、计算光刻技术

计算光刻技术（computational lithography）可以说是传统 OPC 技术的升华（图 4-30），尽管各家厂商在计算光刻技术的实现方法上各有不同，但其基本概念和思路都是一致的。计算光刻技术的关键技术是光源-掩模优化技术（source-mask optimization，SMO），而光源-掩模优化技术的实质就是综合考虑了光源优化和掩模版图型优化的 OPC 技术[52]。

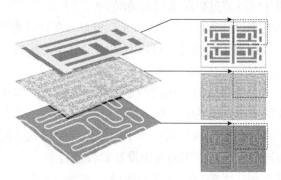

图 4-30　计算光刻技术示意图

那么，这里所说的光源优化又涉及哪些内容呢？实际上，多年以来，光刻机上一直都在使用与光源优化有关的巧妙技术，其中最典型的例子就是所谓的离轴照明技术（又称多光源技术，multiple source）。离轴照明技术可以在衍射效应较为严重的情况下用于改善图像的分辨率。不过目前离轴照明技术的光束形状都是较为简单的圆形或弧形，如四极离轴光照技术采用的就是环状均布的四个弧形光束。

而计算光刻技术在光源优化和掩模版图形优化方面则更进了一步，可以使用更为复杂的像素型光源照明光束技术或掩模版图形形状，得到任意形状的图像。

计算光刻技术并不像传统的 OPC 技术那样仅仅使用模型来推测要采用何种形状的掩模版图形，采用计算光刻技术的设计软件采用了类似于光线追踪算法的思路，从最终需要成型的图像进行反推计算，算出所需的最佳掩模版图形和光源配置方案。由于综合考虑了掩模版和光源两个方面，因此这样计算出来的结果中，掩模版部分的图形可能与最终在晶圆上成像的图像形状相差甚远，但是配合光源优化技术，却可以让最终生成的图像满足需求。

不过，光源-掩模优化技术也并非没有缺点，由于电路中不同的图像需要采用不同的优化算法，如触点图像的成像优化算法就与金属互连线的优化算法有所不同，所以要完全验证优化计算后的实际效果，就必须对优化计算后的结果进行模拟，检查最终的成像结果是否符合要求。

光源-掩模优化技术的最主要优势之一是可以解决焦深（depth of field, DOF）的问题。所谓的焦深，指的是在保持影像清晰锐利的前提下，焦点沿着镜头光轴所允许移动的距离。目前的液浸式光刻系统数值孔径 NA 普遍较大，导致焦深值很小。尽管晶圆片的尺寸精度控制已经非常严格，但仍有可能出现晶圆片部分区域超过焦深范围的情况。

IBM 公司和光刻设计软件厂商 Mentor Graphics 在计算光刻技术方面的联合研究成果显示，像素化光源设计可以有效增加光学系统的焦深，提升的幅度可达 30%左右。

另外，制造一套掩模版的费用已经达到数百万美元的水平，这些成本费用的很大一部分用于掩模版的测试与维护。传统的 OPC 技术很难在问题发生时确定掩模版上有哪些图像的形状出现了纰漏，要解决这个问题，只有通过能追踪到光源与掩模版综合作用的高级设计软件进行。

当然，计算光刻技术的应用对芯片的设计准则会产生很大的影响。因为这种技术是专门针对某款掩模版上的某种图像进行优化——通常的优化对象都是接触孔、互连线及过孔等结构的图像，因此，需要芯片的设计者在设计芯片时对这些图像采用特殊的设计准则。实际上，常规 OPC 技术的运用，已经促使了设计准则的限制程度有所提升，有些可能导致问题的线路图像的形状是被严格禁止使用的。

计算光刻技术在对设计准则的影响方面又更进了一步，要求禁止在特定的掩模版上使用特定的图像与图像或光源与图像的组合。这样，除了光源-掩模优化方面需要进行大量运算，得出最佳化设计准则所需的计算量也大幅增加了。

因素甚至还包括掩模刻写用设备。多年以来，芯片制造商一直希望使用正方形的图像设计，而对于电路设计软件厂商而言，长方形的图像则在进行电路布置计算和模拟计算时更易于进行；但是，对掩模制造用设备电子束直写机的厂商而言，圆形的掩模版图像则是最容易制造的。

因此，掩模版制造用工具的厂商一直试图劝说芯片制造商尽量使用圆形的图像，至少这种方案能够减小芯片制造时间并降低制造成本。不过，假如芯片制造商方面验证这种新方案所需花费的计算时间太长，那么它们会继续使用传统的成熟方案来制造产品。

目前看来，Intel公司14nm技术仍然没有采用EUV光刻技术，这也得益于计算光刻技术的采用。计算光刻技术需要使用大量的资金来购买计算用的超级计算机设备。但是，考虑到计算光刻技术的应用，可以为新的光刻技术，如EUV光刻等赢得更多的宝贵准备时间，从这点上看，厂商们在计算光刻技术上进行投入还是非常有意义的。

二、定向自组装技术

定向自组装技术（DSA）是将块状共聚合物（block copolymer）或是聚合物混合物（polymer blend）沉积在基板上，通常采用旋转涂布，并经由退火过程以"指挥"其形成有序的结构。研究人员指出，DSA相容于传统的193nm微影设备，不再需要双重曝光步骤[53]。

DSA在2007年首次以关键层微影领先技术之潜力解决方案的角色出现在ITRS中。该技术也被认为能作为下一代微影候选技术的补充，如EUV微影和纳米压印微影等。

但即使是最热心的支持者也不得不承认，就算是在最佳情况下，DSA技术也得经过很多年才能被用于CMOS量产。在DSA技术必须克服的数百种量产障碍中，缺陷密度仅是其中一种而已。

三、EUV光刻技术

作为最有希望进入10nm以下的主流生产大光刻工艺技术，波长为13nm的EUV光刻技术还有一些有待攻克的难关如下。

（1）EUV光源的制造是核心技术之一。目前的研发热点是激光诱导的等离子体。虽然利用激光诱导的Sn、Xe和Li等离子体或高压放电在物理上已经可以得到稳定的EUV光源，出光效率可达到0.5‰。但是在适用于大生产光刻机的应用中，仍然有许多关键的技术问题，这里包括了从等离子体科学出发，研究不同材料的等离子体发光机制，使得光源体积小、出光效率和强度高，同时工程上做到价格低及维修方便。

（2）反光薄膜的研发，这里主要指具有高反射率的反射薄膜。由于 EUV 在各种物质中极易被吸收而引起很低的反射率。为了得到较高的反射率，目前研究热点是用 Mo/Si 作为多层膜，采用近百层的结构，每层厚度约 3.5nm，反射率可达到 75%以上。在今后的反射膜制造技术中，建议从表面材料物理出发，通过理论和实验来寻找具有高反射率的材料和反光结构设计。为大生产中的 EUV 光刻技术提供更先进的反光膜技术。

（3）掩模版技术被业界认为是大规模应用到产业的难点之一。除了上述的高反射率薄膜技术，掩模版技术可以分为两部分：①掩模版制造工艺。掩模版的平整度要求为 70nm。另外，由于 EUV 曝光工艺中的高保真度要求，掩模版上 1nm 的相变误差会导致硅片上图形 25nm 的畸变。因此，需要特别关注掩模版材料的低热膨胀特性（LTEM）的研究。掩模版的保护层（Ru cap layer）、掩模版顶层的吸收层（TiN absorber）及底部的导电层制造工艺均极具挑战。②掩模版缺陷的诊断测量和修理。目前的掩模版缺陷主要依靠光化性（actinic）设备进行，优点是具有细微缺陷测量的能力，缺点是检测速度太慢。例如，针对 CD 的 10%～15%的影响，通常需要 3～10 小时的时间。掩模版上缺陷的修理是依靠电子束和离子束进行的。可以认为，掩模版制造工艺属于材料特性，材料表面与光的相互作用范畴主要属于材料科学研究内容，需要材料科学家与集成电路专家联手开展研究。

（4）光刻胶技术研发是未来生产中最为关心的内容之一。其中，优良的感光性能是研究的重点之一，包括线粗糙度（LWR）、固化度（collapse）、敏感度（sensitivity）、解析度（resolution）、缺陷度（defectivity）、抗刻蚀度（high selectivity）。另外，简单的工艺实施，低廉的成本及更加环保的特性是业界对 EUV 光刻胶的期望。未来的研发重点需要由多学科的联合攻关来执行，需要流体力学、物理化学、材料科学的专业人员共同开展 EUV 光刻胶的研发。

四、纳米压印技术

纳米压印技术最早是由华裔科学家美国普林斯顿大学周郁教授于 1995 年提出的，其工艺过程如图 4-31 所示，在衬底硅片上覆盖光刻胶，将图形模具与硅片接触，并施加一定的压力，将图形转移到光刻胶上，然后使光刻胶固化定型，最后脱模使模具离开衬底，完成图形转移（图 4-31）。

纳米压印光刻技术是与传统曝光技术完全不同的技术。纳米压印技术的原理比较简单，通过将刻有目标图形的掩模版压印到相应的衬底上——通常是很薄的一层聚合物膜，实现图形转移后，然后通过热或者 UV 光照的方法使转移的图形固化，以完成微纳米加工的光刻步骤。其相对成本很低，已经在微流体、微光学系统获得了应用。它具有高分辨率、高产能，以及低生产成本等特性。纳米压印的方法目前主要有三大类，即冷压印、热压印和软模压印。其中热压印技术只能制作比较粗的线条，不适合集成电路生产。纳米压印技术目前存在的主要问题如下。

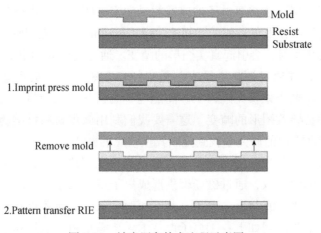

图 4-31　纳米压印技术流程示意图

（1）工艺精度要求极高。由于硅片上的图形与印制模版是 1∶1 的关系，而不是像传统掩模版那样 1∶4 的关系。这对印制模版的加工精度要求非常高，制作的成本也极高。

（2）模具的沾污和损耗。由于模具很贵，所以不能出现损坏。但由于是接触式的工艺，所以很容易产生颗粒和沾污，而且不能保证不被损坏，特别是图形很小时更容易被损坏。

（3）各个工艺层之间的对准问题。由于光刻胶和印制模版的不透明性，工艺中无法对前一道工艺进行对准。这是纳米印制光刻应用中最大的问题。

对于市场来说，只要现有的技术能继续做下去，那么纳米压印进入集成电路大生产的可能性就不大。

五、束曝光技术

束曝光技术包括电子束和离子束两种技术。具有灵活易变的特点，目前特别适合用于前沿技术的研发，尤其适合在实验室开展一些需要高解析度的光刻工艺支持而量又很少的研究工作。但是由于技术的产出率较低，限制了其在大生产中的应用。另外，物理上也有些问题需要进一步研究。

（1）电子束曝光是利用高能（数百 keV 以上）电子束为光源。其分辨率可达 1～5nm。其中主要的物理问题有如下几个：①电荷相互作用。由于电子之间的库仑排斥作用，电子束的聚焦受到限制，分辨率下降。为了提高产出率而增加的束流密度会降低分辨率。目前的研究表明提高束流电压可以减少电荷相互作用。这需要电子加速器的科学家来研究电子束聚焦技术，得到优化的束流强度和聚焦参数。②邻近效应（proximity）。光刻胶和衬底材料对电子的散射和反射，会引起真实图形的畸变。通过类似光学中的 OPC 模型来修正掩模版，并通过调整电子束剂量来使得其邻近效应最小化。③热效应（thermal）。在电子束曝光过程中，高能电子会引起局域加热，受到加热的掩模版和硅片会导致图形的畸变。这需要我们利用微观材料科学的方法加强对微观材料特性方面的研究来找到控制其热效应的办法。

（2）离子束曝光是用高能离子为曝光源的光刻技术。其离子通常是从氢或氦等离子体中提取，通过磁场聚焦形成离子束。由于离子的波长极短，理论上分辨率可达 10～4nm。然而，离子束曝光技术还远不能达到可以广泛应用的程度。主要问题如下：①离子束技术无法满足离子能量和束流密度的均匀性。其离子源的设备尺寸和使用寿命还无法满足工艺需要。②制造高精度的光学系统技术难度很大。尤其是多电极的静电系统和离子透镜制造，目前还需要联合加速器的科学家来共同研究可以用于光刻工艺的离子光学系统。③掩模版的污染和热效应。由于在离子曝光中，离子轰击掩模版会引起物理溅射污染，同时掩模版吸收离子能量引起的局部加热会影响掩模版的设计图形，所以材料表面物理中的热力学特性及离子与材料的相互作用问题有待于进一步研究。④离子束引起的器件损伤问题比较严重。由于离子可以携带很高的能量，这会对损伤硅基器件晶格，所以离子束能量及半导体材料微观结构的相互关系需要加强研究，这是工艺中的机制问题。

相比传统的电子束或离子束直写曝光，更有可能被大生产所接纳的是多电子束直写。多电子束直写是从电子束直写技术发展而来的一种无掩模光刻技术，它通过计算机直接控制聚焦电子束在光刻胶表面形成图形。长久以来，电子束直写被用于制备掩模和小批量新型器件。多电子束直写的优点是不需要掩模，分辨率可高达 7nm，缺点是产率太低，成本仍然过高。多电子束直写技术使用超过 10 000 个电子束来并行直写，产率已经可以达到 5～

60WPH[①]。设备成本约为 2000 万美元，相较于 193nm 浸入式光刻和 EUV 光刻要低很多。多电子束直写可用的最大景深达到 650nm，其高分辨率确保了较高的拓展性，预计可达到 11nm 或更小节点。多电子束直写面临的主要问题是如何获得高能量的电子束源和数量庞大的平行电子束，以及怎样处理海量的直写数据。

六、新型沟道材料

随着集成电路制造技术的发展，人们通过各种新型器件设计来克服由器件缩小而带来的各种障碍。进入 10nm 及以下节点后，由于硅材料本身带来的各种物理极限就变得十分突出，硅以外的新型沟道材料有可能被用于推迟这种物理极限的到来。除了采用应变硅技术，Ⅲ-Ⅴ族材料和 Ge 作为提高载流子输运的沟道材料近来备受关注。为了充分利用现有的硅工艺平台，新型沟道材料技术最好能与硅工艺集成在一起。图 4-32 展示了针对不同应用而采用Ⅲ-Ⅴ/Ge 新型沟道材料的各种组合。目前主流观点认为，硅沟道 FinFET 可能在 10～7 纳米节点将遇到障碍，需要采用Ⅲ-Ⅴ族材料作为 N-FinFET 的沟道（图 4-33）。Ⅲ-Ⅴ/Ge CMOS 技术目前主要存在的问题如下：①栅材料的生长，要求有高质量的 MOS/MIS 界面；②如何在硅衬底上生长高质量的 Ge/Ⅲ-Ⅴ材料；③如何形成低阻值的源漏；④如何与传统 CMOS 技术相集成。

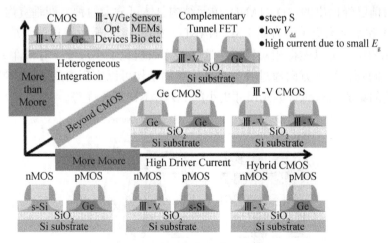

图 4-32　高迁移率沟道应用组合

---

① WPH，wafer per hour，指每小时的出片量。

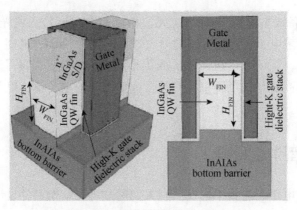

图 4-33　Ⅲ-Ⅴ族材料 FinFET

七、存储工艺技术[154~182]

（一）3D 电荷型非挥发存储器 NAND Flash

通过消除物理的和电学的尺寸缩小的限制，平面浮栅存储单元有效地拓展了 NAND 单元的缩小能力。但是随着物理上存储单元尺寸的进一步降低，单元噪声（干扰、随机电报信号、统计涨落、数据保持）和字线间电场的增加最终都会限制 2D NAND 的尺寸缩小。在亚 20nm 节点和 10nm 节点之后，NAND 的尺寸继续缩小将通过 3D NAND 来实现。

目前已经提出的 3D NAND 单元结构总体可分为两种，即垂直沟道 3D NAND 和水平沟道（垂直栅）3D NAND，如图 4-34 所示。这两种结构的存储单元的尺寸可以做得相对较大，这样一方面避免了小尺寸下存储单元面临的各种问题，另一方面通过叠加多层的存储结构可以实现有效面积的减小和高密度的集成，从而对单元尺寸更小的 2D NAND 形成优势。

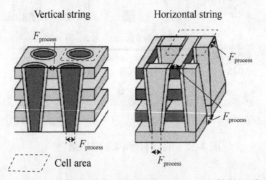

图 4-34　目前提出的主要的两种 3D NAND 结构示意图

表 4-3 给出了几种常见的 3D NAND Flash 存储器技术的对比。

表 4-3　几种 3D NAND Flash 存储器的对比

项目	P-BiCS	TCAT	VG-NAND	SMAr-T
栅版图	水平	水平	垂直	水平
沟道版图	垂直	垂直	水平	垂直
电荷存储	SONOS	SONOS	SONOS	SONOS
擦除	F-N	F-N	F-N	F-N
沟道	Macaroni	Macaroni	平面	Macaroni
漏电流	非对称结 不与 p 衬底相连	非对称结 与 p 衬底相连	取决于存储方案	非对称结 不与 p 衬底相连
字线金属化	侧墙 金属硅化物	侧墙 大马士革工艺	WL 顶部多晶	大马士革工艺
字线延迟	尚可-可改进	好-可改进	好-不易改进	好-可改进
刻蚀难度	高纵横比	更高纵横比	困难	高纵横比
优点	简单工艺	简单工艺	单元缩小能力	简单工艺
挑战	孔刻蚀	孔刻蚀 WL 隔离	VG 的图形化	孔刻蚀 WL 隔离

（二）电阻型存储器件的发展趋势

电阻型存储器可分为如下几类——相变存储器、磁性存储器、阻变存储器。

1. 相变存储器（PCM）

图 4-35 为一个典型的相变存储器的器件结构和瞬态响应曲线。它包括上下两个电极 W、加热电极 TiN、相变材料 GST。相变存储器件利用了结晶态和非晶态的巨大差来进行存储。制作完后的器件处于低阻态，因为其相变材料处于结晶状态。在复位（RESET）过程中，一个大的快速脉冲电压施加在上下两个电极之间，其相变材料区域的温度会因为焦耳热迅速升高并且超过熔解温度，相变材料会熔解成为非晶材料。由于脉冲的时间太短，这块非晶材料来不及在温度下降的过程中成为结晶材料。这块非晶材料和其他晶体的材料处于一个串联的关系，所以整个器件的电阻值由这个非晶区域的电阻所决定处于一个高的电阻状态。在置位（SET）过程中，一个宽的较大的脉冲加载在上下电极上，非晶材料区域会上升到一个介于熔解温度和结晶温度之间的温度。这个温度会持续一个较长的时间，而这块

非晶材料就会转变成为晶体材料，最终器件又回到了低阻态。在读取的过程只需一个低的脉冲电压加载上下电极即可。这个时候的温度是低于结晶温度的。

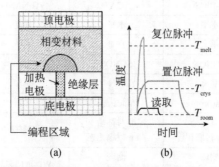

(a)　　　　　　　(b)

图4-35　典型的相变存储器的横面结构，相变区域一般为蘑菇状（a）；相变存储器通过施加不同的电压来先编程和读取（b）

图 4-36 显示的相变存储器的扫描特性曲线。在达到阈值电压（V_{th}）前复位态和置位态有一个较大的电阻阻值比。复位态在达到阈值电压之前处于高阻态，而且会在达到阈值电压的时候出现一个阈值双向开启存储行为：电流开始急剧增加并且出现了电压回滞现象。但是这个时候的相变材料 GST 还处在一个非晶态。电压继续增加后，GST 区域的温度会上升到非晶 GST 的结晶温度但是不超过熔解温度。这个时候非晶 GST 开始结晶，电阻开始减小，这个过程称之为置位。电压继续增加，电阻会继续减小直至一个饱和值。由于加载在上面的电压一直持续，所以在直流扫描过程中不会出现复位，所以相变存储器的开关只能够由脉冲来进行。

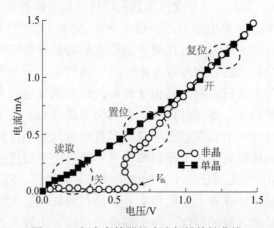

图4-36　相变存储器的直流扫描特性曲线

相变物理机制：在相变材料开始结晶过程时，非晶态内存在大量新相 GST 单体（monomer）大分子，这些单体大分子相互聚集形成团簇（cluster），这些小尺寸的团簇其实并不稳定，它们也会存在一定概率的熔解，只有尺寸达到临界尺寸时团簇才会稳定，这时相变材料中才会出现稳定的晶粒，晶粒会继续生长，最后使整个区域完成相变（图 4-37）。

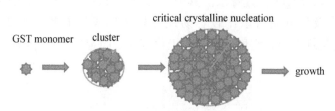

图 4-37　成核和核生长演变过程

相变存储器的材料和器件结构工艺的发展过程如下。

现阶段主要的相变材料有 GST、N-GST、Ge15Sb85、AIST-Sb2Te 掺杂 7%的 Ag 和 11%的 In。这些材料在室温都是有两个电阻率比比较大的态-结晶态和非晶态，如图 4-38 所示。大的电阻率比可以获得更好的 PCM 窗口，但是实际中 PCM 的窗口一般是两个数量级，因为还有寄生串联电阻和实际中器件的非晶态的电阻率比薄膜非晶态相变材料的电阻率低。可以发现不同的材料有不同的结晶温度，一般来说其结晶温度必须足够高才能保证器件的数据保持特性。但是为了能够保证结晶行为在纳秒时间内完成，其结晶温度又不能太高。近年来，通过材料的优化，相变材料为 GeTe 的 PCM 的开关速度已经达到 10nm 以内，并且其保持特性能够到达在 85℃下超过 10 年。

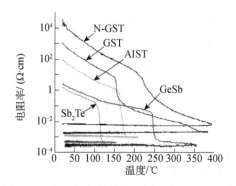

图 4-38　主要相变材料在不同温度下的电阻率

2. 自旋转矩效应的磁阻式随机存储器（STT-MRAM）

典型的 STT-MRAM 如图 4-39 所示，从衬底开始时 Ta（5）/Ru（10）/Ta（5）/Co$_{20}$Fe$_{60}$B$_{60}$（1.0～1.3）/MgO（0.85）/Co$_{20}$Fe$_{60}$B$_{60}$（1.0～1.7）/Ta（5）/Ru（5）（括号里面的数字为厚度，单位为 nm）。CoFeB 层是一种高度自旋极化材料，MgO 是遂穿层。其中上层的 CoFeB 是自旋自由层，它里面的电子自旋极化方向可以比较容易地在外磁场或外电场下改变。下层的 CoFeB 是自旋规定层，它里面的自旋极化方向是固定的，在外场很难改变。

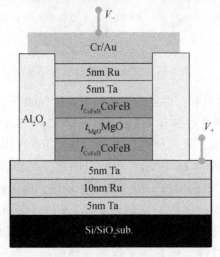

图 4-39 典型的 STT-MRAM 结构

在上下电极施加一个电压的时候，在这个三明治结构中会出现隧穿电流。隧穿电流的大小跟上下 CoFeB 中的电子自旋极化方向有关。当上下两层的电子极化方向平行（P）或者接近平行的时候，隧穿电流比较大。而当上下两层的电子极化方向反向平行（AP）或者接近反向平行的时候，其隧穿电流比较小。上层的 CoFeB 电子自旋极化方向是可以通过外场改变的，这意味着可以通过外场来调节器件的电阻值，从而实现信息的存储。一个 30nm 的 STT-MRAM 的电阻跟外磁场关系如图 4-40 所示。可以从图 4-40 看出，当外场撤离的时候，这种信息仍然可以保留下来，也就是说这种信息存储是非挥发性的。

这种隧穿磁场电阻效应可以从能带上来简单理解。在上下两层的 CoFeB 的电子可以分为在费米能级附近的自旋向上和自旋向下，如图 4-41 所示。对于一个正常的隧穿来说，是不存在自旋翻转散射效应的，也就是隧穿前后的

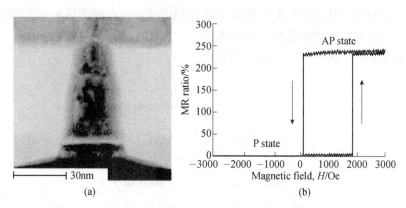

图 4-40　STT-MRAM 的 TEM 图（a）和磁致电阻曲线（b）

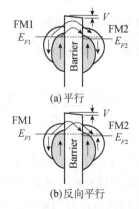

图 4-41　简化的隧穿态密度图

电子自旋方向必须是一致的。磁化层中的电子自旋方向可以分为自旋向上和自旋向下的。当两个磁化层的整体极化方向是平行的时候，如图 4-41（a）所示，左边和右边电极中费米能级附近较多的自旋方向都是向上或者向下的，这个时候的隧穿电流比较大。当两个磁化层的电子极化方向是反向平行的时候，左右的电极中费米能级附近较多的自旋一个是向上一个是向下的，其隧穿电流相对平行的时候会减少的。我们把反向平行时候的电阻和平行时候的电阻之比称为 TMR。高的 TMR 值需要的磁化材料中的自旋方向尽量都是一个方向的。我们可以用自旋极化率 P 来衡量上下自旋极化的比值：

$$P = \frac{N\uparrow - N\downarrow}{N\uparrow + N\downarrow}$$

式中，$N\uparrow$ 和 $N\downarrow$ 分别是自旋向上和自旋向下的参与隧穿的电子态数。

自由层的自旋极化方向可以采取外加磁场或者通过外加电场、电流的方式来进行翻转。外加磁场的方向由于对阵列中的其他存储器影响较大和操作困难，以及复杂的操作电路结构而被淘汰了，现在普遍通过在上下电极施加一个电流来进行翻转，如图 4-42 所示。

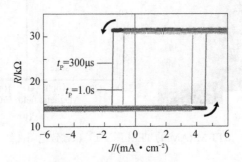

图 4-42　典型电流致磁转曲线

当通过的电流的值得到某一个阈值时候，其自由磁化层的自旋极化方向会发生翻转。其阈值电流密度为

$$J_{c0} = \frac{2e\alpha M_s t_F (H_K \pm H_{ext} + 2\pi M_s)}{\hbar \eta}$$

式中，e 是电子的电量；α 是衰减常数；M_s 是饱和磁化强度；t_F 是自由磁化层的厚度；$\hbar$ 是衰减普朗克常数；H_{ext} 是外加场；H_K 是有效的非均一场包括磁晶的各向异性和形状的各向异性；η 是自旋翻转效率。当温度为 0K 时候的隧穿电流密度超过上式给出的值后，自由磁化层的磁化方向开始不稳定了。当温度上升后，其电流密度阈值会因为热激活效应而减少：

$$J_c = J_{c0} \left(1 - \frac{k_B T}{K_F V} \ln \frac{t_p}{\tau_0} \right)$$

式中，$1/\tau_0$ 是尝试翻转频率；t_p 是电流脉冲周期。该式得到实验上的验证如图 4-43 所示。

从上式推断可以通过常温下测试在 $t_p = \tau_0$ 时的电流密度阈值来得到 J_{c0}，可以看出磁翻转跟电流脉冲的时间也有很大关系。实验可以测得翻转概率和脉冲时间，外加磁场关系如图 4-44（a）、图 4-44（b）所示，图 4-44（c）、图 4-44（d）是根据理论模拟得到的。可以发现其翻转概率并不是随着脉冲时间增大一直增大的。这个现象可以由图 4-45 来解释，因为在脉冲施加周期中不仅有正向翻转还有反向翻转。

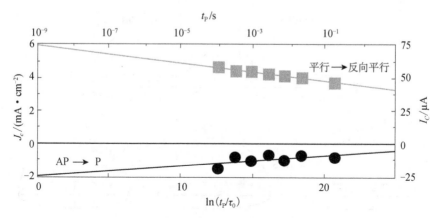

图 4-43　J_c 和脉冲时间的关系图

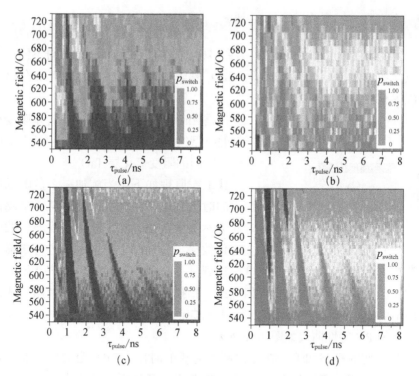

图 4-44　磁化方向翻转概率和脉冲时间和外加磁场的关系图
施加的脉冲强度为 $E_{pulse}=-1.0V/nm$，（a）、（c）为反向平行转平行，
（b）、（d）为平行转反向平行

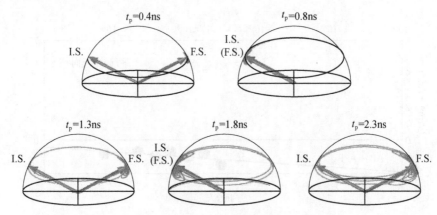

图 4-45　磁化方向在外加电流下的翻转模型

3. 阻变存储器（RRAM）

阻变存储器 RRAM 的材料多种多样，阻变形式和机理也各自不同，下面重点介绍三种不同阻变存储器：TaO_x 基阻变存储器、电化学阻变存储器、HfO_x 基阻变存储器。

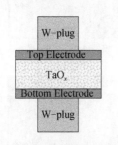

图 4-46　TaO_x 基阻变存储器的器件结构图

一是 TaO_x 基阻变存储器。TaO_x 基阻变存储器件的典型结构如图 4-46 所示，包括上下两个电极和中间的阻变氧化层 TaO_x。

其工作原理如下：当施加一个负电压进行扫描的时候其电流在当电压达到某一个阈值的时候突然增大数倍，相应地，扫描前后的电阻会变化数倍。施加一个正向电压进行扫描，当电压达到某一个阈值的时候，电流开始减小，相应地，扫描后的电阻变大了。利用扫描前后电阻值的改变即可进行数据存储。其对应的 IV 的特性曲线如图 4-47 所示。其对应的 RV 特性曲线如图 4-48 所示。

其阻变的机制如下：在器件制备完成的时候，TaO_x 阻变层的氧含量并不均匀，与深度存在如图 4-49 所示的关系。可以看出从上电极到下电极氧含量逐渐降低。在 TaO_x 中，会因为氧含量不同导致电阻值不一样，其关系如图 4-50 所示。由于上电极附件的 TaO_x 的氧含量比较高，所以电阻值比较高，这就意味整个器件处于高阻态。

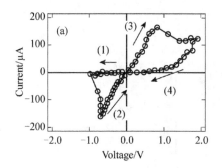

图 4-47　TaO$_x$ 基阻变存储器的
IV 特性曲线

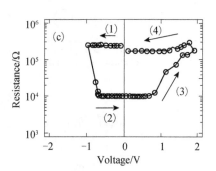

图 4-48　TaO$_x$ 基阻变存储器的
RV 特性曲线

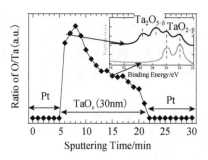

图 4-49　氧含量和深度的关系

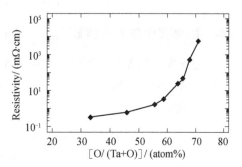

图 4-50　氧含量和 TaO$_x$ 电阻率的关系

当施加负向电压的时候，靠近阳极的 TaO$_x$ 中的氧离子被推到下层缺氧的 TaO$_x$，上层的氧含量开始减少从而导致上电极附近的 TaO$_x$ 电阻降低，从而导致整个 TaO$_x$ 层的电阻降低。当施加正向电压的时候，氧离子又重新回到上电极导致上电极附件 TaO$_x$ 增加，所以整个 TaO$_x$ 的电阻又重新回到一个比较大的状态。其过程可以用图 4-51、图 4-52 描述。

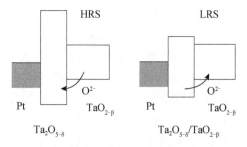

图 4-51　氧离子在 TaO$_x$ 基阻变存储器开关过程中的运动

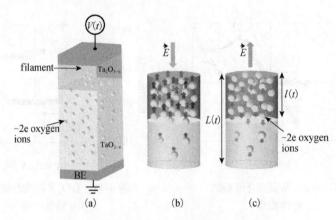

图 4-52 TaO$_x$ 基存储器阻变模型的示意图

4. 电化学阻变存储器

电化学存储器的典型结构如图 4-53 所示，包括活跃的上电极 Ag/Cu，中间层是 Ge$_x$Se$_{1-x}$、SiO$_2$、Ge$_x$S$_y$ 等离子能扩散的电解质层，下电极为惰性电极 Pt、Au 等。

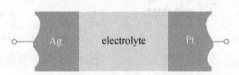

图 4-53 典型的电化学存储器器件结构

其工作原理如图 4-54 所示，当上电极施加正电压的时候阳极会发生 M（Ag 或者是 Cu）金属的分解：

$$M \rightarrow M^{z+} + ze^-$$

M^{z+} 离子会在电场的作用下穿过电解质层。当 M^{z+} 到达阴极附近时会发生还原反应从而形成金属沉积在负电极上面：

$$M^{z+} + ze^- \rightarrow M$$

沉积在负电极上的金属会导致该区域的电场增强从而使一个金属通道从负电极伸张到正电极形成金属导电通道。这样器件就从高阻态转向了低阻态，而当器件被施加一个负向电压达到某一个阈值的时候导电通道上的金属 M 开始发生氧化反应形成 M^{z+}，M^{z+} 在电场的作用下向活性电极漂移并在上面发生还原形成金属，所以原来的导电通道就被分解了。这样器件就从低阻态转向了高阻态。

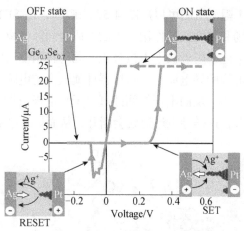

图 4-54 电化学存储器的工作机理

J. Park 等人在 2011 年制造出了小于 5nm 阻变区域的 CBRAM，这个器件的工作制备过程如下：①SiO_2 沉积→溅射 Ta 黏附层→溅射 Pt→PECVD 沉积 SiO_2→刻蚀 250nm 的通孔；②ALD 电解质材料 HfO_2→沉积 Cu→forming→化学刻蚀→2 次沉积电解质材料 TiO_2→沉积 Pt 上电极。

5. HfO_x 基阻变存储器

一个典型的 HfO_x 基阻变存储器（HfO_x 基 RRAM）的结构如图 4-55 所示，包括下电极 Pt、阻变层材料 HfO_x 和上电极（TE）TiN，一般来说 TiN 是有存储游离氧离子的功能的。处于高的电阻态的器件在上电极施加正向电压达到某个阈值电压的时候，电流会突然急剧增加，如果通过电流来限制器件的完全击穿的话，器件就会转向低阻态。这个过程成为 SET。处于低的电阻态的器件被施加一个负向电压达到某一个阈值的时候，电流逐渐开始减小，这个时候器件开始向高的电阻态转变了。其电压-电流曲线如图 4-56 所示。

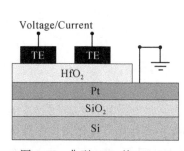

图 4-55 典型 HfO_x 基 RRAM

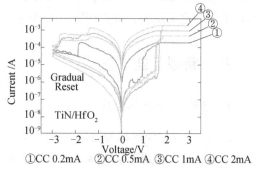

①CC 0.2mA ②CC 0.5mA ③CC 1mA ④CC 2mA

图 4-56 典型 HfO_x 基 RRAM 电流-电压曲线

HfO$_x$ 基 RRAM 阻变机制可以用图 4-57 来解释，在 SET 过程中，处于晶格上的氧离子在电场和热的共同作用下被激发成为间隙氧离子，然后在电场的作用下漂移扩散到上电极附近被上电极吸收，同时在阻变层中形成氧空位。这些氧空位会形成高电导的导电通道，这样器件就从高的电阻态转向了低的电阻态。在 RESET 过程中，反向电压把间隙氧离子从电极中推出来和处于电子耗尽的氧空位进行复合，这样导电通道就会断开，从而导致电阻转向高电阻态。

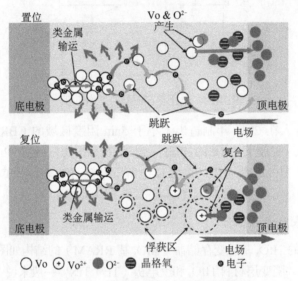

图 4-57　HfO$_x$ 基 RRAM 阻变原理图

在新型存储技术研究方面，我国与世界先进水平差距不大；特别是在基于阻变效应的 RRAM 存储技术研究方面，我国与世界先进水平保持同步。在代表国际半导体集成电路最前沿技术发展水平的学术论坛，如 IEDM 和 VLSI Symposium 等中，几乎每年都有来自中国的高校与企业关于 RRAM 技术新进展的论文发表，成为国际 RRAM 技术研发一个重要的组成部分。

八、新型互连工艺

1. 超低 K 介质铜互连

低 K 绝缘介质被称为后段互连的基石，因为它是支撑和容纳金属互连结构的基本架构，起到电学隔离、成型控制和支撑保护等作用。近年来，半导体业界中，在 32/28nm 产品开始使用 K 为 2.5 左右的多孔低 K 介质，主要是在结构中引入一定比例的孔洞，形成多孔性的碳掺杂氧化硅介质薄膜。多孔低 K 材料可以获得较低的 K 值，但由于大量孔洞的存在，其薄膜的机械性能有一定减弱，因此在刻蚀、清洗、化学机械研磨（chemical mechanical polishing，CMP）等工艺中需要特别针对这种特性进行工艺优化。而在新一代的 10nm 及以下互连工艺中，要求芯片具有更高的信号传输速度和更低的互连电阻，这要求新一代的绝缘电介质材料具有更高的孔隙率和更高的碳掺杂浓度。

对于铜互连线的优化问题，获取更低的连线电阻，一直是互连研发的重要着力点。随着关键尺寸的减小，铜互连线的导电截面面积在不断减小。因此获取低电阻率铜互连线的焦点转向了铜的扩散阻挡势垒层的优化问题，即在使阻挡层尽量薄的前提下保证铜离子不往外扩散，而获得较低有效电阻率及电感。由于现有铜的阻挡层材料氮化钽和金属钽的电阻率为铜的 30～100 倍，所以现有阻挡层会极大地减少互连线的有效导电截面。此外，为了保障阻挡层对铜原子的扩散阻挡效果，随着互连线宽的缩小，阻挡层的厚度缩小幅度要小于铜线的整体，因此阻挡层占导电截面的比例越来越大。例如，40nm 节点的物理气相沉积形成的 TaN/Ta 复合阻挡层，约占互连体积的 16%～18%，对互连电阻影响极大。所以，在 10nm 及以下互连技术中，通过引入先进阻挡层工艺和新材料的阻挡层材料，以及直接电镀工艺，可以有效地降低阻挡层厚度，提高低电阻率的铜的截面积。例如，通过使用更薄的原子层沉积（atomic layer deposition，ALD）生长 TaN/Ru 复合阻挡层技术，可以有效地降低铜互连线 8%～15% 的电阻率，辅以直接电镀和先进的铜晶粒生长控制技术，这一提升性能比例可以进一步提高，从而使整体电阻有效降低。

2. 硅基光互连

硅基光互连技术旨在采用 CMOS 技术生产开发硅光子器件，将硅基光子器件和电路集成在同一硅片上，"光子"是其中信号传输的主要载体，是发展大容量、高性能并行处理计算机系统和通信设备的必然途径。集成电路的工作速度正遵循摩尔定律不断提高，然而芯片内、芯片间，以及计算机内部沿用金属导线作为连线的传统方式，已经成为约束计算机互联网络系统数据传输速率提升的瓶颈。解决这一矛盾的办法，是将微电子技术和光子技术结合起来，开发光电混合的集成电路。在集成电路内部和芯片间引入集成光路，既能发挥光互连速度快、无干扰、密度高、功耗低等优点，又能充分利用微电子工艺成熟、高密度集成、高成品率、成本低等特点。目前光互连技术存在的主要问题如下。

（1）有关光源问题。虽然硅基发光具有单片集成优势，但芯片光互连不排除使用混合集成光源甚至倒装焊工艺键合Ⅲ-Ⅴ族材料激光器的可能，而且混合集成和键合工艺比对 Si 材料进行改性使其发光所采用的工艺或许还要简单易行，其 CMOS 工艺兼容性或许也更好一些。如果能够实现与 CMOS 工艺兼容的硅基电泵激光器当然更好，这样光互连就可以采用直接调制工作模式，也可对激光器发射波长进行配色，从而在光互连链路上就可能省掉一些复杂的元件，使系统结构简化，可靠性提高。

（2）有关光纤耦合问题。普通单模光纤和微纳光波导之间的耦合难度很大，目前虽然已经提出了几种成功的耦合解决方案，但芯片光互连要解决的是片上激光器和探测器与光波导之间的耦合，而不是和外部光纤之间的耦合，光纤耦合只在用外部光源实验测试单个光子器件性能时有一定的意义，只是一种过渡手段。片上光互连无论是采用硅基单片集成光源还是倒装焊工艺键合的Ⅲ-Ⅴ族材料激光器，其与片上光波导的耦合方式要么是直接对接耦合（适用于硅基单片集成光源），要么是消逝场耦合（适用于倒装焊工艺键合的"稀释波导"激光器）或光栅垂直耦合（适用于倒装焊工艺键合的面发射激光器）。

（3）有关微纳波导偏振敏感性的问题。片上光互连不同于长途光纤通信，并不需要光子器件完全满足偏振无关。因为光互连可以采用单偏振光来实现，激光器可以设计成单偏振态输出模式，很多光子器件，如光栅耦合器、微环谐振腔甚至电光调制器也都是偏振敏感的，采用单偏振工作模式反而有利于提高性能和稳定性。

（4）有关光子器件的热稳定性。光互连涉及大量的无源、有源器件，这些器件有的对温度很敏感，采用附加温控的技术手段显然不能满足大规模集成的要求。因此，光互连中所用的光子器件最好是温度不敏感的，这就要求器件设计成温度不敏感或者温度自补偿结构。对于那些难以实现温度不敏感或者温度自补偿的结构器件，则不得不采用微区电加热的方式进行主动式控温，这就需要在芯片上集成 CMOS 温控电路，即在芯片上引进"CMOS 智能化"。

九、新型封装技术

（一）三维集成/封装

我们认为，三维集成电路将是"后摩尔时代"集成电路的重要组成部分。它是芯片的三维堆叠，按互连精细程度可以分为三个层次，从最粗放的通过 BGA 互连的封装堆叠（PiP/PoP），到通过微米级 TSV 技术裸片堆叠芯片（3D-IC），再到更精细的亚微米级有源层硅三维集成电路技术（monolithic 3D-IC）。前两个层次已经应用，更精细的亚微米级有源层硅三维集成电路技术还在研究之中。比较而言，PiP/PoP 等封装堆叠已经很成熟，虽然仍有不少研究还在进行，如两层堆叠已经实现量产，更多层更高密度堆叠还在研发中。同时个别基于 TSV 技术的产品已经上市，但其技术复杂还不够成熟，且良率不够高，成本还太高，因此对 TSV 技术的研究还在持续进行中。我们并不认为最粗放的 PiP/PoP 只是三维集成电路的一个过渡形式，恰恰相反，正是这种封装形式的灵活性和低成本将使它具有更加长的生命周期。在此将介绍典型的几种三维集成（封装）技术：三维芯片堆叠（die stacking），包括 CoC（chip on chip）、PoP（package on package）、PiP（pack in package）等技术；TSV 技术，包括 2.5D-IC、3D-IC 和 monolithic 3D-IC[117~121]。

1. 三维芯片堆叠

三维芯片堆叠是将裸芯片（die）或者封装后的芯片直接堆叠起来，技术相对 TSV 来说比较简单，易于实现、成本低、灵活性高，可满足一般高密度集成的需求。

（1）CoC 封装技术

CoC 是一种通过芯片倒装技术（flip chip）把一片母晶粒（mother die）与一片或几片子晶粒（daughter die）集成在一个封装里的技术（图 4-58、图 4-59）。

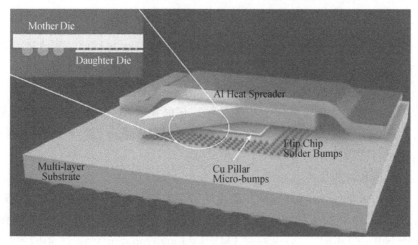

图 4-58　CoC 的结构示意图

图 4-59　CoC 的截面图

其主要工艺流程如下：①在子晶圆（daughter wafer）与母晶圆（mother wafer）上采用凸块（bumping）工艺，生长出直径为 20~50μm，高度为 30~50μm 的铜柱体（copper pillar）和锡顶（solder bumps）。②将子晶圆减薄到 100μm 以内然后划片成子晶粒。③采用热压焊方式将子晶粒与母晶粒焊接在一起。④将母晶粒倒装（flip chip）到基板上。⑤整个封装进行灌胶成型。

（2）晶粒堆叠封装技术

三维芯片堆叠技术是一种将多颗晶粒进行立体堆叠，并通过打线（wire bonding）进行互连的封装技术（图 4-60）。

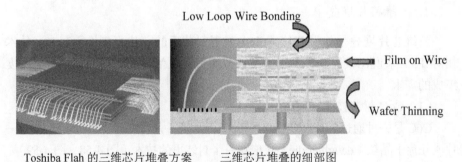

Low Loop Wire Bonding

Film on Wire

Wafer Thinning

Toshiba Flah 的三维芯片堆叠方案　　三维芯片堆叠的细部图

图 4-60　三维芯片堆叠封装技术示意图

其主要工艺流程如下：①将待堆叠的晶圆进行减薄处理；②将堆叠在最下方的晶粒用胶固定到基板上，按照晶粒的大小及 pad 的方向进行堆叠，一般是面积较大的晶粒在下方；③每一层晶粒完成固定后就可以进行打线，在打线后还需要涂胶用于固定上面的晶粒，在晶粒与晶粒之间有时还需要采用一定高度的有机或者无机材料填充足够的空间以保证不会影响到打线；④整个封装进行灌胶成型。

（3）PoP 封装技术

PoP（package on package）是通过封装的堆叠来实现增加芯片密度减小体积的，封装和封装之间一般采用焊接的方式来实现互连，一种为锡球（solder ball，图 4-61），另一种为 TMV（through molding via，图 4-62）。

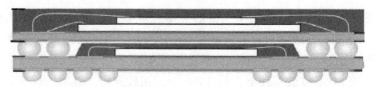

图 4-61　基于 solder ball 的 PoP 示意图

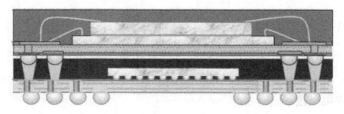

图 4-62　基于 TMV 的 PoP 示意图

其主要工艺流程如下：①在上方的 WLPackage 上进行植球；②将两个 WLPackage 堆叠放置后回流；③如果下方的 Package 没有成型，则需要通过一些底部填充材料填充来保证其可靠性；④对下方的 WLPackage 进行植球；⑤切片。

（4）PiP 封装技术

PiP（package in package）是将两个 ISM 用打线的方式互连起来，然后再形成一个新的封装的技术（图 4-63，图 4-64）。

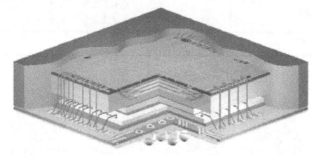

图 4-63　PiP 的结构视图

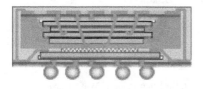

(a) 下层未成型　　　　　　　　　　　　(b) 下层成型

图 4-64　PiP 的截面图

其主要工艺流程：①利用三维芯片堆叠或芯片倒装做好 ISM（internal stacking module），ISM 可以直接成型也可以不做注塑成形，ISM 完成测试后就可以进行组装。②在下方的 ISM 上填充垫高一层，以保证下方打线的安全。上方 ISM 堆叠放置在下方的 ISM 上，用胶固定。③将上层的基板打线到下层的基板上。④整体进行注胶成型。

2. TSV 技术

TSV 技术是指在硅基的晶圆或者晶粒上的具有电气连接特性的通孔技术。在芯片堆叠的时候，TSV 能够在晶圆或者晶粒的上下表面提供很短而且性能优异的电气连接。

一般 TSV 的技术参数如表 4-4 所示。

表 4-4　一般 TSV 的技术参数

TSV 技术参数	参数值
最小 TSV 直径	1μm
最小 TSV 间距	2μm
TSV 深宽比	>20
焊凸间距	25μm
芯片间距	5μm（微凸点 180℃） 15μm（无铅铜焊柱 260℃）
芯片厚度	15～60μm

TSV 的一般工艺流程如图 4-65 所示。

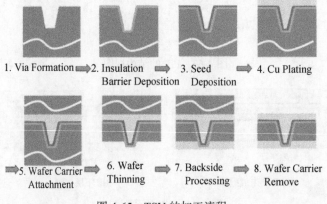

图 4-65　TSV 的加工流程

导孔的蚀刻（via etch），可以使用激光钻孔（laser drill）或深反应性离子蚀刻（deep reactive ion etching，DRIE）。一般采用的 Bosch 蚀刻工艺，会快速转换 SF6 电浆蚀刻与沉积聚合物气体（如 C4F8）两道交换步骤。因为在聚合物沉积与低 RF Bias 电压条件下，其蚀刻对光阻的选择比较高，在一些情况下选择比可高达 100∶1。刻蚀的时候要求导孔轮廓尺寸的一致性，以及导孔不能有残渣存在，而且导孔的形成必须能达到相当的高速度需求。导孔（via）的规格则根据应用领域的不同而定，其直径范围为 5～100μm，深度范围为 10～100μm，导孔密度为 10^2～10^5 vias / chip。

导孔的填充（via fill）：绝缘层（insulation layer）、阻挡层（barrier layer）和种子层（seed layer）的沉积、铜的电镀填充（copper electroplating）、CMP 去除多余电镀铜和重新分布引线（redistribution layer）电镀、金属层蚀刻与凸块制作。其中，填充材料可分为多晶硅、铜、钨和高分子导体等材料，填充技术可使用电镀、化学气相沉积、高分子涂布等方法。

晶圆的托盘的临时键合，主要是为了晶圆减薄后的工艺做准备，因为当晶圆减薄到 100μm 以内时，很容易发生翘曲，因此采用合适的键合方式关系到后续工艺的进行。

在晶圆减薄阶段可以采用湿法刻蚀、干法刻蚀及 CMP 等工艺，可以将晶圆减薄至 10μm 以内，以保证晶圆后面的 TSV 孔中铜的露出。

在 TSV 孔中铜露出后，就可以在晶圆的后面重新分布引线（redistribution layer）的电镀。

在完成电镀之后就可以解除临时键合的托盘，一般根据不同的临时键合胶，有 4 种方式来解除临时键合：加热解键合（thermal released plastic adhesive）、机械解键合（mechanically released adhesive）、激光解键合（laser released adhesive）、化学解键合（chemical released adhesive）。

在 TSV 与 COMS 工艺集成的时候，可以有三种不同的导孔的工艺顺序（via process flow sequence）——先导孔（via first）、中导孔（via middle）、后导孔（via last）。图 4-66 为 TSV 导孔的结构图。

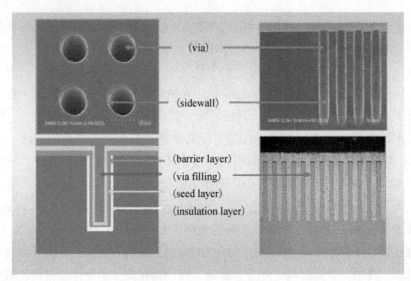

图 4-66　TSV 导孔的结构图

先导孔（via first）：在晶圆制造 CMOS FEOL 和 BEOL 步骤之前完成硅导孔通常被称作 via first。此时，TSV 的制作可以在 Fab 厂前段金属互连之前进行，实现孔对孔的连接。该方案目前在微处理器等高性能器件领域研究较多，主要作为 SoC 的替代方案。via first 的直径范围为 1～10μm，深度范围为 10～60μm。

中导孔（via middle）：晶圆制造 CMOS FEOL 步骤之后、BEOL 步骤之前完成的硅导孔通常被称作中导孔。中导孔的直径范围为 1～10μm，深度范围为 10～60μm。

后导孔（via last）：将 TSV 放在封装生产阶段进行，该方案的明显优势是可以不改变现有集成电路的流程和设计。目前有部分厂商已开始在 Flash 和 DRAM 领域采用后导孔技术，即在晶片的周边进行导孔，然后进行晶片或晶圆的堆叠。后导孔的直径范围为 20～50μm，深度范围为 50～400μm。

先导孔、中导孔、后导孔工艺对比如图 4-67 所示。

（二）2.5D 封装技术

2.5D 封装技术是将有源晶粒以并排的方式压焊到无源中介层（interposer）板上，再将中介层倒装到封装基板上的封装技术。其中中介层上加工有 TSV，它一方面要实现芯片级走线密度和基板走线密度的匹配，另一方面还能有助于实现两种基板的 TEC 的匹配。中介层的材料可以是硅、陶瓷甚至是有机材料。全球最大的 FPGA 设计公司 Xilinx 开发的 Virtex-7 系统中有多款产品就用到了 2.5D 封装技术（图 4-68）。

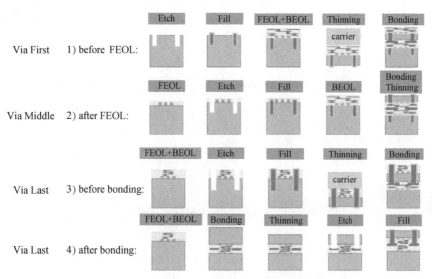

图 4-67 先导孔、中导孔、后导孔工艺对比

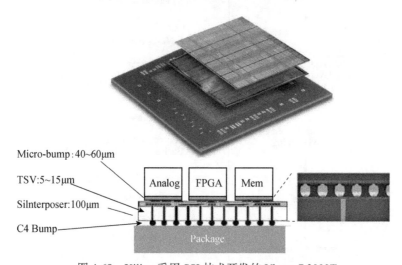

图 4-68 Xilinx 采用 SSI 技术开发的 Virtex-7 2000T

2.5D 封装技术中需要用到中介层，其基本结构如图 4-69 所示。图 4-70 是中介层的制作工艺流程。

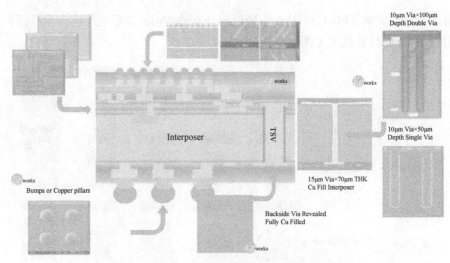

图 4-69　中介层的结构示意图

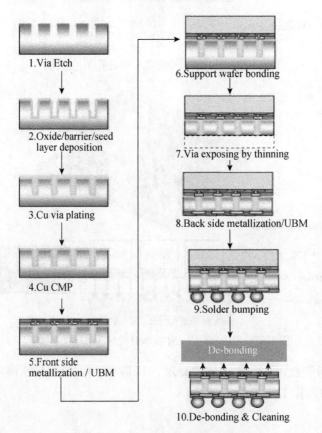

图 4-70　中介层工艺流程示意图

2.5D 封装的关键工艺：①采用 TSV 的先导孔工艺，实现孔径为 5～50μm，深度为 30～100μm 的 TSV。②晶圆减薄，为了实现封装高度的降低，通过 CMP 等技术将晶圆减薄到 100μm 以内以实现导孔露出。③薄晶圆处理，为了在晶圆的背面进行 RDL 和 bumping 处理，需要通过将减薄后的晶圆与晶圆载具临时键合在一起，以降低晶圆的翘曲对工艺的影响，这对于大尺寸的晶圆（如 8″以上的晶圆）尤为关键。在完成处理后还需要将晶圆与晶圆载具进行分离。④金属凸点，对于 45μm 以下制程，需要更高密度的互连，而 Pb/Sn，Sn/Ag 等合金原料在 50μm 以下的 pitch 会带来很多可靠性方面的问题，因此采用直径为 10～60μm，高度为 30～50μm 的 copper pillar 等技术成为实现 2.5D 和 3D 封装技术的关键。

一般来讲，有源晶粒与中介层之间的微凸采用热压焊工艺进行键合，而中介层与基板之间采用标准的倒装工艺或回流工艺。

（三）3D 封装技术

3D 封装技术是指通过 TSV 将多个晶粒垂直层叠在一起并实现其连接的封装技术。将建立在多个衬底上的晶圆或者芯片，对准、键合，芯片之间通过 TSV 垂直互连，从整体上来看就像是一颗芯片（图 4-71）。

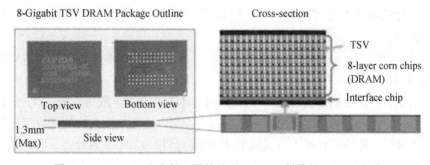

图 4-71　ELPIDA 生产的 8 层的基于 TSV 3D 封装的 DRAM 芯片

由于 3D 封装技术中用到的 TSV（图 4-72）及金属凸点、wafer handling 等技术与 2.5D 封装技术相同，这里就不再赘述。在 3D 的封装中几项有挑战性的技术如下。

（1）堆叠技术。3D 的堆叠形式有晶圆到晶圆（W2W）、晶片到晶圆（C2W）或者晶片到晶片（C2C）。W2W 的方式对晶圆翘曲、对准精度等要求很高，采用 W2W 的方式也有可能会减少产量，因为如果在堆叠的芯片是有缺陷的，整个 3D-IC 将有缺陷。此外，W2W 还要求芯片必须大小相同。

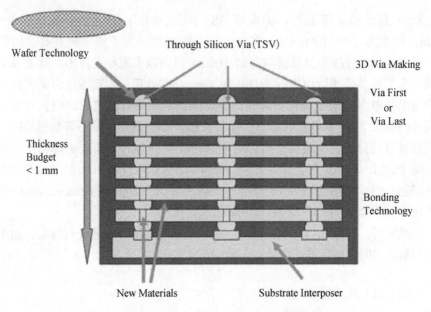

图 4-72　基于 TSV 的 3D 封装的内部结构

（2）结合技术（bonding method）。有采用直接 Cu-Cu 结合、粘接、直接熔合的方式。对于实现良好的互连，Cu-Cu 直接键合应该是最好的选项之一，不过这项技术还存在不少工艺的瓶颈，如对平坦度的要求很高及键合温度较高等。

（3）热管理（thermal management）。当高效能 IC 电路的功率密度达到甚或超越 100W/cm^2 的传统冷却极限时，热管理就变成了一个非常重要的课题。例如，将微处理器整合在一个 3D 封装体上，会加重散热问题。ITRS 指出，高效能处理器的最高电力在不断提高，但另一方面，可允许的键合温度却是愈来愈低。堆叠晶片可以有效地增加每单位面积的功率发散效能，而低介电系数的金属层间介电质（IMD）属于不良的热传导物，所以散热问题，将是 3D 堆叠技术进入市场非常重要的考虑因素。

（4）在线检查评估技术。针对 20μm 间距之微小导孔的电极测试技术，如何建立微小区域之检验及技术设备等。

随着 3D 封装技术的发展，产生了新的应用方向，如异质半导体集成，2.5D+3D 封装技术。

为了获得更优的高速性能和更小的体积，通过 2.5D 或者 3D 的技术将非硅衬底的器件，如 GaN、SiC 等器件与 COMS 工艺的器件集成在一起。

图 4-73 为 Xilinx 的采用 Virtex®-7 H580T, 在这款 FPGA 上采用 2.5D 封装技术集成了独立于核心 FPGA 芯片的 28 Gb/s 的 GaAs 工艺的收发器, 实现了卓越的噪声隔离效果、最佳的信号完整性, 同时针对设计收敛提升了生产力。

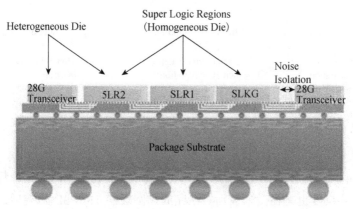

图 4-73　Xinlix 的 FPGA 上通过中介层实现异质集成

3D 封装对 Die 的面积、工艺和散热等要求较高, 而 2.5D 封装技术正好能提供更好的灵活性, 因此也出现了 2.5D+3D 的技术 (图 4-74), 也就是平常所说的 5.5D 技术。如图 4-75 所示, 这是未来可能的一种 AP 封装模式, 将 Logic 或者是 AP 与可以 3D 集成的 DRAM 共同置于中介层上。这样的封装形式可以降低工艺的难度, 提高良率, 降低热处理的难度, 同时也可以保持封装尺寸尽可能的小。因此 5.5D 封装技术也许在未来的 SIP 封装中具有非常广阔的应用前景。

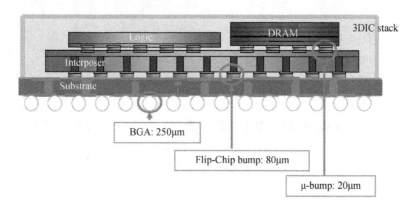

图 4-74　2.5D+3D 封装内部结构

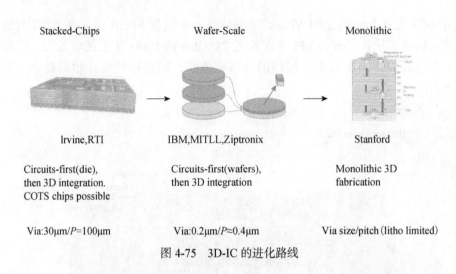

图 4-75 3D-IC 的进化路线

由图 4-75，可以看出上面的基于 TSV 的 3D 封装技术的进化趋势，目前的 TSV 工艺尺度也是在微米级别。在完成晶圆级的 TSV 3D 封装后，在未来可能还会出现更高密度的 3D-IC，可能只有一个衬底，其工艺尺度有可能达到或接近于 CMOS 工艺，这样就能实现真正意义上的 3D-IC 或者叫 3D sillicon。图 4-76 为美国国际高级研究计划局和 Stanford 正在研究中的 3D-IC 模型与切面图。这种 3D-IC 是由多层叠在一起构成的，只有一个衬底。因此其厚度可以做得非常薄。

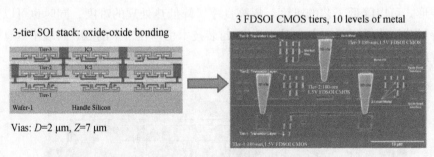

图 4-76 基于 FD-SOI 的 3 层 3D-IC 示意图

美国的 Monolith 公司也提出了他们的 3D IC 的工艺方案，图 4-77 为其中一种。

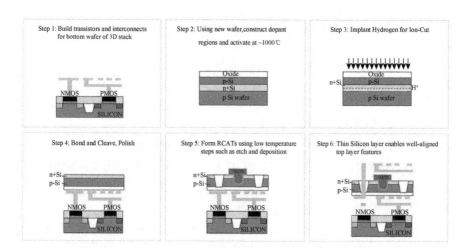

图 4-77　Monlithic 3D-IC 的加工工艺

　　这套工艺的关键点在于：①低温氧化物 bonding，以实现最薄的堆叠，而又不影响到已经完成的 COMS 电路的部分；②晶圆平坦工艺，如何降低由晶圆表面的不平坦导致的上层的 COMS 工艺加工困难，以及降低在抛光的过程中产生的应力；③采用合适的加工温度，以保证后续的加工不会对叠在下方晶圆上的芯片产生影响。

　　由于这套工艺的复杂度已经超过了传统封装技术与 COMS 工艺的范畴，所以未来可能会出现负责生产前段工艺的 Foundry 厂家与负责后段工艺的 OSAT 厂家之间技术与业务范围变得愈加模糊、在产品和服务上相互渗透融合的问题。

（四）低功耗封装

　　封装的主要功用之一是提供电路之间的互连。但是从另一个角度来看，封装对器件总是会产生负面影响，会降低芯片性能、增加功耗等。在一般的情况下，封装带来的负面影响可以通过优化的设计和工艺降到最低。但不管怎样，封装总是负面因素。但是如果把封装看成是实现某一特殊要求的手段，封装就成了关键积极因素。例如，在降低电子系统功耗和散热的巨大压力下，封装就可能是实现低功耗和高效率的最主要技术之一。IBM 公司最新提出操作次/升（operations per liter）概念，即给定容积内能完成的数据处理工作量作为系统效率的评价标准。IBM 公司的目标是通过先进封装技术将一个超级计算机放进一个 10 升的容积的体积内。要完成这个任务，就产生了低功耗封装的概念。其具体内容仍然还在完善中。

（五）新材料器件封装

新材料器件封装主要包括 Graphene 场效应（GFET）集成电路封装与碳纳米场效应管（CNFET）器件封装。

虽然对新材料的半导体特性研究已经开始了很长时间，取得了相当的进展，已经成功地制成了类似于 COMS 的半导体器件，但是离实际应用还有较大的距离，更不要说相应的封装技术还根本没有研究。这里对新材料产生的半导体封装技术提一些笔者的想法供大家讨论。

尽管以石墨烯为材料的场效应管（GFET）已经在大公司和大学的实验室里做出来，但以此为单元基础的集成电路还没有出现，到目前为止还只是潜在可能的半导体技术，没有到替代 CMOS 的程度，公认的是 GFET 前景不明朗。所以其相应的封装技术研究还没有开始。

与石墨烯场效应管相比较，基于碳纳米场效应管（CNFET）的半导体器件的研究取得了更大的进展，已经基本可以制作简单的电路，甚至在实验室中已经成功制作了三维的 CNFET（3D-CNFET），据称可以比基于 2.5D/3D 的 TSV 技术高 1 万倍的互连集成度。同样，相应的封装研究仍然没有见诸报道。

（六）其他半导体封装

1. 生物半导体封装

发现某些生物有半导体的特性并进行器件制作尝试已经进行了几年了，据称，理论上用生物半导体做成的集成电路比传统的集成电路小得多，但是还没有引起太多人的注意，目前只是在一些大学的研究机构里进行。其如何封装还完全没有看到相关研究报道，推测如果可行，其封装可能要比传统封装，甚至是上面提到的碳材料半导体微组装更加复杂，因为生物需要活性才能保持半导体特性。因此，高精度加工和保持生物活性双重要求使得生物半导体封装技术更加具有挑战性。

2. 有机半导体封装

有机半导体已经开始走出实验室，进入实际产品的应用开发了，但是其尺寸相比较传统的 CMOS 太大，性能太低，其应用与 CMOS 相比还根本不在一个量级上，只是应用在一些特殊的场合而已。所以其封装应该与主流技术不一致，与 MEMS 有点相似，属于特种封装范畴。

　　虽然新材料的半导体技术还在初始阶段，但是从大量的研究中我们还是可以发现新材料的半导体器件与现在 CMOS 技术的一些共同之处：①同一尺度下电路密度更高，由于必须与外围电路互连，需要更多的互连结构；②多数新材料的器件制作都是以硅为载体，因为碳材料都不可能有足够的强度独自支撑通过所有的工艺流程，同时也不可能有除硅之外的基底材料和工艺能支持高精度加工；③器件的制作都离不开绝缘材料和金属材料的沉积，因为无论是石墨烯还是碳纳米管都必须进行器件之间的物理隔离和电性能上的相互连接，而这些在目前看来还只能采用已知的材料或者改进后的材料。由此我们可以大致推测未来基于碳材料的集成电路封装形式。一个最基本的判断是，由于集成电路制造技术和能力是人类迄今能大规模制造的最高水平的技术，投入了大量的人力和财力，花了几十年的时间才达到的，因此未来的替代产品不可能也不会另起炉灶开发完全不一样的技术，一定会在现有的基础上，通过改良、优化等手段，发展出新的制造技术和能力。对于后段制造来说，从互连角度来看，封装是从毫米级或者数百微米级的线焊（wire bonding）发展到百微米或几十微米级倒装芯片（flip-chip）技术。到 TSV 时，封装已经向前段扩张，进一步将互连长度缩小。封装概念在这里已经不存在，用微组装将是更恰当的术语。一个符合逻辑的推测是，把封装只看成是上面所说的互连载体之一，而互连从原子级的数纳米到系统板级的数百微米和毫米分成若干个层次，这里就不可能没有中间过渡层，因此转接板就成了必然的选择，它可以分散集成电路设计和制造的复杂程度，以及减少成本。从结构上它可以是多个的转接板，承担不同互连层次的要求。工艺上它可以与碳材料场效应管集成电路分开制作，碳材料集成电路制作好后再转移到转接板上。微凸点更小更密，大小和节距都可能到数微米甚至亚微米。每个不一样的集成电路单元如同大小不同的积木，通过转接板可以任意组合——横向的和纵向的。正如没有人会将积木的组合特别定义为二维或三维一样，这时 2.5D/3D 的概念将不再有用，也许用互连层级数更能说明特性。这时相应的封装技术将大大地向更精细制造发展，覆盖数百微米到微米制造甚至亚微米制造，从分立制造向晶圆级制造。封装（packaging）的概念将被微组装（micro-assembly）的概念替代，尽管传统封装仍然是其一部分，但其技术和价值都会被更精细的制造技术覆盖。

十、大生产相关技术

1. 450mm 硅片

450mm 硅片提出已经时日已久，但何时应用一直存在争议，一种观点认为 450mm 硅片因为其较大的硅片面积可以进一步降低生产成本，从而继续推动摩尔定律发展；另一种观点认为 450mm 硅片的应用将重构整个工业界，对利润造成负面影响。设备供应商认为，晶圆尺寸增大是产业最大规模且最具破坏性的投资，给转变过程带来极大的挑战。每一件工艺和自动化设备必须重新设计，从晶体生长到最终测试。他们认为 450mm 设备的技术要求远远超过在现有 300mm 设备基础上的简单线性增长。晶圆平整性、晶圆热扩张等特性都将最终导致光刻、沉积、平坦化等工艺物理性的改变。现有的 300mm 工艺中将近 1000 道工序的每一步都需要重新科研分析和工程再造。更大晶圆的数据处理和测量要求将放缓生产周期，良率也会受到较大的影响。综合来看，主要技术挑战见表 4-5。

表 4-5　450mm 晶圆的主要技术挑战

分类	主要技术项目
晶圆	材料、尺寸、厚度、识别、登录、研磨削边
晶圆搬运承载	晶片数量、尺寸、形状、管理系统方式
生产设备	单晶片处理与批量、清洗方式、界面标准、生产效率目标、其他与 12in 晶圆相关部分
建厂	规模、大小、通路、洁净室、高度等
自动材料搬运系统	直接搬运概念、承载系统、传送时间、储存方式等
生产管理系统	制程控制、产出资料归集、传送时间、资料流程、决策过程等

无论如何，成本下降是 450mm 硅片成功的关键，然而这是指芯片的制造成本，不仅与设备有关，而且与配套的产业链有关。相信只有使芯片制造商与设备制造商实现双赢，才能持续进步与发展。因此未来向 450mm 硅片过渡，估计要比向 300mm 硅片过渡更为复杂与困难，可能周期会更长一些。450mm 硅片何时应用的最关键问题不在于技术，而在于应用的时机和经济效益[57]。

虽然 450mm 硅片终究会来临，但目前来说，技术复杂，成本高企，半导体设备行业难以承受巨额开发费用，除三家领先企业 Intel、Samsung、TSMC 之外，其他晶圆生产厂商也多采取观望态度。虽然业界猜测台积电企图借助 450mm 硅片独占鳌头，但未必能和设备供应商之间取得利益一致。

2. 先进工艺控制技术

目前在先进的集成电路制造工厂中均采用了制造执行系统（manufacturing execution system，MES），生产设备数控化率几乎是 100%，所有设备均配有计算机系统，并能接入 MES。由于集成电路芯片制造要求的精度很高，现在已经进入纳米或者 10nm 量级，同时制造工艺复杂度也很高，所以在线测量尤为重要，一套完整的工艺流程往往有上千步工序，其中 1/4 左右都是在线测量的工序。在较为智能化的制造过程中，后续工艺能够根据前面工艺的测量结果进行参数调整以获得符合要求的结果。所以说制造环节中已经初步具备了数字化、智能化雏形。以中芯国际北京厂为例，其拥有 65～45nm 新一代集成电路生产线自动化调度控制软件系统，包括完整的集成电路生产线相关自动化系统的开发、测试软硬件环境，所自主开发的系统包括制造执行系统，设备自动化系统（equipment automation program，EAP），成品率分析系统（yield management system，YMS）、决策支持系统等，成功地满足了中芯国际的包括 0.25μm、0.18μm、0.13μm、90nm、65nm 相关产品的量产对生产线上系统自动化的需求，大大提高了生产效率和成品率的控制水平。

目前存在的问题主要在于生产设备在发生故障时无法自我修复，而且设备的定期维护保养也一般需要工程师人工进行。在生产设备的国产化过程中，国际上已经开始采用先进工艺控制技术（advanced process control，APC）来对工艺进行同步调整修复，国产设备的智能化水平还有待提高，传统的"重硬轻软"在设备行业依然存在。往往硬件先满足生产需求，而对软件系统和工艺相对重视程度不够，在满足大生产的需求前需要投入大量改进。

第五节　集成电路新工艺学科发展方向建议

近年来，我国政府一直致力于以企业为主的创新体系的构建，《国家中长期科学和技术发展规划纲要（2006—2020 年）》指出："以服务国家目标和调动广大科技人员的积极性和创造性为出发点，以促进全社会科技资源高效配置和综合集成为重点，以建立企业为主体、产学研结合的技术创新体系为突破口，全面推进中国特色国家创新体系建设，大幅度提高国家自主创新能力。"国家"十二五"规划指出："重点引导和支持创新要素向企业集聚，加大政府科技资源对企业的支持力度，加快建立以企业为主体、市场为导向、产学研相结合的技术创新体系，使企业真正成为研究开发投入、技术创新活动、创新成果应用的主体。"党的十八届三中全会《中共中央关于全面深化改革若干重大问题的决定》指出："建立产学研协同创新机制，强化企业在技术创新中的主体地位，发挥大型企业创新骨干作用，激发中小企业创新活力，推进应用型技术研发机构市场化、企业化改革，建设国家创新体系。"可以看到，国家在构建以企业为主体的创新体系的目标很明确，而且需求越来越紧迫。

在这个大背景下，国家重大科技专项"02专项"（集成电路装备、工艺和材料专项）在"十一五"期间和"十二五"截至2013年年底，总共投入资金超过260亿元。在新型工艺的前沿技术与先导技术研究上，国家另有"973"计划、"863"计划相关项目支持。

集成电路技术的发展离不开产业基础。没有产业支持的集成电路技术将会成为空中楼阁。我国在20世纪50年代的研究水平，在世界集成电路领域居于前沿水平。后来由于美国和日本将技术迅速转化为产业，从而又带动了研究水平的发展。而我国的技术由于缺少产业支撑，技术发展后续无力，最终落下一大截。因此，我国在加强集成电路技术研究的同时，一定要注意对产业技术的支持。

从世界集成电路技术发展的历史来看，特别是近50年来，一个纯粹的技术研究机构是不可能产生产业急需的核心技术的，而先进的集成电路龙头企业一定是扮演技术发展的火车头角色。我国过去几十年投入了大量资金，从2in线到8in线，建造了很多实验性生产线，结果由于缺少产业支持，脱离了主流产业技术的发展方向，虽然也取得了一些成果，但是最终均无法跟上世界主流技术发展步伐，只好关门了之。这些经验教训表明，只有以企业为主体的技术研发才有可能真正带动集成电路技术的总体发展。今后集成电路技术研发的主要技术路线必须要依靠我国的集成电路技术龙头企业，紧扣产业技术发展的关键技术，联合研究所高校的研究团队，依托国内巨大市场，通过产学研用的联合，共同推进我国的集成电路技术发展。

未来我国的集成电路发展面临严峻的挑战和机遇。挑战在于世界集成电路技术发展迅速，基本上发展的步伐按照摩尔定律，即每两年发展一个新技术代，而且集成电路产业是遵循"大者恒大，强者恒强"的规律，而我国的集成电路产业相对弱小，产业技术与世界先进技术差两代，产业规模与世界龙头企业差近10倍。尽管如此，我们也应把握现有机遇，国务院2011年

"四号文件"对我国集成电路和软件产业的发展提出了优先发展的政策，各级政府和相关部门如果能尽快提出一些具体的方针政策，尽快落实各种措施来推动我国集成电路技术发展，将非常有助于产业的健康发展。同时在国家"十一五"和"十二五"重大科技专项的支持下，我们的集成电路工艺技术在龙头企业的带动下，发展势头良好，目前与世界先进技术的差距有缩小趋势，同时国内巨大的市场可以对产业发展提供坚实的基础。我们有理由相信，在政府的支持下，国内高校和研究所与龙头企业通力合作，我国集成电路中的器件和工艺技术一定会上一个新台阶。

2014 年 6 月，国务院印发《国家集成电路产业发展推进纲要》，为我国集成电路发展提供了指导和保障。该纲要提出了未来十几年我国集成电路的发展目标，在集成电路制造工艺方面，到 2020 年，16/14nm 制造工艺实现规模量产，封装测试技术达到国际领先水平；到 2030 年，集成电路产业链主要环节达到国际先进水平，一批企业进入国际第一梯队，实现跨越发展。

为了按期实现《国家集成电路产业发展推进纲要》中制定的 2020 年发展目标，应尽快启动 20～14nm 产品工艺重大专项，对于重点制造企业进行重点投入，而且要持续投入，以确保先期成果尽快转化为生产力。企业应与高校和科研院所充分沟通，从后者积累的集成电路工艺基础研究的既有成果中，发掘企业所需的技术，并合作开展二次研究，提高科研成果的转化率，具体方向包括新型模块化工艺的产业化平台验证与开发、三维器件物理特性表征、可靠性研究、蒙特卡罗模拟、TSV 三维封装技术研究等。总而言之，要争取在世界微纳电子和集成电路领域中具有话语权。

针对《国家集成电路产业发展推进纲要》中制定的 2030 年发展目标——集成电路工艺达到国际先进水平，应重视相关领域的基础研究部署，以器件研究和新材料研究为基础，开展新技术储备，才能实现"弯道超车"，协助集成电路制造企业进入国际第一梯队。在具体实施中应研究如何保证企业的主体地位，实现企业与高校科研院所的良性互动，发挥各自的长处。建议开展的基础研究包括新型硅基器件及相关产业化技术、碳基器件的产业化技术、新型存储技术、新型互连技术、三维集成技术等。总而言之，要争取在世界微纳电子和集成电路领域中引领世界技术发展。

1. 学科发展的基础研究

从学科发展的基础研究角度来说，应该以产业需求导向。

（1）材料和工艺科学。除了 CMOS 结构中包含的各种材料，在制造工艺中的消耗材料，如硅片（450mm 和 FD-SOI）、光刻胶、研磨剂，以及各种功能材料等需要优先发展。对相应的工艺技术，如快速退火、后段的空气桥和无籽晶电镀、无应力 CMP、绿色制造工艺和材料也需要加大研发力度。

（2）新结构的物理机制：研究新结构带来的各种可靠性机理。除了三维技术已经发展的，还需要优先支持具有原创性新结构的研发，如围栅、半浮栅器件、新型存储器的研究，以及 3DIC 技术和垂直结构存储器等。

（3）计算模拟技术：先进工艺需要越来越多的工艺模型支持，从而降低研发成本、缩短周期，选择某些领域，如计算光刻、TCAD 工具等，企业与研究机构合作，开发出符合大生产需要的工艺模型和 EDA 工具，提高投入产出效率。以计算光学为导向的计算方法和新型模型的研究；TCAD 工艺及器件模拟软件，针对未来三维小尺寸器件发展蒙特卡罗模拟方法；建立及优化 DFM 模型，更好地满足产业需求。

基于以上几个要点，我们还要注重培养大学与科研院所在新工艺、新材料与新器件方面的专利布局能力，培养研究人员对超大规模集成电路技术进行技术分解，确定材料、新器件结构、单项工艺、集成工艺等领域关键技术点，建立针对各领域关键技术点的知识产权数据库的能力；狠抓基础研究层面科学问题的出处，基础研究应该服务于应用研究。由产业界研究人员与国内外战略专家咨询群策群力提出 10nm 以下主要工艺技术困难，科学研究机构及有基础的研究型大学对问题进行分解、阐释、解决、综合，最后获得可在产业界运转的具有自主知识产权的解决方案；抓住非尺寸依赖集成电路技术发展的契机，解决非尺寸集成电路芯片在新工艺、新材料和新器件等方面基础科学问题。国际上提出了延续摩尔定律和超越摩尔定律的发展方向，以及 ITRS 总结了 SoC 和 SiP/SoP 发展方向。但随着芯片特征尺寸到达 22nm，SOC 技术存在着开发成本大、开发周期长、兼容性差等致命缺陷。许多功能性的需求，如功耗、通信带宽，以及一些由无源器件、传感器和高压器件等实现的功能都无法实现摩尔定律那样的按比例缩小。在许多情况下，需要使用非 CMOS 的解决方案。而将基于 CMOS 技术的芯片和非 CMOS 技术的芯片集成在一个 SiP 形成多功能系统会变得越来越重要。提高对封装技术的认识，把先进封装技术放在国家集成电路战略性安排之内，作为"后摩尔时代"最重要的技术支持方向之一，长期投入，鼓励在三维集成技术上的创新想法，尤其是在提高集成度、提高可靠性、降低工艺难度、寻找新的工艺路线，根据新原理研究新结构、新工艺、新器件、新设备和新材料。

2. 面向产业中长期发展的战略需求

未来（2016～2030 年）我国应该大力支持集成电路制造产业的自主发展，特别是本土原创性的突破性器件及其产业化工艺，只有实现了基础器件及工艺的原创性，才能形成竞争优势，从而引领国际技术发展方向。要以突破性器件及其工艺为核心，以点带线、以线带面，从而促进集成电路产业的海外市场占领。要围绕新器件与新工艺组织资源、组织团队在制造、应用、拓展上迅速占领国内市场。针对国内自主创新的原创性器件，如北京大学提出的准 SOI 器件和新型 TFET 器件、复旦大学提出的半浮栅器件工艺，可以作为国家的战略部署方向开展。不但要围绕新型器件工艺的基础研究组织大型研究计划，还要在保护发明团队利益的同时将战线拉开，围绕新型核心器件与工艺迅速组织集成电路设计队伍、专利撰写队伍、市场和应用级厂商等介入。在未来 3～5 年内变成市场普及的产品不但需要大型研究计划支持，更加需要外围应用的迅速开展。要建立以突破性器件与工艺为基础的多支研究队伍，协同创新，以市场化目标为导向，以国家需求为驱动，建立中国集成电路产业在国际上的创新形象。

要认识到先进封装技术，尤其是三维封装/集成技术将是"后摩尔时代"广泛采用的最可期待的技术，应放在国家战略层面考虑，作为集成电路发展最关键的技术和支撑技术，要大规模投入。同时必须认识到技术是分层次的，成熟是需要积累的，不可能一次和分散的投入就能产生效果，以前的科技投入已经证明短期分散投入是没有效果的，必须长期投入。建议先进封装技术的大型研究计划应在以典型两三个封装企业建立研发中心为基础，对企业的研发进行长期化、规模化投入，建立相应的考核与管理制度，鼓励科研院所和高校的研究人员长期进驻企业研发中心，参与企业的研发工作，并鼓励在企业工作一段时间的研究人员返回科研院所和高校，形成双向流动的人员交换机制。

3. 大学、科学研究机构、产业如何纵深布局

集成电路技术是典型的工程技术，无论是基础性研究还是技术研究都是以应用为最终目的的。但是我国国内科研院所和大学的基础研究项目几乎都是"从文章到文章"（paper-to-paper），帮国外研究"优化""补差"，既缺少原始创新，又距离实用相当遥远。几十年来的结果已经证明过去的做法是不成功的。建议调整思路，将过去基础性研究完全由科研院所和高校承担调整为以企业、科研院所和高校共同确定研究项目，共同承担。对技术研究则以企业为主

导,科研院所和高校参与的联合研发的思路。充分发挥企业的领导、监督、管理机制完善和设备好的优势,以及科研院所和高校创新思维、人才等方面的优势,开展结合企业需求的短、中、长期分阶段的研发。鼓励企业与科研院所和高校人才的双向流动,制定相应的政策和管理考核制度,真正实现产学研合作。

集成电路工艺技术根据不同的发展阶段,应该分为三种:前沿技术、产前技术、产业技术。

(1)前沿技术。具有基础性、理论性、原理性、原创性等特点,在这个阶段对器件结构和新材料的选择还有很大研究空间,基本还没有形成明确的技术路线,比如 5nm 以下节点。前沿技术应该更注重原始创新,对新结构、新材料、新工艺开展研究,并充分发挥科研院所、高校的创新精神。

(2)产前技术。应该是在全球范围内尚未量产的未来二代技术,国内集成电路制造企业尚未开展研发,技术路线尚存在争议,比如 7nm 节点。产前技术应由企业引导,瞄准市场。从某种意义上来说,产前技术又是先导技术。先导技术包括两个要点:"先"表示获得成果的时机(timing)足够早,只有这样先导性成果中的孤立技术模块才有可能被产业集成技术采用;"导"(pathfinding),即满足市场需求的技术,在国际学术界具有较高影响力,对技术潮流产生影响。对先导的评价标准应包括两个方面:一是具有较高学术地位和影响力,成果被 IEDM、VLSI 等国际主流技术会议认可;二是先导性成果争取获得企业应用,在企业的应用率高。

(3)产业技术。应该为国际主流集成电路制造企业已实现或接近量产的技术,国内集成电路制造企业已开展研发,技术路线基本明朗,如 28nm、20~14nm 节点。产业技术应以形成技术细节秘密(Know-How)为主,快、赶、省地完成企业发展路线图,并在研究过程中可以由科研院所和高校提供理论支持。

综合起来,可以用表 4-6 来概括本节内容。我们应以"国家急需,世界一流"为总纲领,结合产业界在 10nm 以下的重大工艺技术发展,以 10nm 以下工艺技术创新与问题解决为目标,由产业界研究人员与国内外战略专家咨询群策群力提出 10nm 以下主要工艺技术困难,科学研究机构及有基础的研究型大学对问题进行分解、阐释、解决、综合,最后获得可在产业界运转的具有自主知识产权的解决方案。获得产业界生产线上评估与专家组整体评估。特别是在大型研究计划支持下,产业界研究人员与国内外战略专家重点对五年后的关键技术问题进行立项讨论,科学研究机构及有基础的研究型大学对此进行技术探索,最后获得产业界的良好发展与研究人员的对国家贡献。

表 4-6　针对《国家集成电路产业发展推进纲要》的发展路线图

方向	2015～2020 年	2021～2030 年
学科发展的基础研究	材料和工艺科学、模型模拟科学、新结构的物理机制	非硅基器件的设计、物理机制研究和可制造性
面向产业中长期发展的战略需求	14～10nm 节点工艺技术、自主创新器件的产品设计和验证	7～5nm 节点工艺技术、自主创新器件的产业化、形成竞争优势、引领国际技术发展

本章参考文献

［1］SIA, ESIA, TSIA, et al. Executive summary, international technology roadmap for semiconductors. 2011. http：//www.itrs.net/Links/2011ITRS/Home2011.htm［2013-03-01］.

［2］Packan P, Akbar S, Armstrong M, et al. High performance 32nm logic technology featuring 2nd generation high-K+metal gate transistors. IEDM Tech Dig, Baltimore, 2009：659-662.

［3］Ren Z, Pei G, Li J, et al. On implementation of embedded phosphorus-doped SiC stressors in SOI nMOSFETs. Symp on VLSI Tech, Honolulu, 2008：172-173.

［4］Hyun S, Han J, Park H, et al. Aggressively scaled high-K last metal gate stack with low variability for 20nm logic high performance and low power applications. Symp on VLSI Tech, Kyoto, 2011：32-33.

［5］Auth C, Cappellani A, Chun J, et al. 45nm high-K+metal gate strain-enhanced transistors. Symp on VLSI Tech, Honolulu, 2008：128-129.

［6］Kuhn K J. 22 nm device architecture and performance elements. Short Course of International Electron Device Meeting, San Francisco, 2008.

［7］Kuhn K J, Liu M Y, Kennel H. Technology options for 22nm and beyond. International Workshop on Junction Technology（IWJT）, Shanghai, 2010：1-6.

［8］Sui Y, Han Q, Wei Q, et al. A study of dry etching process for sigma-shaped Si recess. China Semiconductor Technology International Conference（CSTIC）, Shanghai, 2012：337-342.

［9］Takagi S, Takenaka M. Advanced non-Si channel CMOS technologies on Si platform. 10th IEEE International Conference on Solid-State and Integrated Circuit Technology（ICSICT）, Shanghai, 2010：50-53.

［10］《电子工业专用设备》编辑部. 原子层沉积技术发展现状. 电子工业专用设备,

2010，1：1-7.

[11] 何俊鹏，章岳光，沈伟东，等. 原子层沉积技术及其在光学薄膜中的应用. 真空科学与技术学报，2009，29：173-179.

[12] Kim H, Lee S, Lee J, et al. Novel Flowable CVD Process Technology for sub-20nm Interlayer Dielectrics. 2012 IEEE International Interconnect Technology Conference (IITC), San Jose, 2012：1-3.

[13] Gambino J P. Copper interconnect technology for the 22nm node. International Symposium on VLSI Technology, Systems and Applications (VLSI-TSA), Hsinchu, 2011：1-2.

[14] 王阳元，康晋锋. 硅集成电路光刻技术的发展与挑战. 半导体学报，2002，23：225-237.

[15] Wu H M, Wang G H, Huang R, et al. Challenges of process technology in 32nm technology node. J Semicond, 2008, 29：1637-1653.

[16] Huang R, Wu H M, Kang J F, et al. Challenges of 22nm and beyond CMOS technology. Sci China Ser F：Inf Sci, 2009, 52：1491-1533.

[17] Arnaud F, Thean A, Eller M, et al. Competitive and cost effective high-K based 28nm CMOS technology for low power applications. IEDM Tech Dig, Baltimore, 2009：651-654.

[18] Shang H L, Jain S, Josse E, et al. High performance bulk planar 20nm CMOS technology for low power mobile applications. Symp on VLSI Tech, Honolulu, 2012：129-130.

[19] Cho H J, Seo K I, Jeong W C, et al. Bulk planar 20nm high-K/metal gate CMOS technology platform for low power and high performance applications. IEDM Tech Dig, Washington, 2011：350-353.

[20] Lim K Y, Lee H, Ryu C, et al. Novel stress-memorization-technology (SMT) for high electron mobility enhancement of gate last high-K/metal gate devices. IEDM Tech Dig, San Francisco, 2010：229-232.

[21] Tian Y, Huang R, Zhang X, et al. A novel nano-scaled device concept quasi-SOI MOSFET. IEEE Trans Electron Dev, 2005, 52：561-568.

[22] Tian Y, Xiao H, Huang R, et al. Quasi-SOI MOSFET-A promising bulk device candidate for extremely scaled era. IEEE Trans Electron Dev, 2007, 54：1784-1788.

[23] Xiao H, Huang R, Liang J L, et al. The localized-SOI MOSFET as a candidate for Analog/RF applications. IEEE Trans Electron Dev, 2007, 54：1978-1984.

[24] 王阳元. 绿色微纳电子学. 北京：科学出版社，2010.

[25] Xu X Y, Wang R S, Huang R, et al. High-performance BOI FinFETs based on bulk-silicon substrate. IEEE Trans Electron Dev, 2008, 55: 3246-3250.

[26] Tian Y, Huang R, Wang Y Q, et al. New self-aligned silicon nanowire transistors on bulk substrate fabricated by epi-free compatible CMOS technology: Process integration, experimental characterization of carrier transport and low frequency noise. IEDM Tech Dig, Washington, 2007: 895-898.

[27] Lee C H, Nishimura T, Tabata T, et al. Ge MOSFETs performance: Impact of Ge interface passivation. IEDM Tech Dig, San Francisco, 2010: 416-419.

[28] Bardon M G, Raghavan P, Eneman G, et al. Group IV channels for 7nm FinFETs: Performance for SoCs Power and Speed Metrics. Symp on VLSI Tech, Honolulu, 2014: 110-111.

[29] Kavalieros J, Doyle B, Datta S, et al. Tri-gate transistor architecture with high-K gate dielectrics, metal gates and strain engineering. Symp on VLSI Tech, Honolulu, 2006: 50-51.

[30] Yeh C C, Chang C S, Lin H N, et al. A low operating power FinFET transistor module featuring scaled gate stack and strain engineering for 32/28nm SoC technology. IEDM Tech Dig, San Francisco, 2010: 772-775.

[31] Horiguchi N, Demuynck S, Ercken M, et al. High yield sub-0.1μm^2 6T-SRAM cells, featuring high-K/metal-gate FinFET devices, double gate patterning, a novel fin etch strategy, full-field EUV lithography and optimized junction design & layout. Symp on VLSI Tech, Honolulu, 2010: 23-24.

[32] Wu C C, Lin DW, Keshavarzi A, et al. High performance 22/20nm FinFET CMOS devices with advanced high-K/metal gate scheme. IEDM Tech Dig, San Francisco, 2010: 600-603.

[33] Basker V S, Standaert T, Kawasaki H, et al. A 0.063μm^2 FinFET SRAM cell demonstration with conventional lithography using a novel integration scheme with aggressively scaled Fin and gate pitch. Symp on VLSI Tech, Honolulu, 2010: 19-20.

[34] Yamashita T, Basker VS, Standaert T, et al. Sub-25nm FinFET with advanced Fin formation and short channel effect engineering. Symp on VLSI Tech, Kyoto, 2011: 14-15.

[35] Chang J B, Guillorn M, Solomon P M, et al. Scaling of SOI FinFETs down to Fin width of 4nm for the 10nm technology node. Symp on VLSI Tech, Kyoto, 2011: 12-13.

[36] Wang R, Zhuge J, Liu C Z, et al. Experimental study on quasi-ballistic transport in silicon nanowire transistorsand the impact of self-heating effects. IEDM Tech Dig, San

Francisco, 2010: 1-4.

[37] Bangsaruntip S, Cohen G M, MajumdarA, et al. High performance and highly uniform Gate-All-Around silicon nanowire MOSFETs with wire size dependent scaling. IEDM Tech Dig, Baltimore, 2009: 297-300.

[38] Li M, Kyoung H Y, Sung D S, et al. Sub-10nm Gate-All-Around CMOS nanowire transistors on bulk Si substrate. Symp on VLSI Tech, Kyoto, 2009: 94-95.

[39] Wei C, Yao C J, Jiao G F, et al. Improvement in reliability of tunneling field-effect transistor with p-n-i-n structure. IEEE Trans Electron Dev, 2011, 58: 2122-2126.

[40] Wei L, Oh S, Wong H S P. Performance benchmarks for Si, Ⅲ-V, TFET, and carbon nanotube FET-re-thinking the technology assessment methodology for complementary logic applications. IEDM Tech Dig, San Francisco, 2010: 391-394.

[41] Seabaugh A C, Zhang Q. Low-Voltage Tunnel Transistors for Beyond CMOS Logic. Proceedings of the IEEE, 2010, 98: 2095-2110.

[42] Kim K. From the future Si technology perspective: Challenges and opportunities. IEDM Tech Dig, San Francisco, 2010: 1-9.

[43] McGrath D. TI details TSV integration in 28nm CMOS. EE Times News & Analysis. 2012. http: //www.eetimes.com.

[44] Lin J C, Chiou W C, Yang KF, et al. High density 3D integration using CMOS foundry technologies for 28 nm node and beyond. IEDM Tech Dig, San Francisco, 2010: 22-25.

[45] Clavelier L, Deguet C D, Cioccio L, et al. Engineered substrates for future more Moore and more than Moore integrated devices. IEDM Tech Dig, San Francisco, 2010: 42-45.

[46] Hong S. Memory technology trend and future challenges. IEDM Tech Dig, San Francisco, 2010: 292-295.

[47] 蔡道林, 陈后鹏, 王倩, 等. 基于 0.13μm 工艺的 8Mb 相变存储器. 固体电子学研究与进展, 2011, 31: 601-605.

[48] Prenat G, Dieny B, Guo W, et al. Beyond MRAM, CMOS/MTJ integration for logic components. IEEE Trans Magn, 2009, 45: 3400-3405.

[49] Lee H Y, Chen Y S, Chen P S, et al. Evidence and solution of over-RESET problem for HfO_x based resistive memory with sub-ns switching speed and high endurance. IEDM Tech Dig, San Francisco, 2010: 460-463.

[50] Xue X Y, Jian W X, Yang J G, et al. A 0.13μm 8Mb logic based Cu_xSi_yO resistive memory with self-adaptive yield enhancement and operation power reduction. Symp on VLSI Tech, Honolulu, 2012: 42-43.

［51］吴汉明，吴关平，吴金刚，等. 纳米集成电路大生产中新工艺技术现状及发展趋势. 中国科学：信息科学，2012，42：1509-1528.

［52］CNBeta. 计算型光刻技术：193nm 波长光源光刻技术的延寿术与缓兵之计. http：//www.cnbeta.com/articles/142876.htm［2011-05-15］.

［53］电子工程世界. EUV 又迟到，专家看好"定向自组装". http：www.eeworld.com.cn/manufacture/2011/0307/article_5713.html［2011-03-07］.

［54］Matsuda T，Lee J J，Han K H，et al. Superior Cu Fill with Highly Reliable Cu/ULK Integrationfor 10nm Node and Beyond. IEDM Tech Dig，San Francisco，2013：715-718.

［55］赵毅. 高 K 栅介质研究进展. 半导体技术，2004，29（5）：16-19.

［56］柳滨，周国安. 450mm 晶圆 CMP 设备技术现状与展望. 电子工业专用设备，2014，（3）：33-36.

［57］Tuinhout H，Wils N，Andricciola P. Parametric mismatch characterization for mixed-signal technologies. IEEE Journal of Solid-State Circuits，2010，45（9）：1687-1696.

［58］Saxena S，Hess C，Karbasi H，et al. Variation in transistor performance and leakage in nanometer-scale technologies. IEEE Transactions on Electron Devices，2008，55（1）：131-144.

［59］黄庆红. 国际半导体技术发展路线图（ITRS）2013 版综述. 中国集成电路，2014，（9）：25-45.

［60］张强，王超. 面临逻辑器件、存储器件、电源管理以及 CMOS 通道材料的挑战. http：//epaper.cena.com.cn/content/2014-05/23/content_229688.htm［2014-05-23］.

［61］Kuhn K J，Avci U，Cappellani A，et al. The ultimate CMOS device and beyond. IEDM Tech Dig，2012：171-174.

［62］Takagi S，Zhang R，Kim S H，et al. MOS interface and channel engineering for high-mobility Ge/Ⅲ-Ⅴ CMOS. 2012 IEEE International Electron Devices Meeting. IEEE，2012：23.1. 1-23.1. 4.

［63］Matsukawa T，Liu Y，Mizubayashi W，et al. Suppressing V_t and G_m variability of FinFETs using amorphous metal gates for 14 nm and beyond. 2012 IEEE International Electron Devices Meeting. IEEE，2012：8.2. 1-8.2. 4.

［64］Togo M，Lee J W，Pantisano L，et al. Phosphorus doped SiC Source Drain and SiGe channel for scaled bulk FinFETs. 2012 IEEE International Electron Devices Meeting. IEEE，2012：18.2. 1-18.2. 4.

［65］Ang K W，Majumdar K，Matthews K，et al. Effective Schottky barrier height modulation using dielectric dipoles for source/drain specific contact resistivity improvement. 2012

IEEE International Electron Devices Meeting. IEEE，2012：18.6. 1-18.6. 4.

[66] 郝跃，刘红侠. 微纳米 MOS 器件可靠性与失效机理. 北京：科学出版社，2008.

[67] Dai W，Ji H. Timing analysis taking into account interconnect process variation. Statistical Methodology IEEE，2001：51-53.

[68] Srivastava A，Sylvester D，Blaauw D. Statistical Analysis and Optimization for VLSI：Timing and Power. Springer Science & Business Media，2006.

[69] Cao Y，Clark L T. Mapping statistical process variations toward circuit performance variability：An analytical modeling approach. IEEE Transactions on Computer-Aided Design of Integrated Circuits and Systems，2007，26（10）：1866-1873.

[70] 王阳元，王永文. 我国集成电路产业发展之路：从消费大国走向产业强国. 北京：科学出版社，2008.

[71] Lee W C，Kedziersk I J，Takeuchi H，et al. FinFET：A self-aligned double-gate MOSFET scalable to 20 nm. IEEE Transactions on Electron Devices，2000：2320-2325.

[72] Intel. 3D，22nm：New Technology Delivers An Unprecedented Combination of Performan and Power Efficiency. http：//www.intel.com/content/www/us/en/silicon-innovations/intel-22nm-technology.html［2013-05-23］.

[73] 洪中山，吴汉明. 多重图形技术的研究进展. 微纳电子技术，2013，（10）：656-661.

[74] 童志义. 极紫外光刻技术. 电子工业专用设备，1999，28（4）：1-8.

[75] Ducroquet F，Achard H，Coudert F，et al. Full CMP integration of CVD TiN damascene sub-0.1-μm metal gate devices for ULSI applications. IEEE Transactions on Electron Devices，2001，48（8）：1816-1821.

[76] 李越，黄安平，郑晓虎，等. 金属栅/高 K 基 FinFET 研究进展. 微纳电子技术，2012，12（12）：775-780.

[77] 孟令款，殷华湘，徐秋霞，等. 金属栅回刻平坦化技术. 真空科学与技术学报，2012，32（9）：793-797.

[78] Steigerwald J M. Chemical mechanical polish：The enabling technology. IEEE International Electron Devices Meeting. IEEE，2008：1-4.

[79] Achard H，Ducroquet F，Coudert F，et al. Full CMP integration of TiN damascene metal gate devices. Proceeding of the 30th European Solid-State Device Research Conference，2000：408.

[80] 张琴，洪培真，崔虎山，等. 一种新型的自对准源漏接触技术. 微纳电子技术，2014，（5）：008.

[81] 边惠，万里. 低 K 介质多孔 SiO_2 干凝胶薄膜的温度效应研究. 电子元件与材料，

2013, (8): 006.

[82] 钱侬, 叶超, 崔进, SiCOH 低 K 介质中低表面粗糙度沟道的刻蚀研究. 真空科学与技术学报, 2014, (1): 014.

[83] Yang C C, Cohen S, Shaw T, et al. Characterization of "Ultrathin-Cu" /Ru (Ta) / TaN liner stack for copper interconnects. Electron Device Letters, IEEE, 2010, 31 (7): 722-724.

[84] Leu L C, Norton D P, McElwee-White L, et al. Ir/TaN as a bilayer diffusion barrier for advanced Cu interconnects. Applied Physics Letters, 2008, 92 (11): 111917.

[85] Kim H. The application of atomic layer deposition for metallization of 65nm and beyond. Surface and Coatings Technology, 2006, 200 (10): 3104-3111.

[86] Moore G E. Progress in digital integrated electronics. IEDM Tech Digest, 1975, 11.

[87] International Technology Roadmap for Semiconductors. 2012. http: //www. itrs.net/ITR S%201999-2014%20Mtgs, %20Presen tations%20&%20Link s/201 2I TR S/2012Chapte rs/2012Overview.pdf [2013-03-15].

[88] Tan C S, Gutmann R J, Reif L R. Wafer level 3-D ICs process technology. Springer Science & Business Media, 2009.

[89] Garrou P, Vitkavage S, Arkalgud S. Handbook of 3D Integration. Weinheim: Wiley-Verlag, 2008.

[90] Kojima Y, Takahashi Y, Takakuwa M, et al. Study of device mass production capability of the character projection based electronbeam direct writing process technology toward 14nm node and beyond. Journal of Micro/Nanolithography MEMS and MOEMS, 2012, 11: 031403-1-031403-8.

[91] Kahng A B. Scaling: More than Moore's law. IEEE Design & Test of Computers, 2010, 27: 86-87.

[92] Manessis D, Podlasly A, Ostmann A, et al. IEEE, Large-scale manufacturing of Embedded subsystems-in-substrates and a 3D-stacking approach for a miniaturised medical system integration. 2013 European Microelectronics Packaging Conference, 2013.

[93] Beyne E. 3D system integration technologies in VLSI Technology Systems and Appli cations. 2006 International Symposium on, 2006: 1-9.

[94] Bolanos M A. 3D Packaging Technology: Enabling the next wave of applications. 34th IEEE/CPMT International Electronic Manufacturing Technology Symposium, 2010: 1-5.

[95] Manessis D, Boettcher L, Karaszkiewicz S, et al. Chip embedding technology developments leading to the emergence of miniaturized system-in-packages. 18th

European Micro electronics and Packaging Conference, 2011: 1-8.

[96] Choudhury D. 3D integration technologies for emerging microsystems. IEEE MTT-S International, 2010: 1-4.

[97] Al-Sarawi S F, Abbott D, Franzon P D. A review of 3-D packaging technology, Components Packaging and Manufacturing Technology, Part B: Advanced Packaging. IEEE Transactions, 1998, 21: 2-14.

[98] Tummala E R R, Rymaszewski E J. Microelectronics Packaging Handbook. Cambridge: Cambridge Univ Press, 1997.

[99] Terrill R, Beene G L. 3D packaging technology overview and mass memory: Applications. Aerospace Applications Conference. Proceedings, IEEE, 1996: 347-355.

[100] Kada M, Smith L. Advancements in stacked chip scale packaging (S-CSP), provides system-in-a-package functionality for wireless and handheld applications. Journal of Surface Mount Technology, 2000, 13: 11-15.

[101] Tummala R R. Packaging: Past, present and future. 6th International Conference on Electronic Packaging Technology, 2005: 3-7.

[102] Tummala R R, Sundaram V, Liu F, et al. High density packaging in 2010 and beyond. Proceedings of the 4th International Symposium on Electronic Materials and Packaging, 2002: 30-36.

[103] Lau J H. Evolution, challenge, and outlook of TSV, 3D IC integration and 3D siliconintegration. 2011 International Symposium on Advanced Packaging Materials, 2011: 462-488.

[104] Sankaran N, Chan H, Swaminathan M, et al. Chip-package electrical interaction in organic packages with embedded actives. Electronic Components and Technology Conference, 2011: 150-156.

[105] Houe K C, Xiaowu Z, Kripesh V, et al. Stress analysis of embedded active devices in substrate cavity for system-on-package (SOP). Electronics Packaging Technology Conference, 2008: 236-241.

[106] Liu F, Sundaram V, Min S, et al. Chip-lastembedded actives and passives in thin organic package for 1-110 GHz multi-bandapplications. Electronic Components and Technology Conference, 2010: 758-763.

[107] Eide F K. IC stack utilizing secondary leadframes. Google Patents, 2012, 2000: 7-10.

[108] Rosser S G, Memis I, Von Hofen H. Miniaturization of printed wiring board assemblies into system in a package (SiP). Microelectronics and Packaging

Conference, 2009: 1-8.

［109］Lo X, her T, Schu X, et al. Module miniaturization by ultra thin package stacking. Electronic System-Integration Technology Conference (ESTC), 2010 3rd, 2010: 1-5.

［110］Das R N, Egitto F D, Bonitz B, et al. Package-interposer-package (PIP): A breakthrough package-on-package (PoP) technology for high end electronics. Electronic Components and Technology Conference, 2011: 619.

［111］Goda A, Parat K. Scaling Directions for 2D and 3D NAND Cells. IEEE International on Electron Devices Meeting, 2012.

［112］Kar G S, et al. Ultra thin hybrid floating gate and high-K dielectric as IGD enabler of highly scaled planar NAND flash technology. 2011 IEEE International on Electron Devices Meeting, 2012.

［113］Tanaka H, et al. Bit cost scalable technology with punch and plug process for ultra high density flash memory. 2007 Symposium on VLSI Technology. IEEE, 2007.

［114］Katsumata R, et al. Pipe-shaped BiCs flash memory with 16 stacked layers and multi-level-cell operation for ultra high density storage Devcies. 2009 Symposium on VLSI Technology. IEEE, 2009.

［115］Jang J, et al. Vertical cell array using TCAT (Terabit Cell Array Transistor) technology for ultra high density NAND flash memory. 2009 Symposium on VLSI Technology. IEEE, 2009.

［116］Kim W, et al. Multi-Layered Vertical Gate NAND Flash Overcoming Stacking Limit for Terabit Density Storage. 2009 Symposium on VLSI Technology. IEEE, 2009.

［117］Lue H T, et al. A highly scalable 8-layer 3D vertical-gate (VG) TFT NAND flash using junction-free buried channel BE-SONOS device. VLSI Technology 2010 Symposium on. IEEE, 2010.

［118］Hung C H, et al. A highly scalable vertical gate (VG) 3D NAND flash with robust program disturb immunity using a novel PN diode decoding structure. 2011 Symposium on VLSI Technology. IEEE, 2011.

［119］Hung C H, et al. Design innovations to optimize the 3D stackable vertical gate (VG) NAND Flash. 2012 IEEE International Electron Devices Meeting. IEEE, 2012.

［120］Chen S H, et al. A highly scalable 8-layer vertical gate 3D NAND with split-page line layout and efficient binary-sum MiLC (minimal incremental layer cost) staircase contacts. 2012 IEEE International Electron Devices Meeting. IEEE, 2012.

［121］Choi E S, et al. Device consideration for high density and highly reliable 3D NAND flash cell in near future. 2012 IEEE International Electron Devices Meeting. IEEE, 2012.

[122] Whang S J, et al. Novel 3-dimensional dual control-gate with surroundings floating-gate (DC-SF) NAND Flash cell for 1Tb file storage application. 2010 IEEE International Electron Devices Meeting. IEEE, 2010.

[123] Noh Y, et al. A new metal control gate last process (MCGL process) for high performance DC-SF (dual control gate with surrounding floating gate) 3D NAND flash memory. 2012 Symposium on VLSI Technology. IEEE, 2012.

[124] Nitayama A. Bit cost scalable (BiCS) technology for future ultra high density storage memories. 2013 Symposium on VLSI Technology. IEEE, 2013.

[125] Philip W, et al. Phase change memory. Proceedings of the IEEE98, 2010, 12: 2201-2227.

[126] Agostino P, et al. Electronic switching in phase-change memories. IEEE Transactions on Electron Devices, 2004: 452-459.

[127] Daniele I. Threshold switching mechanism by high-field energy gain in the hopping transport of chalcogenide glasses. Physical Review B, 2008: 035308.

[128] Giovanni B, et al. Physics-based statistical modeling of PCM current drift including negative-drift-coefficients. IEEE Electron Device Letters, 2013, 34 (7): 879-881.

[129] Hugh B, et al. Finite element modeling of Ag transport and reactions in chalcogenide glass resistive memory. Aerospace Conference. IEEE, 2013.

[130] Kelton K F. Crystal nucleation in liquids and glasses. Solid state physics, 1991, 45: 75-177.

[131] Senkader S, Wright C D. Models for phase-change of GeSbTe in optical and electrical memory devices. Journal of applied physics, 2004, 95: 504.

[132] Zalden P, et al. New insights on the crystallization process in $Ge_{15}Sb_{85}$ phase change material: A simultaneous calorimetric and quick-EXAFS measurement. Journal of Non-Crystalline Solids, 2013.

[133] Simone R, et al. Direct observation of amorphous to crystalline phase transitions in nanoparticle arrays of phase change materials. Journal of Applied Physics, 2007, 102 (9): 094305-094305.

[134] Fabio P, et al. A 90nm phase change memory technology for stand-alone non-volatile memory applications. 2006 Symposium on VLSI Technology. IEEE, 2006.

[135] Chen W S, et al. A novel cross-spacer phase change memory with ultra-small lithography independent contact area. 2007 IEEE International Electron Devices Meeting.

IEEE, 2007.

[136] Servalli G. A 45nm generation phase change memory technology. 2009 IEEE International Electron Devices Meeting. IEEE, 2009.

[137] Im D H, et al. A unified 7.5 nm dash-type confined cell for high performance PRAM device. 2008 IEEE International Electron Devices Meeting. IEEE, 2008.

[138] Wu J Y, et al. A low power phase change memory using thermally confined TaN/TiN bottom electrode. 2011 IEEE International Electron Devices Meeting. IEEE, 2011.

[139] Morikawa T, et al. A low power phase change memory using low thermal conductive doped-Ge_2 Sb_2 Te_5 with nano-crystalline structure. 2012 IEEE International Electron Devices Meeting. IEEE, 2012.

[140] Lai S C, et al. A scalable volume-confined phase change memory using physical vapor deposition. 2013 Symposium on VLSI Technology. IEEE, 2013.

[141] Ikeda S, et al. A perpendicular-anisotropy CoFeB-MgO magnetic tunnel junction. Nature Materials, 2010, 9 (9): 721-724.

[142] Slonczewski C. Current-driven excitation of magnetic multilayers. Journal of Magnetism and Magnetic Materials, 1996, 159 (1): L1-L7.

[143] Yoichi S, et al. Induction of coherent magnetization switching in a few atomic layers of FeCo using voltage pulses. Nature Materials, 2011, 11 (1): 39-43.

[144] Brataas, Arne, Kent A D, et al. Current-induced torques in magnetic materials. Nature Materials, 2012, 11 (5): 372-381.

[145] Yuasa S, et al. Future Prospects of MRAM Technologies. 2013 IEEE International Electron Devices Meeting. IEEE, 2013.

[146] Slaughter J M, et al. High density ST-MRAM technology. 2012 IEEE International Electron Devices Meeting. IEEE, 2012.

[147] Zhu J, et al. Voltage-induced ferromagnetic resonance in magnetic tunnel junctions. Physical Review Letters, 2012, 108 (19): 197203.

[148] Schellekens A J, et al. Electric-field control of domain wall motion in perpendicularly magnetized materials. Nature Communications, 2012, 3: 847.

[149] Shiota Y. et al. Quantitative evaluation of voltage-induced magneticanisotropy change by magnetoresistance measurement. Appl Phys Express, 2011, 4: 043005.

[150] Chen E, et al. Advances and future prospects of spin-transfer torque random access memory. IEEE Transactions on Magnetics, 2010, 46 (6): 1873-1878.

[151] Wang, Chen, et al. Time-resolved measurement of spin-transfer-driven ferromagnetic

resonance and spin torque in magnetic tunnel junctions. Nature Physics, 2011, 7 (6): 496-501.

[152] Hosomi M, et al. A novel nonvolatile memory with spin torque transfer magnetization switching: Spin-RAM. 2005 IEEE International Electron Devices Meeting. IEEE, 2005.

[153] Kishi T, et al. Lower-current and fast switching of a perpendicular TMR for high speed and high density spin-transfer-torque MRAM. IEEE International Electron Devices Meeting. IEEE, 2008.

[154] Oh S C, et al. On-axis scheme and novel MTJ structure for sub-30nm Gb density STT-MRAM. 2010 IEEE International Electron Devices Meeting. IEEE, 2010.

[155] Kenji T, et al. A 64Mb MRAM with clamped-reference and adequate-reference schemes. 2010 IEEE International Solid-State Circuits Conference Digest of Technical Papers. IEEE, 2010.

[156] Woojin K, et al. Extended scalability of perpendicular STT-MRAM towards sub-20nm MTJ node. 2011 IEEE International Electron Devices Meeting. IEEE, 2011.

[157] Wei Z, Kanzawa Y, Arita K, et al. Highly reliable TaOx ReRAM and direct evidence of redox reaction mechanism. 2008 IEEE International Electron Devices Meeting. IEEE, 2008: 1-4.

[158] Lee C B, et al. Highly uniform switching of tantalum embedded amorphous oxide using self-compliance bipolar resistive switching. Electron Device Letters. IEEE, 2011, 32 (3): 399-401.

[159] Hiroyuki A, Shima H. Resistive random access memory (ReRAM) based on metal oxides. Proceedings of the IEEE, 2010, 98 (12): 2237-2251.

[160] Lee M J, et al. A fast, high-endurance and scalable non-volatile memory device made from asymmetric Ta_2O_{5-x}/TaO_{2-x} bilayer structures. Nature Materials, 2011, 10 (8): 625-630.

[161] Wei Z, et al. Demonstration of high-density ReRAM ensuring 10-year retention at 85 C based on a newly developed reliability model. Electron Devices Meeting (IEDM), 2011.

[162] Lee, Chang Bum, et al. Highly uniform switching of tantalum embedded amorphous oxide using self-compliance bipolar resistive switching. Electron Device Letters. IEEE, 2011, 32 (3): 399-401.

[163] Hur J H, et al. Modeling for multilevel switching in oxide-based bipolar resistive memory. Nanotechnology, 2012, 23 (22): 225702.

［164］Miao F, et al. Continuous electrical tuning of the chemical composition of TaO$_x$-based memristors. ACS Nano, 2012, 6（3）: 2312-2318.

［165］Kim Y B, et al. Bi-layered rram with unlimited endurance and extremely uniform switching. 2011 Symposium on VLSI Technology. IEEE, 2011.

［166］Lee H D, et al. Integration of 4F2 selector-less crossbar array 2Mb ReRAM based on transition metal oxides for high density memory applications. 2012 Symposium on VLSI Technology. IEEE, 2012.

［167］Rainer W, et al. Redox - based resistive switching memories-nanoionic mechanisms, prospects, and challenges. Advanced Materials, 2009: 2632-2663.

［168］Liu Q, et al. Controllable growth of nanoscale conductive filaments in solid-electrolyte-based ReRAM by using a metal nanocrystal covered bottom electrode. ACS Nano, 2010: 6162-6168.

［169］Ilia V, et al. Electrochemical metallization memories—fundamentals, applications, prospects. Nanotechnology, 2011: 254003.

［170］Yu S, H-SP Wong. Compact modeling of conducting-bridge random-access memory （CBRAM）. IEEE Transactions Electron Devices, 2011: 1352-1360.

［171］Lin S, et al. Electrochemical simulation of filament growth and dissolution in conductive-bridging RAM（CBRAM）with cylindrical coordinates. 2012 IEEE International Electron Devices Meeting. IEEE, 2012.

［172］Ugo R, et al. Study of multilevel programming in programmable metallization cell （PMC）memory. IEEE Transactions Electron Devices, 2009: 1040-1047.

［173］Park J, et al. Quantized conductive filament formed by limited Cu source in sub-5nm era. 2011 IEEE International Electron Devices Meeting. IEEE, 2011.

［174］Gao B, et al. Oxide-based RRAM: Uniformity improvement using a new material-oriented methodology. 2009 Symposium on VLSI Technology. IEEE, 2009.

［175］Gao B, et al. Identification and application of current compliance failure phenomenon in RRAM device. 2010 International Symposium on VLSI Technology Systems and Applications. IEEE, 2010.

［176］Yu S M, Wong H S P. A phenomenological model for the reset mechanism of metal oxide RRAM. Electron Device Letters. IEEE, 2010, 31（12）: 1455-1457.

［177］Huang, Peng, et al. A physics-based compact model of metal-oxide-based RRAM DC and AC operations, 2013 IEEE International Electron Devices, 2013: 1.

［178］Vandelli L, et al. Comprehensive physical modeling of forming and switching

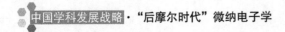
operations in HfO$_2$ RRAM devices. 2011 IEEE International Electron Devices Meeting. IEEE，2011.

[179] Chen Y S，et al. Highly scalable hafnium oxide memory with improvements of resistive distribution and read disturb immunity. 2009 IEEE International Electron Devices Meeting. IEEE，2009.

[180] Lee H Y，et al. Evidence and solution of over-RESET problem for HfO$_x$ based resistive memory with sub-ns switching speed and high endurance. 2010 IEEE International Electron Devices Meeting. IEEE，2010.

[181] Govoreanu B，et al. $10 \times 10nm^2$ Hf/HfO$_x$ crossbar resistive RAM with excellent performance，reliability and low-energy operation. 2011 IEEE International Electron Devices Meeting. IEEE，2011.

[182] Chen H Y，et al. HfO$_x$ based vertical resistive random access memory for cost-effective 3D cross-point architecture without cell selector. 2012 IEEE International Electron Devices Meeting. IEEE，2012.

第五章

设　计

第一节　概　述

一、集成电路设计方法学的基本概念与范畴

目前，集成电路已经广泛应用于各个领域，包括计算、通信、网络、消费电子、航空航天、军工与信息安全等。由于应用领域的不同，对芯片的要求也不一样，芯片在价格和性能上的表现也有较大的差距，所以针对不同的芯片，设计方法和手段也有所不同。

集成电路根据设计理念可以分为正向设计和反向设计。其中正向设计包括自底向上和自顶向下两种设计方法。

在集成电路发展的早期，由于集成电路的规模不是很大，功能也不是很复杂，一般都采用自底向上的设计方法。自底向上的设计方法是指电路设计者先对整个系统进行功能结构的划分，然后对每个分块分别进行设计，完成后再合并到一起进行系统级的调试。采用这种方法设计电路，设计者一般较难预测下一阶段的问题，而且每一阶段是否存在问题，往往在最后的系统级调试阶段才会显现出来，也很难通过局部电路的调整使整个系统达到预定的功能和性能指标，很难保证电路设计能一举成功，一旦有错，修改的代价非常大。所以，这种方法很难处理复杂的集成电路设计。随着集成电路的复杂度和规模增加，业内提出了一种所谓系统级的设计方法，也叫自顶向下的设计方法。自顶向下的设计方法首先从系统级入手，然后从顶层进行功能划分与结构设计，经过系统级、算法级、RTL 级、门级、开关级，最后形成物理版图。和自底向上不同，这种方法强调上层环节是关乎全局，因此处于最顶层的系统级设计是集成电路设计流程中极其重要的环节。

反向设计方法也称作逆向工程（reverse engineering，RE），和正向设计方法不同，逆向工程采用自底向上的设计方法，从参考其他芯片设计开始，通过版图提取得到芯片网表（即）电路图，再对电路进行层次整理和分析，尽可能还原和理解被解剖芯片的设计思想，经优化改善得到最终的设计方案。逆向工程一般在学习先进设计技术方面有十分重要的作用。

集成电路设计的最终目标是希望把复杂的系统在尽可能短的时间内，以最低的成本，实现预定的功能与设计指标，并使用最小的芯片面积。但实际上，全面达到这种要求是比较困难的，设计过程中必须进行一些折中，根据最重要的考量因素，牺牲一些次要的指标。

根据不同的设计需求，具体的设计方法归纳如下。

1. 全定制设计方法

全定制设计方法（full-custom design approach）适用于要求得到最佳速度、功耗和最小面积的芯片设计。这种方法通常采用随机逻辑网络，因为它能满足上述要求。但版图设计通常需要设计者去不断地完善，以便把每个器件及电路内部连接安排得最紧凑、最合适，达到性能上的最优和面积上的最小，因此特别花费时间和成本。这种方法设计出来的芯片价格也普遍较高，但性能却是最优的，适合于能大量生产的产品设计。

为了提高全定制设计方法的效率，减少错误，现在通常采用层次化的设计手段。

符号法版图设计方法也属于全定制类。但实际上只能称它为准全定制设计，因为要全局性地减小芯片面积还是有一定的困难的。

2. 定制设计方法

这种方法适用于芯片性能指标较高而生产批量又比较大的产品设计。通常分为两种：标准单元法（或称作多元胞法）、通用单元法（或称作积木法）。以上方法统称为库单元法，在设计过程中根据需求直接从库中调用合适的所需单元或外围单元（包括压焊块）进行布局布线，最后得到设计掩模版图。它的特点是，元件或单元可以得到充分利用，芯片面积较小，设计比较灵活。但建立一个单元库需要大量的初始投资，因此制造周期较长，成本较高。

3. 半定制设计方法

半定制设计方法适用于成本较低、设计周期短而生产批量小的芯片设计。门阵列及最近发展起来的门海就属于这一类。门阵列是预先在芯片上生成由基本门或单元所组成的阵列，即完成连线以外的所有芯片的加工步骤。

半定制的含义就是对一批芯片做单独处理，即单独设计制作接触孔和连线，以完成电路的要求。这样就可大大缩短设计到芯片完成的周期，设计和制造成本大大下降。但门阵列的门利用率一般较低，芯片面积较大。

4. 可编程逻辑器件

这个设计方法的特点是可编程，往往由制造商提供通用器件，由设计者根据需要进行再加工以实现设计者所需要的逻辑。可编程逻辑器件只需要设计者通过开发工具，即编程软件即可完成，这就大大方便了用户。

5. 混合模式设计方法

随着集成电路复杂性的增加，在整个芯片中利用一种设计方法已被认为是不经济的。因此提出了混合模式，即把不同的设计方法加以优化组合，构成一体，如近年提出来的 IMSA（integrated modular and standard cell design approach）就是一例。它把人工设计、标准单元和 PLA 法用于一个芯片设计中，取得了令人满意的结果。

6. 硅编译法

硅编译法是一种全自动的设计方法，可以从集成电路的行为级描述直接得到该电路的掩模版图，为系统设计人员提供了一种真正的设计自动化工具。

二、EDA 在集成电路设计中的作用

电子产品快速更新换代的主要原因就是生产制造技术和电子设计技术的进步。前者以微细加工技术为代表，目前已进展到纳米尺度阶段，可以在几平方厘米的芯片上集成数千万甚至上亿只晶体管；后者的核心就是电子设计自动化技术（EDA）。EDA 是指以计算机为工作平台，融合了应用电子技术、计算机技术、智能化技术最新成果而研制成的电子 CAD 通用软件包，

主要能辅助进行三方面的设计工作：IC 设计、电子电路设计及 PCB 设计。没有 EDA 技术的支持，想要完成上述超大规模集成电路的设计制造是不可想象的，反过来，生产制造技术的不断进步又对 EDA 技术提出了新的要求。

EDA 工具是 IC 产业不可或缺的支撑和基础。随着 IC 集成度和复杂度的不断提高，IC 设计和制造中进一步涉及大量全新的物理现象和复杂的数学模型，且设计规模和数据量庞大，必须通过计算机辅助设计手段完成集成电路的设计和验证工作。特别在目前集成电路制造进入亚波长光刻工艺后，集成电路的制造过程也必须采用可制造性设计和验证手段，从而使面向可制造性设计和验证的 EDA 软件成为集成电路生产过程中必不可少的工具。

三、集成电路设计流程及 EDA 工具的组成

对于集成电路的设计来说，比较有代表性的电路类型设计流程有数字集成电路、模拟集成电路，以及数模混合集成电路的设计。数字集成电路设计的特点是需要进行逻辑综合和自动布局布线；模拟集成电路设计的特点是通常为手工的版图设计和手工布局布线；而数模混合集成电路设计的特点是在设计过程中需要对数字和模拟模块进行合并和联调等。

随着纳米技术时代的到来，SoC 逐渐成为集成电路发展的一个主要方向。SoC 由于在单颗芯片上集成了产品所需的全部功能系统，包括多种功能模块和软件系统，所以其设计方法和流程比较复杂，涉及软硬件的不同处理及各种不同功能模块的协同设计等问题，非常具有代表性。

面对 SoC 的设计，EDA 工具在集成电路的设计过程中的作用越来越重要，离开 EDA 工具的帮助，这种芯片的设计几乎无法完成。从顶层软硬件划分开始，包括硬件设计验证 EDA 系统、软硬件协同设计验证 EDA 系统等，EDA 工具在 SoC 设计的各个层次上都发挥着非常重要的作用。目前市场上的 EDA 工具供应商主要有 Synopsys、Cadence、Mentor 和华大九天。华大九天是中国最大的 EDA 供应商，提供全面的 EDA 解决方案。

（一）SoC 集成电路设计的一般流程及相应的 EDA 工具

进入到纳米时代以后，片上系统 SoC 技术逐渐成为当前大规模集成电路（VLSI）的发展趋势，也是 21 世纪集成电路技术的主流，其为集成电路产业和集成电路应用技术提供了前所未有的广阔市场和难得的发展机遇。SoC 是指以处理器（CPU）为核心在单芯片上集成微电子应用产品所需的全部功能

系统，包括信息获取、处理、交换、储存等，它主要是以超深亚微米工艺、IP 核复用技术和软硬件协同设计技术为支撑。SoC 在单颗芯片中可以集成微处理器、数字 IP、模拟 IP、存储器（memory）、含有 ADC /DAC 的模拟模块、数字信号处理器 DSP 等多种功能模块。为微电子应用产品研究、开发和生产提供了新型的优秀的技术方法和工具，也是解决电子产品开发中存在的及时上市需求的主要技术与方法。

　　SoC 设计者首先要根据产品的应用领域对产品进行需求分析，对整个系统进行描述，并设计高层次算法级模型，对系统进行功能验证。然后对系统进行软硬件模块的划分，定义它们之间的接口及参数。软硬件划分是 SoC 设计中面临的最主要的挑战，它直接影响最后产品的性能与价格。系统划分完成以后，进行软硬件协同设计仿真验证。软硬件协同仿真验证技术是 SoC 设计的核心技术。在整个软硬件协同设计过程中，考虑系统软硬件模块之间的相互作用，以及探索它们之间的权衡划分，包括系统说明与建模、异构系统的协同仿真、系统验证、编译、软硬件集成、界面生成、性能与花费评估、优化等。接着进行硬件模块的设计开发，完成电路的设计、行为级时序仿真测试验证及最后的版图设计验证等。对于复杂的功能模块，可进一步划分成子模块。然后与软件模块进行系统级集成和仿真验证，验证测试系统方案和软/硬件模块设计功能的正确性。必要时，也可以进行 FPGA 平台的验证。硬件设计完成以后，进行样片系统组装集成及测试验证（图 5-1）。

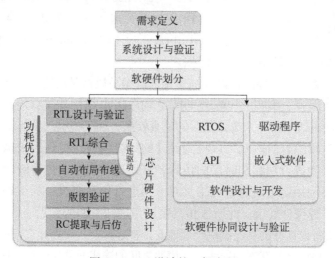

图 5-1　SoC 设计的一般流程

（二）数字集成电路设计的一般流程及相应 EDA 工具

大规模数字集成电路的设计一般采用自顶向下的方法，一般的设计流程如图 5-2 所示。

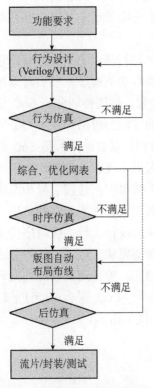

图 5-2　自顶向下的设计流程图

首先设计人员需要分析产品的应用场合，根据需要设定一些诸如功能、速度、接口规格、工作温度及功率等设计参数，作为电路设计时的依据，即所谓的功能设计。

功能设计完成后，根据电路的复杂度把电路划分为若干功能模块，并决定实现这些功能将要使用的 IP 核。然后用 VHDL 或 Verilog 等硬件描述语言实现各模块的设计。并利用 VHDL 或 Verilog 的电路仿真器，对设计进行功能验证。

这个阶段的功能仿真验证没有考虑电路实际的延迟，无法获得精确的结果，但对于整个系统的功能验证是必不可少的，可以从系统层面确保设计在功能上是满足需求的。

通过行为仿真验证以后，可以使用逻辑综合工具（synthesizer）对电路进行综合。综合过程中，需要选择适当的逻辑器件库（logic cell library），作为合成逻辑电路时的参考依据。

值得注意的是硬件语言设计描述文件的编写风格是决定综合工具执行效率的一个重要因素。事实上，综合工具支持的 HDL 语法均是有限的，一些过于抽象的语法只适于作为系统评估时的仿真模型，而不能被综合工具接受。

经过逻辑综合阶段就可以得到设计的门级网表。得到门级网表以后，需要对门级网表进行功能和时序的仿真验证，这是寄存器传输级的验证。主要的工作是要利用门电路级验证工具对电路进行仿真模拟，确认经综合后的电路的功能是否符合需求。此阶段仿真需要考虑门电路的延迟。

布局指将设计好的功能模块合理地安排在芯片上，规划好它们的位置。布线则指完成各模块之间互连的连线。各模块之间的连线通常比较长，因此，产生的延迟会严重影响 SoC 的性能，尤其进入纳米制程以后，这种现象更为显著。

进入纳米时代以后，互连线寄生参数对电路性能的影响越来越大，因此需要用参数提取工具把半途中的寄生参数、互连线等提取出来进行再一次的模拟仿真，确认电路功能时序符合要求。

（三）模拟射频集成电路设计的一般流程及相应 EDA 工具

模拟射频集成电路的设计一般采用全定制的设计方法，一般设计流程包括：电路设计、电路前仿真、手工设计版图、后仿真、流片等（图 5-3）。

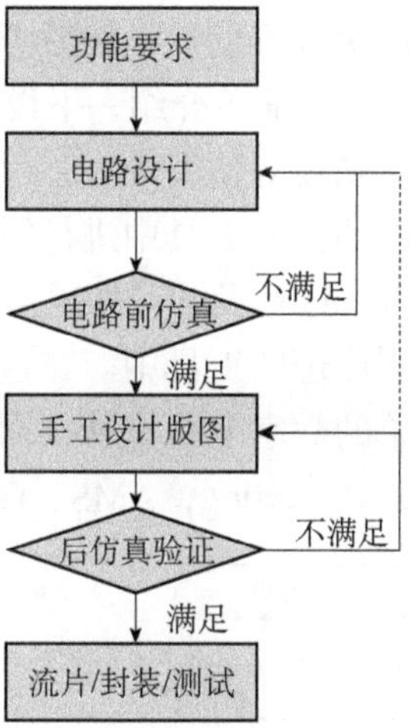

1. 电路设计

根据芯片的应用对电路接口功能进行划分，并完成电路的功能定义。电路设计者根据电路的功能设计出符合要求的电路结构。这一阶段一般都采用交互式的原理图输入工具进行电路的设计。

图 5-3　模拟射频集成电路设计流程图

2. 电路前仿真

电路设计完成后，要用电路仿真软件对电路进行仿真模拟，得到包括功耗、电流、电压、温度、压摆率、输入输出特性等参数在内的电路仿真结果。根据仿真结果对电路进行优化。

3. 手工设计版图

电路功能通过电路仿真得到验证以后，需要对电路进行版图设计。根据选定的工艺制成，把电路中的有源器件、电阻电容元件及互连线等按照一定的规则布置在硅片上，绘制出相互套合的版图，以供制作光刻掩模版。版图绘制完成后需要用版图验证工具进行 DRC 和 LVS 的检查，确保版图设计和原理图设计在功能和逻辑上的正确性与一致性，并符合工艺制成的约束，保证设计的可制造性。

4. 后仿真验证

随着互连线和寄生参数对电路性能的影响越来越大，后仿真验证变得越来越重要，需要对版图进行参数提取，对带有寄生参数的电路进行后仿真模拟验证，检查电路在有寄生参数的影响下是否依然满足设计要求。后仿真完成以后就可以将版图设计文件以 GDSII 的形式提交代工厂进行生产制造，以及封装、测试了。

（四）数模混合集成电路设计的一般流程及相应 EDA 工具

数模混合集成电路的设计比较复杂，需要在各个阶段分别对模拟模块和数字模块进行设计，然后考虑它们之间的结合，以及结合之后对整个电路的影响。下面简单介绍一下设计流程（图 5-4）。

首先要对整个 IC 芯片进行理论上的设计。对于模拟部分，可以直接在原理图的输入工具中进行线路设计；而对于数字部分，主要通过各种硬件描述语言来进行设计，如通用的 VHDL 及 Verilog，数字部分的设计也可以直接输入到原理图工具中。在这一阶段，原理图的输入工具不仅能够满足纯模拟或简单的数字电路设计，而且必须能够满足硬件描述语言输入（除了常用的 VHDL 和 Verilog，AMS、C 及系统描述语言也是非常重要的）。

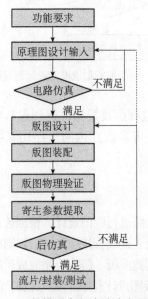

图 5-4　数模混合电路设计流程图

当完成原理图的设计时，必须使用混合仿真工具对设计进行模拟仿真验证，验证其功能的正确性。

模拟仿真验证完成后，需要用版图工具将电路设计实现出来，对于模拟电路部分，可以使用手工定制版图工具；对于数字电路部分，则可以采用 P&R（自动布局布线）工具实现。在完成整个电路各个模块的版图后，再将它们拼装成最终的版图。这时的版图并不能最终代表前面所验证过的设计，必须对它进行验证。版图要符合流片工艺的要求，这时要对版图做 DRC（design rule check）检查；而版图的逻辑关系是不是代表原理图中所设计的，同样要进行 LVS（layout versus schematic）检查。

版图验证完成后，还需要考虑许多寄生参数的影响，必须用寄生参数提取工具进行寄生参数的提取 PEX（parasitic extract）。

最后，将所得到的寄生参数反标到前面的设计中去，用后仿真工具重新进行后仿真。如果设计满足所有的参数要求，则设计完成；反之，必须重新调整设计，直至满足最终的要求。最后就可以下线（tapeout），进行流片、封装、测试。

在混合电路设计过程中，使用可以进行数模混合电路仿真的验证平台是非常关键的。在数模混合电路设计的整个周期中，芯片的验证占芯片设计50%～70%的工作量，大量的人力、硬件及时间资源都消耗在验证上。随着芯片复杂度上升，验证工作无论从复杂性还是工作量上都呈指数上升。因此，验证技术是混合信号技术的关键所在。

第二节　国内外集成电路设计方法学与 EDA 工具发展状况

一、国外发展历史、现状

从 20 世纪 70 年代开始，EDA 工具及技术的进步，与电子及半导体产业快速发展息息相关，回顾过去近 30 年全球产业发展，有以下重要阶段（图 5-5）。

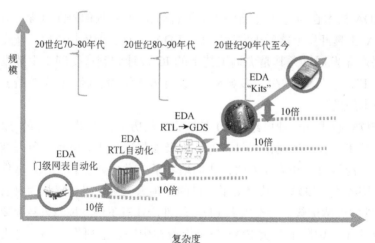

图 5-5　EDA 发展历史和现状

20 世纪 70 年代，EDA 主要应用在军事及航天科技领域，产品周期较长，设计复杂度不高。当时的 EDA 厂商以 CAE 工作站（workstation）的方式，致力于实现门级（gate level）电路设计自动化，简化结构（schematic）

设计，提高设计生产力。主要厂商有 Daisy、Mentor 和 Valid。

20 世纪 80 年代，随着 PC 及网路的发展，对产品上市时间及设计实现的要求大大增加，EDA 厂商致力提供 Synthesis 以加速 RTL 的设计自动化，同时，针对物理设计提供自动化布局布线工具。主要厂商有 Cadence 和 Synopsys。

20 世纪 90 年代，随着通信应用及互联网的发展，EDA 厂商必须提供从前端 RTL 到后端 GDS 的流程整合以加速设计，达到时序收敛、信号完整性的设计要求，在缩短产品设计上市周期的同时降低设计成本及商务风险。主要厂商有 Cadence、Synopsys 和 Mentor。

2000 年以后，随着电子消费产品成为电子系统及半导体产业的主流产品，对于芯片设计又有新的挑战。SoC 上各种 IP 模块的整合及低功耗的要求成为新的技术挑战；同时，验证产品架构及系统时，必须应对各垂直应用领域的特殊功能。因此客户的需求除了点工具、流程，也需要 IP 设计方法（methodology）及参考设计（reference design）以构成对某特定垂直市场应用领域的整体解决方案。

二、国内发展历史、现状

我国 EDA 技术在经过 20 世纪 80 年代启动和 90 年代的停滞过程以后，在自主 EDA 工具开发上落后于发达国家。EDA 工具长期依赖进口，使得我国集成电路产业发展，尤其是尖端工艺下的 IC 设计和制造受制于少数发达国家。自主 EDA 工具的缺少，影响着 IC 设计方法学的发展，也影响着我国集成电路技术的进步。

我国 EDA 技术和产业已经有 20 多年的发展历史，积累了一定的 EDA 软件和关键技术。在一些局部工具方面，积极参与国际化的市场竞争并获得海外客户的广泛认可。在人才方面，我们培养了一批高素质的 EDA 软件开发人才。在国际上，EDA 领域聚集了大量的中国人，被业界普遍认为具有开发 EDA 软件的天然优势，会在未来 EDA 软件产业竞争中发挥越来越重要的作用。最近几年，国际上几大 EDA 公司纷纷在中国建立研发中心，把大量 EDA 工具开发工作转移到中国进行，充分说明了中国具有 EDA 人才的优势。在中国，Synopsys 和 Cadence 均在上海和北京建立了研发中心，整合了多位研发人员。目前，Synopsys 公司中国的研发人员与美国总部的研发人员一起为全球的 IC 设计工程师协同开发新的设计工具，并不断为中国的 IC 设计业提供深入支持。中国研发中心是 Synopsys 公司在美国以外最大的 IC 设计工具研发机构。中国也因此成为全球 IC 设计工具研发中心之一。

我国的数字 EDA 工具主要集中在数字集成电路后端设计工具。数字集成电路后端设计工具在 EDA 行业中占有非常重要的地位，是数字集成电路设计的必备工具。而一套全流程的后端工具需要近百万美元，我国基本依赖进口。北京华大九天软件有限公司（原来的华大电子公司 EDA 事业部）在数字后端设计工具领域已经打下了一个很好的基础，建立了全面的设计平台，包括数据管理、命令层定义、图形界面、各种浏览和查询工具、静态分析引擎、RC 提取引擎等。基于这个平台可以开发各项应用和全流程数字集成电路后端工具。目前已推出应用于时钟优化和时序优化的数字集成电路后端工具。

我国自主开发的熊猫 EDA 系统——九天系列工具主要定位在模拟集成电路和全定制设计领域，主要功能包括 SoC 中的模拟模块或单独模拟器件中原理图的设计输入，以及版图的设计、验证、分析等。其中熊猫系统在版图编辑、版图验证、原理图编辑、寄生参数提取等工具上具有独特的优势，在我国内地和香港，以及美国、日本、东南亚地区都形成了一定的客户群体，销售额逐年上升，呈现良好的上升势态。不过与国外顶尖的 EDA 公司相比，九天系列工具在产品功能和性能上还具有一定差距。

目前我国在电路仿真方面主要以华大九天软件有限公司所开发的基于硬件描述语言 Verilog-AMS 和 VHDL-AMS 的混合信号电路仿真工具，是一款高精度、并行、支持 Verilog-A，能支持上千万个元器件的晶体管级电路仿真工具。另外正在研发一款快速的、能支持数十亿个元器件的电路仿真工具。虽然起步较晚，但由于起点较高，目前在技术方面达到了业内领先的水平。

三、发展过程

国外 EDA 技术产生于 20 世纪 70 年代，当时主要服务于军工和航天航空领域，技术上还处于实现门级的自动化设计。随着 PC 产品、通信产品及互联网的普及，产品的上市时间压力和设计实现的要求大大增加，EDA 产业迎来了高速发展的时期，EDA 产品全面开始为企业的集成电路设计服务。进入 2000 年后，随着消费电子产品的普及，SoC 的发展给 EDA 产业带来了全新的发展机遇。为了适应集成电路设计的发展，EDA 技术从早期的自底向上的设计方法逐渐发展到现在的系统级设计方法，也叫自顶向下的设计方法。由于自底向上的设计方法的局限性，很多问题只有到了系统级才能确定设计的正确性，这直接导致设计的规模受到很大的限制。而系统级的设计方法却可以支持大规模的集成电路的发展，是将来集成电路设计发展的主要方向。总的来说，国外 EDA 产业与设计业及工艺生产技术紧密相连。EDA 技术的发展促进支撑着集成电路的设计和制造，而复杂的电路设计需求和先进的工艺制造的采用又给 EDA 产业提出了更高的要求和挑战，促进 EDA 技术的进一步发展。

我国 EDA 产业的发展有其自己的特点。20 世纪 80 年代，由于发达国家限制 EDA 技术的输出，国家认识到 EDA 作为集成电路设计的基础，对于集成电路的发展不可或缺。在国家的大力支持下，我国 EDA 产业快速起步，快速组建强有力的团队，实现了 EDA 从无到有的跨越，形成了以熊猫系统为主的一套 EDA 软件，在一定程度上摆脱了对发达国家的依赖。然而由于种种原因，国家逐渐减少了对 EDA 产业的投入，使得我国 EDA 的发展一度进入了停滞期，EDA 工具的开发一直落后于发达国家，导致我国集成电路产业发展，尤其是尖端工艺下的 IC 设计和制造受制于少数发达国家。这也是我国集成电路产业落后的一个很重要的因素。进入 21 世纪以来，国家开始对集成电路产业和 EDA 产业重新重视起来，所以我国 EDA 产业再次迎来了发展的契机。

我国 EDA 技术一直落后于发达国家，这是有多方面原因的。首先，EDA 产业是一个资金技术密集型产业，需要投入大量的资金做研发，而且需要跨学科的复合型人才和国家层面的全面支持；其次，EDA 产业和集成电路产业的发展密不可分，相互促进。EDA 产业要以集成电路产业为坚实的基础。而我国集成电路产业一直落后于一些先进国家，这也导致了 EDA 产业对先进工艺中遇到的问题知之甚少，对 EDA 的发展造成非常大的阻碍。最后，EDA 产业是一个需要积累的产业，由于我国的 EDA 产业底子薄、积累少，所以离开国家的支持就会发展缓慢。

不过经过 20 多年的积累和发展，我国已经自主掌握了一定的 EDA 技术，在某些领域甚至达到了世界先进水平。我国自主开发的 EDA 系统——"九天"系列工具主要定位在模拟集成电路和全定制设计领域，主要功能包括 SoC 中的模拟模块，单独模拟器件中原理图的设计输入及版图的设计、验证、分析等。我国的数字 EDA 工具主要集中在数字集成电路后端设计工具。数字集成电路后端设计工具在 EDA 行业中占有非常重要的地位，是数字集成电路设计的必备工具。我国在电路仿真方面虽然起步较晚，但由于起点较高，目前在技术方面达到了业内领先的水平，能支持上千万个元器件的晶体管级电路仿真。

四、未来发展趋势

芯片设计正在面临复杂性日益提高、低功耗设计需求无处不在、混合信号产品比例越来越大这三方面的挑战。EDA 工具也正在有针对性地进行创新，来满足芯片设计工程师的需求。

3C（通信、计算机和消费电子）产品是目前市场增长的主要推动力，而这些产品具有集成多种功能、低功耗、生命周期短及小尺寸等特点，这些特点为这类产品中的芯片提出了新的课题，增加了芯片的设计复杂度。而按照摩尔定律，芯片企业正在向更小的技术节点转换，即开展 65nm，甚至是 45nm 产品的设计。这些新设计的复杂性主要表现在以下几个方面：设计规模极为庞大，动辄上千万门及成百上千个 IP 核模块；就物理设计而言，大多采用层次化物理设计流程，包括多个环节，像 RTL（寄存器传输层）和具有物理实现意识的综合、可测试设计（DFT）、时钟树综合、功率网格设计、布线、信号完整性分析、功率分析及设计的收敛，这些过程都非常耗时，仅生成一个布局规划图及其相应的物理实施就能轻易地耗费掉一个月左右的时间。而与此相反，为满足市场的要求，设计的周期不但没有增加，而且还在迅速缩短。例如，在 20 世纪 90 年代，IC 设计的平均周期为两年；到前几年，平均周期缩短到一年；而在现阶段，设计的周期只有 6 个月，因此，IC设计公司还面临着产品上市时间的压力。设计一旦延迟，产品很可能就失去了好的市场机遇。为此，目前先进的 EDA 工具要具备几大功能：一方面，它们要提供高容量、高性能的数字集成设计能力，完成更先进产品的设计；另一方面，它们需要做到面向测试的设计，具有可预见性，并对可实现性能够尽早反馈。

此外，混合信号芯片的比例越来越高。相关市场调研公司预测，在65nm 芯片设计中，约有 50%的设计工作是混合信号设计。这样一来，如何打破原来模拟设计流程与数字工作完全隔离的状态，提供把模拟和数字信号设计紧密整合为一体的 EDA 工具将成为 EDA 厂商不断创新和完善的目标。

而极低功耗设计也是业界的一个热点主题。目前移动设备诸如智能手机的普及、可穿戴设备的兴起等，对极低功耗的芯片设计提出了非常高的要求。而实现最优化的极低功耗设计需要在设计流程的不同阶段进行权衡，包括降低工作电压，采用低阈值的晶体管，时序对功耗和面积对功耗等因素的折中等。为了能够达到这一目的，设计师需要使用正确的极低功耗分析和最优化引擎，这些设计方法要求被集成在整个 RTL（寄存器传输层）到 GDSII（物理级版图）的流程中，而且要贯穿全部流程。而 EDA 工具厂商也不断在这方面进行努力。

五、"后摩尔时代"集成电路设计面临的挑战和机遇

2003 年，Intel 公司首次在 90nm 工艺节点上采用了沟道应变硅技术，标志着集成电路进入了纳米尺度 CMOS 时代（栅长小于 100nm）。而自 45nm 节点起，Intel 公司又率先采用了高 K 栅介质与金属栅电极（HKMG）栅叠层结构（gate stack）来替代之前工艺节点所用的二氧化硅栅介质与多晶硅栅电极结构。这两个工艺技术（应变硅沟道与 HKMG）的引入，使得 CMOS scaling 在 65nm 工艺节点（2005 年）之后依然能按照摩尔定律所预测的规律：每两年一个技术代，即大致说来器件的尺度，以一维重复单元大小 [pitch，可以是指完整的单个晶体管（包括源漏接触）的沿沟道方向的长度，或指第一层金属布线密度的倒数] 为度量缩小 $1/\sqrt{2}$；而单元的面积（如 6T-SRAM）缩小为上一代的 1/2 进行。这个规律直至 2013 年 9 月 Intel 公司宣布 14nm FinFET 批量生产依然没有被打破。目前 Intel 公司给出的预计进程是 2015 年可以推出 10nm 工艺节点[1]。

那么迄今，以摩尔定律晶体管尺寸不断缩小为特征的 CMOS 技术给集成电路的性能、设计及制造带来了什么变化呢？一个明显的好处是在维持同样性能（比如以逻辑门的开关速度为度量）的前提下，电路的功耗降低了。这主要是因为沟道长度的缩短，可以使电源电压降低（目前最先进的 Intel 22nm 工艺，V_{dd} 可以低至 0.68V）。而一个明显的问题是制造的困难，包括成品率。举光刻为例，文献与网上的报道是 Intel 22nm 节点，晶体管的 pitch 是 90nm，第一层金属互连层的 pitch 是 80nm，而 Global Foundries 与 TSMC 的 20nm 节点，第一层金属互连层的 pitch 更小至 64nm。这样小的特征长度，迫使 193nm 浸没（immersion）式光刻采用双图形技术（double patterning technology，DPT）的掩模。

这些纳米尺度的 CMOS 工艺技术给电路/系统设计及设计自动化工具的开发构成了很大的挑战。可以归纳为以下三个方面：①器件性能的离散度（variation）或更准确地说是相对变动的增加；②短沟及短沟效应导致的静

态漏电电流的增加；③电路规模进一步增大（由于器件尺寸的变小）带来的其他一些问题，如如何控制发热的预算，SoC 中模拟、射频模块所需的无源元件与高电源电压器件（为功率放大器所用），数模模块间通过衬底的耦合等。

有关器件参数的离散或波动问题，目前的工艺水平仍然可以保证其不影响设计的正确性。这从 Intel 公司发表的（分别在 2011 年与 2012 年）32nm[2]/22nm[3] N/P-MOS 器件的性能（以 I_{off} vs. I_{dsat} 为度量）中可以看出（图 5-6）。

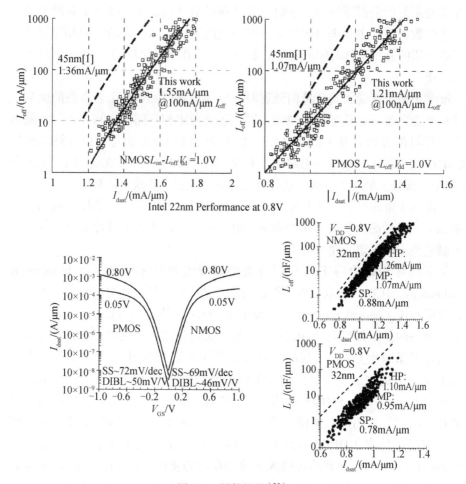

图 5-6　器件性能[30]

从 EDA 工具的角度来看，要在设计时尽量考虑到可制造性与成品率（或称良率），同时在整个设计流程中需要考虑到器件参数的波动对设计的影响，以及其他诸如邻近效应（proximity effects）等。

工艺参数的波动包括掺杂杂质（random dopant fluctuation，RDF）、走线（包括栅电极的定义）边缘的粗糙性（line edge roughness，LER），以及金属栅功函数的随机分布（因为作为栅电极的金属是多晶）。

考虑到芯片内部的系统性的工艺参数的波动，需要对静态时序分析（static timing analysis，STA）采用统计的分析方法。目标是达到时序收敛（timing closure）。而如何表征电路单元、如何存储时序的数据及表述、如何在功耗限制的前提下达到时序收敛等这些都给 EDA 工具提出了新的挑战。工艺参数的波动主要来自包括光刻时用到的透镜（lense）的大的曝光视场，掺杂杂质的分布及其对阈值电压的影响。这些在纳米尺度的 CMOS 器件中尤为严重。

举个例子来说，当计算门延迟时，要认识到门延迟是工艺参数的函数。而每个工艺参数应该处理成独立（同时还要考虑相互间的空间关联）的随机数。计算的方法有基于信号路径、参数空间的积分方法等。而在纳米尺度 CMOS 之前的工艺制造的电路中，时序与功耗分析是采用确定式的三工艺角（典型、最佳、最坏）方法。这种方法通常产生过于悲观的结果。

而对于电路综合，尤其是单元库综合来说，是以时序、功耗与面积三个指标为主要考虑因素的。在纳米集成电路时代，还要考虑设计生成的掩模的可制造性（即可印刷性）。

下面详细讨论一下与光刻有关的计算光刻技术（inverse lithography technology，ILT）。纳米尺度的集成电路工艺，在设计掩模时，仅采用光学邻近效应修正（optical proximity correction，OPC）技术已不够了。一个更为可靠、完备的技术是所谓的 ILT。这个技术是根据已表征的用于曝光的光学系统与在硅晶圆片上需要实现的图形来计算所要设计的掩模版图。这个过程实际上是一个优化过程（目标函数是曝光到晶圆片上的图形与实际要求的图形的误差）。另外一种比较实用的改进光刻精度的办法是对同一要求转移到硅片上的图形采用两套掩模（或更多套）。这种采用两套掩模的光刻方法被称为双图形技术（DPT）。Intel 公司的 22nm 工艺就采用了 DPT 来制作 trigate transistors，达到的包括源漏接触在内的栅极间距（pitch），即晶体管沿沟道方向的最小尺度为 90nm。有关可制造性与良率设计的 EDA 工具有另章讨论。

EDA 工具中有一部分是与 technology CAD（TCAD）有关。TCAD 是指从半导体工艺模拟、器件模拟，直到 Spice 电路模拟用集约模型（如 BSIM）

参数提取，有时候也指包括电路模拟在内的 EDA。因为器件尺寸的不断缩小，构成器件的半导体材料等不能再被作为连续媒介来处理，而必须被视作原子组成的结构（如果是晶体，则是晶格），相应的器件模拟所基于的电子结构也从体材料的能带变成需要用第一原理（即原子级）或其他量子力学的方法（如紧束缚近似方法）来计算能带结构，然后来计算载流子在器件中的输运，这也需要采用量子输运的方法，如非平衡格林函数（NEGF）来得到。

当集成电路的规模变大时，电路的可测试性会逐渐变成一个问题。因此在集成电路的设计过程中所用的 EDA 工具中还需要考虑可测试性的特征。

（一）工艺技术不断进步

1. 器件的革新：从平面工艺到 FinFET/FD-SOI/UTBB

在摩尔定律提出后的 50 年间，半导体工艺技术的不断进步促进了集成电路产品的集成度不断提高，从最初的几百只晶体管到现在的单片集成几十亿只晶体管，其功能和性能发生了翻天覆地的变化，极大地促进了全球经济的发展并对人类的生活产生了巨大的影响。

与集成电路的集成度提升相对应的是晶体管尺寸的不断缩小、晶体管性能的不断提高和单个晶体管价格的不断降低。在过去的几十年间，晶体管尺寸的缩小基本遵循摩尔定律，从早期的几微米工艺到 21 世纪初进入到 100nm 节点之前，基本上属于 "happy scaling" 的阶段，对晶体管几何尺寸通过遵循一定规则按比例缩小，就可以实现晶体管尺寸和面积的减小，从而实现单元功能的成本的降低和单元功耗性能的提升（图 5-7）。从 21 世纪初开始，由于晶体管的小尺寸效应日益严重，仅仅通过简单的几何尺寸缩小已经越来越不能满足 CMOS 集成电路性能提升的需求，所以各大领先的半导体公司（如 IBM 和 Intel 等）均开始考虑在 90nm 节点以下的 MOSFET 晶体管中引入应变硅的技术（"应力工程"）提升沟道中载流子的迁移率，从而延续了晶体管性能的继续提升趋势。在 2010 年之前，"应力工程" 又变得不足以满足工艺节点继续前移的性能提升的需求，同时由于器件尺寸的进一步缩小，其他的瓶颈变得更加重要，包括漏电和工艺的漂移与扰动。进入到 45nm 节点之后，工业界开始引入高 K 介质层取代传统的 SiO_2，并且逐渐采用金属栅取代传统的多晶硅栅，通过这些新的工艺技术加强对沟道的控制，从而可以在晶体管尺寸进一步缩小提升性能的同时能够在一定程度上控制漏电和工艺的随机扰动。

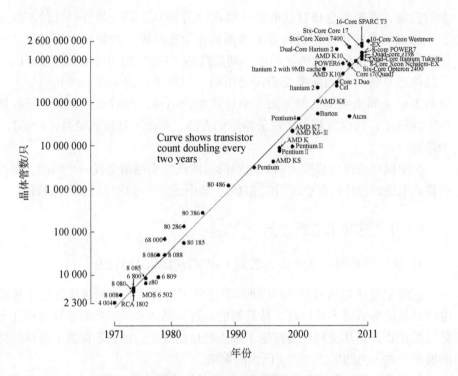

图 5-7　摩尔定律：CPU 集成的晶体管数每两年翻一倍

资料来源：Wikipedia

平面的体硅 CMOS 工艺一直是集成电路的最主流技术，应用于现在几乎所有类型的集成电路中，工艺技术的改进使得体硅 CMOS 工艺能在过去的几十年间不断进步，到 32/28nm 节点时单颗芯片已可集成几十亿个晶体管，如 Intel 公司于 2011 年发布的基于其 32nm 工艺的 10 内核 Xeon CPU 中集成了 26 亿只晶体管，Xilinx 于 2011 年发布的基于其 28nm 工艺的 Virtex-7 FPGA 芯片中集成了创纪录的 68 亿只晶体管。

然而，当业界进行 22/20nm 以下节点的工艺开发时，传统的基于平面结构的体硅 CMOS 技术遇到了前所未有的障碍，由于栅的长度极度减小，即使采用金属栅/高 K 介质层获得极薄的等效氧化层（EOT）已经不能有效控制源漏之间的漏电，采用已有的工艺手段已不能充分保证工艺节点继续前移且保持集成电路发展的趋势。因此，半导体工业界采用了近几十年来最具有革命性意义的技术变革，即从传统的平面 MOSFET 结构改成三维的 FinFET（或 Intel 公司的"Tri-gate"）结构，如图 5-8 所示。这种三维的晶体管结构从设计上是"全耗尽"的，栅极对沟道拥有极好的控制，与体硅结构相比极大地提升了亚阈区斜率因子（SS）和 DIBL 等小尺寸效应，从而使得晶体管的尺寸缩小到 10nm 以下成为可能。在 FinFET 的设计中，得益于栅极对沟道的强力控制，其沟道可以采用低掺杂甚至无掺杂的设计，因而可以降低沟道中的粒子散射，增强沟道的载流子的迁移率，从而提升了器件的性能，特别是在低偏置条件下的器件性能。

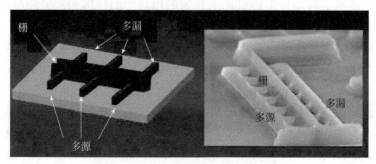

图 5-8　Intel 公司 22nm Tri-gate 晶体管
资料来源：Intel 公司

最早、最有代表性的多栅三维晶体管是由加利福尼亚大学伯克利分校胡正明教授领导的研究小组于 1999 年发明并展示的 sub-50nm 的 FinFET 晶体管。实验结果表明其多栅的三维晶体管特性可以有效控制小尺寸效应，并可以帮助晶体管尺寸进一步缩小到 10nm 以下。随后 FinFET 得到了各大公司的进一步关注和研究，如 Intel、台积电、IBM、AMD、三星等，并相继展示了纳米级的基于 FinFET 的各种三维晶体管器件实验结果。Intel 公司于 2011 年首先将三维晶体管结构进行商业应用，在其 "Ivy Bridge" CPU 中集成了 14 亿只采用 22nm 节点的 "Tri-gate" 三维晶体管，与 Intel 32nm 的平面工艺相比，在仅仅增加 2%~3%的成本的情况下，可以在低电压下实现 37%的性能提升及相同性能下超过 50%的功耗降低。其他领先的半导体公司，如台积电、三星、全球代工等也相继宣布将陆续在 2014 年将其各自的 FinFET 工艺在 16/14nm 节点推向商业应用，并得到了业界各大集成电路设计公司和 EDA 供应商的响应。基于 FinFET 的三维晶体管工艺将成为 20nm 节点以下的主流工艺，并推动 CMOS 技术进一步向 10nm 以下进军。

与体硅 CMOS 技术同样采用平面工艺的 SOI CMOS 结构由于在功耗和速度上的优势，可以比同等节点下的体硅器件有 20%~35%的性能提升，因此在 SoC 和 RF 等应用上得到了众多领先半导体公司（如 IBM、AMD、

Freescale、ST 等）的青睐。在 SOI 技术发展的早期，主要由于 SOI 材料质量的问题其发展较为缓慢，直到 20 世纪 90 年代才得到了较大的突破，由 IBM 公司首先于 1998 年实现了 SOI CMOS 的商业化，在其 64 位 Power PC 系列 CPU 中采用至今，IBM 公司于 2012 年发布的基于 32nm SOI 工艺的 Power 7+CPU 已集成了 21 亿只晶体管，并且即将于 2014 年推出更为先进的基于 22nm SOI 工艺的包含有 12 内核的 Power 8 CPU。

SOI 技术从其器件工作机理上分为采用较厚的硅体的部分耗尽型（PD-SOI）和采用较薄硅体的全耗尽型（FD-SOI）。SOI 由于采用"浮体"设计，即器件是在一个绝缘层上工作，器件的体电位不固定，因而造成器件的阈值电压随之变化，对 SOI 电路的设计带来了挑战。全耗尽型 SOI 由于其体的厚度远远小于器件的耗尽层厚度，所以体的电荷是固定的，从而可以消除部分耗尽 SOI 中的浮体效应。全耗尽型 SOI 的另一个优势在于小尺寸效应可以得到极大的改进，因此是器件尺寸极度缩小后的必然选择。虽然 FD-SOI 可以避免 PD-SOI 中的种种问题，但是在早期其制造相对困难，而 PD-SOI 由于其类似于体硅结构的特性，制造和设计均相对容易，并且可以与体硅工艺共用诸多的技术，如对小尺寸效应的抑制技术等，因此在 SOI 发展的早期对 PD-SOI 的应用较多。IBM 公司一直采用 PD-SOI 工艺制造其 PowerPC 系列 CPU，包括目前仍对外提供的在 45nm 和 32nm 节点上的高性能 SOI 代工服务。随着工艺节点的推移，PD-SOI 的结构存在与体硅 MOSFET 结构类似的局限性，因此 FD-SOI 成为 SOI 在 22/20nm 工艺节点下的必然选择，并且成为 FinFET 三维晶体管结构之外的另一个选择。业界诸多领先的半导体公司/研究机构，如 IBM 公司和位于欧洲的 ST-LETI 联盟一直坚持 FD-SOI 的研究，并在 2011 年开始进行商业化的开发和推广。基于 FD-SOI 结构的薄体型 SOI（ETSOI）和薄体薄 BOX 型 SOI（UTBB-SOI）是研究和开发的热点，由于其超薄型体［如 ST 的 28nm FD-SOI（图 5-9）中体只有 7nm 厚］的特性，小尺寸效应可以得到极好的控制，可以采用非掺杂的沟道，所以可以降低功耗、提升性能，并且消除在体硅结构中比较严重的由 RDF（随机掺杂起伏）引起的工艺随机扰动，从而改进设计。目前，位于欧洲的 ST 微电子已在 28nm 节点下采用其开发的 UTBB-SOI 对 FD-SOI 进行商业应用，与 28nm 的低功耗平台相比，在同等电源电压（1V）下可以提升 30% 的性能，在同等性能下可以降低 40% 的功耗，同时展示了从基于体硅 CMOS 设计到 SOI 电路设计的易移植性，以及到 20nm、14nm 和 10nm 以下节点的可扩展性，成为 FinFET 三维晶体管工艺技术的有力竞争者。

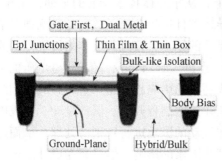

图 5-9 ST 公司 28nm UTBB FD-SOI 结构

由于 FinFET 和 FD-SOI 结构均可以满足半导体业界前进到 10nm 左右节点的需求，并且从器件结构上各有其特点和优点，工业界的应用也各有其市场，展望未来，两种技术是否并存或者某种技术是否可以成为业界绝对的主流，仍需要市场和用户最后做出选择。然而，另外一种可能性是结合两种技术的优点，发展 SOI 上的 FinFET 技术，从而可以避免各自技术的缺点，进一步推进半导体工艺技术和集成电路设计的发展。IBM 公司于 2013 年 11 月宣布其 FinFET on SOI 技术获得突破性进展，并展示了基于 14nm FinFET on SOI 的实验数据，如可以实现 SRAM 在极低电压（0.4V）下完整的读写操作，进一步验证了结合两种技术的优点进行工艺开发和电路设计的可行性（图 5-10）。

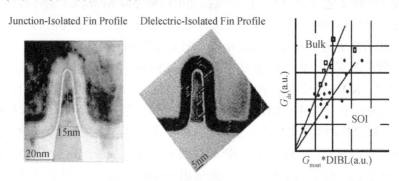

图 5-10 IBM 公司 14nm FinFET on Bulk 和 FinFET on SOI 结构

资料来源：IBM 公司

2. 工艺漂移与扰动

工艺的漂移与扰动在 CMOS 工艺技术发展到 90nm 以下后被认为是集成

电路设计与制造的新挑战。事实上，从半导体技术发展的早期，早至 20 世纪六七十年代，已有学者针对半导体器件里掺杂原子数的随机扰动对电学特性的影响进行了研究。只是器件尺寸的缩小且接近其根本的极限（如原子的尺寸量级和光波长），特别是工艺节点进入到 45nm，随着供电电压的下降，工艺的漂移和扰动对芯片性能和成品率的影响越来越严重，并成为制约工艺节点继续前移的关键因素，而必须在工艺制程开发、器件设计、集成电路设计和制造等诸多环节对工艺漂移和扰动的影响进行特别的处理，从而通过工艺和设计的手段首先避免或减小某些因素的影响，然后要在设计的过程中通过改进的设计流程和使用先进的设计工具对不可避免的工艺漂移和扰动对最终芯片设计的性能和良率的影响进行分析，对设计进行优化，最终提升芯片设计的竞争力，DFM（可制造性设计）和 DFY（良率导向设计）则成为设计中必要的手段。

在当前主流的 CMOS 工艺节点下（28～45nm），工艺的漂移和扰动主要分为系统性的工艺漂移（systematic）和随机性的工艺扰动（random）。对于系统性的工艺漂移，如由光刻、CMP 等引起的器件特性变化，往往通过DFM 的技术进行处理；而对于随机性的工艺扰动，则往往通过 DFY 的设计方法在设计的过程中加以考虑。工艺的漂移和扰动主要分为以下主要内容。

第一，由随机掺杂扰动（RDF）、制程的线边缘和线宽的扰动（LER/LWR）等引起的随机扰动。

此类型的工艺扰动为工艺的随机扰动中影响体硅 MOSFET 器件特性最大的因素，造成器件电学特性特别是阈值电压的随机变化，主要引起工艺扰动中的局部随机变化（local variation 或失配）。在体硅 MOSFET 中，由于控制小尺寸效应的需要，沟道中需要进行掺杂，并且掺杂浓度随着器件尺寸的减小而增大，RDF 则是由掺杂原子的数目和位置的随机扰动所造成的，据研究，在 45nm 的工艺中，RDF 的影响占所有的随机扰动引起的器件失配的约 60%，为随机扰动的主要因素。如图 5-11 所示，沟道中的掺杂原子数随工艺节点的推进而减少，因而 RDF 的影响在增大，到了 32nm 节点，沟道中的杂质原子个数已经少于 100 个。RDF 造成相邻的晶体管即使尺寸和设计上完全一样也会有电学上的失配（mismatch），其影响随着器件面积的减小而增大，可以通过减小沟道的掺杂浓度和氧化层厚度而改进 RDF 的影响。当工艺节点从 65nm 进入到 45nm 时，高 K 介质层/金属栅的工艺得到了一些工厂的使用，使得 MOSFET 的等效氧化层厚度进一步减小，因而可以部分改进 RDF对随机工艺扰动的影响，实验数据表面从 65nm 到 45nm 采用高 K 介质层/金属栅的工艺可以减小阈值电压失配的随机扰动 20%。当工艺节点进入 22/20nm 以下，采用低掺杂甚至无掺杂的 FinFET 和 FD-SOI 成为主流，RDF 的影响将被消除或成为随机工艺扰动的次要因素。

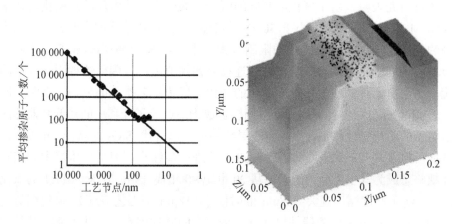

图 5-11　由于沟道中的掺杂原子个数的扰动而引起的 RDF 效应

资料来源：Intel 公司

工艺制程中进行栅图形（patterning）制作时线边缘和线宽的扰动（LER/LWR）会造成亚阈区电流和阈值电压的随机扰动。LER/LWR 与工艺制程中的光刻胶选择及相关的工艺步骤的条件密切相关，采用 193nm 的光刻胶比 248nm 的光刻胶造成的 LER 影响更大，同时光刻胶的厚度和相关的刻蚀条件也是影响 LER 的关键要素。计算机 TCAD 仿真的研究表明，LER/LWR 的影响和 RDF 的影响在统计学上各自独立，并同时对器件电学特性产生随机扰动，是器件失配特性的主要因素，当器件尺寸进一步缩小后，LER 的影响有可能超出 RDF 效应成为最主要的影响因子。

在采用高 K 介质层/金属栅后，特别是 Gate-first 的工艺步骤，器件的随机扰动可能会产生另一种来源，由于自对准的源漏区离子注入工艺可能在金属栅中产生多晶颗粒度，比如采用 TiN 的金属栅中可能会有 5～6nm 的颗粒，这种金属栅的颗粒度的随机扰动（MGG）可能会成为仅次于 RDF 的影响因素，采用 Gate-last 的工艺步骤则可以避免这种可能的随机扰动。

以上所提及的随机扰动在采用各种工艺手段后仍是先进工艺节点下器件电学失配特性的主要影响因素，需要在设计的阶段采用特殊的工具和设计流程（DFY）考虑随机扰动对设计（性能和良率）的影响。

第二，与栅介质层的扰动相关。

与栅介质层的随机扰动涉及氧化层厚度、固定电荷、陷阱和缺陷等的扰动，从而造成器件的驱动电流、栅隧穿电流和阈值电压的随机变化。TCAD的仿真研究表明，由于氧化层厚度的所造成的器件阈值电压的随机扰动在常规的 MOSFET 器件尺寸小于 30nm 后可能与 RDF 所造成的影响相当，成为制约氧化层厚度进一步减小的限制因素。采用高 K 介质层/金属栅工艺后，金属栅中的固定电荷会影响器件的迁移率和阈值电压，因此这种固定电荷的扰动则会对器件阈值电压形成随机的变化，成为工艺扰动的另一个来源；同时，高 K 介质层中的缺陷和陷阱则会造成沟道载流子迁移率的降低和器件阈值电压的不稳定性。工业界一直在寻找一种可以替代 SiO_2 的高 K 介质层，从而可以实现等效氧化层厚度（EOT）的进一步缩小，但是介质层中的陷阱和缺陷态成为其主要制约因素。从 20 世纪 90 年代开始，在 MOSFET 的氧化层（SiO_2）厚度缩小到大约 3nm 的时候（0.18μm 的工艺节点），通过栅氧化层的直接隧穿电流成为器件尺寸进一步缩小的制约因素，因此工业界开始在常规的 SiO_2 中加入极少量的氮，使之成为氮氧化硅，通过提升介质层的 K 值提升实际的介质层厚度（从而减小直接隧穿电流）而实现继续缩小等效的氧化层厚度（EOT），满足了 EOT 从 3nm 缩小到 1nm 的工艺节点继续前移的需求。当 EOT 达到 1nm 左右的时候，逐渐增大的直接隧穿电流和多晶硅栅的耗尽效应使得 SiO_N 不能满足进一步器件尺寸缩小的要求，因而采用更高 K 的材料成为必需。如图 5-12 所示，各种高 K 材料成为研究的对象，K 值的大小、材料的热稳定性和工艺兼容性、与硅的禁带的 offset、与硅的界面的稳定性等成为选择介质层材料的考虑因素。经过十多年的研究，基于铪（Hafnium，Hf）的介质材料，如 $HfSiO_n$ 成为业界的普遍选择，通过在 SiO_2 中添加 Hf 提升介质层的 K 值，然后通过添加氮使得介质层材料更加稳定，实现较高的 K 值、较低的陷阱态和较高的载流子迁移率。同时，通过减薄 HfSiON 并结合一层超薄的中间 SiO_2 层（大约 0.5nm）可以进一步降低整体的陷阱态并提升载流子迁移率。

基于 HfSiON 的高 K 介质层可以很好地满足 EOT 在 1nm 以下继续减小的 Scaling 需求，但是传统的多晶硅栅很快被发现不能完全满足要求。除了日益严重的多晶硅栅中的耗尽层效应，基于 $HfSiO_n$/多晶硅栅的 PMOS 器件会出现较大的阈值电压漂移，在 PMOS 器件中无法实现较低的阈值电压，因而不能满足高性能 CMOS 的应用。与高 K 介质层相应的金属栅的研究成为热点和必需。如图 5-13 所示，金属栅的选择较多，其关键在于如何在 CMOS

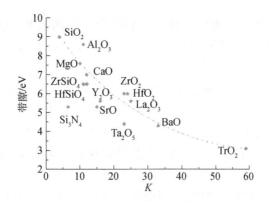

图 5-12　各种不同 K 值的介质层材料（禁带宽度约 $1/K$）

资料来源：Cambridge University

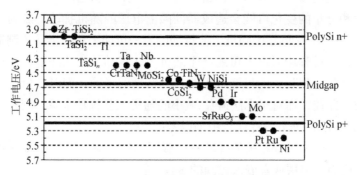

图 5-13　各种不同功函数的金属栅材料

资料来源：ST

工艺步骤后有效地控制金属栅的功函数，同时与相应的介质层及相关的材料一起具备较好的热、化学和机械的稳定性。对于金属栅的应用通常有两种方式：一种是在 NMOS 和 PMOS 中采用功函数靠近禁带中间（约 4.6eV）的单一金属做栅电极，然后采用额外的工艺步骤或者额外的材料调节功函数；另外一种方式是在 NMOS 中采用靠近硅衬底的导带的功函数的金属栅，在 PMOS 中采用靠近硅衬底的价带的功函数的金属栅。这两种方式各有其优缺点，同时在工艺步骤上又有"Gate-first"和"Gate-last"的选择，因此对金属栅的研究的应用仍在继续。

高 K 介质层/金属栅工艺的应用，可能会导致新的工艺扰动来源，如前述的金属栅中金属颗粒度的扰动（MGG）、介质层/金属栅的界面态、介质层中的陷阱/缺陷等的随机扰动等因素的影响。对高 K 介质层/金属栅工艺的优化将可能减小各种工艺的扰动和漂移，而对于无法避免的工艺漂移和扰动则会对晶体管的电学特性如阈值电压、亚阈值漏电流等产生影响，必须在 SPICE 模型中能够得到准确的表征，并在后续的 DFY 设计中加以考虑。

第三，与工艺制造中离子注入和退火等工艺步骤相关的随机扰动。

除了那些基本的与器件本身结构相关的随机扰动（如 RDF），在工艺的制造过程中，如离子注入和热退火等步骤也会引入一些额外的扰动来源，如 pocket 离子注入、快速热退火和与多晶颗粒相关的扰动等。在进行离子注入和热退火时，离子注入机的条件，如掺杂剂量的精确度、掺杂物的纯度、退火的峰值温度和温度提升/降低的速率等，以及 MOSFET 中的 pocket（halo）和延伸区的离子注入结构，均可能对晶体管的电学特性产生新的随机扰动来源。对于传统的多晶硅栅来说，由于离子注入工艺引起的多晶硅中的颗粒边缘的形状和分布的变化可能会造成器件阈值电压的随机扰动，成为基于多晶硅栅的 MOSFET 晶体管中随机工艺扰动的另一可能来源。半导体制造公司应该在工艺开发过程中对以上可能产生随机工艺扰动的工艺环境、步骤和条件进行工艺优化，尽最大的可能减小对器件特性的影响，同时在量产过程中进行工艺质量监控，而对于无法避免/减小的随机工艺扰动来源，则应该在随后的 SPICE 模型和 DFY 设计流程中加以考虑。

第四，与应力工程相关的扰动——版图邻近效应（LPE），如采用应力的硅片、高应力的夹层或者嵌入源漏的 SiGe 等。

在 0.13μm 工艺节点之前，晶体管的尺寸缩小一直遵循传统的"Dennard"的晶体管 Scaling 理论，并满足摩尔定律的晶体管性能提升的要求。工艺节点进入到 90nm 之后，工业界采用了"应力工程"提升沟道中载流子的迁移率来提升晶体管的性能。对沟道加应力提升载流子迁移率的早期研究主要是在 SiGe 衬底上生长硅的薄层作为载流子的导通沟道，由于 SiGe 的晶格常数大于硅，所以沟道中会产生双轴的拉伸压力，从而提升沟道中载流子的迁移率。在实际的工业应用中较为流行的是采用晶体管外围的工艺步骤实现对晶体管沟道的应力作用，如图 5-14 所示，通常采用高应力的夹层实现对 NMOS 沟道的应力从而提升电子的迁移率，通过在 PMOS 的源漏中嵌入 SiGe 提升对空穴的迁移率。

"应力工程"已成为半导体工艺节点从 90nm 发展到 45nm 的关键技术，然而"应力工程"在提升晶体管性能的同时，也引入了新的工艺扰动，如源漏中 Ge 的含量的变化和高应力夹层的厚度的变化等均可能引入新的随机工艺扰动的来源。同时，由于采用"应力工程"，晶体管的性能变得与其版图结构密切相关，引入新的版图邻近效应（LPE 或 LDE）。如表 5-1 所示，各种与晶体管版图相关的实际图形的变化可能会造成器件的驱动电流产生最多达 30%的变化，阈值电压多达 50mV 的变化，因而对集成电路的版图设计和仿真验证提出了全新的挑战，可能会造成版图后仿真和前仿真之间巨大的差距，从而影响设计的周期和最终产品的性能。传统的设计方法需要进行改进，因而半导体代工厂在其 PDK 中基于传统的 SPICE 模型库额外集成了 LPE 的模型，并且在 PDK 设计规则和 LVS 规则中集成了与之相对应的 LPE 规则，用于帮助设计人员进行版图设计，并且在仿真验证中考虑 LPE 效应对芯片设计的影响。这些针对 LPE 的设计流程和方法学要求半导体代工厂、设计公司和 EDA 提供商紧密合作，已成为高端集成电路设计的必须和赢得市场竞争力的关键之一。

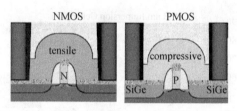

图 5-14　采用"应力工程"的 CMOS 器件结构

资料来源：AMD

表 5-1　版图邻近效应对器件性能的影响

Layout Variation	Typical I_{on} variation range	Typical V_{th} variation range
Length of diffusion（LOD）（SiGe or STI）	**~30%**	~50mV
Spacing to adjacent diffusion	~5%	~15mV
Active diffusion corners	~5%	~15mV
Poly spacing	**~15%**	~30mV
Poly corner rounding	~5%	~20mV
Well boundary（WPE）/Dual stress liner（DSL）	**~15%**	~90mV
Contact to gate distance	~3%	~10mV

资料来源：Synopsys

第五，与工艺制造中图形相关的扰动——光学邻近效应。

光刻工艺是半导体制造过程中最为重要的步骤之一，其主要作用是把掩模版上的图形复制到硅片上，为下一步的刻蚀和离子注入等工序做准备。随着工艺节点的推进，器件的尺寸越来越小，对光刻的分辨率的要求越来越高，相应地，光学曝光系统的波长也是越来越小，从 436nm、365nm、248nm 到 193nm。在早期，193nm 的光刻无法支持 90nm 以下的工艺节点，随着光学系统数值孔径 NA 的增大及各种分辨率增强技术（RET）的采用，特别是浸液式光刻技术的发展，193nm 的光刻已经可以延伸到 45nm 及以下的工艺节点。采用相移掩模等分辨率增强技术可以把 193nm 的干法光刻延伸到 65nm 工艺节点，浸液式光刻技术则在曝光镜头和硅片之间加上高折射率的液体（如水的折射率是 1.44），从而通过进一步的折射提升分辨率（根据所使用的材料的不同，可以提升 30%～40%的分辨率）。工业界如 IBM 公司、AMD 公司在 45nm 时开始采用浸液式光刻技术，而 Intel 公司则在 32nm 开始采用浸液式光刻技术（图 5-15）。

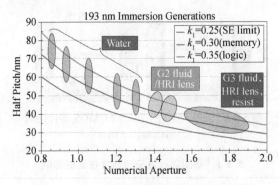

图 5-15　基于 193nm 的浸液式光刻技术发展
资料来源：ITRS

根据光学定律可以定义光刻系统的工艺因子 $k_1 = \dfrac{\text{NA}}{\lambda}\text{CD}$ ，这里 NA 是光学系统的数值孔径（越大则分辨率越高），λ是光刻系统的波长，CD 是工艺节点的关键尺寸。工艺节点的推进需要光刻系统采用更小的工艺因子 k_1，即通过在光学系统中采用低通的滤波器将掩模版上的图形特征的高频分量滤除，当 k_1 减小后，则可能产生由光刻导致的图形和形状的变形，并引入新的工艺漂移机制。这种光刻步骤中图形变形所引起的工艺漂移往往是系统性漂移，并且与器件设计的版图特征密切相关，主要包括光学邻近效应（线宽的扰动）、圆角现象（corner rounding）和线端缩短效应等，如图 5-16 所示。

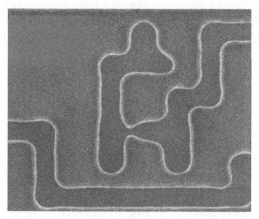

图 5-16　由于光刻工艺所引起的光学邻近效应

　　光刻步骤中的邻近效应主要造成实际印制的关键图形尺寸与其周围的环境相关，特别是与其邻近的图形的距离相关，因此最终实际的图形尺寸（线宽）将与工艺制造中相邻图形的距离相关。圆角效应则是因为边角的高频分量被滤除，所以边角被过度平滑，造成图形的变形，对版图设计中多晶硅栅与 L 形状的晶体管有源区比较靠近的情形影响较大。线端的缩短效应则是由光线的衍射、光刻掩模版图形的圆角化及光刻胶本身的扩散等因素引起的矩形图形长度的减小。

　　以上提及的由光刻工艺步骤所造成的各种工艺的漂移对最终晶体管的制造会产生各种影响，在实际的工业应用中是通过 DFM 的手段在制造的过程中直接减小或消除这些影响，如 OPC 等（参见下文的介绍）。

　　第六，与工艺制造中 CMP 相关的扰动。

　　在工艺制造中化学机械抛光（CMP）是关系到工艺质量的关键步骤之一，在前段工序和后段工序中都大量采用，与之相关的 CMP 的质量高低，也会造成对器件特性的工艺扰动。在前段工序中，CMP 可以用来对制作 STI 时的氧化层进行抛光，而后续的工艺步骤（如多晶硅栅的图形制作等）均与该氧化层的平整度密切相关，该氧化层厚度的扰动则可能对器件的特性产生影响。与此类似，CMP 也在近些年来用于栅（包括多晶硅栅和金属栅）的制作工艺，CMP 工艺引起的栅高度的扰动也会对后续工艺进而对器件的特性产生影响。在后段工艺步骤中，CMP 大量用于对介质层或金属进行平坦化，相应地，CMP 工艺也会造成介质层或金属层厚度的扰动，从而产生工艺特性的漂移。这些与 polishing 相关的工艺扰动也需要通过工艺的改进和优化并通过 DFM 的手段去加以减小或消除，具体内容会在下一章节提及。随着工艺节点的推进，由 CMP 引起的金属/介质层厚度的扰动越来越大，如图 5-17 所示，因而对 CMP 引起的工艺扰动的分析和相关的 DFM 手段越来越重要。

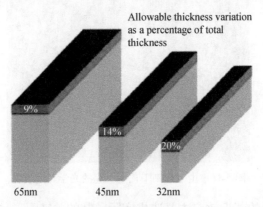

Allowable thickness variation as a percentage of total thickness

9%   65nm

14%   45nm

20%   32nm

图 5-17　由于 CMP 引起的金属/介质层厚度的工艺扰动随工艺节点的推进而增大

资料来源：ITRS

3. 3D 互连与 3D 封装

随着电子产品在日常生活中起越来越重要的作用，特别是手持和互联网等的应用，电子产品已从单一应用功能发展为多样化的应用功能，并追求高性能、超轻便和低价格。为了在有限的尺寸中装入更多的功能，SoC 成为过去几年业界致力发展的解决方案。随着工艺制程技术向纳米级的快速演进，SoC 内所能容纳的晶体管数目越来越多，可以整合不同的功能，如数字、模拟、混合信号和射频模块，在提高了其整合能力的同时，可以满足电子产品对低功耗、低成本及高效能的要求，并且可以拥有更小的尺寸和更好的系统可靠性。然而进入到纳米级工艺后，SoC 也逐渐碰到其发展的瓶颈，制程越来越先进导致其成本越来越高、开发周期越来越长，且异质化整合（如模拟和数字等不同的功能）的难度越来越高，因此在实际应用中 SoC 所面临的挑战难度越来越高。

为了解决以上的问题而满足业界对电子产品的要求，系统级封装（SiP）特别是三维封装成为新的选择。SiP 技术从 20 世纪 90 年代提出到现在，经过几十年的发展，已被学术界和工业界广泛接受，可以在单一的模块内集成不同的有源芯片和无源元件、非硅基器件、MEMS 元件甚至光电芯片等，更长远的目标则考虑在其中集成生物芯片等，为最终产品提供了小型而功能多样化的解决方案。一般而言，SiP 具有以下优点：微型化，可异质整合，可降低系统板级成本，可缩短产品上市时间，可提高产品效能。SiP 经过几代的技术发展，有多种系统封装方式，如图 5-18 所示，目前可以通过 3D 的封装技术将不同的芯片元件整合在一起，比如可以通过 3D 的封装极大提升快闪存储器（Flash）的应用效率，但是其周边互连接口能力的好坏成为另一个限制因素，同时其成本也相对较高。此外，采用 3D 封装虽然可以把各种芯片整合在一起，由于芯片之间的连线过长，可能会产生运算速度慢、散热和时序一致性等难题。

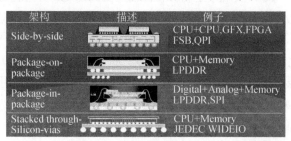

图 5-18　SiP 的各种封装方式

资料来源：Intel 公司

　　SiP 与 SoC 是两项平行发展的系统集成技术，且各有所长，SiP 的优点是可实现高功能、开发周期短、低价格等；SoC 的优点是低功耗、高性能、芯片面积小等，可以各自满足其不同的应用。随着不断提高的电子产品高性能、多功能、小型化、轻量化和高可靠性的发展趋势，近些年，整合了 SoC 的性能及功耗的优点和 SiP 的功能及上市时间短的优点的 TSV 互连技术应运而生，如图 5-19 所示。

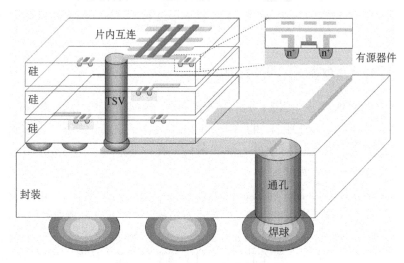

图 5-19　TSV 的 3D 互连方式示例

资料来源：Intel 公司

过去通过边缘走线的方式来连接芯片或者封装元件，信号的传送需要经过较长的距离，而 TSV 可以通过将两层或三层的晶圆堆叠在一起，并通过金属性孔洞的通道来进行垂直性的接线互连，能够将逻辑、存储器和模拟等元件紧密地结合在一起，运行起来像 SoC，但是又能克服 SoC 所面临的各种瓶颈。相比于 SoC 和 SiP，TSV 实现了逻辑和存储器的更高密度，并且拥有如下的优点：①同等尺寸下更高的密度；②可以集成更多的功能；③可以实现更高的性能；④较低的功耗；⑤较低的成本；⑥更好的制造灵活性；⑦更短的上市时间。

图 5-20 比较 SoC、SiP 和 TSV 三种集成方式的差异，可以看到，常规的 SoC、三维封装和 3D 互连各有其优点，因而可以在各自的应用领域得到相应的应用。从长远来看，三维互连技术可以整合 SoC 和三维封装的优点，进而成为业界进行高端系统整合的关键技术。

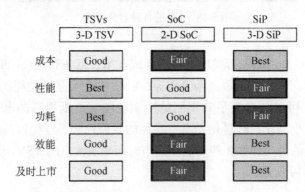

图 5-20　3D 的集成方式的优缺点比较

资料来源：Sematech

（二）电路复杂度与规模大幅提高

硅基 CMOS 集成电路因为器件制造工艺（例如光刻技术）与结构（例如由平面 MOSFET 过渡到 3D 的 tri-gate FinFET）的进步，集成规模不断地增大。而且由于系统结构的改进（例如多核，在单芯片上同时集成 GPU），单片电路的复杂性也大为增加。

以计算机处理器芯片为例，目前见到有详细文献报道的有 IBM 公司在 2013 年 2 月 ISSCC 上发表的系统 z 微处理器芯片[4]，其单片晶体管数及时钟频率均居世界前列。该芯片采用 32nm SOI 高 K 金属栅 CMOS 技术，有 27.5 亿只晶体管，时钟频率达 5.5GHz。整个芯片有 6 个处理器核，每个核有一个 1MB SRAM L2 高速缓冲存储器，片上有一个共享的 48MB DRAM L3 高速缓冲存储器。

就芯片的复杂度而言，可以以 Intel 公司的象牙桥（Ivy Bridge）处理器为例，发表在 2012 年的 ISSCC[5] 上。这款芯片是首次采用 Intel 22nm Tri-gate FinFET CMOS 节点技术，有 4 个核和 1 个处理图像与媒体的 GPU，以及对片外存储器与快捷外设互连（PCIe）等的控制器。片上有一个共享的 8MB SRAM L3-高速缓冲存储器，有一个电源管理控制单元。整个芯片共有 14 亿只晶体管，时钟频率可达 3.6～4.0GHz。从低功耗的角度而言，芯片通过电源配送面，在核内均匀分布着电源供给控制门（或称门控电源门，power gate）。在高速缓冲存储器中也有门控电源门来调节电源的电压值。

1. 性能持续提高

出于功耗的考虑，自 2004 年开始，CPU 的时钟频率就不再如原先计划的那样，朝着 10GHz 方向发展了。现在提高 CPU 性能的通常做法是采用多核（multi-core）。如前所述的 IBM 公司的系统 z CPU 芯片有 6 个核，而 Intel 公司的 Ivy Bridge 芯片则有 4 个核。通常的 CPU 芯片，现在可有 2-核、4-核、6-核、8-核的配置。高达 15 核的用于企业计算的 CPU（Intel Xeon）也已出现[6]。在时钟频率上，高性能的 CPU 可达 4～5.5GHz。

从 SoC 的角度来讲，针对移动通信的，结合 CPU，射频前端电路与基带信号处理的芯片也已出现。一个例子是 Intel 公司用于 PC 的单芯片处理器，有双核 Atom 处理器，并集成了射频 Wi-Fi 的收发器[7]。该芯片采用 32nm SoC 工艺实现，除了数字电路，还可以提供用于射频电路设计所需要的高压晶体管与射频无源元件，如螺旋电感与高质量的电容。集成的 Wi-Fi 收发器包括低噪声放大器、功率放大器及射频收发开关。

2. 多功能集成

一个典型的传感器集成电路，可以说是在手机中应用十分普遍地用于姿态定位的陀螺仪（gyroscope）集成电路。集成 MEMS 陀螺仪芯片还可以帮助增强 GPS 全球定位系统的精度与可靠性，以及其他保持运动物体的平衡等。这种集成电路的输出即为电信号，因而十分便于进一步处理。苹果公司发布的 iPhone 5S 更进一步采用了一颗专门收集、处理与存储传感器（如加速度计、陀螺仪及指南针等）输出数据的协处理器——M7。这样就可以减轻主 CPU 的运行负担，以达到省功耗（因此延长移动终端电池的待机时间）的目的。

上一节提到的 Intel 公司基于 Atom 核的 PC+Wi-Fi[7] 是实现单片多功能集成的一个例子。

3. 跨平台集成

跨平台集成的一个例子是基于 CMOS 的"硅基纳光子"电路，英文为 silicon nanophotonics，是用于解决片间的高速互连（数据速率可达 25Gb/s 以上）问题，在数据中心（data center）与超级计算机的机柜后接线面板（back plane）的印刷电路板级间的互连尤其能发挥作用。IBM 公司与 Intel 公司在这方面的研究与应用处于领先地位。在电路的实现上，IBM 公司采用了 90nm CMOS 工艺实现了单片多通道、波分复用收发器[8]。片上集成了光调制器与用锗材料做成的光检测器。但是 IBM 公司的电路芯片中不包括激光源（用外接的 VCSEL——垂直腔表面发光激光器），而 Intel 公司的硅基纳光子电路则在硅基片上集成了用异质结材料（InAlGaAs）做成的激光器（这项工作由加利福尼亚大学圣塔芭芭拉分校与 Intel 公司共同完成）[9]。Intel 公司在 2012 年上半年起就开始提供数据速率为 100Gb/s 的 8 通道（每个通道数据率为 12.5Gb/s）的芯片。

（三）低功耗电路设计

随着移动互联逐渐成为计算的主流及可穿戴设备潜在的发展，低功耗成为集成电路设计中最受人关注的焦点之一。对于非便携式设备的应用，如高性能桌面系统、先进的工作站及服务器，功耗也是至关重要的问题。因为此类设备运行速度快、规模庞大，功耗消耗十分巨大，产生的热量也十分大。基于气流的冷却技术已经达到散热的极限，因此对电路和系统的功耗也提出了很大的挑战。

目前，集成电路低功耗设计技术主要集中在以下几个方面。

1. 系统级低功耗管理

需要研究系统级的任务调度方法，既能在规定时间完成系统任务又要使其功耗最低。目前的移动设备上处理器往往具有不同的工作模式。处理器电压越高、频率越高则消耗的功率也越高。动态功耗和电源电压呈二次曲线关系，而速度和电压呈线性关系。因此完成同样的任务，在允许的时间内采用低电压低速度模式完成，比用高电压高速度模式完成然后剩余时间断电进行等待的方式功耗更低。而如何充分利用这一点需要系统级具有很好的任务调度算法。

2. 并行及流水线

并行或流水线的方法，比起串行实现方法在指定时间完成指定任务需要的时钟频率更低。它对应的每个单元或者流水线的每一级速度更慢。由于功耗与频率之间的二次关系。采用并行和流水线往往能有效地降低功耗。

3. 软件代码优化设计

要求软件设计的开发人员在软件设计的时候具备功耗优化的意识。在明确知道系统某部分可以关闭的时候，通过软断电的方式对不需要工作的硬件部分进行断电。

4. 编译器级别功耗优化

不同的指令会消耗不同的能量。总体而言，0/1 翻转次数较少的指令比起翻转次数较多的指令其功耗要更低。而 0/1 翻转与指令格式设计有关。同时，局部的数据访问消耗的能量要远小于全局的数据访问。低功耗的系统设计中，编译器要针对系统的硬件来实现，才能在将高层次的语言编译成机器代码时进行功耗的优化。

5. RTL 级功耗优化

对于不进行逻辑运算的单元，将其输入信号进行隔离，防止输入信号改变该单元的输出信号从而引发后级的电路翻转，可以有效地降低功耗。利用预计算进行旁路信号预测，判断主支路的信号是否会引起结果的变化，从而决定是否启动门控时钟关闭主支路的运算。

6. 门级功耗优化

逻辑上，多输入逻辑门的各输入之间的功能是等价的，然而在实现过程中，不同输入端对应的晶体管位置是不同的，导致每个输入翻转时逻辑门的功耗不同。通过分析多输入逻辑门的各输入的活动频度，然后采取最优的输入排列方式，可以有效地减小功耗。同时，可以在逻辑综合时将功耗纳入综合优化的目标函数，通过分解逻辑、修改信号相关关系等多项措施进行功耗的优化。

7. 后端综合与布局布线方法

通过布局布线优化等技术减小寄存器电容、优化电路、减小电路毛刺产生的概率进行电路功耗的优化。

8. 多阈值晶体管

为不同的模块分配不同的阈值电压，可以采用体偏置的方法对晶体管的阈值电压进行调整。阈值电压高的晶体管速度相对较慢，但功耗更低。

9. 多电压域

为不用的模块分配不同的供电电压。同理，供电电压较低的模块工作速度较慢，但功耗更低。

10. 动态电压缩放（dynamic voltage scaling，DVS）、动态阈值电压缩放（dynamic VTH scaling，DVTS）及动态频率缩放（dynamic frequency scaling）

针对同一模块，在不同的时间采用不同的供电电压、阈值及工作频率。

11. 门控电源（power gating）及门控时钟（clock gating）技术

将不需要工作的模块的电源或时钟关闭以降低电路或时钟网络的功耗。低功耗设计所面临的挑战在于如下几个方面。

（1）一般而言，进行低功耗设计的层次越高，功耗优化的空间就越大。然而，由于集成电路设计流程十分复杂，在进行高层次设计的时候考虑到低功耗的设计，对于设计者而言是十分困难的。传统上职业的细分趋向于每个人只需要专注于自己擅长的领域。现在要求一个设计者具备从顶层到底层的专业知识，如要求一个上层的系统设计工程师同时需要知道系统的底层的RTL 级，甚至门级的物理实现，知道如何有效地采用门控电源及门控时钟。这是十分困难的。目前 Synopsys 公司推出了一个在设计时体现功耗意图的设计标准 UPF，UPF 是 Unified Power Format 的缩写，它是一组标准的类似 Tcl 语言的集合，用于描述芯片设计中的低功耗设计意图（low-power design intent）。使用 UPF 语言，可以描述系统的供电电源网络、电源开关、隔离单元，保持寄存器单元等和功耗设计相关的元素。EDA 工具可以在进行综合的时候，"领会"设计者的设计意图从而有目的地进行低功耗的优化。由于在设计、综合、验证、物理实现过程中采用统一的一套 UPF 描述，可以保证设计流程中低功耗设计意图贯彻的一致性。

（2）对 SoC 功耗的估计也是十分具有挑战的。其原因在于功耗不仅与电路有关，而且与任务调度及软件执行情况有关，目前在系统级缺乏准确的功耗估计方法。

（3）随着工艺尺寸的减小，漏电功耗所占比例越来越大，而漏电功耗的估计更加困难，因为它随着工艺的统计波动具有很大的不确定性，需要采用统计性的分析方法。否则芯片设计者会面临两难的局面：要么芯片有可能不满足功耗指标，要么芯片设计可能会在功耗方面过于保守而导致性能不佳。目前，在漏电功耗的统计分析方面，EDA 工具仍十分不完善。

（4）伴随功耗问题而来的常常是芯片发热的问题。而芯片发热往往与芯片系统的工作相互耦合。例如，芯片功耗密度较高的地方，温度相应会提高，而温度提高进一步会导致晶体管的电学特性改变。晶体管的电学特性改变，如漏电加大，又会反过来导致功耗增加。这样会构成一个正反馈。由于多方面的困难，目前 EDA 工具中尚未实现将热分析与电学特性进行耦合分析的功能。

（四）协同化设计要求提高

1. 芯片级协同设计

集成电路产业经过 50 多年的发展，产业技术链不断发展变化，产业结构逐渐细化，分工越来越细致。然而，芯片制造的实践表明，制造尺寸的缩小会遇到各种技术挑战，其中有不可逾越的物理限制。世界集成电路产业的"后摩尔时代"来临，在"后摩尔时代"，充分利用成熟的半导体工艺技术，在单个芯片上实现更多功能与技术的集成已成为 IC 技术最重要的关注点。

当下 IC 设计需要将特定电子系统所包含的各项专业技术集成到单个芯片上实现，需要不同专业背景和不同知识领域的融合。IC 设计已扩展到系统算法设计、软硬件协同设计、芯片的逻辑设计版图设计、芯片测试与可靠性及良率控制、芯片应用硬件解决方案与嵌入软件解决方案开发等完整的电子产品协同开发过程。

新形势下，IC 设计所涉及的挑战各种多样，包括功能正确性、电源稳定性、信号完整性和可制造性等。芯片不能孤立存在，而必须以电气和机械的方式集成到系统环境中。此外，芯片还必须进行封装，然后安装在电路板上。芯片、封装、印制电路板（PCB）协同设计确实存在不少挑战。

新形势下的 IC 将数字、模拟、RF 电路集合在一起，因此需要很强的模拟、混合信号整合能力；所有的裸片整合在一个封装里面就必须有芯片、封装协同整合的能力；此外安装 IC 到电路板也是一项挑战，需要有合适的 PCB 设计和分析工具。因此任何一个完整的解决方案都应该在数字、模拟、封装、PCB 方面提供非常专业的解决办法，缺一不可。为了使性能达到最优，需要不同的设计部门之间有更加密切的合作和协同设计。

为了满足新形势下 IC 设计上的要求，应着重加强以下几个方面的研究：①软硬件协同设计；②电源完整性协同设计；③信号完整性协同设计；④芯片封装 PCB 协同设计。

第一，软硬件协同设计。

传统的系统开发方法是将系统人工划分成软件和硬件两部分，由不同的工程组独立开发，这对于规模较小的系统是可行的。但是随着系统复杂程度的提高，以及产品更新换代的加快，需要一种软件和硬件协调的开发方法，以缩短系统开发周期、降低系统成本、提高系统可靠性，从而在激烈的竞争中占领市场。

软硬件协同设计是一种自顶向下、自底向上的设计方法。在系统行为描述阶段，系统将被以最直接的方式描述出来。此时不涉及任何有关系统如何实现的问题，只描述系统外在的行为表现，更不涉及哪些是硬件、哪些是软件。在这个阶段，需要对整个系统的行为进行验证，以期在设计的开始阶段就发现系统行为要求中的错误。

之后，要对系统行为描述进行功能划分。将系统划分为互连的模块，每个模块都执行功能相对独立的特定行为，并确定模块的互连关系和接口标准，完成系统的结构模型描述。同样在完成系统的结构描述后，也需要进行验证，以确认结构描述与行为描述一致。

软硬件划分在结构描述完成后进行，以确定各个部分由软件或硬件实现。更重要的是，在进行完软硬件划分后，要对系统的性能、灵活性等参数进行预测，以评估软硬件划分甚至功能划分的合理性。如果划分不合理，就需要重新进行软硬件划分或功能划分，再进行评估。如此反复，直至获得最优的解决方案。

在完成软硬件划分之后，就可以对各个模块进行细化、综合直至虚拟器件原型（包括软件）。在整个细化过程中，应多次进行软硬件的协同验证，及时发现细化中的错误。

在到达器件原型级后，需要对各硬件原型进行映射，完成最终的实现。对已经由厂商提供 IP 的器件，可直接进行例化；对自己设计的器件，还要进一步进行综合、布图等工作。

在整个设计完毕之前还要对设计进行底层的软硬件协同验证和仿真。最终确认设计是否满足功能要求和条件约束。如果需要，还应对系统的性能、灵活性再次进行评估，以确定前面的先验估计是否准确。如果后验评估与先验评估相差太大，可能还需要重新进行结构划分和软硬件划分。

软硬件协同设计的复杂度是相当高的。因此，设计的重用就显得尤为重要。软硬件协同设计的模块化特性为重用的实现创造了良好的条件。在任意一个层次上，目标模块都可以由一个已经实现的具有知识产权的模块代替。由于重用可以从任意一层开始，这对产品的升级和改型是极为有利的。

通过前面对软硬件协同设计流程的简单介绍，我们可以看出其现状和研究热点：①系统行为和结构的描述问题；②各种不同的 IP 模块的集成问题；③协同仿真技术；④软硬件划分的方法问题。

在软硬件协同设计过程中，软件和硬件必须自始至终都是交互状态。硬件为软件提供设计平台，反过来，软件也为硬件提供了设计平台，它们相互作用，实现交互设计。

第二，电源完整性协同设计。

集成电路发展到如今的片上系统、3D-IC 等，芯片集成度及工作频率越来越高，芯片尺寸也越来越小，其金属布线越来越复杂，芯片核电压越来越低，工作频率、晶体管密度及平均功耗越来越高，金属布线上的电流密度越来越大。

在芯片中，时钟等信号，以及电源、地电压均需经过金属互连从芯片外部传送到芯片内部的晶体管，因此这些金属互连的寄生效应必将导致信号的畸变，从而在一定程度上影响芯片的性能。这些寄生效应主要包括寄生电阻与寄生电感，前者引起 IR 压降，后者则产生噪声。当芯片上晶体管切换时产生切换电流，经过这些寄生网络使得晶体管实际工作电压与理想工作电压有偏差，当这一偏差较大时可能使芯片发生误切换、切换延时或提前，降低芯片的工作频率甚至损害芯片。芯片供电网络的噪声在 0.13μm 工艺中能使时钟频率降低 6.5%，而在 0.09μm 工艺中能降低 8%。因此，如何对芯片的供电网络进行建模从而精确预测并设法降低芯片上各节点电源压降就成为芯片电源完整性的主要研究范畴。

电源完整性是信号完整性概念的延伸，主要是频率的升高及供电电压的降低使得电子系统供电网络的寄生效应影响相对变大，在设计中不仅要对信号完整性进行分析，而且需对电源完整性甚至两者结合进行协同分析。随着芯片单位面积功耗及工作频率的增大、金属布线长度增加所引起的寄生效应的增强及供电电压逐渐减小，这一问题在芯片上的供电网络设计中日趋严重。

芯片电源完整性主要分析芯片电源网格的静态和动态噪声，以及网格互连的电迁移情况。电迁移是金属线在受温度与电流的影响而产生的金属迁移现象，因此在实际分析中主要用电流密度来表征电迁移。基于此目的，芯片电源完整性分析主要集中于以下主题：建模、快速仿真分析算法与优化算法。

（1）建模。芯片电源网格的建模包含两部分：无源网络建模及有源网络建模。无源网络主要是指电源网格金属互连的建模，如何将金属线及过孔等物理连接转换为等效的电路模型，从而用电路仿真的方法对电源网格进行求解。有源网络的建模则是为了降低电源网格分析的复杂度而将非线性的晶体管电路转换为线性电路，这将损失一定的精度，但对整个芯片电源网格进行晶体管级的分析，目前来说无论从效率还是硬件上都是不现实的。

（2）快速仿真分析算法。这部分主要研究如何将建模后的电路模型进行静态与瞬态分析，如何针对芯片电源网格模型的特点进行高效、准确的求解。

（3）优化算法。在芯片电源网格设计的不同阶段，可以用不同的优化策略。在早期设计中，可以通过调整电源 Pad 点的数量及位置，或者调整电源网格的布线密度、宽度、重复周期、间距等参数来对电源网格的静态噪声进行优化。在后期的设计中，一旦电源网格的拓扑确定，优化算法主要集中于去耦电容放置的优化。

除此之外，芯片电源完整性研究还包括如何模拟芯片的实际工作状态从而使分析结果更接近实际，如何求解芯片的最大噪声，如何对芯片封装 PCB 进行协同分析，以及研究芯片电源噪声对芯片性能的影响等。

第三，信号完整性协同设计。

随着集成电路朝高密度、高频率和小体积化方向发展，集成电路的工艺不断提高，工作频率越来越高，IC 封装的结构尺寸及其互连线也越来越多，信号完整性问题日益突出，成为影响设计成败的关键因素之一。

信号完整性问题可以分为四类：①单根传输线的信号完整性问题；②相邻传输线之间的信号串扰问题；③与电源和地分布相关的问题；④电磁干扰和污染问题。这四类解决方案是按照层次逐级递进的。也就是说，在实施信号完整性解决方案时，要按照上述的分类顺序依次解决好问题，然后再解决下一个层次的问题，它融 SI、PI、EMI 为一体。在实际应用中，SI、PI、EMI 经常由不同的工程师负责，这个时候就要协同合作，做出相对完美的产品。

由互连线引起的互连效应、IRdrop、电迁移成为影响信号完整性的主导因素，这些因素相互作用，构成了对 IC 设计的巨大挑战。互连效应包括的范围较为广泛，通常包括串扰、时延、反射、过冲、下冲等，而这些因素又相互影响，交叉发生作用，如在串扰电压分析中，出现的过冲和下冲就是一个很好的例子。

在 IC 设计中如何有效地进行信号完整性分析是 EDA 工具的一大挑战，也是国际上学术界、工业界研究的热点。

第四，芯片封装 PCB 协同设计。

任何电子产品都包括三个不同的阶段：芯片、封装和板子。单纯只设计芯片然后扔给封装和板子设计者的做法是不会有好的设计优化和具有成本效益的方案的。IC 的设计者尤其需要记住这一点。

如果芯片、封装和板子的设计者不能紧密协作，互连就不会被优化，就会需要额外的连线来解决信号从一个地方到另一个地方的问题，从而性能将会下降，甚至额外的板子层也需要增加，制板、封装费用可能会上升。更进一步，如果没有协同设计，时序、功耗、信号完整性等都不会是优化的。

芯片封装的协同设计对于 3D-IC 而言尤为重要，3D-IC 有巨大数量的 I/O，封装费用非常高。没有协同优化，封装的费用将会超过硅片。重要的功能包括：I/O 可行性规划、连接管理、三维可视化并支持 multi-fabric 模拟和射频电路。为了确保完整的设计融合，封装工具必须了解集成电路和封装设计意图，并且应该有效地抽象芯片设计数据库提供约束驱动的封装衬底版图。

电路板也必须考虑到。三维裸片堆叠导致额外的互连，这些互连必须找到自己连到板子的路径。更多的互连在封装内完成，板子上降低了复杂度。板子设计师需要知道什么部件会在三维封装附近。通过恰当的定位和旋转部件，设计师可以减少所需的板子层数。

2. SiP 系统级封装协同设计

第一，SiP 设计工具面临的挑战。

尽管与传统的封装技术相比，SiP 在手机、蓝牙、WLAN 及分组交换网络等无线、网络和消费电子领域都有明显的优势，但是 SiP 仍然面临很多挑战，如缺少整合的工具和方法以实现 IC、封装和电路板设计的整合，无法模拟、验证和分析完整的 SiP 设计。

今天，SiP 设计被使用特殊工具和技术的专家采用。虽然这些"专家设计"手段被用于初期前沿产品，如将内存嵌入手机芯片，然而它们的综合性和先进性还不够，无法提供最新无线掌上消费电子设备所需的高性能 SiP 模块。主要问题在于缺乏参考设计流程，可行性研究太耗时并且经常不够精确，整个设计链的协作也不够好。要通过精简设计周期加快上市时间，SiP 设计必须从"专家专用"转化为主流设计方法，具备自动化、综合性、可靠性与可重复性。三个显然需要新工具功能的领域是：系统级协同设计、高级封装三维化和 RF 模块设计。

（1）系统级协同设计

虽然现在有很多种协同设计方案可以选择，SiP 技术需要比市面上任何一种技术更高的性能和综合性。其中一个原因是 SiP 在精度上是更为复杂的电子技术。更多的裸片需要更多的电流，更快的裸片对时序和电磁干扰的影响更为敏感。SiP 的电力传输也比单个裸片封装设计更为复杂，因为多个裸片共用封装基板内的电力系统，并且一些裸片直接与另外一个裸片共用电源。

为了克服这些挑战，SiP 设计师必须管理所有关联设计结构，即整个系统互连的设计部件间的物理设计、电气设计和制造接口。简而言之，设计师需要有抓住整个系统互连性的能力，然后将需求传递到数字 IC、定制 IC、SiP 和 PCB 等不同的设计领域。

这对于当今的设计工具和方法是相当苛刻的要求。创新必须从设计之初就开始。有一种解决方案是创造一种抽象或虚拟系统互连（VSIC）模型，这样设计师就可以搭建从 I/O 缓冲器到 I/O 缓冲器的 SiP 级或系统级互连模型。使用 VSIC 模型，设计师可以成功地进行多结构级别的系统设计优化和折中。他们可以平衡时序、信号和电源完整性的需求，还可以试验信号配置和信号拓扑结构，然后进行仿真以验证时序和噪声裕度，最后满足误码率的要求。还可以设计出电力分配系统原型验证向内核输送的电力，确保不存在同步切换噪声（SSN）问题。

通过跨领域 SiP 协同设计流程，设计师可以借由 I/O 焊盘的优化，以及由此形成的更小的封装面积，造出更小的芯片。他们可以降低能耗和噪声，实现更快的设备性能，并减少 PCB 层数，实现更低的成本和更简单地完成 PCB。这样一种协同设计方法还引申出一个让人费解的问题，即谁会向不同设计领域的人保证该方法的灵活性可让他们引领市场，借此设计出这样的 SiP。在一个真正的协同设计流程里，不管是谁促进 SiP 成为执行结构，无论是 IC 团队架构师、技术行销人员、封装架构师还是 PCB 架构师，都有能力执行该设计。

（2）高级封装三维化

为了提高功能密度，SiP 设计在封装内采用了复杂的三维（3D）架构。封装包括有堆叠键合芯片、堆叠在倒装芯片上的键合芯片、裸片间直接安装、使用媒介基板支持倒装芯片的紧接堆叠，以及包括堆叠封装在内的其他复杂组合。堆叠方法唯一的限制因素是设计师或制造商的想象力，他们必须充分了解凸块、焊球和金属线压焊的 3D 天性，弄清楚是否能够成功连接和建模。不幸的是，采用当前的二维（2D）工具、2D 规则和对电力模型的简化假设是不可能的。SiP 实现需要有封装的 3D 视图及 3D 规则、新 3D 工具的发展。

电气建模本身会产生很多问题。设计师无法再像 PCB 设计那样假定直交和正交线，因为 PCB 设计通常的假设前提是有一个完美的电源层，让用户可以简化 PCB 板上线的模型。在 SiP 设计中，"纽扣状器件"层很普遍，因此有必要将精确的电源层模型与 PCB 板上的线结合，以了解 SSN 与电流回路。

在电力输送和全波提取方面的性能改进也是必要的。电力输送系统的直流压降与交流阻抗也必须被建模，以优化退耦电容。至于在更高频下运作的设备，如 3GHz，就需要全波技术。如今这样的技术显得太慢了，它可能要花好几天才能完成一次提取，这就突出了工具改良的另外一个领域。

SiP 设计的一个主要挑战是如何分配过多的电量，那可能会导致芯片上出现过热点，以及焊接点和裸片固定的压力。SiP 实现需要这些电力和热量的考虑在投入制造之前就得到检验，因此就要有一个设计流程将电气分析和热分析考虑到 IC 设计中。这样 IC 设计工具可以执行更精确的分析，更接近实际情况的限制条件，这是大有裨益的。

（3）RF 模块设计

在 RF IC 设计过程中必须对 RF 模块进行设计和验证。为此，RF IC 和封装设计这两个完全不同的领域必须要统一起来。为使其正常运作，设计师需要有在 IC 和 RF 模块间妥协的能力——例如，应该将传感器放在芯片里使其占据宝贵的空间，还是放在基板上？如果对整个设计没有一个清楚的表达，像这样的选择就无法描述、仿真和解决。

允许为芯片和模块单独设计一个原理图的设计解决方案是一个很好的开始。设计师接着可以从芯片和基板提取寄生参数，并且将这些寄生参数反标回原理图，用于仿真。在 RF 模块设计工具中将会需要用到 RF IC 设计中认可的一些功能。例如，基板级 RF 无源器件的参数化设计单元（P-Cell）在定制 IC 工具中是标配，而在如今领先的封装设计工具中却是不存在的。将他们引入将会是所有 SiP 解决方案的一部分。

第二，SiP 中电气性能的设计。

电气设计包括对封装性能的评估。封装的电气性能包括诸如延时、失真、负载、阻抗、反射、串扰及电源波动等参数。为了评估封装的电气性能，经常使用电路模拟的方法，而这一方法需要封装结构的电路模型。用电磁模拟、解析方程或高频测量的方法可以导出物理结构的电路模型。这是经典的分析方法。随着集成度的提高，对新的电路的分析方法提出了更高的要求。需要从以下几个方面深入研究：信号分配、功率分配和电磁干扰。

（1）信号分配。信号从系统中的一点到另一点传递指令或数据。信号始于某芯片的驱动电路，然后穿过互连线，到达同一芯片或者不同芯片的接收电路。驱动电路和接收电路之间的通信路径经常要穿过封装中的互连线。互连线可视为充电或者放电的电容器，互连线和接地的金属导线会产生一部分电容。由于其他互连线的物理接近效应、连接集成电路与封装的连线焊盘，以及走线中的弯折又引入了杂散电容。这些都给电路带来了延迟。随着集成度的提高，这种延迟更加显著。这些都要在设计中予以考虑。

（2）功率分配。根据信号的上升时间及连线的长度，这些互连线可当作容性负载或传输线来处理。然而，产生信号的驱动电路和接收信号的接收电路都需要电压和电流才能工作。这方面的电气设计称为功率分配。

（3）电磁干扰。随着器件、封装和电路板集成度的增加，在电路、封装与系统之间产生电磁干扰的可能性也增加了。当电路变得更小、更复杂时，在较小的空间内会聚集更多的电路，这就增加了干扰的可能性。而且，当数字电路和系统的时钟频率超过 1GHz 时，在器件、封装及系统中产生了基本时钟信号的高频噪声和谐振，这会导致显著的辐射。无电磁干扰的设计变得更加困难。

第三，SiP 中可靠性设计。

当生产的产品功能与设计的一致时，可以说产品是可靠的，否则就不可靠。传统的做法都是在设计制造完成后进行可靠性测试。这样一来，在测试中发现问题，整个系统都需要重新设计制造封装和测试，整个过程将耗去大量的时间和资金。可靠性设计就是在产品设计过程中针对可能出现的问题进行设计优化，从而提高产品的可靠性。

　　设计人员主要考虑的是功能和尺寸，工艺人员主要考虑成本。可靠性在设计时常被忽略，只是在产品认证或质量检测时才考虑，这样花去大量时间和资金。最好的办法就是像设计功能、尺寸和成本一样来考虑可靠性设计。

　　第四，SiP 的协同测试。

　　失效发生在底层硬件级上，但影响整个系统，根本原因可能是热应力导致的芯片裂纹或者由腐蚀导致电气互连的开路，还有可能是潮湿或静电放电导致的短路。无论是哪种原因，最终的结果是整个系统不能正常工作或者变得不可靠。可靠性设计就是在制造和封装之前理解、确定和避免潜在的失效。

　　所有失效最终都表现为电气失效，但根本原因可能是热、机械、电、化学和这些因素的共同作用。失效机制可以粗略分为两种：过载失效和损耗失效。过载失效是由于载荷超过器件的强度极限，引起系统的失效；损耗失效是在较低的应力下，长期循环和损伤积累效应导致器件失效，从而引起整个系统失效。无论是过载失效还是损耗失效，重要的是理解内在的失效机制，从而进行抗失效优化设计，着重从热变形失效、电致失效及化学引起的失效等方面加强研究。

（五）可重构计算

　　传统计算目标的实现主要有以下两种方式。

　　一是 ASIC 方法，即使用专用特定的集成电路，以完全硬件的方式来实现计算任务。这种方法的主要特点是为特定计算任务专门设计，开发周期长，一次性投入大，缺乏灵活性，难以升级，但是可为目标任务特别定制，运行效率高、速度快，或者说是不可编程的，任务稍有变化就必须修改电路。

　　二是通用处理器方法，以 CPU/DSP 为代表，选择处理器的指令依某种算法构成一个新的指令序列，就成了完成特定计算任务的软件。处理器的设计和操作系统软件相关性较强，但和应用层面的软件相关较弱。应用软件通过调用系统软件便可达到改变系统功能的目的，而硬件不需要做任何改动。这种方法开发简单、灵活可变、易升级，然而这种可编程性是以牺牲系统的性能和速度为代价换来的。图 5-21 对可编程硬件进行了对比。

CPU/DSP	CPU与OS设计之间为强相关，与应用软件无关
FPGA	不支持软件
SoC	由于采用嵌入式CPU、SoC与应用软件之间为弱相关
RCP	硬件架构与应用软件之间为强相关

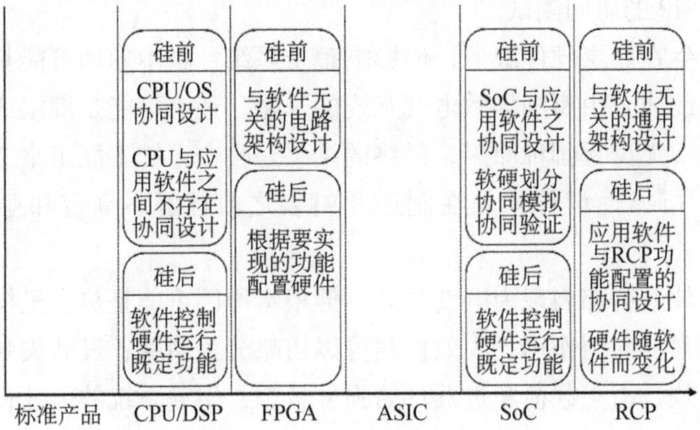
硅前
CPU/OS协同设计
CPU与应用软件之间不存在协同设计
硅后
软件控制硬件运行既定功能
硅前
与软件无关的电路架构设计
硅后
根据要实现的功能配置硬件
硅前
SoC与应用软件之协同设计
软硬划分协同模拟协同验证
硅后
软件控制硬件运行既定功能
硅前
与软件无关的通用架构设计
硅后
应用软件与RCP功能配置的协同设计
硬件随软件而变化
标准产品
CPU/DSP
FPGA
ASIC
SoC
RCP

图 5-21　可编程硬件对比

其他方式还包括以嵌入式 CPU 为特征的 SoC。在这种计算方式下，芯片和应用软件关系较弱，芯片在设计之初就已经确定了实现的功能，由应用软件根据需要启动特定功能。

上述方法各有利弊，可重构计算有效补充了以上方法的缺陷。可重构计算（reconfigurable computing）的概念始于 20 世纪 70 年代，是指在软件的控制下，利用系统中的可重用资源（如 FPGA 等可重构逻辑器件），根据应用的需要重新构造一个新的计算平台，达到接近专用硬件设计的高性能。它避免了微处理器计算模式因为取指、译码等步骤导致的性能损失，同时也消除了专用集成电路（ASIC）计算模式因为前期设计制造的复杂过程带来的高代价和不可重用等缺陷（图 5-22）。可重构计算平台集成了大量的可编程硬件，该可编程硬件的功能可由一系列定式变化的物理可控点来定义，可以根据应用或中间结果的需要动态配置电路的实现形式，是一种动态可重构计算模式。

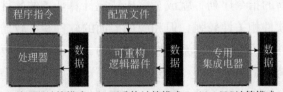

程序指令
处理器
数据
(a) 处理器计算模式
配置文件
可重构逻辑器件
数据
(b) 可重构计算模式
专用集成电器
数据
(c) ASIC计算模式

图 5-22　处理器、可重构计算、专用集成电路三种计算模式比较

相对于通用处理器和 ASIC 计算模式，可重构计算是一种新型的时空域上的计算方式，通过配置文件改变可编程硬件资源实现不同的功能。如图 5-23 所示，编程硬件资源和路由资源对可重构计算系统至关重要，不仅如此，而且需要一套编译系统，可以把应用描述和约束条件进行编译获得配置信息流和控制流。可重构系统的算法在硬件上实现，以空域的方式并行执行，可以获得非常高的性能。同时，系统可以根据目标算法的运行时特征，在时域上动态调整硬件，使之更好地匹配算法的数据宽度和运算特点等，具有更好的灵活性和动态适应性。不同的应用在同一可重构计算硬件平台上都可获得非常高的计算加速比。可重构计算系统的关键特征是通过硬件完成计算从而提高性能，并保留软件手段的灵活性。

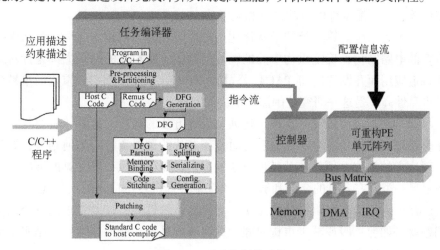

图 5-23　可重构硬件系统

硬件可重构计算的优点是硬件设计的实现基于软件的灵活性，并且保持了传统的基于硬件方法的执行速度。其体系结构可变的特点，很好地适应了实际应用中的多元化需求。随着深亚微米 VLSI 技术的不断发展，以 FPGA 为代表的可重构技术逐渐地取代了 ASIC 市场，是半导体科学、材料科学、电子工程和计算机科学的前沿研究领域。

可重构计算符合半导体技术发展的客观规律。一方面，芯片集成度的提高给可重构技术提供了丰富的硬件资源，通过对硬件资源的配置实现不同的功能，提高硬件的效能。另一方面，指令驱动处理器和 ASIC 计算模式在灵活性和能量效率的矛盾也给可重构技术带来了发展契机。而且可重构计算技术可以摊销纳米级芯片高昂的设计和掩模成本，从而推动半导体产业继续朝着摩尔定律预计的方向发展。

目前可重构计算虽然取得了很大的发展，但是仍有不少的问题需要解决，主要集中于以下几个方面。

（1）现在的可重构计算系统主要还是面向多媒体、图像与音频、视频等数字信号处理（DSP）类应用，以及加密算法等，对于通用计算效率不高，缺少统一的计算模型。

（2）可重构计算系统过分依赖商家提供的低水平 EDA 工具，缺乏一致性，尚需要对 EDA 工具做进一步的研究开发。要求 EDA 工具在软、硬件协同设计环境中，既可完成固定电路的模拟，又可以在可编程电路的设计与验证等方面做进一步的研究，同时对 EDA 工具的智能化提出更高要求，能够完成软、硬、配置件的自动划分和调度。

（3）可重构计算系统的结构优化是需要解决的关键技术之一。如何选择适合的电路结构，确定重构单元的颗粒度范围（粗粒度的结构大都是针对某类特定应用而开发的，如 PACT 公司的 XPP），从而使用户的重构简单易行且可靠性高，是这一研究范围需要解决的问题。

（4）动态重构系统的实现，还涉及设计方法的需要。这意味着要将一个完整系统的逻辑功能分时划分、分时复用芯片的逻辑资源。如何划分，如何实现这样的划分，不仅涉及某种方法的提出，而且涉及某种工具的推出，还需要另一类研究人员的介入和努力，并研制性能优良的应用开发系统。

（5）对于动态可重构计算系统，为提高系统性能，需要考虑的一个重要问题就是如何克服或减少重构时隙，这将影响系统功能的连续性，是实现动态重构系统的瓶颈问题。

（6）目前可重构系统的性能指标依据并不统一，在进行横向比较时缺少可信度，因此需要尽快制定出一套客观、可行的可重构计算系统性能评测标准和机制。

第三节　"后摩尔时代"集成电路设计
需要突破的关键技术

一、面向新型器件的设计方法与设计流程

传统的 CMOS 器件正在经历由平面工艺到三维立体器件（即 FinFET

或称多栅 FET）与互连（如 TSV）的转变。这是因为沟道长度的持续缩短（现已进入二十几纳米或更小的范畴），栅控能力必须加强以减小关态时的漏电流。同时考虑到电源电压的降低，相应的阈值电压也要降低以维持足够大的驱动电流，这就要求增大亚阈值的斜率［或用亚阈值摆幅 SS（subthreshold swing）来度量，则是越小越好］，以便控制在栅压为零（关态）时的漏极泄漏电流。至于以 TSV 为代表的 3D 互连的出现则是因为随着电路集成度（以有源器件数平面密度为度量）的提高，同样距离的互连造成的延迟相对于门延迟时间是增加了。这意味着全局性的互连线数量增加了，而采用 TSV 就可以通过堆叠硅芯片的垂直通道来减小全局互连线的长度与数量。

这种由平面工艺过渡到三维工艺给加工带来的困难与挑战是显而易见的。首先还是关键尺度（critical dimension，CD）的减小，这与平面工艺 scaling 面临的问题是一样的。比如说，对 Intel 公司的 22nm Tri-gate 器件，除了通常平面 MOSFET 所涉及的栅长与栅宽，还有用作沟道的竖直鳍（Fin）。其翼底部的平均宽度是 18nm（顶部宽度还要小），高度是 35nm，平行竖直翼之间的空间周期（pitch）为 60nm 等。这个鳍宽尺寸明显要比栅长要短，因此 CD 就不再由通常的栅长来决定了。立体结构也必然带来槽孔的加工问题，这通常是用 aspect ratio（深宽比或长宽比）来表征的。深宽比大的槽孔对刻蚀的要求（通常要求各向异性的刻蚀）必然要更为严格。三维立体结构也增加了考虑机械应力对器件性能影响的必要性，同时寄生电学参数，如寄生电容也变得严重。

从对设计与设计工具的要求来看，立体结构晶体管带来的影响主要有两个方面：①光刻的难度增加及附属的邻近效应，这就要求版图设计时尽可能用横平竖直的布线方式。事实上，从 Intel 公司发布的各个工艺节点的 SRAM 单元照片可以看出[3]，其版图的走线的确是十分规范的。②因为 FinFET 的采用，晶体管的栅宽因为由 Fin 的截面三边长度（即三栅）为一基本增量单位而不再可连续变化，设计栅宽时必须注意到这一点。至于设计流程，平面工艺的器件与立体器件并没有多大的变化，因为从版图设计的角度来讲，依然是平面的布图、布线。与其他 scaled down 的工艺一样，布线时要注意尽可能地不用拐角，版图的邻近效应（如阱的间距、浅槽隔离等）会表现得更严重些。

对器件模型的影响则主要体现为源漏接触电阻的提取、寄生电容（包括边缘——因为立体的结构，会更为突出）、结构应力对沟道载流子迁移率的影响等。

二、应对工艺漂移与扰动的设计方法和 EDA 技术

随着 CMOS 工艺节点的不断进步，尽管工艺参数的波动（如注入的掺杂浓度的变化）依然可以被控制在一定的范围内，不至于使得器件的工作不正常，但因此造成的器件参数的相对变化量还是在不断地变差。此时对设计的要求就是要在面对工艺这种波动的约束条件下，如何使得设计与制造出来的芯片还能实现设计目标。这种设计方法有一个专门的名字，称为鲁棒性设计（robust design）。

因为工艺的波动不在设计者的可控范围内，以器件参数（如阈值电压）的波动分布为高斯分布为例，即其标准偏差是给定的。这样设计者可以操控的即是变化分布的平均值，以使得设计出来的电路性能可以容忍具有这样标准偏差的工艺变动。而且，设计时也不能只考虑最坏情况（即所谓的工艺角），因为在一个芯片中有大量的器件（可以达到上亿数量级），其器件参数的随机波动对电路性能的影响可以在一定程度上加以抵消。这就要求对电路的分析采用蒙特卡罗法。这种分析方法已有专节进行了讨论。

三、支持 DFM/DFY 的 EDA 技术

工艺漂移和扰动主要分为两类：系统性的工艺漂移和随机性的工艺扰动，随着工艺节点进入到 65nm 以下，这些工艺漂移和扰动对集成电路的设计与制造产生了巨大的影响，并且必须采用专门的手段，如 DFM/DFY 对之加以有效控制，从而确保最终芯片的性能和良率。尽管 DFM 和 DFY 都是用来处理工艺的漂移和扰动特性的，在一般情况下，DFM 主要是在工艺制造过程中，通过一系列的手段对工艺的系统性漂移的影响进行改进，减小或更正由光刻和 polishing 引起的各种扰动对器件特性的影响等，如相移掩模技术（PSM）、光学邻近效应修正（OPC）技术、CMP 的区域填充（dummy fill）等；DFY 主要由设计人员主导，针对工艺的随机性扰动，基于工艺研发人员所提供的模型和工艺信息，通过一系列的设计手段和工具（如 PVT、Monte Carlo、High Sigma、SSTA 等），分析其对芯片的性能和良率的影响，从而对设计的优化提出改进的方向。

四、3D 互连/3D 封装设计方法与 EDA 技术

3D 互连主要指通过 TSV 技术实现单个集成电路芯片内不同硅片间的垂

直互连，3D 封装指在单个封装内部实现多个芯片的堆叠与互连，它们是实现 3D 集成电路或 3D 系统级封装的关键技术之一。随着制造工艺的发展与市场需求的驱动，3D 集成电路成为延续摩尔定律发展的必然趋势，有可能逐渐替代目前已广泛使用的芯片堆叠（通过键合线）封装技术。面向 3D 集成电路的设计方法与 EDA 技术将越来越重要。

（一）3D 集成电路

3D 集成电路的特点是：将多层平面电路堆叠起来，利用穿透硅的垂直方向通孔实现 3D 互连，从而缩短互连长度、增加数据带宽、提高器件集成度、减小面积占据因子（form factor）。由于堆叠的各个硅片可以是不同制造工艺得到的功能完全不同的电路（如存储器、嵌入式 CPU、DSP、模拟射频电路、MEMS 传感器，等等），三维集成电路还具有能实现异构集成、可靠性高、成本低的优点。

在实现 3D 集成电路之前，已出现一种 2.5D 集成电路，其特点是在共面排布的多个硅片下面放置一个中介层（Interposer Layer），通过中介层中的水平布线与芯片与该插入层之间的 TSV 实现硅片间的互连（图 5-24）。2012年，Xilinx 公司已实现了基于这种 2.5D 集成工艺的 FPGA 芯片的量产。

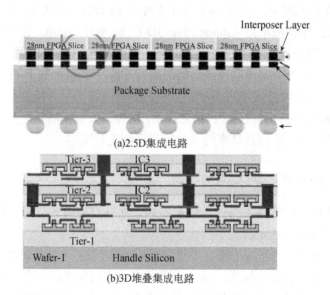

(a)2.5D集成电路

(b)3D堆叠集成电路

图 5-24　2.5D 集成电路和 3D 堆叠集成电路示意图

2.5D 集成电路显然不具备 3D 堆叠集成电路的全部优点，因此近些年来在半导体行业领先的大学和研究机构都很重视对 3D 集成电路的研究，美国、欧洲、日本、韩国和我国的台湾地区都在 3D 集成电路研发上投入了大量的资金。目前，3D 集成电路技术已被用于制造大规模存储器芯片，在三星公司已实现量产。接下来，将出现微处理器与存储器电路堆叠在一起的 3D 集成电路，而 3D 集成电路的未来趋势将是实现逻辑电路、传感器、模拟电路、射频、微处理器等堆叠构成的多功能系统芯片。

表 5-2 列出了 3D 集成电路的不同堆叠方式，以及各自的优缺点。而在 TSV 的制造工艺上又可分为 Via first、Via middle 和 Via last 三种，其中 Via first 工艺是在进行后端布线（BEOL）之前制造 TSV，具有一定的好处[1]。

表 5-2　3D 集成电路的三种堆叠方式

特点	裸片到裸片 （die-to-die）	裸片到晶圆 （die-to-wafer）	晶圆到晶圆 （wafer-to-wafer）
优点	易于良率控制，允许不同的裸片尺寸	易于良率控制，允许不同的裸片/晶圆尺寸	高产量、低成本，ESD 问题较少
缺点	裸片对齐精度，ESD 问题	裸片与晶圆的对齐精度，ESD 问题	不便于良率控制，缺少灵活性

除了基于 TSV 的三维集成电路（也称为 parallel 3D-IC），近几年还出现了一种单片三维集成电路（monolithic 3D-IC）。单片 3D-IC 并非将多个硅片进行堆叠，而是连续地制造出硅器件层，然后通过层间通孔（monolithic inter-tier via，MIV）实现器件层之间的垂直互连[2]。相比基于 TSV 的三维堆叠芯片，单片 3D-IC 可实现不同器件层的精确对齐（对齐精度与光刻分辨率一致），因此可制造出直径远小于 TSV 的 MIV，大大提高了三维集成电路中垂直互连的密度，也使其带来的潜在优势得到充分发挥。

（二）相关的 EDA 技术与挑战

由于单片三维集成电路还有待发展，下面针对堆叠式三维集成电路介绍有关的 EDA 技术与挑战。

相比传统的二维集成电路，三维集成电路在制造、功耗/发热、测试、可靠性、成本等方面存在挑战，需要克服和解决它们带来的不利因素。而且，相应的 EDA 设计工具还很缺乏，目前尚没有针对三维集成电路设计的商业 EDA 软件。

总体上看，虽然基于 TSV 的三维集成电路不需要在设计方法上进行革命性的改变，但对于现有的数字电路设计、模拟/定制电路设计，以及芯片/封装协同设计工具，还是需要增加新的功能来应对它带来的新的挑战。这些 EDA 工具的目的，主要是在尽可能短的时间内优化系统的设计成本，这也是三维芯片将来能否真正得到推广的关键因素之一。此外，针对三维集成电路的完整设计方案也是需要的。考虑到三维芯片可能把数字、模拟/射频等异构功能模块统一封装或单片集成在一起，必须具备很好的芯片/封装协同设计能力。而将这样的三维芯片组装在印刷电路板（PCB）上是一个挑战，它需要有分析和布线功能强大的 PCB 设计工具。所以，要提供对三维芯片设计的完整解决方案，需要同时具备数字电路、模拟电路、芯片、封装和 PCB 设计等不同领域的专业技术。

具体来看，针对三维集成电路的主要 EDA 技术有如下几个方面。

1. 系统级设计

3D-IC 的系统设计工具需要更高的抽象层次，并能够向底层设计工具传递设计意愿。它需要将整个系统功能划分为对应于不同硅片的多个子电路，并为每个硅片选择合适的制造工艺，确定三维堆叠顺序，以及优化硅片间的互连。在整个设计过程中，都需要基于这些考虑进行不断的优化。

现有的系统设计工具可以提供早期的功耗、面积和成本估计，也允许综合考虑系统结构、设计 IP 选择和制造工艺进行一些探索，但还需要扩展它的能力，以更多地考虑硅片堆叠和统一封装带来的影响。

2. 三维布图规划

TSV 的尺寸（直径一般为 $1\sim5\mu m$）比逻辑门或其他电路结构大得多，因此 TSV 的数量和位置非常关键。考虑到 TSV 会造成信号耦合与串扰，一般在它周围留出空白区域（keep-out zone）以减少这种耦合，但这又进一步增加了面积开销。TSV 的制造也带来应力不均匀，它会使周围器件的性能受到影响。基于这些考虑，三维的布图规划是很有挑战性的任务，它需要考虑电路模块在 X/Y/Z 三个方向的摆放，并清楚了解每个硅片的上方和下方分别是什么。这样才有可能优化电路模块、TSV、微凸点（micro-bump）的位置，缩短互连线长度，从而提高性能、降低功耗。其中对 TSV 和微凸点的布局需要考虑相邻硅片上的布图规划。

更进一步，三维布图规划还应考虑热效应，帮助避免温度热点。这与堆叠顺序的确定有关,因为放在中间的硅片往往更容易出现过热的问题。

3. 物理设计技术

对数字 3D-IC 进行物理设计时要考虑一些新的因素。例如,布局布线中的规则可能受到相邻硅片的影响,重分配层(RDL)是二维芯片所没有的新的布线层,而由于 TSV 的尺寸,它本身就是布局布线中要重点考虑的。与布图规划类似,布局布线中也要考虑每个硅片在上下两方向的"邻居",需要新的建模和数据结构,以及针对 TSV 的技术和对多种堆叠方式的支持。

电源规划对于二维芯片来说已经是个挑战了,这个挑战对于三维芯片来说将变得更加复杂。要提供足够的功率来驱动所有硅片上的电路,因此必须管理好垂直电压降,进行可靠的系统功耗仿真。设计工具还需要支持 TSV 和微凸点上的功率分配。

布局布线工具还要考虑热约束,以避免过热点。布线时需要合理地考虑 TSV 和微凸点,实现跨多个硅片的信号布线,并验证相邻硅片间的微凸点分配是否合理。跨多个硅片进行时钟布线、避免时钟偏差是另一个挑战。如果不同硅片上电路使用不同的时钟,还需考虑怎样进行时钟同步的问题。

模拟电路设计环境也需要对三维芯片的支持,主要是考虑 TSV 和微凸点。此外,在整个设计迭代过程中,不同阶段要有适当的设计目标抽象与验证模型,以应对 3D-IC 设计的新特点和要求。

4. 寄生参数提取与电路分析

提取与分析工具对设计收敛至关重要。现有的寄生参数提取工具需要扩展,以满足三维芯片的要求。例如,必须考虑 TSV、微凸点,甚至中介层布线的电容、电阻、电感参数。时延分析、信号完整性分析、功耗分析、热分析等电路分析工具必须能够进行跨多个硅片层的三维分析,而且还应该适当考虑封装的影响。

由于三维芯片中使用的减薄硅衬底导热性能不佳,热分析变得非常重要。不同于二维芯片设计,在三维芯片的布局布线完成后必须进行热分析"签核"(sign-off),从而保证热点温度低于设定的最高温度限制,不会对性能或漏电功耗带来破坏性影响。

三维芯片也给签核本身带来挑战,引出的问题包括:如何对整个堆叠芯片系统进行设计规则检查(DRC)和版图电路对应(LVS)、如何对整个堆叠芯片验证时序、如何考虑硅片层之间的信号串扰,等等。而由于

TSV 和减薄衬底，应力分析也是新的挑战。由于应力受温度影响，需要在考虑一定温度变化范围的同时进行分析，才能保证硅片不弯曲、开裂，或者破损。

5. 可测试设计（DFT）

三维芯片给测试带来的挑战主要在于如何将堆叠硅片中的信号引出和对减薄晶圆的操纵。要验证已制造好的三维芯片是否满足设计要求，或者说，在电路出现故障的情况下如何诊断问题，都需要新的测试技术的支持。

对三维芯片的测试与传统二维芯片一样，也主要包括两个阶段：硅片测试和封装测试，不同之处在于三维芯片的制造包括多个中间步骤，这样提供了更多的硅片测试时机。然而，对三维芯片进行硅片测试面临很大的挑战。首先看将 TSV 进行粘合从而堆叠硅片之前进行的测试（pre-bond testing），通过它可以得到"已知良片"（known-good-die，KGD）。由于测试使用的探针触点非常大（直径超过 50μm），如何对 TSV 上的信号进行测试成为问题。其次，怎么给某个硅片提供时钟、电源和激励信号也是一个挑战。再其次，在粘合 TSV 之后的测试阶段（post-bond testing），由于粘合的过程需要将 KGD 磨薄（可能要变薄 75%），在这么薄的晶圆上连接测试探针很可能使硅片损坏。最后应注意的是，3D 集成电路制造中的硅片减薄、TSV 粘合步骤，以及热应力会带来新的缺陷，需要针对它们研究新的缺陷模型。

对三维集成电路进行可测试设计的可能办法是，在电路中设计一种 DFT 结构电路，它能提供从芯片 I/O 控制和观测单个硅片内信号的途径，也能设置不同的测试访问模式。同时应将这种 DFT 电路很好地分配到不同的硅片上，从而减少额外面积开销。

纵观上述对不同设计技术的挑战，它们的共性主要是两点。一是三维芯片大大增加了问题的复杂度，这意味着更多维度、变量、约束和目标，因此将大大增加 EDA 技术所使用的数值仿真或优化算法的计算量，也增加了 EDA 工具运行所需的资源开销。对此的解决办法包括发明复杂度更低的新算法、利用并行计算加速，以及对问题的更好抽象与简化。二是需要考虑三维芯片特有的结构或物理效应，它们包括 TSV、微凸点、减薄衬底、热效应、应力，等等。对这一点，需要增强对电/热/力的建模与分析，并在整个设计迭代过程中加以使用。

五、复杂集成电路的设计验证方法与 EDA 技术

随着纳米时代的到来，大规模复杂集成电路的设计越来越普遍，集成电路不仅涉及模拟、射频、数字、传感器、功率器件等功能性模块的集成，而且涉及光电集成、磁电集成、MEMS 集成等跨平台的集成。如何把这些不同类型、不同功能的电路集成在一起，共同协作完成一个复杂系统的功能，是一个非常艰巨的工程，需要考虑的因素很多，包括不同电路之间的串扰、不同功能电路的合理布局划分、不同类型电路之间的接口等因素。对于这种复杂的集成电路设计，特别是多功能跨平台的集成电路设计来说，设计前期在系统级别进行适合的软硬件划分和功能划分是非常重要的，这样电路设计者就可以对复杂集成电路进行高效快速的性能分析和验证。电子系统级设计验证方法是在高的抽象层次上来描述复杂系统，并对系统进行合适的软硬件划分，给软件和硬件工程师提供一个虚拟的平台，让他们能够以紧密耦合的方式开发、优化和验证复杂系统的架构和嵌入式软件。电子系统级设计不仅需要能够让电路设计工程师以紧密耦合方式开发、优化和验证复杂系统架构和嵌入式软件，而且需要能够提供下游寄存器传输级（RTL）实现的验证基础。从底层的模型建模、混合信号仿真验证、版图拼接、寄生参数提取、时序优化，一直到逻辑综合、系统的软硬件划分、系统级验证等各个层次，电路设计者都需要依赖 EDA 工具提供极大的辅助才能快速有效地进行设计。已有许多世界领先的系统和半导体公司采用电子系统级设计。它们利用电子系统级开发具有丰富软件的多处理器器件，这些器件为创新终端产品获得成功提供必需的先进功能性和高性能。目前业内主流 EDA 厂商都提供电子系统级解决方案，如 Cadence、Synopsys、Mentor 等。中国内地 EDA 厂商由于研发技术实力还存在差距，目前暂时还不能提供电子系统级的验证解决方案。

六、极低功耗集成电路设计方法与 EDA 技术

随着移动设备的普及、可穿戴设备的兴起等，对芯片功耗的要求越来越严。芯片的功耗要求已经从毫瓦级别降低到了微瓦级别。极低功耗的电路设计对 EDA 技术提出了全新的挑战。

随着集成电路特征尺寸的持续缩小，以及芯片密度和工作频率的相应增

加，功耗也会相应地增加，由此会带来一系列问题，如电路参数漂移、可靠性下降、芯片封装成本增加等。如何在保持性能的同时降低功耗是极低功耗的集成电路设计中的一个主要考虑因素，尤其是在以采用电池供电的系统为代表的极低功耗集成电路中显得十分重要。极低功耗的集成电路设计将会更加依赖于 EDA 技术，通过 EDA 进行模拟仿真，降低电路的工作电压，优化晶体管的低电压特性，搜索电路的关键路径，降低没有贡献的功率消耗，从而降低整个系统的功耗，提高电路的成品率，在电路的功耗和性能之间找到平衡点。极低功耗设计采用的一个常见方法就是降低工作电压，比如工作电压降到 0.8V 左右，但是工作电压一旦降低就会带来一系列的问题，如驱动电流降低导致性能变差，如何平衡性能和功耗是极低功耗电路设需要考虑的一个非常重要的问题。极低功耗设计采用的另一个方法就是采用更先进的工艺技术和材料。比如采用多栅结构器件、金属栅器件、浅结结构等，设计者必须依赖 EDA 工具的建模支持，才能把这些新结构和新工艺有效地利用在自己的极低功耗电路的设计中。

极低功耗设计方法贯穿了集成电路设计的各个层级，从工艺、版图晶体管、RTL 逻辑直到系统级。需要从系统的层次优化整个电路的行为，达到极低功耗的同时保持符合需求的电路性能。

1. 工艺级的极低功耗设计方法

工艺级的功耗优化大多集中在通过改善封装工艺、采用新材料、优化器件结构等方法降低功耗。

对于极低功耗的设计来说，晶体管的漏电是一个必须面对的问题。为了兼顾功耗和性能的平衡，极低功耗设计中更多地采用多阈值的晶体管，这种晶体管在关断时高阈值降低泄漏电流，导通时低阈值提高驱动电流，做到功耗和性能的较好的平衡。为了减小晶体管的动态耗能，可以在设计中采用具有较小结电容的晶体管。还可以采用更好的金属栅晶体管，这需要 EDA 工具能很好地支持仿真这样的新材料器件。总的来说，极低功耗的设计必须借助 EDA 工具的模拟仿真，降低晶体管的漏电，改善晶体管的低电压特性，在满足性能指标的同时降低电路的功耗。

2. 版图和晶体管级的极低功耗设计方法

版图和晶体管级的极低功耗设计方法主要包括布局布线、时钟树优化、晶体管尺寸优化、电路结构优化等方法。随着集成电路的复杂度越来越高，互连线越来越复杂，密度越来越大，互连线的功耗逐渐成为集成电路功耗的主要部分。

目前的布局布线技术和 EDA 产品只考虑面积和延时的影响，已经逐渐不能满足极低功耗集成电路的设计，迫切需要研发以功耗为目标的布局布线技术，以适应极低功耗集成电路设计的发展。

同时，考虑到时钟树在深亚微米的集成电路中所消耗的功耗比例也越来越大，对于有的电路来说甚至能达到 40%，因此如何以功耗为目标来生成合适的时钟树也是目前 EDA 工具所面临的急需解决的问题。

通过优化电路中晶体管的尺寸也可以显著降低电路的功耗。通过 EDA 工具的模拟计算分析找到影响功耗最大的晶体管然后进行优化重新指导电路的设计。EDA 工具还可以帮忙分析、区别关键路径和非关键路径，进而针对不同的路径采用不同的设计方法，如非关键路径降低工作电压等。另外还可以采用更高的集成度缩短互连线的长度和采用导电性能更好的材料，降低消耗在互连线上的功率。只有这样才可能将功耗降到微瓦以下。

3. RTL 级和逻辑综合级的极低功耗设计方法

RTL 级和逻辑综合级的极低功耗设计包括预定算技术、重定时技术、时钟受控技术、路径平衡技术、工艺映射技术、逻辑分解技术、状态分配技术、多级网格优化技术、公共表达式提取技术。

面对高集成度的芯片，如何利用这些技术达到功耗的优化，降低芯片功耗是一个非常艰巨的任务。而且这些技术在不同的设计方法中体现的作用也是不一样的，比如对于同步设计来说，由于功耗很大一部分是来自时钟，那么时钟受控技术将可以发挥很大的作用，若使电路中不工作部分的时钟停掉，或尽量降低门的反转率，那么将会节省很大一部分功耗的开销。

EDA 工具通过大量的模拟测试，通过对测试数据的分析优化电路逻辑以达到降低门电路的反转率，这样可以显著降低整个电路的功耗。不仅仅时钟受控技术是需要 EDA 工具来实现的，其他的方法同样如此，单靠人工分析很难得到功耗最优的设计，必须全方位地依赖 EDA 工具的帮助，设计者才能有效地进行极低功耗的设计。

4. 系统级的极低功耗优化挑战

系统级的极低优化技术包括电源管理、总线编码技术优化，以及分布式数据处理等。

对于电源管理来说，首先要找到电路的睡眠模式，关闭处于睡眠模式的电路的供电，降低不必要的功率浪费。这一点对降低功耗特别重要。通过EDA 工具对电路做全面的分析测试，对睡眠模式进行预判，帮助电路设计者采用更优的算法决定哪些睡眠模式需要进入关闭状态，从而在整体上降低功耗，同时可以保持电路的性能。其次调整电路的工作电压和频率，在满足客户使用需求的情况下适当降低工作电压和频率对于降低功耗来说也是非常重要的。

就总线编码技术而言，由于总线的驱动功耗所占比例越来越大，如何降低总线的翻转率对于降低功耗至关重要。通过 EDA 工具的辅助分析，采用更优的编码技术，大幅降低总线翻转率是极低功耗设计必须解决的问题。

而分布式数据处理和大规模的数据传输有很大关系，优化分布式数据处理要求尽量降低大数据在不同模块之间的传输，减少高能的总线操作，从而实现降低功耗的目标。在 EDA 平台上，通过优化的分割算法对电路做合理的划分，尽量减少大数据在总线上的传输。

七、海量集成电路设计数据处理技术

随着工艺技术的发展，单颗芯片能集成的晶体管的数量在呈几何级数上升，芯片的功能也在跳跃式的发展，逐渐发展到把完整一个系统集成进一个芯片。例如，Virtex®-7 2000T 芯片，这款芯片包含 68 亿只晶体管，具有1 954 560 个逻辑单元。因此在集成电路的设计过程中需要处理的数据动辄都可以达到上百 G 的规模。

对于 EDA 工具来说，大数据的处理贯穿整个电路设计阶段，从电路功能设计开始，仿真验证、版图设计，到最后的版图数据。从功能设计阶段就要考虑如何处理规模巨大的网表数据，比如几十亿的晶体管，需要能够实时快速显示和方便编辑；在仿真阶段，仿真工具首先必须采用更先进的架构和算法保证仿真容量上能够处理如此巨大的晶体管数量，还需要研发更先进的加速算法甚至是并行算法，由分布式算法和矩阵的分块求解算法相互配合才有能处理巨大的求解矩阵。对于如此规模的电路，仿真结果数据更是巨大的，需要波形显示工具快速地处理显示巨大的波形数据，包括压缩/解压技术；在综合阶段，综合工具需要采用更优化的算法来加速综合如此巨大的电路，采用更先进的算法来保证电路综合的效果；对于版图设计工具来说，需要处理的数据也是海量的，需要研发更先进的技术解决实时快速显示和编辑如此巨大规模的数据。这些都是巨大规模集成电路设计过程中遇到的常见问题。如何处理这些海量数据，如何有效快速地压缩和读取，如何实现海量数据在设计过程中的无缝平滑传输等问题是考验 EDA 技术的一个关键，也是 EDA 技术发展的一个方向。

八、协同化设计验证技术

伴随着半导体业嵌入式处理器和混合信号 SoC 产品设计日趋复杂，以及以 FinFET、3DIC 为代表的先进制造工艺不断涌现，单颗芯片上包含的晶体管数量迅速增长，EDA 工具需提供系统化的仿真和验证方案、软硬件协同加速仿真和验证方案，以适应高速增长的芯片规模市场需求。随着 SoC 设计越来越复杂，需要越来越多的 IP，如果每个 IP 都有一个 Bug，就会导致 SoC 的高缺陷率，因此采用软硬件协同设计方法可加速 IP 验证。

随着设计规模的扩大，验证的难度就越来越凸显出来了。SoC 软硬件协同验证技术就是为解决 SoC 的验证难题而提出的，其主体思想是在设计的初期就将软件和硬件结合起来验证，及早消除可能的设计缺陷，避免后期的大范围设计返工。因此，SoC 软硬件协同验证技术实现的关键就在于如何在设计前期为软件提供一个可执行的硬件模型。

从仿真加速方法来看，业界主要采用软件仿真、FPGA 仿真和硬件仿真加速，软件仿真的缺点是很慢，但 Debug 比较方便，但随着芯片复杂度的提升，软件仿真速度跟不上，其趋势也是往硬件加速仿真方向走。FPGA 仿真速度是最快的，但没有办法 Debug，只能分析出问题，但无法指出哪里出了问题。通常是通过 FPGA 仿真知道有问题后，再在硬件仿真器上进行 Debug，而硬件仿真加速器则吸取了两者的优点，在效率和 Debug 上可实现平衡。

（一）系统建模

传统的验证是软件和硬件分开验证。在硬件设计周期，进行硬件验证，而软件验证必须等到硬件平台搭建好后才能进行。例如，一个 SoC 系统的验证，必须等到芯片流片之后才验证软件，这样设计周期非常长，验证效果也不理想。软硬件协同验证技术的提出改变了这种局面。

软硬件协同验证的核心是处理器。处理器是软硬件交互的界面，它一方面负责执行软件，另一方面通过系统接口访问外设和内存。CPU 是将硬件仿真与软件执行相结合的关键，通过 CPU 模型（虚拟 CPU），用硬件仿真器实现软硬件协同验证的仿真。软硬件协同验证系统通常包括调试器、处理器、系统接口外设/内存四个部分。这四部分加上仿真器就构成了完整的软硬件协同仿真环境。

其中，处理器执行软件并与外设内存通信，其可以是真实的 CPU、RTL级的加密 CPU 核、指令执行的仿真器或者是 BFM。调试器用来进行软件调试。可以用软件调试器实现，也可以用硬件调试程序实现，还可以在硬件仿真器的环境下通过检查执行后的硬件波形间接了解软件执行情况。外设和内存是硬件部分，可以是 C 模型、RTL 级硬件描述，也可以是 FPGA 的原型实现。系统接口是连接处理器和外设内存的界面。不同的模块及仿真器造成了软硬件协同验证方案的不同。

各个层次模型的选择会导致验证速度、时间精度、调试性能及成本的巨大不同。需要着重进行研究，以形成比较系统完整的解决方案。

（二）加速仿真

1. 基于 FPGA 的加速仿真

微处理器普遍采用冯·诺依曼结构，即存储程序型计算机结构，主要包括存储器和运算器两个子系统。其从存储器读取数据和指令到运算器，运算结果储存到存储器，然后进行下一次读取—运算—储存的操作过程。通过开发专门的数据和指令组合，即控制程序，微处理器就可以完成各种计算任务。冯·诺依曼型计算机成功地把信息处理系统分成了硬件设备和软件程序两部分，使得众多信息处理问题都可以在通用的硬件平台上处理，只需要开发具体的应用软件即可，从而极大地降低了开发信息处理系统的复杂性。然而，冯·诺依曼型计算机也有不足之处，由于数据和指令必须在存储器和运算器之间传输才能完成运算，计算速度受到存储器和运算器之间信息传输速度的限制，形成所谓的冯·诺依曼瓶颈；同时，由于运算任务被分解成一系列依次执行的读取—运算—储存过程，所以运算过程在本质上是串行的，使并行计算模式在冯·诺依曼型计算机上的应用受到限制。

受到半导体物理过程的限制，微处理器运算速度的提高已经趋于缓慢，基于多核处理器或集群计算机的并行计算技术已经逐渐成为提高计算机运算性能的主要手段。并行计算设备中包含多个微处理器，可以同时对多组数据进行处理，从而提高系统的数据处理能力。基于集群计算机的超级计算机已经成为解决大型科学和工程问题的有利工具。然而，由于并行计算设备中的微处理器同样受冯·诺依曼瓶颈的制约，所以在处理一些数据密集型，如晶体管仿真等问题时，计算速度和性价比不理想。

现场可编程门阵列（FPGA）是一种新型的数字电路。传统的数字电路芯片都具有固定的电路和功能，而FPGA可以直接下载用户现场设计的数字电路。FPGA技术颠覆了数字电路传统的设计—流片—封装的工艺过程，直接在成品PFGA芯片上开发新的数字电路，极大地扩大了专用数字电路的用户范围和应用领域。自从20世纪80年代出现以来，FPGA技术迅速发展，FPGA芯片的晶体管数量从最初的数万只迅速发展到现在的数十亿只，FPGA的应用范围也从简单的逻辑控制电路发展成为重要的高性能计算平台。

FPGA与通用CPU相比又具有如下显著优点：①FPGA一般均带有多个加法器和移位器，特别适合多步骤算法中相同运算的并行处理。通用CPU只能提供有限的多级流水线作业。②一块FPGA中可以集成数个算法并行运算。通用CPU一般只能对一个算法串行处理。③基于FPGA设计的板卡功耗小、体积小、成本低，特别适合板卡间的并联。

FPGA通过逻辑电路实现计算功能，而微处理器则通过程序和存储器控制计算过程。FPGA和微处理器在基本架构上的根本区别，决定了它们算法的设计理念和方法也存在很大区别。与微处理器相比，FPGA最主要的优势是可以同时对大量变量进行逻辑运算和赋值，实现并行运算；而FPGA最主要的劣势则是失去了微处理器所提供的许多基本计算工具，如浮点数计算、初等函数取值等。在设计FPGA算法时，应该充分发挥FPGA可以同时对大量变量进行逻辑运算和赋值的优势，而尽量避免使用浮点数运算、初等函数取值等数值计算功能，所以并不是任何并行计算问题都适于在FPGA上实现。一般来说，FPGA最适用于需要大量并行逻辑或者整数运算的计算任务。例如，晶体管仿真就非常适合在FPGA上实现。

FPGA算法中常用的电路结构包括流水线型和并行阵列型两种。在流水线型结构中，计算任务被分解成多个子任务，由多个子电路依次完成，多组数据依次进入流水线电路，同时进行不同阶段的计算。忽略首批数据进入流水线的延迟，流水线型电路处理数据的用时等于所有子任务中最长的用时。如果每个子任务都可以采用组合电路来完成而不需要时序电路，则所有子任务都可以在一个FGPA时钟内完成，从而实现极高的运算速度和性价比。

在并行阵列型电路中，多组并行排列的子电路同时接收整体数据的多个部分进行并行计算。并行阵列型电路中的子电路本身可以是简单的组合电路，也可以是复杂的时序电路，如流水线型电路。如果受逻辑资源限制，无法同时处理全部数据，也可以依次处理部分数据，直到完成全部数据的处理。

FPGA 系统的开发流程。一般采用硬件描述语言（HDL），如 Verilog、VHDL 等，实现 FPGA 并行算法。虽然有一些类似 C 语言的软件可以帮助没有数字电路设计经验的用户实现 FPGA 设计，但是由于包括 C 语言在内的微处理器编程语言蕴含了许多微处理器的计算模式和理念，所以会影响或干扰 FPGA 并行算法的实现。使用 HDL 可以更好地结合 FPGA 的计算模式，设计出更合理的并行算法。

将 FPGA 计算引入系统仿真，将极大地提高仿真速度，从而缩短验证周期，这对于规模越来越大的集成电路协同验证具有重大意义。

2. 基于硬件加速器的仿真

硬件仿真器优势在于：一是容量大，可支持到两亿门级，并行可到十亿门级；二是能耗低；三是采用了新的验证方法学，以前只能验证硬件，现在则可软硬件协同验证，且 Debug 十分方便，还可远程多用户直接提取硬件仿真结果，大幅节约开发成本。在设计复杂度、客户规模到了一定阶段后，选择硬件加速器是缩短验证周期的最佳选择。

硬件仿真器的验证速度介于软件模拟和 FPGA 验证平台之间，其可控性和可观性可以和软件模拟相媲美，因此硬件仿真加速器是目前使用的软件模拟和 FPGA 验证平台的有效补充。将各种验证方法和硬件仿真器相结合，充分利用硬件仿真器运行速度快、可观性好的特点，可以实现基于硬件仿真器的海量指令级伪随机测试自动化。仿真速度是软件模拟验证的 1000 倍，能极大提升验证力度和深度。

硬件仿真器提供给验证工程师一个非常强大的验证平台，随着功能的不断完善，在经过验证工程师的二次开发后，还可以在功能覆盖率分析等更多方面为芯片研制提供有力支持，可以进一步提高验证的质量和效率。

第四节　学科发展方向建议

EDA 工具，就其本质而言，就是两个功能：①设计自动化（比如在给定电路网表后，版图的自动生成）；②设计验证，即预测生产出来的芯片性能与设计的期望值是否一致。现代的 IC 设计需要两个输入信息：设计的意图与采用的晶圆片加工厂的工艺库（product development kit，PDK）。

因为工艺的变动加剧，设计验证这一 EDA 的功能愈显关键，这一步骤通常被称为 sign-off verification，即设计的版图在送往晶圆片加工厂前的验证。目前 EDA 工具的发展多围绕着完善这一功能展开，也是理论研究的重点。以下为重要方向建议。

一、系统级自动化设计理论与技术研究

电子系统级（ESL）设计验证方法是在高的抽象层次上来描述复杂系统，并对系统进行合适的软硬件划分，给软件和硬件工程师提供一个虚拟的平台，让他们能够以紧密耦合的方式开发、优化和验证复杂系统的架构和嵌入式软件。电子系统级设计不仅需要电路设计工程师以紧密耦合方式开发、优化和验证复杂系统架构和嵌入式软件，而且需要提供下游寄存器传输级（RTL）实现的验证基础。系统级的自动化设计和技术研究需要从以下几个方面进行：①软硬件自动划分技术及相关理论基础；②软硬件协同验证技术；③系统行为级硬件综合理论与技术；④软件综合理论与技术。

二、DFM/DFY/DFR 相关理论与数学分析方法研究

正如前文所述，当工艺进入纳米尺度以后，工艺相关的漂移和扰动、器件的小尺寸效应等对电路/系统设计及设计自动化工具的开发构成了很大的挑战。可以归纳为以下三个方面：①器件性能的离散度（variation）或更准确地说是相对变动的增加；②短沟及短沟效应导致的静态漏电电流的增加；③电路规模进一步增大（由于器件尺寸的变小）带来的其他一些问题，例如如何控制发热的预算，SoC 中模拟、射频模块所需的无源元件与高电源电压器件（为功率放大器所用），数模模块间通过衬底的耦合等。

DFM 的最终目的是加强设计和制造环节的交互，并通过量化的模型使得对设计和制造工艺步骤的调整和优化成为可能。因此为了应对纳米工艺下电路的设计和制造挑战，需要从以下几个方面进行研究：①DFM 相关物理模型及分析优化方法；②ESD 机理及分析验证方法；③3D 互连分析与优化、可测性设计、可靠性设计。

三、超低功耗集成电路设计方法研究

随着移动设备的兴起，以及高功耗所带来的散热和可靠性问题的日益严重，功耗逐渐成为设计需要考虑的重要因素，超低功耗设计是集成电路设计的发展趋势。超低功耗集成电路设计方法更关注功耗是否满足设计要求，因此它的方法和普通的集成电路设计方法不一样，需要在以下几个方面进行研究：①超低功耗基础数字、模拟与射频电路单元设计技术；②异步电路设计验证技术。

四、可重构计算架构研究

可重构技术由于其特有的优势在很多领域都有广泛的应用，业界对它的研究也越来越多，但目前可重构还需要在以下方面进行深入的研究。

1. 可重构计算的编译技术

通用处理器的高级编译已经是一门成熟的技术，但可重构计算的编译技术仍处于起步阶段。由于可重构计算的配置代码不是程序代码，所以不能从软件编译得到，需要有其相应的不同的编译技术。冯·诺伊曼体系和传统编译器已经过时了，现在主机/协处理器（host/accelerator）工作模式已经被越来越多的系统采用。现在的实现方式仍是将顺序代码下载到主处理器的 RAM 中，而协处理器（加速器）仍然用 EDA 工具来实现，软件/配置代码划分仍然需要手工来完成。需要从高级编程语言源程序自动编译到主处理器和可重构协处理器上。协同编译包括自动的软件/配置代码划分，决定分割和调度计算的顺序，以及哪一部分电路需要被改变。在此方面已经有一些研究成果，但仍然需要开发更先进的工具来充分利用新硬件技术的优势。为了更好地支持可重构计算的不断发展，需要在硬件综合、高级编译及设计验证方面进行进一步的研究，如面向软硬件协同设计的编译器及其他一些技术如静态处理期间调度等。

2. 可重构计算系统的结构模型

现在已经开发出的可重构计算系统并没有统一性的计算模型和结构模型，需要解决的问题还很多。

首先，粒度问题。细粒度的可重构电路面积的使用效率很低。据粗略估计，只有 1%的芯片面积是直接为应用服务的，99%都是可重构开销。大约10%用于配置代码的存储，90%用于布线资源。因此与硬连线解决方案相比，其功耗较高、时钟频率较低，但适用范围广。粗粒度的结构提供操作符级的 CFB（configurable functional blocks）功能强大，节省面积的数据通路布线开关，大大减小配置 Memory 和减少配置时间。

其次，如何改进结构来减少重构时间。在数据重载时，FPGA 端口对外呈高阻状态，重载完成后，才恢复逻辑功能。这种重构时隙，将影响系统功能的连续性。因此，如何克服或减少这样的重构时隙，是制约实现动态重构系统的瓶颈。

最后，如何处理数据传输和存储问题。现在的可重构芯片提供的片上存储器太少，因而许多重构计算的应用需要更大的外部存储器，在数据交换过程中会增加功耗，降低计算效率。因此在当前设计中，最迫切需要优化解决的问题是 Memory 带宽和能耗。

3. CSoC 与 SoPC

近年来，在需求的推动下，国际上相继展开了 SoC 下一代器件的理论研究工作，提出了 CSoC（configurable SoC）、SoPC（system on programmable chip）等概念。CSoC 是指单芯片上包括处理器、Memory，可能还有 ASIC 核、片上可重构硬件逻辑等；而 SoPC，则是指 FPGA 的高复杂度可以将整个系统集成在单个可编程器件上，SoPC 可以包含多个处理器、DSP、高速系统总线、Memory、外围组件和各种不同的专用标准产品。这些器件名称虽不同，表述各异，但是其出发点都是将 FPGA 的优点引入 SoC 中，形成一种现场可编程、可重构的通用新型 SoC 器件。随着 Giga-FPGA 的出现，可编程器件正在迈向一个新的设计前沿——基于平台（platform-based）的设计。平台级系统设计的一个关键是可重用部件或 IP 核的有效集成。

4. 可演化硬件

对于 2020 年及其以后的硬件结构，可演化性将成为其一个关键特征。在固定功能的硬件和可重构硬件之后，下一代将是可以自我配置和演化的硬件。术语可演化硬件（evolvable hardware）、可演化方法（evolvable method）代表的是一个新的研究领域，也是 FPGA 的一个新的应用领域。它是指动态可重构电路的配置是由演化进程决定的。设计者将要用可重构 FPGA 完成的任务，用设计拟合功能的方式来描述，然后演化的方法如遗传算法被用来产生及进化出一系列 FPGA 的配置，最终产生具有所需功能的设计，由此可能产生超出现有模型、技术综合或设计者能力的具有新型功能的电路。它可以看成是控制论和仿生学的复苏，主要推动技术就是现在出现的可重构硬件技术。可演化硬件面临两个重要的挑战，分别是可扩展性和对完整的规范描述的需求。到目前为止，只有相对简单的系统被演化出来，而所使用的部件均为原始部件，如晶体管、电容、电阻等。对任何一个复杂系统，所使用的部件数量及之间的互连方式都是很多的，因此对一个问题的搜索空间非常之大。

本章参考文献

［1］Mujtaba. IDF13：Intel To Ship 10nm Chips in 2015，7nm Chips in 2017. 2013. wccftech. com/idf13-intel-ship-10nm-chips-2015-7nm-chips-2017.

［2］Jan C H, et al. RF CMOS technology scaling in high-K/metal gate era for RF SoC（System-on-Chip）applications. IEDM，2010：604.

［3］Jan C H, et al. A 22nm SoC platform technology featuring 3-D tri-gate and high-K/metal gate，optimized for ultra low power，high performance and high density SoC applications. IEDM，2012：44.

［4］Warnock J, et al. 5.5GHz system z microprocessor and multichip module. ISSCC，2013：46.

［5］Damaraju S, et al. A 22nm IA multi-CPU and GPU System-on-Chip. ISSCC，2012：56.

［6］Rusu S, et al. Ivytown：A 22nm 15-core enterprise Xeon processor family. ISSCC，2014：67.

［7］Lakdawala H, et al. 32nm x86 OS-compliant PC on-chip with dual-core Atom processor and RF WiFi transceiver. ISSCC，2012：62.

［8］Assefa A, et al. A 90nm CMOS integrated nano-photonic technology for 25Gbps WDM optical communication applications. IEDM，2013：809.

［9］Fang A W, Cohen O, et al. Electrically pumped hybrid AlGaInAs-silicon evanescent laser. Optics Express，2006，14（20）：9203.

［10］Van Olmen J, Mercha A, Katti G, et al. 3D stacked IC demonstration using a through silicon via first approach. IEDM，2008：603-606.

［11］Lee Y J, Limbrick D, Lim S K. Power benefit study for ultra-high density transistor-level monolithic 3D ICs. DAC，2013：104.

［12］Nenni D. Intel 14nm Delayed? 2013. https：//www.semiwiki.com/forum/content/2640-intel-14nm-delayed.html［2013-12-31］.

［13］Das A, Dorofeev A. Intel's 22-nm process gives MOSFET switch a facelift. EE Times，2012.

第六章
微机电系统

第一节 概　述

在过去的 40 多年里，集成电路的集成度和性能一直在按照摩尔定律不断提高，但 CMOS 晶体管的尺寸缩小终将遇到物理极限。研究人员一方面在积极寻找新的替代器件和电路结构，另一方面将目光投到整个系统的尺寸缩小和性能提高上。传统意义上的 SoC、输入和输出都是电信号，只能解决信息技术中的信号处理部分，无法直接实现对外部真实世界的信息获取和对外部世界发生作用。因此仅仅是一个较完善的微型电子系统而已，并不是一个真正意义上具有完整功能的独立的微型系统。

1988 年，美国加利福尼亚大学伯克利分校的 Y. C. Tai 等人成功地用微电子平面加工技术研制出了直径仅有 100μm 左右的硅微机械马达，使人们看到了将可动机械系统与电路集成在一个芯片内，构成完整的微型机电系统的可能。微机电系统（micro electro mechanical systems，MEMS）的概念也就应运而生，并迅速成为国际上研究的热点。1993 年，美国 ADI 公司采用该技术将微型可动结构与大规模电路集成在单芯片内，形成用于汽车防撞气囊控制的微型加速度计，MEMS 技术的特点和优势真正地体现了出来。

现在微机电系统已经远远超越了"机"和"电"的概念，将处理热、光、磁、化学、生物等结构和器件通过微电子工艺及其他一些微加工工艺制造在芯片上，并通过与电路的集成甚至相互间的集成来构筑复杂微型系统。所以，更准确地说，今天的 MEMS 包括感知外界信息（力、热、光、生、磁、化等）的传感器和控制外界信息的执行器，以及进行信号处理和控制的电路，构成了真正意义的集成微系统（integrated microsystem）。当集成微系统的特征尺寸缩小到 100nm 以下时，又进一步发展为集成纳系统（integrated nanosystem）。尺寸更小及纳米结构所导致的新效应，可以提供很多 MEMS 器件所不能提供的特性和功能。例如，超高频率、低能耗、高灵敏度、对表面质量和吸附性前所未有的控制能力等。为了论述方便，在下文中，除了特殊说明，我们将用集成微系统来泛指集成微纳系统。

集成微系统在现有摩尔定律技术的基础上，通过集成射频无源器件、传感器、执行器、生物功能结构等单元，实现更多、更复杂的人机交互与信息获取等功能，从而满足消费电子、无线通信、交通与汽车电子、航空航天、生物医学、工业控制、能源等领域不断增长的需求，使微纳电子学科向超越摩尔定律方向发展。另外，集成微系统技术也提供了新的纳米级三维加工手段，催生了诸如 NEMS 继电器、存储器等新型的 IC 器件，以及 TSV 三维集成技术。

集成微系统的多样性导致其分类很复杂。例如，按照其应用，可以分成军用集成微系统、汽车用集成微系统、微型仪器、通信应用集成微系统和医用集成微系统等；按照与其他学科的交叉结合方式，可以分成力学集成微系统、光学集成微系统、射频集成微系统、生化集成微系统、微流控系统、微能源系统等。每一类中都包含很多种微纳电子器件和 MEMS 器件，而根据应用不同，对同样的器件又有非常不同的性能要求。

集成微系统的加工技术是在微电子加工技术的基础发展起来的，因此它充分利用了集成电路加工和生产的经验与优势，具有工艺成熟、批量生产、成本低、加工能力强等显著特点。另外，由于利用了和微电子类似的工艺，可以将不同的 MEMS 器件与电路集成在同一芯片上，更充分地发挥微纳米技术的优势。硅基微纳加工技术是当前集成微系统的主流技术，市场上绝大多数大批量产品均是利用这种加工技术制造出来的，与纯微电子加工技术相比，硅基微纳加工技术也有着自身的特点。

（1）集成电路的结构都是固定的，而 MEMS 器件中通常都具有可动结构，因此必须采用特殊的工艺进行结构的释放。

（2）在集成电路中，通常主要关心材料的电学性能，不同材料分别起到互连、电绝缘、有源区等功能。在 MEMS 中，器件可以实现不同功能，除了需要关心材料的电学特性外，根据功能不同还需要对其构成材料有机械性能、光学性能、磁性能甚至生化性能等有更多要求，因此也需要使用到比集成电路更多的材料。

（3）集成电路目前主要使用的是平面薄膜工艺，加工出的结构基本是二维的或近二维的，结构不可动，结构的厚度也不大。而许多 MEMS 结构是三维的或准三维的，而且为了提高器件性能，有时要采用很厚的结构。因此需要采用一些特殊工艺，这些工艺与微电子加工工艺的兼容性也不同，一些工艺由于兼容性差而使结构无法与 IC 进行简单集成。

第二节　集成微系统技术的国内外研究现状与发展趋势

一、历史梳理

集成微系统技术的发展历史最早可追溯到 20 世纪 50 年代发现硅的电阻率与应力相关，即所谓的压阻效应。在此之前的压力传感器主要采用电阻应变片，其原理是在应力作用下，电阻应变片的几何尺寸发生变化，从而导致电阻发生变化，实现对应力的敏感。由于几何效应引起的电阻变化非常小，其灵敏度非常低。人们发现，如果利用硅压阻效应来制作压力传感器，其灵敏度比电阻应变片高两个数量级，远高于利用几何效应的压力传感器。由此，人们开始利用硅来研制压力传感器，并在 20 世纪 60 年代开始实现产业化应用。随着技术的不断进步，压力传感器越来越便宜，今天压力传感器在日常生活中的应用已比较普遍，比较典型的应用有电子血压计、汽车、手机、工业仪表等。压力传感器是第一个实现产业化应用的集成微系统器件，目前占有集成微系统市场 20%左右的份额。

压力传感器的需求增加，促使人们不断发明新的技术来降低其成本，这些技术的发明形成了今天集成微系统技术的雏形。利用这些技术，20 世纪 70 年代人们研制出加速度传感器，并很快实现了应用，特别是用于汽车安全气囊以后，市场扩展非常快，已在汽车、手机和游戏机等方面得到大规模应用，是第二个实现产业化应用的集成微系统器件，目前占有集成微系统市场 20%左右的份额。在加速度传感器实现量产走向应用之后，集成微系统器件实现量产走向应用的产品越来越多，开发周期也越来越短，其中标志性产品主要有微喷打印头、数字微镜（DMD）、微机械陀螺、微谐振器、微麦克风等，这些产品占有集成微系统市场 40%左右的份额，已被用在打印机、投影仪、手机、计算机和游戏机等许多产品中。

除了已走向应用的产品，在集成微系统的发展过程中，人们还发明了许多很有意思的集成微系统器件，尽管由于种种原因还没有获得广泛应用，但也很具有代表性。其中最具代表性的是 1988 年伯克利发表的微马达，微马达的出现标志着人们采用微电子技术可以批量制造出机械等非电子器件或系统，彻底颠覆了传统机械器件或系统制造的概念，由此还提出了微电子机械系统即所谓 MEMS 的概念，随后出现了微系统技术（欧洲）、微机械技术（日本）等各种称谓。20 世纪 80 年代末 MEMS 概念出现后，开拓出一个新的研究领域，激发了人们利用微电子技术研究各种机械等非电子器件或系统的热潮，先后研制出微泵、微阀、微齿轮等各种微机械器件，给人以耳目一新的感觉。随后，人们进一步拓展思路，利用微电子技术研究微流体器件、射频无源器件、光学器件、生物器件等各种非电子器件或系统，相应地出现了微流体动力学、RF-MEMS、Optic-MEMS、Bio-MEMS 和 Lab on Chip 等各种概念，开拓出许多新的研究领域。

上面从器件和系统角度梳理了集成微系统技术发展过程中的标志性产品或器件及系统，实际上集成微系统技术与应用联系非常紧密，要走向应用，就必须把器件和系统低成本制造出来，因此，制造技术对集成微系统技术的发展至关重要，可以说集成微系统技术的发展离不开制造技术的突破。下面从制造角度，梳理一下对集成微系统技术发展起重要作用的标志性工艺成果。

第一项重要的工艺成果是 20 世纪 60 年代发明的各向异性腐蚀技术，该技术利用硅的各向异性腐蚀特性，可以低成本批量制造出腔、岛、膜、悬臂梁、沟和槽等基本微机械结构，对集成微系统技术的发展起了十分重要的作用，直到今天还在广泛应用，目前主要使用的腐蚀液有 KOH 和 TMAH。到了 20 世纪 70 年代人们发明了硅/玻璃键合技术，在 80 年代又发明了硅/硅键合技术，这两项技术的出现使人们可以方便地制造多层微机械结构，如果说各向异性腐蚀技术为制造基本微机械结构提供了手段，那么键合技术则为制造多层微机械结构提供了有力支撑。20 世纪 80 年代还出现了一项重要的工艺技术——表面微机械技术，其核心内涵是牺牲层技术，即在牺牲层上面制备一层结构层，再把牺牲层腐蚀掉，留下的结构层就悬空起来成了可动的微机械结构，该技术的最大优势是与集成电路工艺较为兼容，世界上第一个微马达就是采用该技术制造的。集成微系统技术最后一项重要的工艺成果是 20

世纪 90 年代出现的干法深刻蚀技术，利用该技术可以方便地制造出梳齿、腔、岛、膜、悬臂梁、沟和槽等基本微机械结构，与各向异性腐蚀技术相比，该技术的最大特点是刻蚀与晶向无关，为制造复杂微机械结构带来了极大的灵活性。目前集成微系统技术领域常用的工艺技术主要为各向异性腐蚀技术、键合技术、表面微机械技术和干法深刻蚀技术，绝大多数器件或系统可以通过这些技术与常规工艺结合制造出来。

二、规律总结

从集成微系统技术的发展过程来看，有两个明显的特点：一是围绕非电子系统，不断开发出有市场需求的相关产品，通过制造技术的进步，降低生产成本，从而进一步拓宽市场，形成新的应用；二是注重充分发挥制造技术的作用，进行跨学科融合，不断开拓出新的研究和应用领域。

集成微系统技术的第一个产品压力传感器属于力电转换器件，用于压力的测量，市场前景广阔，但由于当时成本很高，还只能在某些特殊场合应用，应用面非常小。因此，该产品在 20 世纪 60 年代出现后，人们开始不断开发新的制造技术来降低成本，以求扩大应用范围。为了提高压力传感器敏感膜的制造效率，人们发明了各向异性腐蚀技术来替代打"硅杯"工艺，使敏感膜可以批量制造出来，克服了以往一个一个打磨出来的不足，大大降低了制造成本。为了提高封装效率，人们又发明了硅/玻璃键合技术，实现了传感器的批量封装。进入 20 世纪 80 年代，为了提高传感器的性能和简化制造工艺，人们又将硅/硅键合技术引入压力传感器的制造，进一步降低了制造成本和提高了器件性能。为了解决压力传感器与 IC 工艺的兼容问题，人们又发明了与 IC 工艺兼容的表面微机械技术，可以更方便地制造集成压力传感器。为了提高压力传感器的性价比，人们不断发明新制造技术，这一过程基本奠定了集成微系统技术的 4 项关键工艺中的 3 项：各向异性腐蚀技术、键合技术和表面微机械技术。压力传感器制造技术的进步，体现了集成微系统制造技术的发展强烈地依赖于需求驱动。

人们在降低压力传感器制造成本和提高性能过程中发明的各向异性腐蚀技术、键合技术和表面微机械技术，主要是为了制造微机械结构（压力敏感膜）。实际上微机械结构不仅可以用来制造压力传感器，而且可以用来制造加速度传感器、微喷打印头、数字微镜（DMD）、微机械陀螺、微谐振器、微麦克风等各种器件。因此，人们开始推广集成微系统制造技术的应用，利用集成微系统制造技术来研制生产有巨大应用市场的各种微机械器件，使得器件的成本不断降低，市场规模不断扩大，带来了新的应用。今天，许多传感器的价格在人民币元的量级上，使得传感器可以广泛地被用于手机、汽车、工业控制、投影仪、计算机、打印机和游戏机等许多领域。集成微系统技术这一发展过程表明，新技术的出现可以带来新的应用和新的市场。

人们除了在利用集成微系统技术研制开发新产品，还在考虑利用该技术进一步拓展新的研究领域。实际上梳齿、腔、岛、膜、悬臂梁、沟和槽等基本微机械结构可以用在许多地方，自然人们就会想方设法利用集成微系统技术的特点，进行跨学科融合来研究微光学系统、微流体系统、芯片实验室、射频无源器件和纳机电系统等许多器件与系统，从而开拓出许多新的研究领域。这体现出人们在集成微系统技术的发展过程中，特别注重现有技术的推广应用工作，尽量充分利用现有技术的潜能，毕竟一项技术的出现不仅需要许多研究人员付出大量精力，而且还需要大量的投资，如果不充分利用将是极大的浪费。实际上，人们在集成微系统技术的发展过程中，想方设法在利用微电子工艺，其原因就是微电子工艺投入了大量的人力物力，能力太强大了，如果能利用微电子技术工艺来制造，成本将会大幅度降低，可以很快推向市场。因此，将现有技术的能力发挥到极致，可以起到事半功倍的作用。

三、集成微系统技术的发展趋势

经过 20 多年的发展，国际上集成微系统已全面走向应用，产品年销售额达到 100 多亿美元，大量的集成微系统被用在智能手机、游戏机和汽车等方面，已成为我们日常生活的一部分。由于集成微系统是在 CMOS IC 的基础上发展而来的，所以人们习惯性地用 IC 的思维考虑集成微系统的问题。很多年来人们一直在寻求像 IC 中的 CPU 和存储器一样的 killer application，产生一个新的飞跃，甚至带来比 IC 更大的市场。然而，这一目标至今尚未实现，而且也没有一个公认的未来的可能器件或系统跃入人们的视野。压力传感器、加速度计、陀螺、微麦克风、FBAR 等器件虽然销售量都早已过十亿，甚至有预言称即将迎来万亿（trillion）时代，但由于其自身价格都不高，所以无法担任起这一使命，集成微系统的整体市场远无法与 IC 相比拟。然而，从这一寻找过程当中，人们也意识到，集成微系统的多样性和渗透性正是它区别于 IC 的鲜明特性。集成微系统已经进入到各个领域和行业，并且在不同程度上改变着其现状和发展走势。与其说这些器件和系统是集成微系统产品，不如说它们是所在领域和行业的新一代产品。集成微系统研究的情况也是如此，最初的集成微系统研究往往是以微电子或机械背景的人为主体，与相关的研究者合作进行；而近年来，随着集成微系统技术日益成熟，集成微系统技术已经成为强有力的研究工具。不同领域的研究者根据自己的需要和想法，利用集成微系统技术研发所需的新型器件和系统。事实上，这恰恰说明了 MEMS 的强大生命力和光明的发展前景。它不会由于加工技术和一些器件的成熟而失去研究上的发展动力，而是会随着其他领域的不停发展而继续前进。随着微传感器、微执行器、微电子、微纳制造、无线通信、纳米、生物等技术的交叉融合，集成微系统进一步朝着微型化、集成化、多功能、智能化与网络化的方向发展。集成微系统领域的发展呈现以下趋势。

1. 微纳制造技术进一步发展

作为实现微器件与微系统的基础，微纳加工、封装技术将不断发展。加工特征尺寸和精度从微米向纳米发展，逐步趋近于集成电路的加工制度，结构将从单层准三维结构向多层复杂三维结构发展。封装技术是微纳器件与系统的技术瓶颈，随着体积与成本的要求，目前封装正在向 3D 集成技术发展，少数技术已经实用化。进行多圆片或芯片的 3D 集成，将 CMOS，MEMS/NEMS 等器件集成封装，用较短的垂直互连取代很长的 2D 互连，从而减低了系统寄生效应，并达到体积最小化和优良电性能的高密度互连的目的，此外 3D 集成还可以解决由于工艺兼容性不能单片集成的问题。3D 集成技术涉及的技术范围很广，主要包括材料匹配技术、综合屏蔽技术、TSV 的形成与金属化、圆片减薄与对准键合技术等。

2. 集成化芯片系统受到更加重视

进入 21 世纪以来，集成化芯片系统即将敏感器件、微执行器、专用集成电路（ASIC）与微能源（micro power）等集成在同一芯片上，不仅可以大大降低系统的体积和功耗，而且可以提高系统的性能与可靠性，已经成为微电子领域和传感器领域的热门方向，已成为世界各国争相发展的重要战略方向之一，美国、日本、欧盟、韩国等均投入了大量物力和人力，把集成化芯片系统的设计和制造技术作为一种战略高技术来研究和开发。

3. 材料向多样性发展

集成微系统包含了射频、功率、传感器、执行器、生物芯片、光电器件等多种功能器件和模块，硅基已无法满足要求。金刚石、氮化镓（GaN）、碳化硅（SiC）等宽禁、高稳定性半导体材料，Ti、W、形状记忆合金等金属材料，以及柔性的聚合物材料被日益广泛使用。其中，在柔性显示器、有机发光二极管、薄膜太阳能电池、电子纸、电子皮肤、人工肌肉等方面显示出广阔应用前景。

4. 纳米材料和纳米效应进一步提高器件的性能

利用材料与结构的纳米效应，可以进一步提高器件的性能。例如，纳米尖端与对电极在纳米间距内可以产生隧道击穿，利用隧穿电流对空气间隙位置的高度敏感作用，原理上比微米机电器件的灵敏度提高几个数量级，但要使这些新敏感效应的机电器件实用化，还要面对和解决一些问题，比如纳米敏感效应的非线性敏感特性。

5. 生化传感器与生化微机电系统发展迅速

集成生化微机电系统对分子与细胞水平进行检测在生物医学与特种检测领域具有十分重要的应用价值，比如检测一些重要有毒物质或实现对爆炸物不开包检查，痕量识别高传染致病病原体和对癌症进行早期诊断等，都需要有分子水平的敏感检测。面向健康监护、环境监测、公共安全、生物医学检测、药物筛选等领域的各类新型生化微传感器发展迅速。在纳米敏感材料、样品预处理、光电复合检测等方面的新原理、新方法和新技术将有较大的发展；面向植入式医疗的多种植入式器件成为未来研究的热点之一，新型的生物微机电系统将有较大突破。

6. 微流控芯片和光流体技术将逐步走向实用化

微流体和光流体技术将实现更精细的控制操纵，以实现更微量的检测。另外，最大限度地把分析实验室的功能转移到便携的分析设备中（如各类芯片），实现分析实验室的"个人化""家用化"。

7. 无线网络传感器系统将逐步形成产业化

目前，物联网技术的发展和应用受到广泛关注，传感器是物联网信息采集的源头，是物联网产业链中最基础的环节。物联网的发展对传感器提出了迫切的要求，将需要大批量、多品种的传感器系统，对传感器的微型化、低功耗、集成化、高可靠、长寿命提出了更高的要求，促使传统的 MEMS 器件进一步向高端发展，并促进面向各种应用需求的新产品不断涌现。开发适合物联网应用的传感器节点芯片系统成为集成微系统研发的一个重要趋势和研究热点，其创新点主要体现在新原理、新结构、新工艺等方面。

8. 微能源器件及系统将取得突破

在微型能量收集器方面期待取得突破，实现机械能、热能、光能的高效收集，在燃料电池、能量存储、无线能量传输等方面的技术期待得到较大发展。

四、我国在该领域具有的优势及产业已有的突破

MEMS 的产业链主要涉及市场、产品、中试和规模生产等 4 个关键环节，在这个链条中产品是核心，通过 MEMS 产品的开发将科研、市场和中试及规模生产厂连接起来。产品公司根据市场需求设计出产品，先在中试线开发出满足市场需求的产品，这样可以降低产品开发门坎和成本，然后在规模生产厂进行规模生产，这样可以降低生产成本，提高市场占有率。我国在这四方面有优势，并取得了一些突破。

1. 我国是 MEMS 产品消费大国

我国是制造大国，也是 MEMS 产品消费大国，在汽车、消费、工业控制、信息、医疗和国防等领域广泛应用了 MEMS 产品，特别是在汽车、消费等领域应用了大量的 MEMS 产品，而且使用量还在不断增加，这些领域也是我国的支柱产业，市场前景广阔。事实上，我国的 MEMS 市场份额超过全球市场的 1/4，而且未来市场份额还在不断扩大，具有明显的优势。

2. 研制的 MEMS 器件正在走向应用

经过国家各类计划的多年支持，我国在 MEMS 基础研究和器件开发方面取得了较大的进步，其中有些 MEMS 器件已经走向了应用。在国防应用方面，上海微系统所和 13 所等单位研制的一些 MEMS 传感器已成为重要武器装备中的核心器件；在民用市场方面，上海微系统所等单位研制的部分 MEMS 传感器已开始在汽车、消费、医疗等市场销售，对境外产品形成了竞争压力；此外，还不断有海归回来创办 MEMS 产品公司。我国已经实现了 MEMS 器件从科研向产品开发提升，在 MEMS 向应用推进方面具有一定的

优势。

3. 形成了 MEMS 研发中试平台

经过国家各类计划的多年支持，我国在 MEMS 三维加工和可动结构封装等关键制造技术研究方面也取得了较大进展，特别是将研究的关键制造技术根据器件制造需求进行整合，形成了成套加工技术，以这些成套技术为基础，在上海微系统所和北京大学等单位建立了 MEMS 研发中试平台。已有相关公司利用上海微系统所的中试平台进行工艺验证后，在集成电路工厂实现了规模生产，打通了 MEMS 从市场到研发到最后实现规模生产的产业链，在 MEMS 产品开发工艺验证方面具有优势。

4. 具备了 MEMS 规模生产能力

随着 MEMS 市场规模的不断扩大，相关集成电路制造企业对 MEMS 代工表现出浓厚的兴趣，开始进入 MEMS 制造领域，其中包括实力雄厚的中芯国际、华润上华、上海先进半导体和宏力等集成电路制造商。中芯国际开始提供 8in CMOS-MEMS 的代工服务，华润上华开始提供 6in CMOS-MEMS 的代工服务等。这些企业的进入，使我国在 MEMS 规模生产方面具有一定的优势。

总体来看，我国 MEMS 传感器市场需求旺盛，有一批具有自主创新能力的 MEMS 产品公司，主流集成电路制造企业进入 MEMS 代工领域，可以为 MEMS 规模生产提供基础，此外，还有 MEMS 研发中试平台，应该说我国在 MEMS 产业链中的四个关键环节上均有一定的条件，可为我国集成微系统技术的发展提供很好的基础。

第三节　"后摩尔时代"集成微系统技术面临的挑战与机遇

一、集成微系统技术在"后摩尔时代"的主要挑战和机遇

微电子技术发展到今天市场规模已达年销售 3000 多亿美元，与此同时，微电子技术也遇到了很严峻的挑战，首先是摩尔定律到底能走多远，无

论如何总有走到头的时候。目前，遵循摩尔定律的产品主要是微处理器和存储器等数字产品，仅占微电子市场的 47%，其他如 RF 电路、功率电路等近年快速增长的产品已超过市场规模的 50%，而且还会继续快速增长，这些产品由于需求特殊，器件结构各异已不遵循摩尔定律。为了突破上述瓶颈，国际上提出了两条技术路线：一是寻找新的器件结构进一步延续摩尔定律，二是发展新的技术超越摩尔定律（图 6-1），通过这些手段进一步扩大微电子的市场规模。

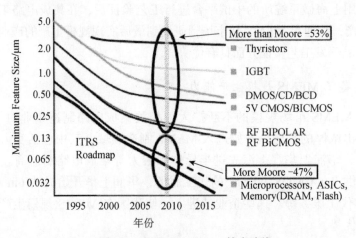

图 6-1　More than Moore 技术路线

资料来源：Infineon，ITRS，VLSI Research

从市场角度来看，信息技术发展日新月异，需求变化很快，如以前微电子的市场驱动力主要来自计算机，因此数字电路占据了市场的主要份额。今天，微电子技术的市场驱动力除了计算机，更多的是来自通信、汽车和消费等领域，这也是 RF 电路、功率电路等产品超过市场规模 50%的主要原因。由于电子产品日益贴近老百姓，影响着人们的生活，所以各种新的需求会不断涌现，将从根本上影响微电子技术的发展。所以，微电子技术的发展除了要考虑技术路线图，还应从需求出发，对需求进行预测，给出需求路线图，这样可以通过需求驱动来促进微电子技术的发展。

微电子技术发展的挑战，对于集成微系统技术来说就是机遇，主要体现在两方面。一是可以为超越摩尔定律提供技术支撑。利用集成微系统技术可以制造各种特殊结构，如可以制造出低损耗的 RF 电感、可变电容、开关、导热结构和纵向三维结构等无源器件为设计制造 RF 电路和功率电路提供工艺支持，还可制造空腔、通孔等结构为多芯片三维集成提供制造手段。二是可以从需求出发，设计制造含传感器、执行器和处理电路的集成微系统，满足日新月异的市场需求，如含三轴陀螺、三轴加速度计、三轴地磁传感器、高度计和处理电路的十轴手机导航芯片系统，含血压、心电、生理参数监测和处理通信电路的可穿戴医疗监测系统等集成微系统，从而开拓出系列微电子技术新的应用市场。图 6-2 为十轴传感器示意图和实物图。

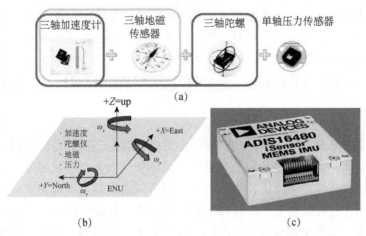

图 6-2　十轴传感器示意图（a）、（b），以及 ADI 十轴传感器实物图（c）

集成微系统技术之所以可以在超越摩尔定律和开拓出新的应用市场中发挥重要作用，是因为集成微系统技术可以根据特定需要制造出各种特殊的微机械结构，如悬空结构、通孔结构和各种腔、沟、槽等微机械结构，并可以与电路集成在一起。同时，如何高效批量制造出这些结构并与电路集成在一起也是集成微系统技术的主要挑战。

与单片集成电路不同，集成微系统品种繁多，没有一个类似于晶体管这样的标准结构单元，由此产生了多材料、多物性兼容问题，包括材料兼容、结构兼容、衬底兼容。这些兼容性问题处理不好，将会降低制造成品率，增加制造成本，更难满足多品种的制造需求。结构兼容不仅要解决不同微机械结构的兼容制造问题，而且要解决微机械结构与集成电路的兼容制造问题。材料兼容就是要解决在同一硅衬底上制备不同材料的问题。衬底兼容就是解决含有微机械结构和集成电路的不同衬底，实现高效键合问题。这些问题的解决不仅可以提高制造的成品率，实现与集成电路的单片集成，而且可以制造出更多品种的集成微系统。

1. 多材料兼容制造技术

对于不同的需求，集成微系统需要使用不同的材料。对于无源电感，为了提高电感量和提高耦合效率，往往需要使用磁性材料；对于各类传感器，往往需要使用不同的敏感材料；对于各类执行器，往往需要使用不同的驱动材料；对于生物应用，往往需要使用生物兼容材料；对于恶劣环境应用，往往需要针对不同应用环境使用不同的保护材料，等等。这些材料，大多数不是集成电路工艺中常用的材料，因此，不仅要解决如何用集成电路工艺来制备这些材料的问题，而且要解决这些材料的制备工艺与集成电路工艺的兼容性问题。未来集成微系统的一个重要挑战是如何解决多材料兼容制造问题。

2. 微机械结构兼容制造技术

集成电路有一个基本单元，就是晶体管，利用晶体管可以实现各种电路功能，因此，集成电路的制造都是围绕晶体管这个基本单元展开的，只要把晶体管的制造问题解决了，集成电路的制造问题也就基本解决了。集成微系统则不同，它往往含有一些特殊的微机械结构，如悬空结构、通孔结构和各种腔、沟、槽等微机械结构，不同的应用需要使用不同的微机械结构，不同的结构要用不同的制造工艺，目前还没有一个类似于晶体管这样的基本结构，问题就要复杂得多。而且绝大多数微机械结构制造工艺与常规集成电路制造工艺不同，在高温工艺过程中由于应力的作用还会带来结构变形、残余应力、断裂和黏附等问题，造成器件失效，影响器件的成品率。因此，如何解决不同微机械结构的兼容制造，以及微机械结构与集成电路兼容制造问题，是未来集成微系统的一个重要挑战。

3. 衬底兼容制造技术

绝大多数集成微系统都含有三维微机械结构，有时单片三维微机械结构难以满足应用需求，这时就需要通过多片键合来实现复杂三维微机械结构。如利用键合技术实现 Cavity-MEMS 结构降低制造成本；利用键合技术实现多芯片集成，等等。这就涉及含微机械结构的硅衬底、含集成电路的硅衬底和化合物半导体衬底等不同衬底的兼容制造问题。这方面的主要问题是，由于不同衬底含有不同的结构和电路，在键合过程中如何保证微机械结构和集成电路不被破坏，实现不同衬底的高效兼容键合，解决衬底兼容制造问题，是未来集成微系统的一个重要挑战。

4. 低成本封装技术

集成微系统封装与集成电路最大的不同是如何进行可动微机械结构保护及保证器件密封的情况下仅使敏感部分暴露在环境中，这也是集成微系统封装最难的问题，其封装成本也主要由这一因素决定。由于集成微系统的这一问题，不仅其封装成本居高不下，往往占总成本的 80%，而且不同的应用还需要不同的封装工艺，没有比较通用的封装工艺复用，进一步增加了产品开发难度和封装成本。虽然通过圆片级封装可以将可动结构保护在一个密闭的空腔内，提高封装的效率，降低封装成本，但对于某些传感器其敏感部位需要与外部环境接触，这时就较难利用圆片级封装技术。总之，如何实现低成本封装是未来集成微系统的一个重要挑战。

5. 多参数协同设计技术

集成微系统除了电子系统，根据不同的应用情况，往往还有机械系统、生化系统、光学系统、流体系统等，其设计涉及不同的学科，需要进行多参数协同设计。具体来说，需要解决微纳尺度机械力学、微纳尺度光学、微纳尺度流体力学等基础问题，在此基础上，提出相应的设计方法，并与电子系统的设计融合，进行多参数协同设计，才能优化出设计方案。与微电子的设计不同是，集成微系统设计涉及多个学科，要将不同学科的设计方法进行融合，特别是不同学科的设计如何进行无缝衔接，具有一定的难度。因此，多参数协同设计技术是未来集成微系统的一个重要挑战。

6. 器件与系统技术

如前所述，集成微系统的发展机遇主要体现在超越摩尔定律和开拓新的市场应用两方面，因此如何围绕上述机遇，发展出满足市场需求的微器件和微系统是未来集成微系统技术最主要的挑战。

对于超越摩尔定律来说，集成微系统技术在 RF 电路、功率电路和多芯片集成方面会有较大的机会，主要挑战是要针对这些电路的需求，解决射频无源器件、三维功率器件和通孔互连等与集成电路的集成问题，并有高成品率和低制造成本。

对于通信、汽车和消费等市场来说，这是目前集成微系统技术应用最多也是增长最快的市场，应予以高度重视，主要挑战，一是要根据市场需求提高集成微系统的性价比，实现高性能低成本，才能为市场接受快速发展；二是充分发挥集成微系统高性能低成本的优势，不断开拓新的市场。

对于生化集成微系统来说，这一领域涉及人口健康、环境监测、食品安全等方面，是国家和老百姓非常关注的应用领域，特别是人口健康，如果能挽救生命或改善生活质量，老百姓花多少钱都愿意。遗憾的是目前这方面还没有大的突破，存在巨大挑战。

对于高性能集成微系统来说，一条可行的途径是利用纳米效应发展新型微纳器件，从原理上创新，实现高性能。主要挑战：一是如何在纳米尺度下准确地将纳米效应表征出来并提出相应的模型；二是如何利用好纳米效应，提高微纳器件的性能；三是如何实现低成本批量制造，使得市场能接受。

二、国内外差距分析

1. 总体情况

中国的集成微系统研究起步并不晚，早在 20 世纪 80 年代复旦大学、东南大学、清华大学和中国科学院上海微系统与信息技术研究所（当时名为中国科学院冶金研究所）就已经开始了 MEMS 工艺和器件的研究，并且在键合技术和 KOH 腐蚀技术等方面取得了很好的成果。如"集成压阻式压力传感器"获 1985 年电子部电子科技进步奖二等奖。中国的 MEMS 大规模发展始于 90 年代后期和"十五"期间，2000 年 MEMS 研究被正式列入"863"计划中的重大专项，总装备部、教育部的"教育振兴计划"、中国科学院的"知识创新体系"、国家自然科学基金委员会，以及地方政府和企业也进行了投入。1987 年在中国科学院上海微系统与信息技术研究所，简称中科院上海微系统所（原中国科学院上海冶金研究所）建设了传感技术联合国家重点实验室，1996 年在北京大学和上海交通大学建设了微米/纳米加工技术重点实验室，2000 年在上海微系统所建设了微系统技术重点实验室，在中国电子科技集团第十三研究所（简称中电集团 13 所）建立了 MEMS 工艺基地，形成了多个 MEMS 制造技术平台，制造技术水平有了大幅度提高，并已具备了小批量生产 MEMS 产品和进行 MEMS 规模制造技术研究的能力。这些制造技术平台不仅可以支持用户进行 MEMS 的研究和产品化关键技术开发，为百余家用户提供了制造服务，而且还具有产品的小批量制造能力。

中科院上海微系统所以发明的专利技术为核心，形成了压阻 MEMS 传感器、电容式 MEMS 器件、SOI 基 MEMS 器件和圆片级气密 MEMS 封装等 4

套 MEMS 制造工艺组合，建立了国内唯一的集 MEMS 芯片制造和封装于一体的 MEMS 制造技术平台。经过不断的改进和完善，目前该技术平台的年产能达到 1200 万只 MEMS 传感器，为科研院所、高校、中小 MEMS 产品公司和国际大公司等百余家用户提供了芯片制造和封装服务，不仅为用户带来超过亿元的销量额，而且为用户完成国家重要科研项目和生产研制重要武器装备提供了有力支撑，获得了用户的好评。经过多年的高效运行，在国际上也有一定的影响。目前除了许多国际大公司［如美国霍尼韦尔公司、韩国三星集团、德州仪器半导体技术（上海）有限公司、美国模拟器件（香港）有限公司、飞利浦元件及模组（上海）有限公司、富士通微电子（上海）有限公司等］是其技术平台用户，还经常为许多美国等国外用户提供加工服务。

北京大学在微米/纳米加工技术重点实验室的硅基 MEMS 工艺平台上开发了多套 MEMS 标准工艺和一批关键技术，为国内外 80 多家 500 多种微结构的研制提供了 2000 多次工艺技术服务，使键合深刻蚀释放工艺成为国内 MEMS 器件研制采用最多的工艺流程；可裁剪的模块化压阻工艺能够满足压力计、流量计、加速度计等一系列 MEMS 器件芯片加工的需求，制造了压力计芯片 300 多万个。大量的技术服务使北京大学成为既具有小批量制造能力又能够为多种 MEMS 器件研制提供研究支撑的硅基 MEMS 工艺平台，带动了我国 MEMS 技术的发展。

随着 MEMS 的市场规模不断扩大，一些集成电路制造企业对 MEMS 的代工产生了浓厚的兴趣，我国像中芯国际、上海先进半导体和无锡华润上华等集成电路制造商也开始进入 MEMS 制造领域。中芯国际计划专门拿出一条 8in 线用于 MEMS 的制造，有望为我国 MEMS 的产业化提供相当的规模制造能力。上海先进半导体拿出一条 6in 线用于 MEMS 的制造，并已开始为国外大客户提供代加工服务，预计每月出片量达到 2000 片。这些集成电路制造企业的加入，不仅为 MEMS 产品的规模生产提供了基础，而且还将会加快我国 MEMS 产业化的进程。

在器件和系统方面，则涵盖了物理量传感器（惯性 MEMS、微压力传感器、硅微麦克风）、光学 MEMS、RF MEMS 和生物 MEMS 等诸多领域。北京大学和清华大学联合研制的陀螺、中科院上海微系统所研制的微纳悬臂梁、中国科学院大连化学物理研究所的芯片实验室、中国科学院电子学研究所研制的电场传感器、清华大学研制的微型燃料电池等都步入了国际先进行列。中科院上海微系统所利用建立的 MEMS 制造技术平台，攻克了汽车胎压传感器关键制造技术，研制出系列压力传感器芯片，芯片尺寸仅 1mm ×

1mm，在 4in 硅圆片上可制作 7000 余只传感器，实现了小批量生产，目前每年销售超过 600 万只，已累计销售超过 2000 万只，并在国内汽车胎压计市场占有约 30%的份额，成为国内胎压计市场主流芯片供应商。此外，他们还研制出电子血压计用压力传感器和天气预报/气压计用压力传感器，每月售出数十万只，开始进入国内市场。他们研制的高冲击加速度传感器已销售数千只，并在多个重要武器装备中应用，成为了这些武器装备中的核心器件，加快了我国武器装备更新换代的步伐。

在国际重要的 MEMS 会议和权威期刊上，相关文章也从凤毛麟角发展到批量出现。例如，在 MEMS 研究领域最大的会议 Transducers 上，2011 年的文章已经达到 70 余篇；公认的最好的会议 IEEE MEMS 上，2012 年录用的文章有 14 篇，2014 年则增加到 25 篇（不含非通讯作者合作单位）。权威刊物 *Journal of Microelectromechanical Systems* 上，2000 年以前每年只有屈指可数的几篇文章，目前几乎每期都会有中国作者的文章出现。

从研究机构来看，我国进行 MEMS 研究的高等院校和研究所早已经超过 100 家。高校方面处于优势地位的有北京大学、清华大学、东南大学、上海交通大学、复旦大学、浙江大学、西安交通大学、西北工业大学、厦门大学、哈尔滨工业大学、大连理工大学、重庆大学等；在研究所方面有中国科学院上海微系统与信息技术研究所、中国科学院电子学研究所、中国科学院半导体研究所、中国科学院微电子研究所、中国科学院大连化学物理研究所、中国科学院长春光学精密机械与物理研究所、中电集团 13 所、中电集团 55 所、中电集团 49 所、沈阳仪表科学研究院等。这些研究机构各具特色，在不同的方面具有自身的优势。同时国内在微纳米制造方面已成立了三个专业学会——中国微米纳米技术学会（一级学会）、中国机械工程学会微纳米制造技术分会、中国仪器仪表学会微器件与系统技术学会。

然而，与集成微系统研究和应用领先的美国和日本等国家相比，我国集成微系统在基础科研、加工技术、应用和产业化、资助力度和策略方面有一定的差距。

2. 基础研究

虽然我国近几年在集成微系统基础研究方面取得了长足的进步，在本领域顶级期刊和会议上发表的文章日益增多，但所取得的成果多为原有器件模型、结构和加工技术方面的改进，一直缺乏有影响力的理论、器件和加工方法方面的原创性成果，很少在集成微系统发展过程中的任何关键节点上留下令人瞩目的印记。其主要原因可能有如下几点。

（1）集成微系统技术虽然发端于微纳电子技术，但多学科交叉是其最鲜明的特征，其原创性思想需要在与其他学科交叉融合中产生。而我国集成微系统研究还是主要来自微纳电子领域，研究思想多来源于国外已有器件和系统，只有需要借助其他学科的时候才会进行合作研究。如果想取得突破，必须让更多的学科投入集成微系统研究中，从理论和加工技术的本质出发，真正发挥学科交叉的力量。

（2）国内资金资助的引导方向相对滞后，往往落后发达国家一个周期。目前国外生化传感器、生物 MEMS 和微流控系统发展迅速，面向健康监护、环境监测、公共安全、生物医学检测、药物筛选等领域各类新型生化微传感器发展迅速，在纳米敏感材料、样品预处理、光电复合检测等方面的新原理、新方法和新技术将有较大的发展；面向植入式医疗的多种植入式器件成为研究的热点。而相对来说，传统的 MEMS，如压力传感器和惯性器件的研究早已走入工业界，其研究资助主要来自企业。而目前中国的 MEMS 的经费资助还主要集中于传统的 MEMS，对新兴领域的资助力度不够。

3. 加工技术与代工服务

和微纳电子一样，加工技术和加工服务是集成微系统的研究的基石，也是实用化的支柱，因此建立高水平的加工服务体系对集成微系统的发展至关重要。早在 1987 年国家就在中国科学院上海微系统与信息技术研究所和中国科学院电子学研究所建立了传感技术联合国家重点实验室，进行传感技术的新原理、新方法、新技术、新器件、新系统的研究。1996 年，总装备部在北京大学和上海交通大学建设的微米/纳米加工技术重点实验室，专门进行MEMS 工艺开发和加工服务。2000 年总装备部在上海微系统所建设了微系统技术重点实验室。其后，中电集团 13 所也建设了 MEMS 加工线。这些工艺平台的建设，提升了我国 MEMS 的加工能力，有力地支撑了我国 MEMS 的研究和产业化工作，形成了更广泛和更强的加工服务体系。近年来，众多的高校和研究所也都具有 MEMS 加工实验室，并各具优势方向。

然而，中国面向产业的 MEMS 代工业的发展并不能令人满意，与美国、欧洲和日本都有很大的差距。虽然在 21 世纪初开始，国内的一些集成电路制造商和重点实验室就开始了一些 MEMS 器件的小批量产业化生产，但都是根据特殊器件定制加工，并且没有形成规模，谈不上真正的代工生产。MEMS 代工能力的薄弱直接制约着中国 MEMS 产业化的发展。要靠 MEMS

研发公司自己建立 MEMS 加工厂，生产自己的产品，难度非常大，这就是很多 MEMS 成果无法转化成产品的一个重要原因。

最近国内主要 IC 加工厂商中芯国际（SMIC）、上海先进半导体（ASMC）、无锡上华等都开始介入 MEMS 代工服务，可以满足一部分 MEMS 产品的生产需求。但集成微系统与代工厂之间存在一个较长期的磨合过程，代工厂在初期会存在严重的代工量不足问题，而提供的工艺与代工费用也难以满足产品的需求，需要从国家层面上对国内的 MEMS 代工厂提供深层次技术上的支持。

4. 产业和市场

同其他行业一样，中国的集成微系统具有巨大的市场和发展潜力。近年来，中国汽车、消费电子产品和医疗领域的市场和产业同步发展，因此也刺激着中国集成微系统市场的发展。来自 iSuppli 的数据显示，2010 年中国 MEMS 市场增长了 18%，预计 2009~2014 年实现 13%的年均复合增长率，超过中国整个半导体市场预计的 10%的年均复合增长率。物联网是中国近几年来大力发展的方向，驱动着多个行业的发展。其中高性能、低成本、低功耗的传感器节点是传感网中的基石，其中的关键部件都是由 MEMS 器件构成的。这必将刺激 MEMS 产业蓬勃发展。中国社会老龄化趋势加重，需要研发更多的便携式医疗设备，从而带动 MEMS 传感设备在医疗领域的应用。

与巨大的 MEMS 市场相比，中国 MEMS 产业发展相对滞后，但近年来也取得了长足进步，涌现出很多 MEMS 专业公司，成为一股新兴的产业力量。但整体看来，这些新兴的 MEMS 公司的国际竞争力还不够强，本土 MEMS 公司的产值尚没有一家能够进入国际 MEMS 公司的前 30 位。

不过，目前我国在集成微系统研究方面有基础，部分产品已进入国内消费市场，在与境外产品竞争中取得了好的效果；国内主流集成电路制造商开始进入 MEMS 制造领域，具备了形成我国集成微系统规模生产能力的条件；国家需求和国内传感器市场的需求日益旺盛，为未来几年我国参与 MEMS 竞争提供了大的市场空间。种种趋势表明，目前我国 MEMS 正处于大规模应用突破的前夜。

5. 资金投入

我国 MEMS 研究自 1992 年开始由国家重点自然科学基金支持，1994 年科技部设立"攀登计划"项目支持，1995 年国防科工委从"九五"

开始设立预先研究项目，1999 年科技部启动"973"计划项目，2000 年科技部从"十五"开始设立"863"计划项目，此外上海、重庆等许多地方政府也对 MEMS 给予了大力支持。目前我国对 MEMS 的支持主要有"973"计划和"863"计划项目、总装备部"预先研究计划"项目、国家科技重大专项、国家自然科学基金项目和上海市等地方政府支持项目，估计"十二五"期间国家投入 6 亿～7 亿元的科研经费。

总体来看，以往我国对 MEMS 的支持与国外相比，除了前面提到的资助方向，还主要存在四大问题。一是投入严重不足。如果从"九五"算起，全国三个"五年计划"累计投入在 10 亿元左右。MEMS 的工艺基础是集成电路技术，一般来说需要高强度的研究经费支持，才有可能取得大的突破，目前的投入强度显然严重偏低。二是投入以器件和系统模块为主，制造和相关基础问题的研究投入相对不足。这主要是因为器件和系统模块直接面向应用，而制造和相关基础问题不直接与应用相关，重视则相对不够。实际上，对于 MEMS 发展的来说，制造是关键，再好的想法如果不能通过制造来实现，结果还是不能解决问题。尽管进入"十二五"后，国家已经认识到这个问题，并开始针对规模制造设立了一些项目，但由于涉及的工艺主要还是集成电路工艺，所以，需要高强度支持才有可能取得大的突破，目前的支持强度还是显得严重不足。三是缺乏连续支持导致真正走向应用的成果不多。MEMS 是与应用紧密结合的研究领域，因此，MEMS 的许多研究必须走向市场和应用才算成功。一个 MEMS 研究项目要走向应用，相对来说研究周期较长，但我国的立项周期大多数为 3～5 年，如果缺乏连续支持，许多项目也许就差一口气，难以走向应用。四是缺乏对具有前瞻性和引领下的综合集成微系统的资助。美国政府多年来先后以上亿美金的投入，从国家层面上资助过微型惯性测量组合、微型燃动发电机系统、微型原子钟、集成微型气相质谱仪等项目，日本资助过 "BEANS"（Bio Electro-mechanical Autonomous Nano Systems）项目，这些项目的共同特点是从全新的微系统概念出发，集中相关方面的优势理论，从原理做到系统。虽然不是每个计划都取得了预期的成功，但在研究过程中却产生了很多理论和技术上的突破，使两国一直在本领域的研究中处于领先地位。

第四节 集成微系统技术中的若干关键技术

微电子学的发展近年来在超越摩尔定律方向上产生了突破性的进展，包括集成微纳结构、微型传感器、MEMS 器件、无源器件、生物芯片等方向的集成与发展，使微电子学进入到了以功能引领性能的时代，以满足多功能的应用需求取代单纯芯片速度提高成为近年来微电子学领域最重要的发展方向（图 6-3）。超越摩尔定律的集成微系统涉及众多的学科和领域，因此其研究和发展体现出百花齐放的特点，以下将对几种典型的技术和系统的发展、现状和关键技术进行概述。

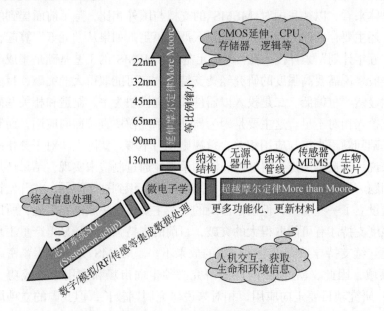

图 6-3　微电子学发展方向

一、复杂三维结构的制造方法

集成微系统既包括 MEMS 器件和结构，也包括信号处理电路，因此集成微系统制造的主要问题是 MEMS 器件的制造及与集成电路的集成。由于集成电路制造工艺的主流地位，集成微系统的制造需要具有集成电路工艺的兼容性。目前 MEMS 制造的主要方法是"自上而下"的微型化过程，即采用微加工方法，将大的材料制造为小的结构和器件，并与电路集成，实现系统微型化。

MEMS 制造过程更加复杂。MEMS 中绝大多数器件为三维器件，沿厚度方向的尺寸是决定器件性能的重要参数。另外，MEMS 结构在工作过程中往往需要运动，因此要求这些结构为悬空结构，同时结构的热学、力学等对器件性能有重要影响。微加工技术的产生，是为了制造三维或可动结构：表面工艺主要解决悬空的可动结构，湿法和干法深刻蚀主要制造高深宽比的三维结构，键合解决内腔体加工的问题。因此，MEMS 制造技术的产生，主要目的就是实现复杂的三维结构。

尽管 MEMS 和微加工技术已经发展了 30 余年，但是如何实现复杂三维结构仍旧是 MEMS 和微系统领域的关键技术之一。由于 MEMS 制造具有非标准性的特点，进一步研究和开发实现复杂三维结构的制造技术，并发展为成套制造技术，对集成微系统的发展具有重要意义。经过快速发展，集成微系统的制造技术的发展速度已经趋近平稳，新的制造技术出现速度已经大为减缓，同时研究和开发新的制造技术的吸引力也在降低。即使如此，几乎所有的集成微系统都强烈依赖于制造技术才能实现，因此，针对目前已经较为明确的制造复杂三维结构的方法，仍旧需要进一步的发展和完善。

1. 键合技术

近年来集成微系统和微型传感器越来越多地使用到键合技术，其中典型的制造三维复杂结构的方案是采用三维集成技术，将两层或多层圆片键合，通过减薄和深刻蚀等技术，获得设计所需的复杂三维结构[1]。键合是一种效果显著，但是种类较多、机理复杂、影响因素广泛的制造技术。早期键合在 MEMS 领域基本以硅硅直接键合和硅玻璃阳极键合为主，但是前者键合难度大、对键合环境和键合圆片要求极高，而后者实现容易，但是玻璃可结构化的难度较大，一般只适用于封装腔体使用。

近年来高分子键合、二氧化硅融合键合和金属键合这些中间层键合技术得到了快速发展。由于中间层键合具有易于实现、对环境和圆片要求低、能够满足结构和封装要求等优点，在 MEMS 制造领域展现出良好的发展前景。在键合设备和工艺产生新的革命性突破以前，硅硅直接键合仍旧是技术难度最高、成品率最低的键合方式，而针对 MEMS 和三维结构的要求，加快高分子键合和金属键合的技术发展，将会极大地促进集成微系统三维复杂结构的制造。因此，近年来在集成微系统领域，键合技术的发展特征是以多种中间层键合取代硅硅直接键合。

高分子键合[2]。高分子键合是以高分子材料作为中间层的键合技术，具有键合强度高、对键合表面条件和键合环境要求低等特点，发展迅速。图 6-4 展示了几种常用的键合方法。但是对于 MEMS 的应用，仍旧需要解决圆片级键合和芯片级键合的对准精度和键合效率的问题。高分子键合材料应用较广的是苯并环丁烯（BCB）和聚酰亚胺（PI），这两种材料都是热固性材料，键合时升高到一定温度使其发生一定程度的软化。对于圆片级键合，键合效率高，但是软化的高分子层具有一定的流动性，并且无法通过预键合固定键合圆片的相对位置，导致键合层的对准精度降低。这对于制造 MEMS 结构有很大的影响。因此，如何提高高分子材料键合时圆片级的对准精度，仍旧是高分子键合所必须面临和解决的问题。提高高分子键合圆片级对准精度，需要从键合材料的基础物理化学特性、键合的工艺优化和设备改进等方面进行努力，甚至可以通过新的对准技术实现高精度的圆片级键合。

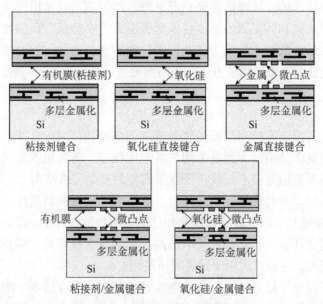

图 6-4　常用键合方法示意图

　　金属键合[3~5]。金属键合以铜热压键合、金硅键合、铜锡共晶键合等技术为主，利用金属的熔融共晶或者高温热扩散等形成高强度的键合界面，在集成微系统三维结构制造和封装等方面都有广泛的应用前景。对于铜热压键合和金硅键合等依靠热扩散进行的键合，需要 300~500℃ 的键合温度和较高的键合压力，这对集成微系统的制造产生了一些负面的影响和较多的限制条件，因此，进一步降低热压键合的键合温度和键合压力是金属热压键合面临的挑战之一。可能的解决方案包括进一步探索键合机理、研究键合表面的物理化学处理方法，改进键合加热的原理和方式等，使其能够满足集成微系统制造的要求。金属共晶键合是通过金属共晶后的扩散，形成新的熔点高于键合温度的金属化合物实现的键合，其特点是键合后的耐受温度高于键合温度。金属共晶键合的主要难点在于，金属熔融后产生键合圆片的相对滑移，降低了键合对准精度。因此，研究金属的共晶理化过程，降低共晶时的流动性，是提高共晶键合对准精度的可能的解决方案之一。

二氧化硅融合键合[6,7]。二氧化硅氧化融合键合的界面基本都是二氧化硅，依靠二氧化硅界面形成共价键实现键合。这种键合方法要求非常高的界面平坦度，一般要达到原子级，即亚纳米量级，因此在键合之前要进行严格的抛光，以及表面清洗和活化处理。二氧化硅融合键合的优点是基本不需要键合压力，同时键合过程中两层芯片界面不会发生相对滑移，能够很好地保证最初的对准精度。这种键合方式所实现的键合界面是绝缘物质，因而也不能获得直接的电连接。如何简单获得平整的二氧化硅表面、降低二氧化硅融合键合的条件要求，并能够简单地实现电学信号连接，是其所面临的主要技术问题。

2. 深刻蚀技术

硅的深刻蚀技术是一种针对集成微系统和 MEMS 的制造发展起来的硅的干法刻蚀技术，是实现复杂三维结构主流的制造技术，微型加速度传感器、陀螺、谐振器等多种主要依靠结构力学性质的传感器和执行器，大多采用硅深刻蚀技术制造[8~11]。由于近年来集成电路领域的三维集成技术的发展，硅的深刻蚀技术和设备已经逐渐发展为集成电路领域的标准制造技术，这对硅的深刻蚀技术产生了极大的促进，大型半导体设备制造商的进入，使硅深刻蚀设备得以快速发展，在刻蚀速度、刻蚀均匀性、侧壁光滑度等方面有了显著的提高。同时，基于新的高密度等离子体的产生机理的刻蚀设备也不断出现，进一步发展了硅深刻蚀技术[12]。

针对集成微系统和 MEMS 的应用，硅的深刻蚀仍旧面临一些问题，仍旧不能满足集成微系统的制造要求。首先，通过刻蚀结构和形状的精确控制，实现小尺寸的深刻蚀结构[13]。深刻蚀是在垂直圆片表面进行的刻蚀，理想情况下刻蚀方向与表面垂直。然而，实际上由于介质层下方的深刻蚀都有一定程度的展宽现象，使刻蚀结构在开口位置出现非规则形状。这种横向刻蚀不但使微细和精确控制刻蚀结构的形状和尺寸难以实现，还会导致尺寸在 1～5μm 的结构出现线条不够陡直和横向尺寸波动等问题，限制了深刻蚀结构尺寸的减小（图 6-5）。其次，刻蚀深度的控制和横向刻蚀问题[14]。深刻蚀的速度随着刻蚀结构的深入而逐渐下降，即所谓的深宽比依赖现象，因此精确

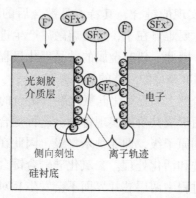

图 6-5　介质层下方的横向刻蚀

测量深刻蚀的深度，特别是在线监测，仍旧是一个困难的问题；同时，当深刻蚀遇到下层的介质层时，电荷聚集导致的离子排斥，引起横向刻蚀，使介质层上方的刻蚀出现显著的扩增现象，引起刻蚀结构的变化。尽管深刻蚀设备制造商通过改进技术能够在一定程度上减小横向刻蚀问题，对于精细结构的效果仍旧不够明显。

3. 异质材料的集成技术

集成微系统所依赖的材料远超过普通集成电路所使用的材料，如压电陶瓷材料、高分子材料、玻璃、碳基材料，以及其他特殊用途材料等［例如用于谐振器和执行器的氮化铝（AlN）、锆钛酸铅（PZT）、聚偏二氟乙烯（PVDF）等压电材料，用于生物医学系统的聚二甲基硅氧烷（PDMS）、聚对二甲苯（parylene）和多种生物修饰分子，用于纳米传感器器件的碳纳米管、石墨烯，以及氧化钒传感器敏感器件材料等］。

异质材料的集成主要面临以下几方面的技术挑战，这些挑战成为解决异质材料集成问题的关键技术。首先，由于 CMOS 对温度的限制，影响了部分材料的性能实现甚至难以实现集成。如 AlN、PZT 等陶瓷材料，采用薄膜沉积工艺后需要较高温度退火才能获得较为理想的材料性能，但是 CMOS 工艺的温度限制，使这些材料无法达到所需要的压电和机械性能。因此，探索相关材料的低温制造技术或异质集成技术，将是解决温度非兼容的关键技术。其次，材料本身的制造技术的挑战，对实现材料的集成造成了较大的障碍。例如氧化钒作为目前非制冷红外探测器敏感器件的优选材料，却因为制造的均匀性和重复性、退火后相变的复杂性等，只有少数几家公司掌握其核心制造技术。对于 PDMS 和聚对二甲苯等生物兼容性较好的高分子材料，缺乏有效的刻蚀和图形化方法，使其结构化和图形化的工艺过程复杂。最后，生物分子的修饰方法。多种生物传感器依靠生物分子的特异性识别反应，需要对物理器件表面修饰不同的抗原抗体、DNA 和蛋白质分子等，而如何实现器件表面特定位置、多层次的生物分子修饰，是实现生物传感器、化学传感器和生物医学 MEMS 的关键技术之一。

4. 新材料与新制造技术

新材料的引入对集成微系统的发展有显著的促进作用。例如，以碳纳米管和石墨烯为代表的纳米材料，在纳米尺度探测和高灵敏度检测等领域展现了广阔的前景[15~19]。然而这些碳基纳米材料的集成、图形化和结构化都有很大的困难[20~23]。例如，碳纳米管的 CVD 生长需要 600℃ 以上的温度，石墨烯的 CVD 生长甚至需要更高的温度，由于 CMOS 的限制，碳基材料难以采用 CVD 等直接沉积的方法制造。除了高温的限制，纳米材料生长的一致性和重复性难以控制、催化剂材料和工艺难以兼容、缺少有效的刻蚀和图形化方法，都对新纳米材料的广泛应用产生了严重影响。

即使针对现有的材料，制造技术仍旧存在一系列技术挑战。例如，对于反应离子深刻蚀技术，尽管基于时分复用的 ICP 刻蚀技术已经获得了广泛的应用，但是在刻蚀速度、大尺寸圆片均匀性、侧壁光滑度等方面仍旧不能满足应用的要求，因此近年来基于高密度等离子体[24]、磁中性环路放电[25, 26]等离子产生技术，以及非博世刻蚀技术[12]仍旧不断发展。此外，对于介质层二氧化硅、石英、玻璃等的高速各向异性刻蚀技术的需求也随着 SOI 器件和玻璃及石英材料的广泛应用而快速增长，而目前对于二氧化硅的高速各向异性刻蚀仍旧十分困难。基于磁中性环路放电的等离子体产生技术，尽管能够将二氧化硅的刻蚀速度提高[27]，使 SOI 埋氧和介质层等厚度较低的二氧化硅层的刻蚀极为容易，但是对于厚度几百微米的玻璃和石英衬底的刻蚀仍旧非常困难。

二、集成微系统可控性制造技术

微加工技术在多样化发展的同时，也逐步向几个工艺平台统一的方向发展，特别是在传统应用领域。例如，MUMPs 的最终目标是实现像集成电路一样在设计、制造和测试等各方面都有统一的标准。然而，MEMS 包含机械结构的特点决定了 MEMS 有明显的特异性和多样性，因此，MEMS 目前尚没有像集成电路那样的通用设计和制造标准，设计和制造还无法分离，这使得 MEMS 难以重复集成电路的发展历程。迄今为止，大多数 MEMS 生产商都花费了至少 10 年时间和大量的资金建立专有的制造工艺，并采用特定设计方法以适应这些工艺，其产量也是逐步扩大的。

实现集成微系统的可控性制造，需要重点解决以下关键问题：一是制造技术和制造工艺的重复性与稳定性；二是微结构的残余应力的精确控制；三是纳米器件制造。

1. 制造技术和制造工艺的重复性与稳定性

集成微系统和 MEMS 等能够批量生成的核心问题是制造技术的重复性与稳定性，这也是目前限制集成微系统大规模量产的主要原因之一。无论在研究开发阶段还是批量生产阶段，重复和稳定的制造技术都是最基础和最重要的前提条件。没有良好的重复性和稳定性，集成微系统器件的制造就无法批量实现。对于传统的 MEMS 器件，包括压力传感器、麦克风、加速度传感器、陀螺、谐振器等，其简单原型的设计都是集成微系统领域的基本知识，然而，国内仍旧无法像国外的企业一样能够大批量生产，除了专利、信号处理、集成封装等方面的因素外，主要原因仍旧在于难以实现重复和稳定的制造。如果每个工艺过程都无法精确地重复，将直接导致批量生产的一致性问题和成品率问题，而在研究阶段，没有稳定的制造工艺，即使出现问题也无法充分解决。

实现制造技术的重复性和稳定性，从根本上要求对器件、制造、设计等环节最底层科学问题的充分理解，在此基础之上，需要稳定的设备条件作为支撑。缺乏对底层科学问题的深入掌握，就无法充分理解 MEMS 系统所表现出来的问题，包括器件的特性和制造工艺的问题。对于均匀性和重复性等制造领域的问题，从本质上看仍旧是没有充分掌握制造工艺的基本科学问题，由此导致制造的重复性差和不稳定的结果。因此，从根本上理解和掌握器件的热力学和电学等特性、理解和掌握制造工艺和设备的物理和化学特性，是实现稳定和重复制造的基础。针对集成微系统的应用，主要的基础科学问题表现在以下几个方面：等离子体物理化学，化学反应动力学原理和过程；键合机理与键合质量的影响因素；薄膜材料的沉积与材料刻蚀的物理化学原理、动力学过程；高分子材料的物理化学性质，以及与等离子体的反应过程等。通过对器件基本原理和制造工艺底层科学问题的充分研究和掌握，可以显著提高对集成微系统设计和制造过程的控制，从而实现稳定和重复的制造，实现集成微系统的批量生产。

2. 微结构的残余应力的精确控制

MEMS 结构的力学性质，如弹性模量、残余应力、应力梯度、泊松比、断裂强度、疲劳强度等，对器件的性能有重要影响，如传感器的谐振频率、灵敏度和可靠性等[28~30]。残余应力是薄膜最重要的力学性质之一，广泛存在于 MEMS 结构的各个方面[31]。影响残余应力的因素非常复杂，如温度、组分比例、热处理等。残余应力造成的影响包括：①直接导致加工失败：如果内应力是压应力，会造成薄膜弯曲、皱纹等，导致加工失败；②薄膜裂纹：如果内应力是拉应力，并且超过薄膜的强度，会导致薄膜裂纹；③弯曲变形和粘连：如果存在应力梯度，会导致薄膜的弯曲变形或者促进粘连现象发生；导致不能正常工作和运转：薄膜应力会导致悬臂梁弯曲、谐振结构的频率等偏离设计。

尽管目前对于残余应力的研究表明，微观晶粒结构决定了残余应力的大小，而薄膜的微观结构取决于制造时的反应温度、反应成分比例等工艺参数。例如，对于多晶硅材料，尽管残余应力与晶粒结构的关系比较固定，拉应力的产生可以解释为无定型多晶硅晶化后的体积缩小，但是压应力的产生原因至今尚不清楚，这在一定程度上影响了应用。相对多晶硅材料，二氧化硅可以采用多种方式和多种气体沉积，因此二氧化硅薄膜的残余应力更加复杂。由于热应力是与热膨胀系数的差异和温度变化值相关的，因此温度回到初始点后热应力不发生变化；而本征应力却有很大的变化，随着厚度的增加变化程度增加。LPCVD 沉积的氮化硅薄膜的拉应力很大，当膜厚度超过 200 纳米时容易出现裂纹。氮化硅的残余应力可以通过调整 N 和 Si 的含量比例进行调整，即增加硅的含量使其超过化学定量比成为富硅氮化硅，而采用不同的反应气体沉积的氮化硅的应力也有较大差异。

常用降低残余应力的方法包括退火处理、掺杂，以及薄膜应力补偿方法等。对于残余应力重复性较好、热开销允许，并且退火可以改变应力状态的情况，可以采用热退火处理降低或消除薄膜的残余应力。对于不能通过退火消除残余应力的情况，可以沉积多层不同工艺或不同材料的薄膜互相补偿，使应力减小。但是这两种方式的前提都是工艺具有良好的稳定性和重复性。因此，目前仍旧难以准确和重复控制残余应力的状态，更难以消除或补偿。近年来表面微加工技术的应用日渐减少，而基于深刻蚀的体微加工技术应用成为 MEMS 制造的主流技术。

3. 纳米器件制造

20 世纪 90 年代后期出现了 NEMS，其特征尺寸在几 nm 至几百 nm，质量约 10^{-18}g，以纳米尺度和纳米结构的新效应为特征。制造纳米尺度器件需要分辨率相当的光刻和加工技术，尽管电子束光刻可以实现小于 10nm 的器件，扫描隧道显微镜和原子力显微镜可以作为制造手段移动和装配原子、分子、构造纳米结构，但是 NEMS 的发展仍面临着较大的困难，需要解决的关键技术包括以下方面[32,33]。

首先，如何利用纳米器件及纳米器件与宏观世界之间的信号传输仍是难题。例如以碳纳米管作为敏感器件时，测量信号的传输问题。其次，纳米尺度下热传导具有量子效应，纳米器件的行为由表面特性决定，这意味着小器件的能量可以通过随机振动发生耗散，需要抑制能量耗散以获得高 Q 值。再次，纳米结构要求用单晶或超高纯度的异质材料制造，材料必须具有极低的缺陷，这对材料提出了极高的要求。最后，目前还没有可重复和低成本的纳米器件批量制造方法，纳米器件几乎不具有重复性，而可批量重复的纳米加工技术是 NEMS 发展的先决条件。

三、微系统的集成方法

从理论上讲，将电路与微机械集成在同一芯片上可以提高系统的性能、效率和可靠性，并降低制造和封装成本。微机械与 CMOS 集成是微系统发展中最困难的问题之一，因为无论是集成电路还是 MEMS 器件都非常"脆弱"，并且很多工艺互相影响，如何安排集成电路及 MEMS 的工艺顺序是工艺设计中非常重要的问题。多数 MEMS 的微机械部分和信号处理电路部分是分开制造在不同芯片上的，通过引线键合将两者连接起来。因此，尽管 MEMS 器件可以与电路集成，但是对目前的多数情况，行之有效的方法是在封装级集成信号处理电路和 MEMS 模块，而不是芯片级集成。

1. 单片集成

早期的单片集成是利用表面微加工技术实现微系统结构与信号处理电路的集成，典型产品为 Analog Devices 公司（ADI）制造的单片双轴微加速度传感器 ADXL202（图 6-6）。测量加速度的传感器机械结构位于芯片中心，是利用表面微加工技术制造的悬空多晶硅梳状叉指电容，BiMOS 工艺的信号处理电路分布在结构周围。当有加速度作用时，作用在可动叉指的惯性力改变了与固定叉指之间的距离，引起叉指电容变化，通过集成电路测量电容的变化得到加速度信号。这种集成方式具有最短的互连长度、最高的集成度，但是结构质量小、热噪声高、集成技术难度大。

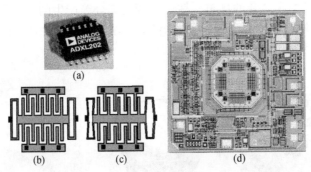

图 6-6 （a）～（d）分别为封装照片、加速度敏感结构静止状态、测量状态和 ADXL202 微加速度传感器芯片照片

采用深刻蚀技术制造 MEMS 器件为单片集成提供了一个可能的解决方案，特别对于加速度传感器、谐振器、陀螺等可以采用深刻蚀技术制造的单层结构的微系统，微系统与信号处理电路集成的工艺兼容性方面的技术障碍已经不大，主要需要考虑成本方面的问题；而对于微麦克风、压力传感器、红外探测器、微镜等需要多层结构构成的器件，如果微系统采用表面微加工技术制造，单片集成仍旧存在一定的技术难度。这种集成方法的主要难度表现在温度限制方面，特别对于需要在集成电路工艺以后制造微系统的应用，温度成为影响微系统工艺和性能的主要因素。

2. 系统级封装

将 MEMS 和集成电路分别制造在不同的管芯上，然后封装在一个管壳中，将带凸点的 MEMS 裸片以倒装焊形式或者引线键合方式与集成电路芯片相互连接，形成系统级封装（system in package，SiP）。SiP 是一种以封装技术实现集成的方法，能够将 MEMS、MCU、DRAM、FLASH、ASIC 和 DSP，以及无源器件等集成在单一封装内，可以大大地减小系统的尺寸、提高性能、扩展功能、降低成本，更重要的是，大大地简化了应用产品厂商的开发难度、缩短开发周期。

目前 SiP 所面临的关键技术包括：多芯片封装的结构和工艺设计，以及封装过程对 MEMS 器件的影响。一方面，由于 MEMS 器件中很多需要介质传递能量，在进行多芯片 SiP 集成时，必须设计合理的结构和工艺顺序，以便介质能够输入输出；另一方面，很多谐振式结构和传感器又需要真空封装，因此采用 SiP 封装使一个封装内既要有介质交换，又要实现真空，限制了能够集成的 MEMS 器件的种类。另外，MEMS 器件通常都比较脆弱，因此必须充分考虑多芯片的排布、粘接、引线键合等产生的变形和应力，以免对 MEMS 器件造成影响。图 6-7 显示的为系统级封装的加速度传感器。

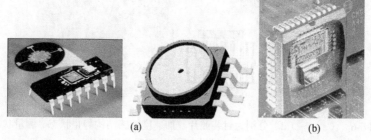

图 6-7　系统级封装 Motorola 公司压力传感器（a）和博世公司加速度传感器（b）

3. 三维集成

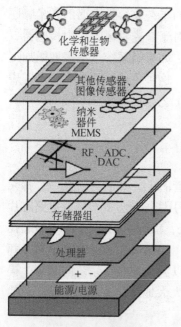

图 6-8　基于三维集成的
SoC 系统结构示意图

近年来三维集成技术在集成微系统领域得到了快速的发展和应用，包括 ST、InvenSense、VTI 等三维集成的麦克风、多轴加速度传感器和陀螺，还包括目前正在开发中的多传感器智能集成系统，以及表面波谐振器、微机械谐振器、光学微镜等 MEMS 器件。所谓三维集成技术是指将逻辑上相关联的电路功能模块分布在不同芯片上（可以是不同功能、不同工艺的芯片），将这些芯片通过（低温）键合形成三维堆叠结构，并利用穿透硅衬底的导电三维垂直互连（即 TSV）将不同层的芯片相互连接，共同完成一个功能。三维集成电路的主要包括多层芯片、传统芯片的 3D 互连，以及三维互连与水平常规互连的键合凸点。其典型特征是多层芯片的三维堆叠键合（图 6-8），以及穿透硅衬底的三维垂直互连。

推动 MEMS 和传感器领域向三维集成发展的原动力来自小体积、低功耗和多功能集成的要求。三维集成之所以能够在 MEMS 和传感器领域得到快速应用，除了市场需求的拉动，另一个重要原因是集成微系统适合于三维集成。首先，单片集成微系统在成本方面不是最优的选择，同时如果集成微系统包括多种传感器，传感器之间的工艺兼容性也非常困难；其次，MEMS 和传感器的器件密度很低、器件结构相对较大，大幅度降低了对三维集成中 TSV 的数量、深宽比和密度，以及键合对准精度和效率等方面的要求，使三维集成较为容易实现，同时成品率也更容易保证。因此，市场的需求和技术上的可行性，促使三维集成技术在 MEMS 和传感器等领域广泛应用。

尽管 TSV 在 MEMS 应用中有明显的优点，工业界已经开始利用三维集成技术批量制造集成传感器等产品。ST 和 Silex 等厂商已经将 TSV 引入传感器产品中，用于真空封装器件的电信号引出；Avago 和 Discera 分别采用 TSV 用于薄膜体声波和结构式谐振器的真空封装和信号引出，可以将芯片封装面积减小 75%；村田制作所则利用硅插入层实现惯性传感器的真空封装；加拿大 Teledyne DALSA 正以圆片级的 MEMS 和信号处理电路三维集成为目标，通过授权 Alchimer 公司的电接枝种子层沉积技术，开发低成本的三维集成技术。三维集成对制造成本也有较大的影响，目前不同的 MEMS 和传感器厂商对 TSV 和三维集成的看法差异较大，Bosch 等厂商目前仍旧坚持采用传统的引线键合方式。

三维集成的关键技术包括以下几个方面。首先，必须开发满足 MEMS 兼容的三维集成制造技术。目前三维集成的制造技术基本都是针对集成电路开发的，主要过程包括深孔刻蚀、侧壁绝缘、电镀填充、背面减薄、圆片键合等工艺过程，如果这些三维集成过程是在 MEMS 器件制造完成以后进行的（图 6-9），必须充分考虑三维集成过程中如何保证 MEMS 器件的完整性，保证三维集成过程不降低 MEMS 器件的成品率，这是实现三维集成微系统的最重要的关键技术。解决这方面的挑战，需要针对不同的集成微系统的应用，开发具有 MEMS 兼容的、简化的三维集成技术，仅仅照搬集成电路领域的三维集成过程，难以满足 MEMS 兼容性的要求。其次，三维集成对电磁兼容性、热力学兼容性方面的影响，是三维集成微系统的第二个关键技术。三维集成多种功能、芯片和信号类型，由此产生的电磁干扰、热力学、残余应力影响等，都可能对集成系统中的信号处理模拟端、MEMS 器件的应力等方面产生潜在的影响。因此，需要针对 MEMS 的特点，充分考虑多场耦合和交叉干扰，在设计阶段开始避免由此产生的问题。最后，三维集成微系统的可靠性是另一个关键技术。三维集成导致系统结构更加复杂，电磁、热和机械应力的影响因素更多、程度更高，导致引起可靠性问题的潜在因素大幅度增加。

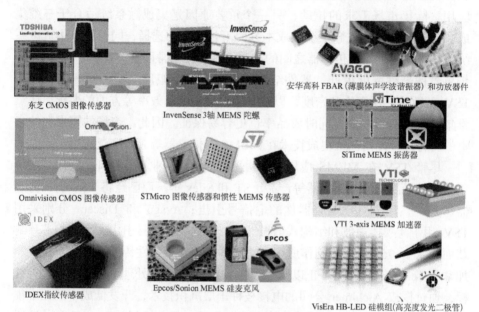

图 6-9 三维集成在 MEMS 和传感器领域的部分产品

四、模型与模拟

在 MEMS 范畴内，经典物理学规律仍然有效，但影响因素更加复杂和多样。物理化学场互相耦合、器件的表面积与体积比急剧增大，使宏观状态下忽略的与表面积和距离有关的因素，如表面张力和静电力，跃升为 MEMS 范畴的主要影响因素。进入纳米尺度后，器件将产生量子效应、界面效应和纳米尺度效应等新效应。

1. 器件模型与模拟

在模型和模拟方面，主要的技术挑战来自于多物理场、多尺度的耦合特性。由于集成了传感器、微结构、微执行器和信息处理电路，MEMS 具有了感知和控制外部世界的能力，能够实现微观尺度下电、机械、热、磁、光、生化等领域的测量和控制。由于 MEMS 多领域交叉的特点，往往多个物理场和化学场同时甚至相互作用，形成多场耦合，即使一个简单的传感器也涉及力学、物理和电学等多种参量。这使得通常的理论分析难以得到能够描述耦合系统的方程；即使能够得到这些方程，也会因为边界条件和器件结构过于复杂而难以获得解析解。因此，MEMS 建模和分析过程中更多地借助于数值计算软件进行多场耦合分析，然后确定优化的设计结果，如有限单元法（FEM）、边界元法（DEM）、有限差分法（FD）、时域有限差分法（FDTD）等。有限元法和边界元法能够获得较为精确的物理级分析计算结果，利用综合法可以获得结构在每个能量域内行为的精确描述。

商用软件包括 CFD−ACE＋，MEMSCAD、ANSYS 等利用顺序耦合方法实现多场的耦合分析。在计算机电耦合过程中，使用有限元法离散化机械结构，使用边界元法离散化电场，对所有未变形的机械结构计算初始电场力，然后利用电场力作为载荷计算结构的变形和位移。结构的形变导致了电场的变化，形成了新的电场力载荷，再利用电场力对第一次变形的结构进行计算。因此，精确的计算需要多次迭代。强耦合分布式模型是目前解决耦合场最好的方法。在这种方法中，静电域和结构域都用分布式单元建模，通过平衡机电控制方程进行耦合。第一个二维强耦合分布式单元模型是 ANSYS 6.0 引入的，基础是虚功原理和能量守恒。

除了多物理场耦合所带来的挑战，在模拟方面还需要解决多尺度的难点。MEMS 器件所关注的尺度从微米级跨越到毫米级，往往会达到 3 个数量级或者更大，这为模拟带来的较大的困难。在获得小尺度器件的信息的同时，给模拟带来了巨大的计算量；而减小计算量又会引起模拟和关键信息的缺失。因此，如何解决多尺度的问题是模拟领域的关键技术。

2. 工艺模拟

MEMS 制造过程时间长、成本高，不得不借助于工艺仿真而不是频繁的试验来优化设计，以降低成本提高效率。尽管目前很多工艺仿真软件，如 Intellisuite、Coventor、AnisE 等，能够提供硅各向异性刻蚀、压阻传感器灵敏度计算等经常涉及的内容，为实际制造提供预仿真优化；但是，由于对工艺机理的理解、工艺影响因素等方面的限制，工艺的仿真仍旧与实际有较大差别。

五、集成微系统封装技术

由于 MEMS 功能复杂多样，环境参数各种各样，封装远比集成电路封装复杂，尚无统一的标准。MEMS 封装除了需要具有集成电路封装的功能，还需要解决与外界的信息和能量交换的问题。MEMS 封装的难度决定了其封装成本很高，一般传感器的封装成本至少要占到传感器全部成本的70%～90%。

1. MEMS 封装的关键技术

MEMS 的封装有些共同的特点需要考虑，这些特点往往是 MEMS 封装的关键技术。

第一，封装过程必须对 MEMS 和传感器带来尽可能小的影响。例如，封装过程中划片使用的金刚石或者碳化硅锯片会对衬底产生较大的冲击和振动，容易损害可动结构和微细结构；封装材料的热膨胀系数必须与硅的热膨胀系数相近或稍大，材料的不匹配很容易导致界面应力，从而影响 MEMS 或传感器的性能、稳定性，甚至使芯片发生破裂或者分层。封装产生的应力对器件性能和可靠性都会产生很大的影响，特别对于薄膜结构、谐振结构等，例如压力传感器芯片粘接或键合的应力会影响压力传感器的性能。

第二，封装一方面需要密封来消除器件与外界环境的相互影响，另一方面又必须设置一定的"通道"使被测量能够作用到敏感结构，以及执行器能够对外界输出动作和能量。这是一对矛盾体。对于不依赖于介质就可以传递的能量场，这个问题比较容易解决，如加速度传感器和陀螺完全密封也不会影响测量；对于力和压力，合适的微结构和封装也可以避免这个问题；对于温度，完全密封会严重影响动态响应速度。对于需要有介质接触（敏感结构与被测物质接触）才能传递的信息，例如化学和生物信息，这个矛盾就比较突出。

第三，MEMS 封装的复杂性还和 MEMS 的多样性有关。集成电路只需要处理电信号，一种封装技术可以应用于多种芯片。MEMS 的多样性使封装具有特殊性，能够解决加速度器件的封装形式不能适于光学器件，而能够解决光学器件的封装也不能解决微流体器件的问题。某些封装不能透光而另一些必须让光照到芯片表面，某些封装必须在芯片上方或后面保持真空，而另一些则要在芯片周围送入气体或液体。这使得差不多每种 MEMS 器件的封装都要重新考虑和设计。

第四，封装材料的抗恶劣环境能力。有些 MEMS 和传感器工作在恶劣的环境下，例如汽车传感器会遇到振动、灰尘、高温、尾气等，封装材料要保证在这些环境下能够正常工作。

第五，真空封装的稳定性。对于需要动态特性或者避免阻尼的器件，以及热流量计和红外传感器等需要温度隔离的器件，需要在一定的真空环境中进行封装。封装的气密性和长期稳定性对于集成微系统的性能、精度、稳定性和使用寿命是至关重要的。

第六，由于 MEMS 传感器的输出信号都是微纳量级的，所以必须考虑封装给器件带来的寄生效应。

2. 圆片级封装

圆片级封装（Wafer Level Packaging，WLP）是近年发展起来的一种封装结构，与传统工艺将封装的各个步骤分开来不同，WLP 用传统的 IC 工艺一次性完成后段几乎所有的步骤，包括装片、电连接、封装、测试、老化，所有过程均在圆片加工过程中完成，之后再划片并组装。WLP 封装效率高、成本低，便于圆片级测试和老化。

三维圆片级封装（3D Wafer-Level-Packaging）利用圆片级封装技术和三维堆叠技术，如再布线和倒装芯片凸点技术等，其中的典型应用为利用 TSV 引出信号线的圆片级真空封装。三维圆片级封装采用后 CMOS 钝化工艺实现 TSV，完成焊盘-引线级的互连。三维圆片级封装中使用的 TSV 可以采用 Via Last 技术制造，实现包括集成电路、MEMS、图像传感器、化合物半导体等多种功能的集成。3D-WLP 包括面对面倒装芯片（face-to-face flip-chip，FFFF）与超薄嵌入（ultra-thin chip stacking，UTCS）两种技术（图 6-10）。FFFF 是指利用微凸点和倒装芯片技术将芯片面对面键合的方式，这种方式虽然是三维结构，但是不需要 TSV 互连，如目前很多红外图像传感器阵列就是利用这种方式实现的。FFFF 进一步发展，可以通过引入 TSV 实现三维晶圆级封装和多层超薄圆片级封装。UTCS 是指将超薄的芯片嵌入到基底上方的高分子薄膜中，通过芯片间的铜柱将多种不同器件互连，其中既包括单层芯片，也可以堆叠多层芯片。这种方法的特点是通孔互连不在芯片上，而是位于芯片周围的高分子薄膜中。

圆片级封装的关键技术包括以下两个方面。

（1）稳定、高效的圆片级封装方法。圆片级封装的主要目的是降低封装、测试和老化成本，同时对于需要真空环境的 MEMS 和传感器提供高效的真空封装方法。圆片级封装需要考虑 MEMS 或传感器的空间需求、结构需求、密封性需求和信号引出方式的需求。即使无法开发具有通用性的圆片级封装方法，针对某一应用的高效、高成品率的圆片级封装也是关键技术。

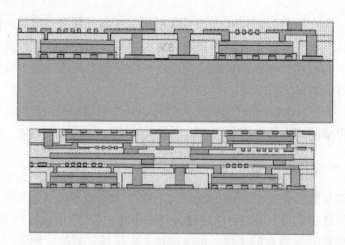

图 6-10　3D WLP 中的 UTCS 方法示意图

（2）热力学及可靠性问题。在集成微系统领域，圆片级封装的高效方式是利用圆片键合技术，但是键合过程需要较高的温度或一些特殊的键合材料，这些工艺和材料的引入可能对 MEMS 或传感器产生可靠性方面的影响。另外，长期保持圆片级封装后形成的真空度也是圆片级封装的关键技术之一。

六、器件及应用关键技术

1. 力学及惯性传感器

以加速度传感器和陀螺为代表的惯性传感器已经批量生产，广泛应用于消费电子和工业控制等领域。惯性传感器的关键技术包括低成本深刻蚀及制造技术、低噪声信号处理电路、高稳定度低成本真空封装技术、交叉轴干扰抑制技术等。

2. 生物医学

尽管集成微系统在生物医学领域的应用多种多样，在肠道内窥镜、智能微创手术、医学诊断、人工视网膜、药物释放、生物学研究及组织工程等领域都有广阔的前景。然而，由于生物相容性、功能、性能等方面的原因，目前真正投入到实际应用的集成微系统还比较少。不同的应用所涉及的关键技术也有很大的差异，如肠道内窥镜需要实现可控的肠道内运动、指定位置的附着、360 度微镜成像等功能，人工视网膜要求小体积、低功耗的成像及体内植入，而微创手术要求实现模拟感觉的力、温度、方向控制等，并且需要极小的体积和功耗。

3. 光学

光学应用以光束控制为主要目标，可以用于光通信、成像、自适应光学等领域。不同的应用所涉及的关键技术也有较大差异，主要关键技术包括低电压、低功耗的大运动幅度微镜的结构及制造技术、动态系统的最优化控制技术、稳定的真空封装技术、低应力高可靠性技术等。

4. 射频

RF MEMS 器件作为可集成的机械结构，对无线通信系统的性能、功能、成本和功耗将产生深远的影响。典型的 RF MEMS 器件包括开关、谐振器、无源器件等。目前基于薄膜体声波技术的谐振器和基于微机械结构的开关已经批量生产并在消费电子等领域广泛应用。薄膜体声波器件的关键技术主要是压电薄膜材料的集成制造，而开关器件的关键技术包括低驱动电压、高动作频率、高可靠性的结构设计及制造方法，微机械谐振器的关键技术包括能量耗散抑制结构的设计及制造方法、应力消除技术及稳定性技术、高频谐振器件的设计及制造等。

第五节 集成微系统技术学科重点发展方向建议

综上所述，集成微系统发源于集成电路，但又明显有别于集成电路，其多样性和渗透性正是它区别于集成电路的鲜明特性。集成微系统已经进入到各个领域和行业，并且在不同程度上改变着其现状和发展走势。与其说这些器件和系统是集成微系统产品，不如说它们是所在领域和行业的新一代产品。集成微系统研究的情况也是如此，最初的集成微系统器件研究往往是以微电子或机械背景的人为主体，与相关的研究者合作进行；而近年来，随着集成微系统技术日益成熟，集成微系统技术已经成为强有力的研究工具。不同领域的研究者根据自己的需要和想法，利用集成微系统技术研发所需的新型器件和系统。正因为如此，集成微系统学科发展的最主要发展方向是与其他学科进行交叉、渗透和融合，吸收和利用各学科的先进理论和技术而不停地发展前进。

从器件角度看，除了需要进行系统控制和信号的电子器件，还需要多种传感器、执行器和微纳结构处理力、热、光、生、生物、化学等多种能量和信息；从设计角度来看，除了电学设计外，还涉及力学设计、流体设计、光学设计和生物设计等多学科设计问题，这些问题处理不好，难以设计出优化的器件或系统；从制造角度来看，除了硅基材料和基于集成电路的加工技术之外，还涉及多材料、多物性兼容问题，精密加工技术以及纳米加工技术等。

这些特点决定了集成微系统研究上的百花齐放，会沿着多个方向上并行发展。根据国家重大需求及领域的发展趋势，我们对一些重点发展方向的建议如下。

一、复杂集成微系统加工新方法研究

经过过去几十年的发展，基本的微纳加工工艺及一些传统的 MEMS 器件，如惯性器件、压力传感器、麦克风等已经从实验室走向产业界，其研究也从基础研究逐渐转向工程化研究。但随着应用不断朝深度和广度方向发展，新的科学和关键技术问题也不断地被提出，因此集成微系统的加工和制造的研究仍具有重要的学术价值和应用价值。需要从以下三个方面重点开展研究。

1. 复杂三维结构加工方法

高性能的 MEMS 器件和系统对加工的精度和结构的复杂度提出了更高的要求，一些高性能的 MEMS 器件，其结构由准三维向三维发展。多层多材料圆片级键合、纵向三维结构加工、纳米至原子级精度的几何尺寸和形貌控制需要从加工原理、方法和设备方面进行深入研究。

2. 新型 MEMS 材料及加工技术

然而随着 MEMS 器件的应用范围不断扩大，对特殊应用材料的加工提出了多种不同的要求，硅受到其物理、化学和电学特性的制约，在很多场合已经无法满足要求。适时进行特种 MEMS 材料和加工技术的研发意义非凡。例如，对于高温、高压、强腐蚀、强辐照、高冲击的恶劣环境，需要研究 SiC、GaN 等宽禁带、抗腐蚀材料；特殊金属材料满足高承载、强冲击、高温差、强腐蚀等恶劣环境要求；生物兼容性、生物可降解材料对植入式器件和微型电子医疗器械至关重要；石墨、有机半导体，以及碳纳米管、纳米颗粒等新兴材料为实现更高性能的革命性的微器件和系统提供了可能。

3. 多功能系统集成技术

将微机械传感结构和高性能检测与信号处理电路集成在一个芯片上可以有效减小寄生电容等影响，同时实现小体积和高性能是 MEMS 工艺发展的一个重要趋势。多功能结构和器件的集成是实现真正意义的集成微系统的关键，以三维组装集成为特征的 SIP 技术可实现多功能芯片混合堆叠，在高密度、高功能度及性能方面具有优势。基于 TSV 的芯片层叠集成方法将获得最高的三维集成密度，是重要的发展方向。

二、微纳复合器件和系统研究

纳米技术是最令人瞩目的新兴学科，近几年，MEMS 与纳米技术融合的步伐在加快。一方面新的纳米材料与纳米加工技术越来越多地在 MEMS 技术中得到应用，促进了集成微系统性能提高和新器件的涌现；另一方面集成微系统技术也提供了新的纳米级三维加工手段，催生了诸如 NEMS 继电器、存储器等新型的 IC 器件。充分利用两者的优点，实现微纳复合器件和系统，是重要的发展方向。建议从以下两个方面进行重点研究。

1. 微纳米跨尺度加工新机理和模型

结合自上而下的加工方法和自下而上加工方法，并充分利用 MEMS 加工技术、微电子加工技术及纳米加工技术，研究跨尺度微纳集成制造的新原理，探索跨尺度制造过程中多尺度、多物理场耦合、多物质结构和性能的作用机理、输运与能量转换规律，从而形成适用于大批量的新型跨尺度微纳集成制造方法。

2. 微纳复合结构的新型器件及其应用

无论是对于单独的纳米传感结构还是 MEMS 传感器，在选择性和灵敏度与一致性和重复性之间都存在着不可调和的矛盾，这一矛盾很难在任何一个单独的技术领域内得到解决。只有将两种技术加以结合，才可能解决这一矛盾。结合纳米结构的敏感原理和跨尺度制造方法，面向国家的重大需求，研究跨微纳尺度集成微系统。

三、网络化集成微系统研究

无线传感器网或物联网技术在军民许多领域具有广泛和重要的应用价值，传感器节点是无线传感器网络的基本单元和信息的源头，和智能网络技术一起构成了无线传感网。集成微系统为研制满足要求的高性能多功能传感器节点提供了技术基础。建议从以下两个方面进行重点研究。

1. 低功耗、多功能集成传感器

传感器节点从过去的单一功能逐渐向微型化、集成化和智能化的方向发展，是具有感知、计算和通信能力的微传感集成芯片系统。需要根据具体传感网的要求研究多功能集成传感器，低功耗驱动电路，低功耗无线信息传输系统。

2. 微能源系统

长时间无需人为干预的能量供应是无线传感网的关键，是必须突破的瓶颈问题，能源微型化是解决问题的重要途径。需要研究具有高能量密度的、适合于微型化的新型电源。研究可以将环境中的光能、热能和动能转化成电能的转换原理、方法及微型能量采集系统。

四、生物微系统研究

生物微系统（BioMEMS）近年来已经成为生命科学研究的有力工具，并成为 MEMS 领域研究的前沿和热点。用于细胞操纵、DNA 扩增检测等的各种微结构不断被开发出来，极大地促进了生命科学研究在细胞、分子水平的进展，并在医疗健康、食品安全检测等方面有重要应用前景，因此目前成为国际上最热点的研究方向。生物微系统在其原理、加工、设计和应用方面都有其特殊性，建议从以下三个方面进行研究。

1. 生物 MEMS 加工技术

生物 MEMS 加工的要求是成熟、稳定、高成品率、低成本和材料的生物兼容性，而且往往要求衬底柔性、透明、可拉伸。硅基微加工由于成熟、加工能力强、能与电路集成而成为 MEMS 主流加工工艺，也被广泛应用于生物MEMS 加工。需要研究适合微纳加工的生物相容性材料，硅微加工与聚合物加工的兼容性，生物功能器件与结构和其他结构的一体化制造技术，表面修饰和改性方法等。

2. 植入式和可穿戴式生物微系统研究

生物微纳系统在植入式神经假体和脑科学研究中有重要作用，可以实现神经信号记录、神经刺激及信息的编解码，在脑科学的发展中起到至关重要的作用。重要的相关研究包括基于 MEMS 技术的微电极及阵列，微弱信号读出和放大电路，体内外无线能量和信号传输技术，脑控微系统应用研究等。

3. 生化传感微系统

生化传感微系统将提供一种先进的有效、灵敏、微量、快速、简便、精确、低价的新型检测手段，将逐步替代传统的检测与分析技术和大型分析仪器，提供过程自动监测与控制不可缺少的信息，对检测与分析技术的智能化发展产生至关重要的影响。其主要研究包括适合微系统的生化传感原理与方法，大面积、一致性的生物微纳复合结构的设计和制造技术，以及生化传感器应用研究等。

集成微系统是应用性非常强的学科，进入 21 世纪后集成微系统技术市场增长非常快，已广泛应用在汽车、手机、家庭医疗、打印机、投影仪、计算机和游戏机等许多方面，而其应用面还在不断拓宽，各种新的应用设想层出不穷。从基础科研走向实际应用，并不仅简单包括工程化和产业化研究，而且需要解决与封装、批量化、一致性相关的很多基础问题，其中包含着很多科学问题和关键技术问题，这些问题并不能由制造厂商或公司所属的研究所很好地解决，而是需要高校和研究所从基础研究层面上加以解决，这方面希望能够得到国家基础科研管理部门的高度重视。这样才能真正建立起集成微系统技术的产学研平台，推动科研和产业化的共同进步。

本章参考文献

[1] Tong Q Y. Wafer bonding for integrated materials. Materials Science Eng B，2001，87（3）：323-328.

[2] Niklausa F，Stemme G，Lu J，et al. Adhesive wafer bonding. J Appl Phys，2006，99：031101.

[3] Tan C S，Reif R，Theodore N D，et al. Observation of interfacial void formation in bonded

copper layers. Appl Phys Letts, 2005, 87（20）: 201909.

[4] Jang E J, Kim J W, Kim B, et al. Annealing temperature effect on the Cu-Cu bonding energyfor 3D-IC integration. Met Mater Int, 2011, 17（1）: 105-109.

[5] Kim T H, Howlader M M R, Itoh T, et al. Room temperature Cu-Cu direct bonding using surface activatedbonding method. J Vac Sci Technol A, 2003, 21（2）: 449-453.

[6] Maszara W P, Goetz G, Caviglia A, et al. Bondingof silicon wafers for silicon-on-insulator. J Appl Phys, 1988, 64（10）: 4943-4950.

[7] Warner K, Burns J, Keast C, et al. Low-temperature oxide-bonded three-dimensional integrated circuits. IEEE SOI Conf, 2002: 123-125.

[8] Pandhumsoporn T, Wang L, et al. High etch rate, deep anisotropic plasma etching of siliconfor MEMS fabrication. SPIE, 1998, 3328: 93-101.

[9] Ayon A A, Braff R L, et al. Deep reactive ion etching: a promisingtechnology for micro- and nanosatellites. Smart Mater Struct, 2001, 10: 1135-1144.

[10] Ayon A A, Braff R L, Lin C C, et al. Characterization of a time multiplexed inductively coupled plasma etcher. J Electrochem Soc, 1999, 146（1）: 339-349.

[11] Tachi S, Tsujimoto K, Okudaira S. Low-temperature reactive ion etching and microwave plasma etching of silicon. Appl Phys Lett, 1988, 52: 616-618.

[12] The W H, Caramto R, Chidambaram T, et al. 300-mm production-worthy magnetically enhanced non-Bosch through-si-via etch for 3-D logic integration. IEEE Trans Adv Semicond Manuf, 2010, 23: 293-302.

[13] Andry P S, Tsang C K, Webb B C, et al. Fabrication and characterization of robustthrough-silicon-vias for silicon-carrier applications. IBM J Res Dev, 2008, 52（6）: 571-581.

[14] Kikuchi H, Yamada Y, Kijima H, et al. Deep-trench etching for chip-to-chip three-dimensional integration technology. Jpn J Appl Phys, 2006, 45（4B）: 3024-3029.

[15] Weiss N O, Zhou H L, Liao L, et al. Graphene: An Emerging Electronic Material. Adv Mat, 2012, 24（43）: 5782-5825.

[16] Kong J, Franklin N R, Zhou C, et al. Nanotube molecular wires as chemical sensors. Science, 2000, 287: 622-625.

[17] Zhang T, Mubeen S, Myung N V, et al. Recent progress in carbon nanotube-basedgas sensors. Nanotechnol, 2008, 19: 332001.

[18] Shao Y, Wang J, Wu H, et al. Graphene Based Electrochemical Sensors and Biosensors: A Review. Electroanalysis, 2010, 22（10）: 1027-1036.

[19] Foxe M, Lopez G, Childres I, et al. Graphene Field-Effect Transistors on Undoped

Semiconductor Substrates for Radiation Detection. IEEE Trans Nanotechnology，2012，11（3）：581-587.

[20] Dai H. Carbon nanotubes：synthesis，integration，and properties. Acc Chem Res，2002，35：1035-1044.

[21] Kim K S，Zhao Y，Jang H，et al. Large-scale pattern growth of graphene films for stretchable transparent electrodes. Nature，2009，457：706-710.

[22] First Graphene Integrated Circuit. IEEE Spectrum. http：//spectrum.ieee.org/semiconductors/devices/first-graphene-integrated-circuit [2011-06-09] .

[23] Fukidome H，Handa H，Jung M H，et al. Site-Selective Epitaxy of Graphene on SiWafers. Proc IEEE，2013，101（7）：1557-1566.

[24] Ramaswami S，Dukovic J，Eaton B，et al. Process integration considerationsfor 300 mm TSV manufacturing. IEEE Trans Dev Mat Reliab，2009，9：524-528.

[25] Morikawa Y，Koidesawa T，Hayashi T，et al. A novel deep etching technology for Si and quartz materials. Thin Solid Films，2007，515：4918-4922.

[26] Chen W，Sugita K，Morikawa Y，et al. Application of magnetic neutral loop discharge plasma in deep silicaetching. J Vac Sci Technol A，2001，19：2936-2940.

[27] Morikawa Y，Mizutani N，Ozawa M，et al. Etching characteristics of porous silica in neutral loop dischargeplasma. J Vac Sci Technol B，2003，21：1344-1349.

[28] Kahn H，et al. Mechanical fatigue of polysilicon：Effects of mean stress and stress amplitude. ACTA Mat，2006，54（3）：667-678.

[29] Allameh SM. An introduction to mechanical-properties-related issues in MEMS structures. J Mat Sci，2003，38（20）：4115-4123.

[30] Kahn H，et al. Fatigue failure in polysilicon not due to simple stress corrosion cracking. Science，2002，298（5596）：1215-1218.

[31] Cao Z Q，Zhang X. Experiments and theory of thermally-induced stress relaxation in amorphous dielectric films for MEMS and IC applications. Sens Actuators A，2006，127（2）：221-227.

[32] Roukes M L. Nanoelectromechanical systems. Transducers'00，2000.

[33] Cleland A N，Roukes M L. A nanometre-scale mechanical electrometer. Nature，1998，392160.

关键词索引

K